LED驱动与应用电路设计及案例分析

主　编：周党培
副主编：倪科志　范东华
参　编：申冬玲　曾剑锋　郝　锐　吕天刚

机械工业出版社

本书针对电子电路应用设计实务中的痛点和难点，通过案例举一反三，使读者能快速掌握分析和解决问题的方法和思路。全书的编排设计始终遵循以读者为中心、成果导向和持续改进的理念，以培养应用型的工程技术人员为目标，贯穿于整个电子产品设计的全过程。全书采用案例式教学，通过问题引导的方式帮助读者积累知识和经验，启发创新性思维。此外，本书还对标工程认证要求，注重对过程和结果的评价，根据达成目标设计了学习效果评价的内容和标准，可供读者对学习成果进行自查。

本书基于 OBE 理念和工程认证要求，内容覆盖电子电路设计全过程，包括 LED 驱动与应用电路设计的基础知识、资料的查阅和运用、方案设计、电路选型、参数计算、元器件规格型号选择、变压器设计制作、PCB 设计、单片机编程、样机制作和实验、方案优化、设计报告撰写，以及作品演示和答辩全过程。

本书以 LED 驱动与应用电路设计为主线，通过案例系统全面地介绍实用的电子电路设计的基本思路、方法和技巧。本书介绍的内容和方法普遍适用于电子电路应用设计的相关领域，内容丰富翔实，由浅入深，层次分明，逻辑清晰，简明易懂，具有很强的实用性，可用作本科、大中专院校相关专业参考教材，也适用于企业工程技术人员培训，以及电子爱好者自学参考。

图书在版编目（CIP）数据

LED 驱动与应用电路设计及案例分析 / 周党培主编 . —北京：机械工业出版社，2024.6

ISBN 978-7-111-75854-9

Ⅰ . ① L…　Ⅱ . ①周…　Ⅲ . ①发光二极管 – 电路设计　Ⅳ . ① TN383.02

中国国家版本馆 CIP 数据核字（2024）第 100043 号

机械工业出版社（北京市百万庄大街 22 号　邮政编码 100037）

策划编辑：任　鑫　　责任编辑：任　鑫　翟天睿

责任校对：王小童　甘慧彤　景　飞　　封面设计：马精明

责任印制：常天培

北京机工印刷厂有限公司印刷

2024 年 9 月第 1 版第 1 次印刷

184mm×260mm · 20 印张 · 496 千字

标准书号：ISBN 978-7-111-75854-9

定价：69.00 元

电话服务	网络服务
客服电话：010-88361066	机　工　官　网：www.cmpbook.com
010-88379833	机　工　官　博：weibo.com/cmp1952
010-68326294	金　　书　　网：www.golden-book.com
封底无防伪标均为盗版	机工教育服务网：www.cmpedu.com

前　言

LED 作为第四代电光源具有节能、环保、长寿命、色彩丰富、低压易控等优点，近十年来已广泛应用于照明、灯饰、显示，以及医疗、通信、植物生长等领域。然而 LED 是一个敏感的器件，必须配套合适的驱动电路才能使之安全、可靠、稳定地工作，以发挥它的上述优点。本书结合了作者多年的教学工作经验和课程改革成果，并通过与企业的深度合作，采用通俗易懂的语言和贴近专业的实用案例，从 LED 的特性和基本应用出发，介绍了 LED 不同应用领域的电路结构和原理，给出了行之有效的 LED 的驱动与应用电路设计方法，验证了所提方法的有效性，为相关专业学生和从业人员提供快速入门和学习参考。

1. 本书特色

（1）校企合作，工学结合　本书在编写过程中得到了相关企业的支持，书中列举的案例一部分来自授课典型案例，另一部分来自企业实践案例，全书内容的编排以企业的实际需求为出发点，充分结合了理论学习实际和生产要求，在学习知识的过程中，重视读者工程思维和实践技能培养。

（2）目标明确，简明实用　面向应用型人才培养，重点培养读者对知识的综合运用能力，采用案例式阐述，所有案例的设计均来自实际应用场景，并经过实验验证，具有实用性和可移植性。本书考虑到读者的专业背景、知识结构和能力差异，从内容、进度和细节等多方面做出了尽可能合理的安排，并针对一些关键环节、重点难点、容易产生卡脖子的地方专门录制了辅助教学视频，有利于帮助有需要的读者克服困难，达到共同进步的目的。

（3）自成体系，循序渐进　第 1 ～ 7 章按照 LED 不同应用场景分别介绍相应的应用电路结构，通过案例详解设计方法；第 8 章讲解 LED 应用电路设计的一般思路和方法；第 9 章进行设计性实验训练；第 10 章讲述方案的优化；第 11 章对项目设计进行选题指导，布置设计任务和要求。内容从模电、数电到单片机，由浅入深；从理论到实验，再到动手设计、制作和测试，知识、经验、技能层层递进。

（4）启发引导，充满趣味　摒弃枯燥的知识灌输的学习方式，突出思想方法，通过问题引导读者发现、分析、解决复杂工程问题，并在此过程中完成知识的自主学习和实践经验的积累。精选案例，将古典与现代融为一体，让电路设计融入人文关怀和生活气息。例如，在调光控制设计案例中设计了红外感应、吹灭、按键、旋钮、触摸等操作方式，充分调动了读者各种运动和感官，既新鲜有趣，又实用时尚。在完成作品的同时，能充分感受到作品的灵魂，促进读者为作品创作付出心血和感情的意愿。

（5）创新案例，突出应用　案例中设计的方案并不仅停留于对经典应用的复制，而是更多地融合了创新思想，例如，用 TL494 实现连续可调的 PWM 输出、用 CD4017 设计电子选择开关、用二极管设计专用的译码电路、用 HS0038 设计反射式红外传感器、用驻极体电容式传声器（俗称为电容咪）设计吹灭LED灯的传感器等，这些电路充满新意和技巧，不仅极具启发性，而且在产品开发过程中有较强的参考价值，部分电路可直接移植。

2. 学习收益

通过学习和训练，读者应在以下几方面得到锻炼和提高：

1）了解LED应用领域，以及不同应用领域的经典电路结构及其设计要求和具体的设计方法。

2）能对LED应用相关电路问题进行独立分析、研究，明确设计目标。

3）能合理设计具有一定功能的LED产品的应用电路的实施方案。

4）能阅读元器件、芯片的数据手册，获取相关参考资料，并运用于对电路的选型、分析与设计。

5）能计算电路中各元器件参数，理解不同的参数对电路的影响，能正确选择元器件型号。

6）能运用常用的工具软件完成电路设计、制作和实验测试。

7）对所设计的作品充满期待和激情，愿意为之付出努力，克服困难，不断优化。

3. 章节安排

本书分为三大部分，第一部分为第1～7章，比较系统地介绍LED各种应用电路的设计原理、案例和方法；第二部分为第8～11章，详细介绍LED应用电路设计的思路、方法，并通过设计性实验和实训指导读者完成作品的设计任务；第三部分为附录，包括AD软件速成的案例教学。另外，还提供了各章思考题的参考答案，部分重点难点可观看辅助学习视频。

（1）第1章　LED驱动与应用基础。介绍了LED的应用领域、LED驱动的概念和层次、LED的电气特性、LED的连接方式、LED灯板的设计，最后用一个例子说明点亮LED的基本条件。

（2）第2章　几种简易的LED驱动电路设计。介绍了几种常见的简易LED限流和恒流驱动电路，包括电阻降压限流、电容降压限流、晶体管恒流、恒流二极管和集成线性恒流电路等。

（3）第3章　开关变换器原理与设计。开关电源具有效率高、体积小、输入电源范围宽等优点，广泛应用于各种电子电气设备。LED的突出优势之一是节能，提高驱动电路的能效是关键，开关电源变换器是首选方案。本章介绍了开关变换器的基本原理，并通过两个实例详细说明利用开关变换器设计LED恒流驱动电路的方法。

（4）第4章　反激式开关恒流电源设计。第3章介绍的非隔离BUCK开关恒流变换器具有效率高、电路简单等优点，但由于输入与输出之间在电气连接上是非隔离的，因此不适用于比较容易被人体触及的应用场合，例如，一些有金属外壳作散热器的射灯、筒灯等，这些灯具通常适宜采用隔离式的设计，可通过高频变压器、光电耦合器等元器件将输出侧与输入侧隔开，保护人身的安全。本章通过实例详细讲解了常应用于中小功率（包括LED灯具）的反激式开关电源的原理和设计方法，并介绍了功率因数校正（PFC）、电磁兼容，以及软开关技术和行业的一些相关标准等。

（5）第5章　LED数码管应用电路设计。LED数码管由七个LED按照“8”字形布局排列，广泛应用于各种电子电气设备，可以用于显示十进制数字和简单的英文字母。本章介绍了数码管的内部结构特点、驱动方法、编码和显示方式等，最后通过一个数字电压表的设计案例详细说明了用单片机控制多位一体的 LED 数码管实现动态显示的方法。

（6）第 6 章　LED 点阵应用电路设计。LED 点阵由很多个 LED 点光源按照一定的行列布局设计而成，可以用于显示数字、中英文、图形等信息，也可以用于播放动画、视频等。LED 点阵显示屏无论大小，都是由最基本的点阵模块单元组合而成的。本章介绍了常见的 8×8 点阵显示屏的内部结构特点、驱动方法、编码和显示方式等，并在此基础上给出了一个 16×64 点阵显示屏的设计实例，并详细说明了汉字编码、屏幕滚动显示的原理和方法。

（7）第 7 章　LED 景观灯应用电路设计。LED 景观灯主要包括用于景观照明和装饰的灯带、灯条、LED 模组、流星灯、护栏管等。其有单色、彩色、七彩变化等多种色彩和动态变化效果，用于衬托各种各样的情境，起到照明和美化景观的效果。景观灯通常由电源、控制器和光源三部分组成，根据光源的尺寸规格和功率大小，电源通常采用相应功率级别的开关稳压电源，有时几组光源可以共用一个大功率的开关电源。控制器主要用于控制光源色彩变化效果，可分为内控式和外控式两种：内控式一般集成到光源模组单元电路的控制 IC 里，如常见的 LED 流星灯；外控式采用独立的控制器，通常带有遥控功能，变化形式多样，控制的光源数量较多，并且可多可少，功能强大。LED 光源通常由点光源组成，可以是单色或 RGB 的 LED，每个 LED 可以独立控制发光。本章以 LED 流星灯和护栏管为例介绍了 LED 景观灯的电路设计方法。

（8）第 8 章　LED 驱动与应用电路的设计思路和方法。通过实例介绍了 LED 应用电路设计的基本思路、一般设计步骤，以及查找资料的途径和方法。

（9）第 9 章　设计性实验训练。本章为实验指导性质，通过设计制作一个基于模电和数电全硬件实现多种控制方式的 LED 调光灯实例，详细介绍了模块化设计思想和思路、电路参数计算、焊接和测试等知识和技能，并通过问题引导和视频辅助等方式帮助读者完成实验任务，达到积累经验、启发思路、领会技巧的目的，为进一步实现自主设计打下坚实基础。

（10）第 10 章　基于单片机的方案优化与设计。本章首先指出第 9 章实验方案中的缺点，进而提出利用单片机对第 9 章的案例进行优化设计的方案，详细介绍了方案设计、模块电路选型、关键元器件选择、软硬件设计及 PCB 设计要点、测试方案和技巧等细节过程，重点讨论了如何学习创造性地使用关键元器件实现模块功能的方法。例如借鉴红外遥控器的原理，利用 HS0038 一体化红外接收头设计反射式的感应传感器，优化解决了三个实际问题：①相对于第 3 章中的方案实现了有效提高红外感应的距离，并降低了功耗；②相对于红外遥控器又简化了电路和程序；③相对于成品的传感器能大幅度节省成本。此外，本章的结构和格式按设计报告要求撰写，可供后续参考。

（11）第 11 章　项目设计任务与要求。本章根据 LED 驱动与应用的三个不同层次给出设计任务和要求，对每个题目进行了简单解释和提示，并区分基本要求和高级要求，供不同层次的读者选做。最后对设计报告、作品展示、答辩环节的要求进行详细阐述，可供学习成果综合考核评价参考。

（12）附录 A　PCB 设计速成（实例）。通过案例使读者快速学会运用 AD 软件设计 PCB，完成作品样机的设计和制作，为验证设计的可行性提供实验手段。

随着我国工业化进程快速前进的步伐，各行各业都进入了精细化建设的阶段，专业技术人才的培养也日益向精细化转变，传统的教育观念已不能适应新时代人才培养的需要，本书紧跟时代要求，以OBE理念为基础，以工程认证要求为依据，突出以读者为中心，成果导向和持续改进的思路，结合作者多年实践经验编写而成。本书适用于本科、大中专院校相关专业教学，企业初级工程技术人员培训，以及电子爱好者自学参考。

在本书编写过程中，得到了永林电子股份有限公司和鸿利智汇集团股份有限公司等企业工程师的帮助和支持，在此向他们表示诚挚的谢意。限于作者水平，书中难免有错漏之处，谨请读者指正，以便改进，不胜感激。

作　者

2024年3月

目　　录

第 1 章

LED 驱动与应用基础

本章将介绍 LED 的应用领域，提出 LED 驱动的三个不同层次的概念，分析 LED 的电气特性，以及 LED 灯珠的连接方式，给出 LED 灯板设计的思路和方法，最后通过例子说明 LED 灯板的简单计算。LED 产品的功能归根到底都是通过 LED 发光来实现的，本章的目的是为后续对 LED 应用进行电路设计建立基本的概念。

1.1 LED 的应用领域

扫一扫看视频

LED 作为第四代光源具有许多优点，诸如节能、环保、长寿命、安全、易控、色彩丰富等，近年来 LED 相关产品迅速发展，并以几何级数的速度渗透到人们生活的各个领域，LED 的广泛应用使人们对有光的生活提高了不止一个层次。

近一个世纪以来，LED 从一个小小的发光器件开始为人们认识、探索和研究，到不断取得重大技术突破，各项性能大大提高，无数的科研工作者在这个领域里做了很多贡献，在学习使用 LED 这个神奇的器件之前，我们应该向他们致敬、学习，站在巨人的肩膀上，在 LED 应用领域里潜心钻研，让它更好地为人们服务，不负前辈们为开发这些技术所付出的努力。

LED 的应用前景可以说是无可限量的，这里仅仅列举一些常见的应用场景：

1）日常的家居照明、商用照明、工业照明，各种的灯具。包括球泡灯、日光灯管、射灯、路灯、隧道灯、工矿灯等，功率从几瓦到上千瓦级别，足够高的光效、色温、显色性，以及良好的散热技术使得 LED 能够覆盖几乎所有的照明应用。

2）背光源。包括手机、电脑、电视、各种仪表等的背光源，超小的体积、完整的光谱，以及优良的导光匀光材料和技术的运用，使得 LED 在各种液晶显示器的薄化、轻化设计上发挥了无与伦比的优势。

3）各种点阵显示屏。包括 LED 滚动显示屏、户外大型 LED 广告显示屏、LED 电视等。LED 本就是点光源，加上色彩丰富，亮度和体积大小灵活可控，控制电路技术成熟等方面的优势，使其成为点阵显示的不二选择，面积大到如户外几百 m^2 的大型广告屏，小到如家用电视机的精细显示屏，各种不同分辨率的场合对 LED 而言都没有挑战性。随着 OLED 的出现，使得 LED 在高分辨率和柔性显示方面的表现更上一层楼。

4）各种指示灯。指示灯可以说是 LED 的独门绝技，从第一颗 LED 诞生那一刻起，大功率尤其是蓝光 LED 还没有取得成功之前，LED 一直代替小灯泡充当着高级一点的指示灯，最多也就是少数几颗组合成数码管或一些图案用于简单的数字和信息的显示。随着 LED 的色彩、体积等性能的提高，LED 作为指示灯的功能更加丰富多彩，现代生活没有一台电子设备不使用至少一个 LED 的。

5）其他应用。LED 丰富可控的光谱、亮度、色温、显色性等特性，使得其在各种特殊应用场合得到了开发，包括植物生长、紫外杀菌、医疗、红外通信、可见光通信等，还有很多应用领域等待人们研究开发。

总之，LED 具有十分广泛的应用空间。LED 的优点显而易见，虽然在使用的过程中，人们也发现了一些问题，比如说炫光、光斑、频闪，以及生物安全、各种故障、失效和缺陷等问题，通过对 LED 封装、光学设计、电路设计等技术的改进，这些问题都能一一解决，其应用在未来仍有无限的空间。

1.2 LED 驱动的概念

点亮 LED 才能使 LED 发挥作用，实现各项功能，LED 驱动就是按要求利用电路点亮 LED。LED 理论寿命是几万小时，这也是 LED 相比于其他光源的一个重要的优点，但是实际的情况告诉我们，很多 LED 产品的寿命并没有预期的那么长，究其原因是没有按 LED 的工作条件提供稳定可靠的驱动电路和工作环境，因此电路设计在 LED 产品上是否能正常工作，并保证持续稳定、安全可靠地工作下去起到了关键性的作用（除此之外 LED 的工作环境、散热设计等也很重要）。

通常所谓 LED 驱动是一个比较笼统的概念，本书里从对电路设计的不同要求出发，针对 LED 的不同应用尝试对 LED 驱动的层次进行划分，以供参考。

如图 1-1 所示，LED 驱动可分为三个层次：

1）首先最基本的层次是点亮 LED，并且让 LED 可靠地工作。这个层次对应普通照明应用，例如，各种家居照明、商业照明、工业照明、市政照明等，如图 1-2 所示。这个层次首要的任务是点亮 LED，由于供电条件、功率大小、效率要求，以及功率因数、可靠性要求等因素的不同，采用的电源变换器的结构、复杂度也有所不同，针对不同的产品，国际上以及我国在产品的安全规范、能效、电磁干扰等方面都有十分严格的标准，因此要实现这个层次的 LED 驱动并非只是点亮这么简单，往往涉及很复杂的电源变换电路（有可能是结构复杂的开关电源）。此外，为实现一些指标要求还附加了许多功能电路，如利用 PFC 功率因数校正电路提高灯具的功率因数；利用同步整流、软开关，以及复杂的 LLC 结构的电路提高灯具的能效；针对 EMC 指标要求的电磁兼容电路；还有防雷、过电流、短路 / 开路、过电压 / 欠电压、过热等保护电路，以及解决频闪、噪声等问题的电路等。

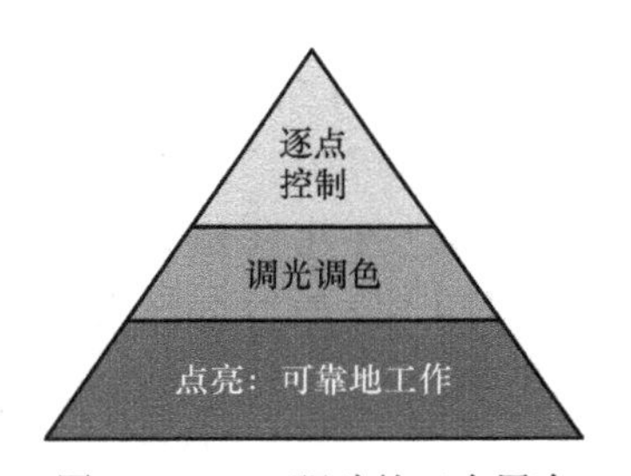

图 1-1　LED 驱动的三个层次

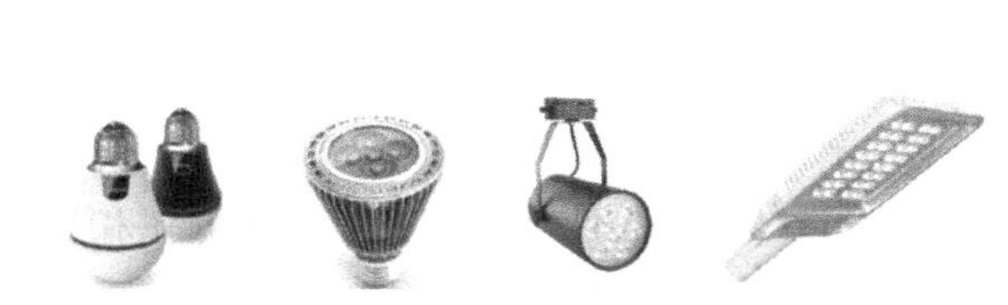

图 1-2　LED 驱动的第一层应用举例

2）随着人们对照明质量的要求越来越高，人们对亮度和光色的调节也有不同的要求，因此将 LED 的调光调色划分为第二个层次的驱动。LED 亮度与 LED 的电流正相关，调节电流就可以改变 LED 的亮度。LED 是直流器件，流过 LED 的电流是直流电（模拟的连续电流或者数字的脉冲电流)，因此 LED 电流的调节通常有两种方案：对连续的直流电而言，可以直接调节电流值的大小；对于脉冲电流则可以采用调节脉冲宽度，也就是所谓的 PWM 调光方式。通过两路不同色温的白光 LED 组合设计，利用调光控制可以实现色温的调节，从而满足人们对冷暖色调的需求。同理，采用 RGB 三种颜色的 LED 组合设计，利用调光控制不同亮度的组合可以实现丰富的色彩变化，如图 1-3 所示。从本质上说，调色实际上也是通过亮度的调节实现的。调光调色在电路设计上的要求主要体现在调光原理和控制方式上。

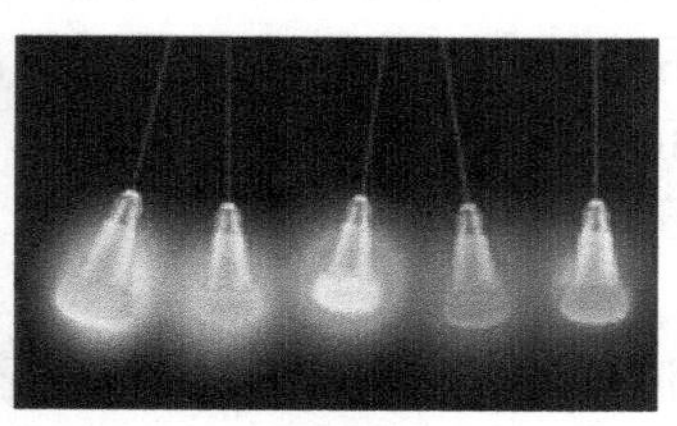

图 1-3　LED 驱动的第二层应用举例

3）数量众多的 LED 点光源组成各种灯带、灯饰，在节日彩灯、各种建筑物的轮廓、幕墙装饰等场合已经随处可见，如图 1-4 所示。此外，大量的点阵显示屏、各种广告屏，以及 LED 电视等都是由数量可观的 LED 组成的，如何组织和控制这些 LED 有序工作是一项逻辑性、技术性很强的工作。理论上说这也是对 LED 进行逐点调光的控制，但显而易见，由于目标众多，硬件电路十分复杂繁琐。考虑到扩展和维护的方便，通常采用模块设计，而在软件上则需要高效的程序和算法设计，才能实现与硬件匹配的模块之间的信号传输。经过人们不断地摸索、总结和优化，对于这种类型的 LED 产品已形成了一些高效的解决思路和实施方案，并且有很多电路也通过集成电路固化下来，相关产品的开发、设计得到了简化。

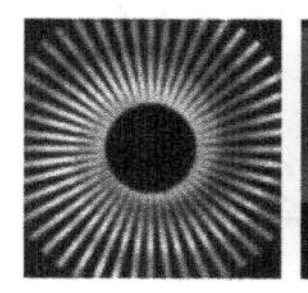

图 1-4　LED 驱动的第三层应用举例

了解 LED 驱动的特点，学会一些常用的方法，对用好 LED 很重要。LED 还有很多应用，包括植物生长、医疗、杀菌、通信，以及一些个性化产品和新功能的开发等，这些都需要与之相适应的驱动电路，因此学会 LED 驱动电路设计的思路和基本方法，对 LED 产品的开发设计十分重要。

1.3　LED 的电气特性

要用好 LED，最基本的出发点是了解 LED 的电气特性。LED 是由半导体 PN 结构成的电致发光器件，在发光的同时，它也像其他电子元器件一样表现出了固有的伏安特性。充分了解 LED 的电压和电流关系，才能为 LED 设计适当的驱动电路并提供符合要求的电路工作环境。

扫一扫看视频

1.3.1 伏安特性

LED具有类似普通二极管的伏安特性曲线，如图1-5所示。

由图中可知，LED具有以下几个显著的电气特性：

1）单向导电性。只有正向偏置才能导通。

2）具有一定的开启电压。LED的开启电压与LED发光的颜色有关，在可见光范围内，LED发出光的波长越长开启电压越低，例如，红色光的开启电压为1.8～2V，蓝色光的开启电压为2.6～3.2V，绿色光的开启电压介于两者中间，由于颜色的定义不够准确，故测试中通常使用波长来区分。这里需要指出的是，同一波长同一批次的LED也会因为生产工艺等原因而存在一定的分散性，评价LED质量的其中一个指标是相同功率等级的LED，其开启电压（工作电压）越低越好，这是因为相同的功率电压越低则电流越大，LED的亮度越高。

3）工作区内的电流相对于电压的变化较敏感。这就意味着很小的电压波动会引起很明显的电流变化，从而造成亮度的波动，这是LED应用过程中特别要注意的一个特性。因此低频的亮度波动会造成忽明忽暗的感觉，影响照明质量。

4）反向击穿电压较低。LED的反向击穿电压一般在几伏到几十伏之间，在使用时要注意电路不能出现超过限值的反向电压，否则会击穿LED。

5）温度漂移特性。LED具有PN结普遍的温度漂移特性，也就是说LED的伏安特性曲线并不是固定不变的，当PN结的温度升高时，其伏安特性曲线会向左移，如图1-6所示。

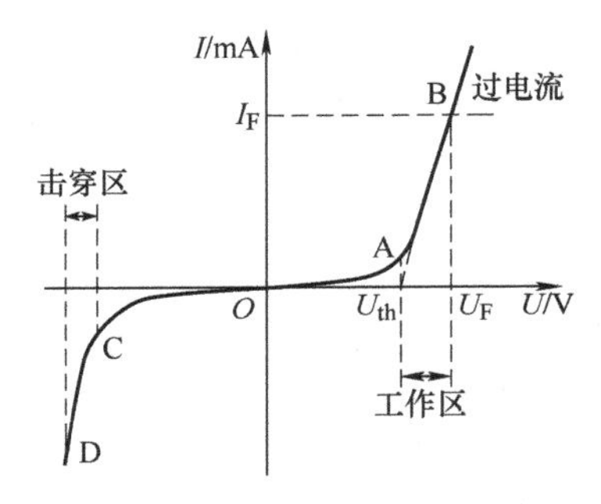

图1-5 LED的伏安特性曲线

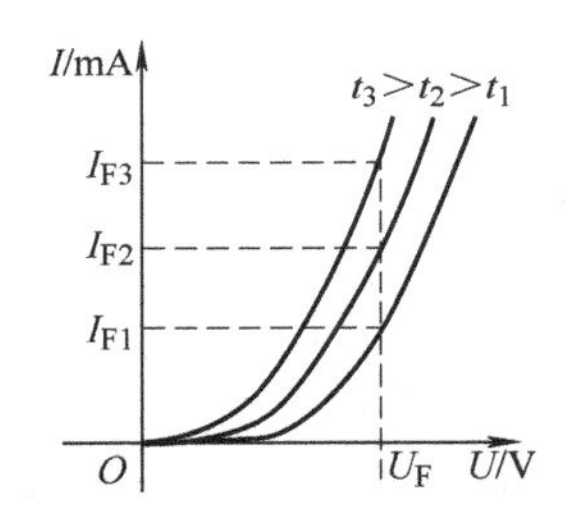

图1-6 LED伏安特性随温度漂移

1.3.2 LED的电致失效方式

1）LED正常工作时，消耗的电功率大部分转化为热（70%以上），温度上升，电流越大，温度越高。若对电流不加以限制，那么当温度达到一定程度就会使LED过热烧毁，这种损坏表现为LED断路，通常伴有烧焦的气味和痕迹。

2）若LED的反向电压高于额定的击穿电压，则LED会被反向击穿，这种击穿是不可恢复的，内部PN结瞬间被破坏，失去单向导电的特性。与过热损坏不同的是，这种击穿的速度很快，因此一定要严格控制反向电压，留有足够的裕量。必要时可采取钳位措施，以避免突发的高电压脉冲造成LED击穿损坏。LED反向击穿的表现为LED短路，若不能及时排除故障，则也有可能因短路而进一步变成断路。

根据温度漂移特性，伏安特性曲线左移，若保持工作电压不变，则电流上升，如

图 1-6 所示，保持 U_F 不变，$I_{F3}>I_{F2}>I_{F1}$，而电流的增加又反过促使温度进一步升高，造成恶性循环，如果不加限制，则 LED 会过热损坏。

1.4　LED 的驱动

LED 的驱动一般有两种方式，即稳压驱动和恒流驱动，但无论采用哪一种，还是两种组合使用，都需要根据 LED 的电气特性进行选择和设计，才能满足 LED 正常发光的条件，同时保持 LED 稳定、安全、可靠地工作。进行 LED 驱动设计时要注意以下几点：

1）注意极性。LED 是有极性的器件，正向偏置才能正常发光。

扫一扫看视频

2）提供足够的工作电压。LED 正向电压必须超过开启电压才能开始发光，达到额定电压时发光亮度才能达到标称的输出光通量。

3）限制反向电压。要注意电路中是否出现反向电压的情况，比如交流电路、开关电源中的变压器或电感产生的反向感应电动势都会对 LED 产生反向电压，必要时要对这些电压进行钳位吸收，避免 LED 反向击穿。

由于 LED 对电压变化敏感，很难对其工作电压进行控制，因此尽量不要使用稳压电源直接驱动 LED（因为稳压电源输出电压的稳定性有一定精度，允许有一定的波动），如果非用不可，那么必须采取措施限制 LED 的电流，或设法降低 LED 电流对电压变化的敏感度（减小伏安特性曲线工作区的斜率）。

LED 的亮度与电流正相关，要使亮度恒度不变，建议采用高质量的恒流驱动电路。

LED 的工作电流不能超过额定值，应留有足够裕量，并且注意 LED 的温度，做好散热设计，保持相对较低的工作温度以减缓 LED 光衰，这些是增加 LED 使用寿命最重要的条件之一。

1.5　LED 的连接

在实际应用中，无论是作为照明还是点光源使用，单颗 LED 都有可能无法提供所需要的足够亮度，这时就需要采用多颗 LED 进行组合，从而产生了 LED 如何连接的问题。常见的 LED 连接方式主要有三种方式，即串联、并联和混联。

扫一扫看视频

1.5.1　串联

所有 LED 首尾相连（注意极性一致）就构成了多个 LED 串联，如图 1-7 所示。n 颗 LED 串联后工作电压为单个 LED 工作电压的 n 倍，电流不变，因此亮度为单个 LED 的 n 倍。

优点：①每个 LED 电流一致，亮度一致；②适合高电压、小电流的应用场合。

缺点：LED 串只要有一颗开路则整串 LED 都不能点亮。

LED 采用串联方式时损坏有以下两种情况：

1）当个别 LED 短路时，其他 LED 还能发光。若采用恒流驱动，则 LED 电流保持不变，每个 LED 的工作点保持不变；若采用稳压驱动，则每个 LED 的电压增加，电流也相应增加，温度上升，有可能加速光衰，甚至过热烧毁，因此设计时要留有足够的裕量。

2）若个别断路，则其他 LED 都不亮。

在一些要求较高的应用场合（如液晶屏背光源），为了保证在个别LED开路时其他LED仍能正常使用，可以使用图1-8所示的改进电路。

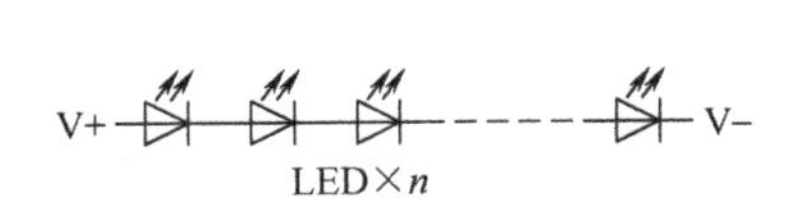

图1-7 LED串联连接方式

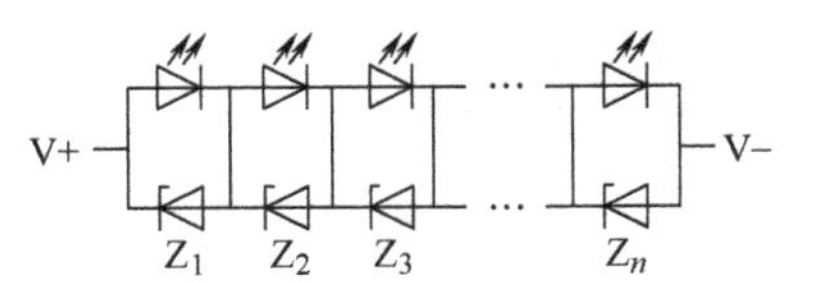

图1-8 改进的LED串联连接方式

在每个LED上并联一个旁路稳压二极管，稳压值略大于LED的工作电压，这样，当LED正常工作时，由于其正向电压降小于稳压管的击穿电压，稳压管处于截止状态，电流流过LED。若某个LED开路，则旁路稳压管击穿导通，并保持略高于LED的电压降，保证其他LED工作电压和电流基本不变。

1.5.2 并联

所有LED并联在一起，如图1-9所示，也可以达到提高亮度的目的。*n*颗LED并联时，工作电压保持不变，总电流则为单颗LED的*n*倍。

优点：①结构简单，容易根据需要增加或减少LED的颗数；②适合低电压大电流的应用。

缺点：①每颗LED的电流不一致，亮度不一致（要注意LED的参数分散性，相同的电压不一定电流也相同）；②只要有一颗LED短路，其他LED都不能发光。

LED采用并联方式时损坏有以下两种情况：

1）个别LED开路时，其他LED仍可发光。若采用恒流驱动，则每个支路的电流相应增加，可能会加速光衰甚至损坏，而对于稳压驱动则影响不大。

2）个别LED短路时，其他LED也不亮。对恒流驱动而言，输出电流恒定，驱动器一般不会损坏，但短路的这条LED支路发热严重，最终可能烧毁变成开路；而对于稳压驱动，输出端短路，有可能损坏电源。

在高端应用场合下（例如路灯），对于多个并联支路，可采用图1-10所示的驱动方案。

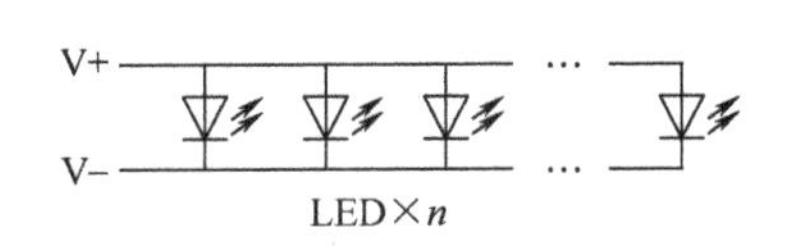

图1-9 LED并联连接方式

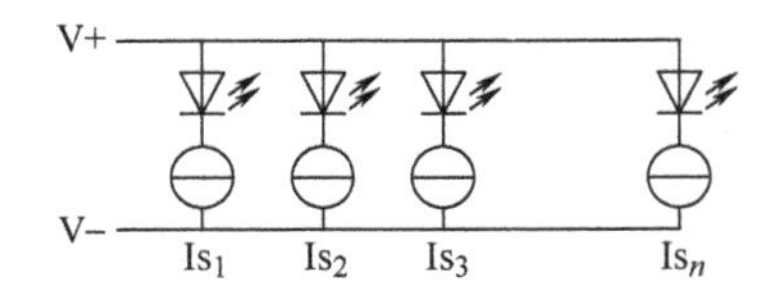

图1-10 高端应用的解决方案

图1-10中，输入端采用稳压电源供电，对于每条支路则采用独立的恒流源驱动LED，这样可以确保任何一条支路无论出现短路还是开路故障均不会影响其他支路。为了保证整个灯具的可靠性，这种模块化的设计所增加的成本在某些场合下是值得的。

1.5.3 混联

所谓混联就是串联和并联混合使用，如图1-11所示。它由*n*条支路并联构成，每条

支路则由 m 颗 LED 串联而成，这种连接方式同时具有串联和并联的优点和缺点，其损坏模式变得更为复杂。但是由于这种结构比较容易根据驱动器提供的电压和电流来设计灯板，因此在普通照应用时经常使用。在设计时只要留有足够的裕量，这种连接方式也是一种比较经济的解决方案。

扫一扫看视频

此外，还有一种不太常用的连接方式如图 1-12 所示。这种连接方式用于交流电源供电的场合，由于输入电压的极性交替变化，因此不同支路上的 LED 轮流点亮。中间支路的 LED 是其他支路点亮时间的两倍，所以该支路最先失效的概率最大，致使整体的可靠性降低了一半。其次由于 LED 轮流工作，利用率减半，相当于也增加了材料成本。最后采用工频交流供电时容易产生低频闪烁。这种驱动方式的初衷是为了简化甚至去掉驱动器，把 LED 直接接入交流电网使用，但截至目前该方案还不成熟，许多技术问题有待解决。

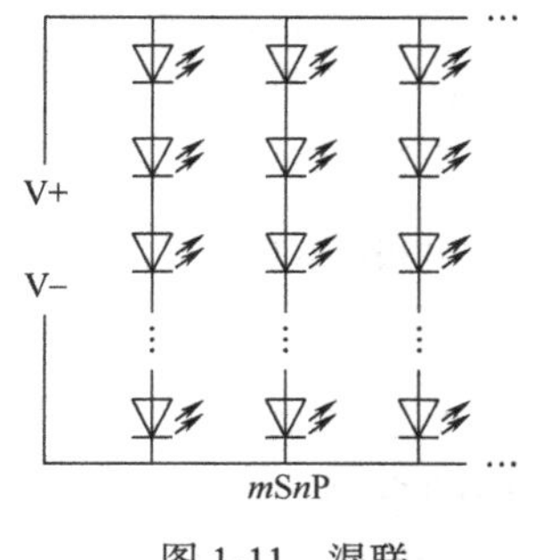

图 1-11 混联

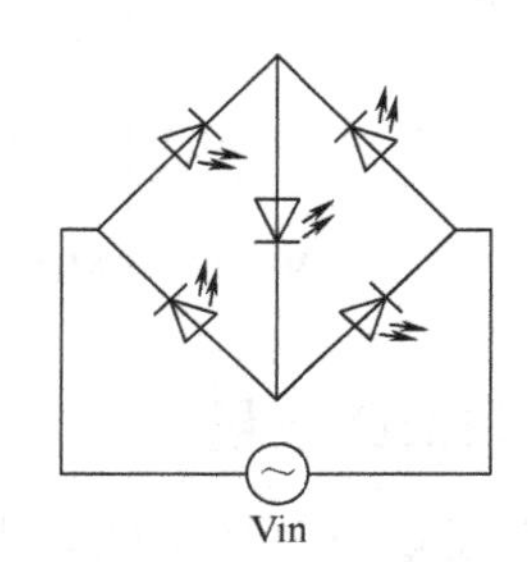

图 1-12 交流连接方式

1.6 LED 灯板的设计

LED 产品最终是通过点亮 LED 实现其功能的，其也是整个产品的最终输出，电路的其他部分都是围绕 LED 这个输出设备进行设计的，因此首先要解决的问题是 LED 灯板的设计（这里假设除了单个 LED 外其他情况均为用灯板来描述多个 LED 构成的输出部件，后文均使用灯板这个名称）。灯板的设计一般包括以下几个步骤。

1.6.1 确定输出光通量

根据使用场景的要求，确定最终输出的亮度大小。描述照明效果的几个物理量中，包括亮度（单位为 cd）是指光源发光的多少，并不一定全部转化为照明环境的效果；照度（单位为 lx）则与光源的距离有关；光通量（单位为 lm）光源向立体空间辐射的量。后者最能反映照明效果，因此一般采用光通量来确定灯具的设计目标。

1.6.2 选择 LED 灯珠

LED 灯珠的规格有很多，一般可分为大功率和小功率（通常 1W 以上可称为大功率）。灯珠的选择要根据灯的亮度、出光面的分布特点、环境温度、寿命要求等指标，确定几者之间的关系，然后再确定 LED 的功率、电流大小、数量，最后在众多品牌型号的 LED 产品说明书中寻找合适的灯珠。具体选择时，主要考虑其电学参数（正向电压、工作电流、消耗功率）、极限参数（反向击穿电压）、光学参数（光通量、色温、显色指数），以及与工作条件有关的如热阻、光衰等参数是否达到设计的要求。例如，如果要设计射灯，则需要使用透镜聚光，适宜采用大功率LED灯珠，这样更有利于透镜设计；如果要设计一个日光灯管，由于出光面积较大，那么为了节省成本，一般采用PC罩匀光方式，适宜选用小功率灯珠，这样可以增加LED的数量，有利于增加LED覆盖的面积。图1-13所示为某品牌SMD2835贴片式白光LED的外观和主要电学参数。

扫一扫看视频

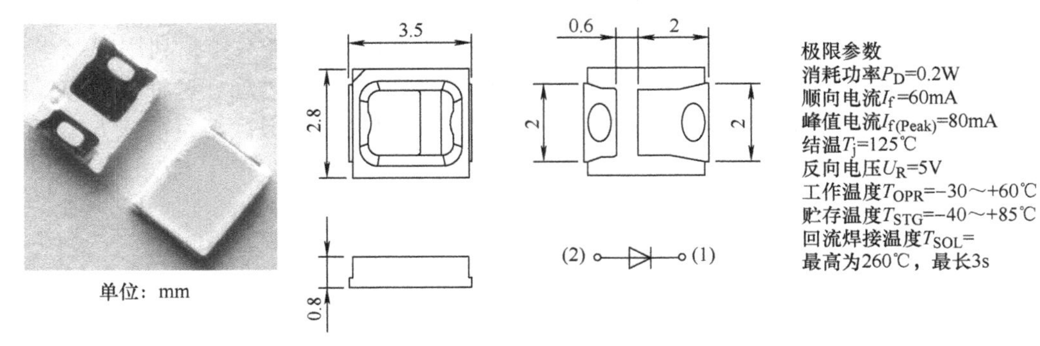

图1-13　SMD2835贴片式白光LED的外形尺寸与极限参数

1.6.3　计算LED数量

根据总光通量或总功率的要求，以及所选的LED灯珠的参数，初步计算所需的LED颗数。要注意LED的参数不能以其标称的极限参数为准，而要留有足够的裕量，例如图1-13中的LED灯珠标称顺向电流（即正向额定电流）为60mA，设计时可按50mA来计算，这样才能保证灯板的可靠性。

1.6.4　选择连接方式

LED的连接方式要根据驱动条件进行选取，确保灯板的工作电压和电流与驱动器输出相匹配。在相同条件下，尽量考虑减小输出电流，这样可以减轻驱动器的负担（一般情况下，输出电流越大，驱动器自身的损耗越大）。LED灯板通常采用混联方式，如果采用恒流电源，则必须确保总电流与驱动器输出电流一致，所以应先确定支路的数量，再计算每条支路的LED颗数；如果采用稳压供电，则应先确定每条支路的电压，为了减小电源的损耗，应尽量减小输出电压与灯板电压的差值，确定了每条支路的LED颗数再计算并联的支路数量。

1.6.5　灯板设计举例

扫一扫看视频

【例1.1】 假设驱动器输出为200mA/（1～5W）的恒流电源，设计一个LED功率为3W的灯泡（采用PC罩匀光），光源采用SMD2835贴片LED灯珠，经测试其可靠工作点为U_F=3V，I_F=50mA，试确定LED的数量和连接方式。

解　（1）由于驱动器输出电流恒为200mA，每颗LED工作电流为50mA，为了匹配驱动器的输出，灯板的工作电流必须为200mA，因此需要 4 条 LED 并联支路。

（2）由于 LED 总功率为 3W，而每颗 LED 功率为 0.15W，故需要 20 颗 LED。

（3）根据（1）和（2）的要求，可以确定应采用 5 串 4 并（5S4P）的接法。

【例 1.2】 假设输入电压为交流 220V 市电，经电容降压和桥式整流后接 LED 灯板，已知驱动电路可提供 50mA、150V 的工作条件，若采用例 1.1 中的 LED 灯珠，请计算 LED 的颗数。

解 本题采用的是电容降压限流驱动电路，为常见小功率的 LED 球泡灯设计方案之一，由题意可知，由于驱动电流与 LED 灯珠电流一致（50mA），LED 应采用单路串联方式，根据电压的大小，LED 的颗数为 150V/3V=50 颗（注：关于电容降压限流电路实例请参考第 2 章）。

思 考 题

1. 有一块 LED 灯板，已知灯珠标称功率为 0.2W，额定电压约 3.2V，通过观察确定其电路结构为 5 串 3 并连接方式。

（1）画出灯板的电路原理图（注意 LED 符号要规范）；（10 分）

（2）计算 LED 灯珠的额定电流；（15 分）

（3）计算 LED 灯板的总功率；（15 分）

（4）为该灯板选择一个合适的恒流电源，试确定其输出电压和电流值。（20 分）

2. 有一块 LED 灯板，外观上看有 5 颗 LED，通电观察其发出白光，测得其可靠工作电压约 16V，此时电流为 300mA。

（1）试确定这 5 颗 LED 的连接方式，画出电路原理图；（20 分）

（2）如果采用一个标称为 300mA/（1 ～ 5W）的恒流电源，请问能否正常驱动这块灯板。（10 分）

第 2 章 几种简易的 LED 驱动电路设计

LED 的亮度和电流对于电压的变化很敏感，但控制 LED 的电压比较困难，正确的方法是对 LED 的电流进行限制，根据电流调节的方式一般可区分为限流和恒流两种，前者只限制 LED 的最大电流，后者则自动调节电流的大小使其稳定在设定值附近，保证 LED 安全可靠运行的同时还能保证其亮度稳定。对于不同的应用场合应该选择不同的控制方式，本章将介绍几种常见的简易 LED 限流和恒流驱动电路，包括电阻降压限流、电容降压限流、晶体管线性恒流、恒流二极管恒流和集成线性恒流等，对于较为复杂和性能较好的开关恒流驱动电路将在第 3 章和第 4 章中详细介绍。

2.1 电阻降压限流

相对于传统的光源，LED 是一种较难以适应的负载，因为 LED 的工作电压随结温而变化，LED 通电发光后结温升高，会导致工作电压下降，伏安特性曲线向左平移。由于工作电压随温度漂移，因此采用恒定的电压驱动 LED 就会出现两种可能：第一种情况是以较低的电压驱动，期望 LED 温升后工作电压下降而达到正常的工作状态，这就有可能导致起始工作电流太小，LED 温升有限，工作电流达不到正常水平，LED 亮度一直很低；另一种情况是以较高的电压驱动，起始电流达到了额定电流值，LED 正常发光，由于 LED 结温上升使得工作电压下降，工作电流迅速上升，结温进一步上升，造成恶性循环，LED 过热损坏。这两种情况都不能有效地驱动 LED，究其原因，是因为 LED 电流相对电压的变化过于敏感。在使用稳压供电时，首先要使电压高出 LED 正常工作电压，以保证 LED 在任何时候都能达到额定电流，同时又要采取措施限制 LED 的电流，降低其相对于电压变化的敏感度，从而使 LED 亮度比较稳定，在 LED 电路中串联电阻是实现降压限流最简单的方法。

2.1.1 电阻降压限流原理

1. LED 的动态电阻

由 LED 的伏安特性曲线可知，在工作区内，LED 的电流和电压基本呈线性关系，如图 2-1 所示。

伏安特性曲线的工作区内线性部分的斜率很大，LED 两端电压任何微小的变化都将引起较大的电流变化，若使用稳压电源供电，则对稳压电源的性能要求很高，LED 的亮度容易产生波动。为了便于分析，根据 LED 的伏安特性曲线，LED 可以简化为三个部件，其等效电路模型如图 2-2 所示。其中，LED 可以看作是理想二极管 D（没有电压降，只有单向导电特性）、电压源 U_{th}（开启电压）、动态电阻 r 三个部分串联，其中 r 定义为 LED 工作点处的电压变化与电流变化之比，它反映该点处电流相对于电压变化的敏感度。

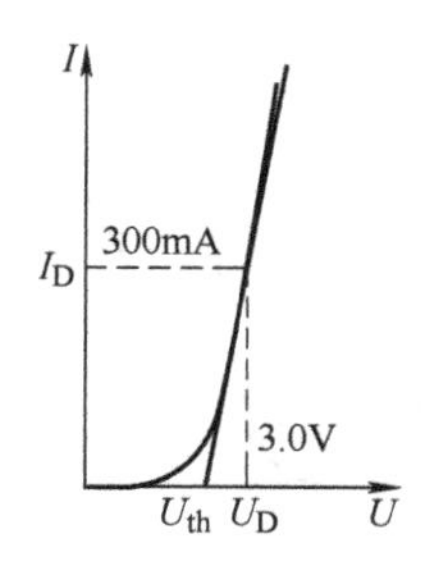

图 2-1　LED 电流与电压的关系

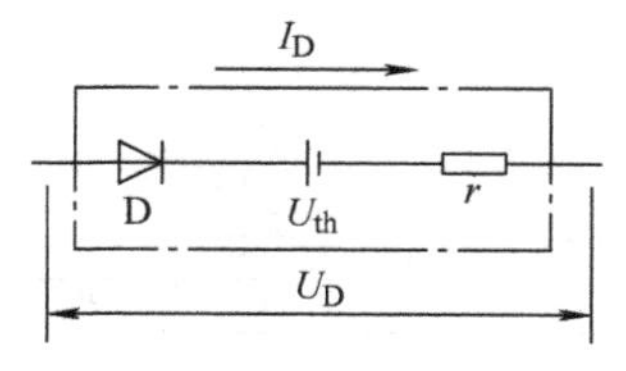

图 2-2　LED 等效电路

例如，根据图 2-1，假设工作点处 LED 的电压为 3.0V，电流为 300mA，则此时电压与电流之比为 $3.0\text{V}/300\text{mA}=10\Omega$，这称为 LED 的静态电阻，它表示此时 LED 的电压与电流关系，但并不反映变化特性，因此是静态的。而动态电阻 r 的定义是

$$r_d=\frac{\Delta U_D}{\Delta I_D}=\frac{du_D}{di_D} \tag{2-1}$$

LED 的伏安特性是一个指数函数，其表达式为

$$i_D=I_S\left(e^{\frac{u_D}{U_T}}-1\right) \tag{2-2}$$

式中，I_S，U_T 为定值，常温下 $U_T\approx 26\text{mV}$。

$$\frac{1}{r_d}=\frac{\Delta i_D}{\Delta u_D}\approx\frac{di_D}{du_D}=\frac{dI_S\left(e^{\frac{u_D}{U_T}}-1\right)}{du_D}\approx\frac{I_S}{U_T}e^{\frac{u_D}{U_T}}\approx\frac{I_D}{U_T} \tag{2-3}$$

代入工作点电流，则有

$$\frac{di}{du}=\frac{1}{r_d}\approx\frac{I_D}{U_T}=\frac{300\text{mA}}{26\text{mV}}\approx 11.5\frac{1}{\Omega} \tag{2-4}$$

$$r_d\approx 0.087\Omega \tag{2-5}$$

式（2-4）表明，当 LED 两端电压变化 1mV 时，LED 的电流变化 11.5mA，LED 的电流变化是电压变化的 11.5 倍，电流随电压变化非常敏感，因此要降低敏感度，必须设法提高 LED 的动态电阻。

2. 电阻降压限流原理

如图 2-3 所示，在 LED 外部串联一个电阻，可以间接提高 LED 支路的动态电阻，这样就可以降低 LED 的电流相对于电压的变化的敏感度。如图 2-4 所示，串联电阻后，LED 支路的总的伏安特性曲线在工作区的斜率大幅度下降，此时，一个相对较大的电压变化 $U_{D2}-U_{D1}$ 才能引起较大的电流变化 $I_{D1}-I_{D2}$，LED 的亮度稳定性得到明显的改善。但是，由于电阻的增加，使得相同的输入电压下 LED 的电流下降，亮度将有所下降，一部分功率损耗在外部增加的电阻上，使用时要注意适当的应用场合和合理选择电阻。

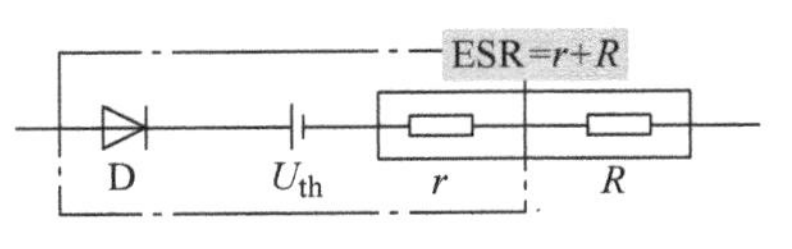

图 2-3　等效串联电阻

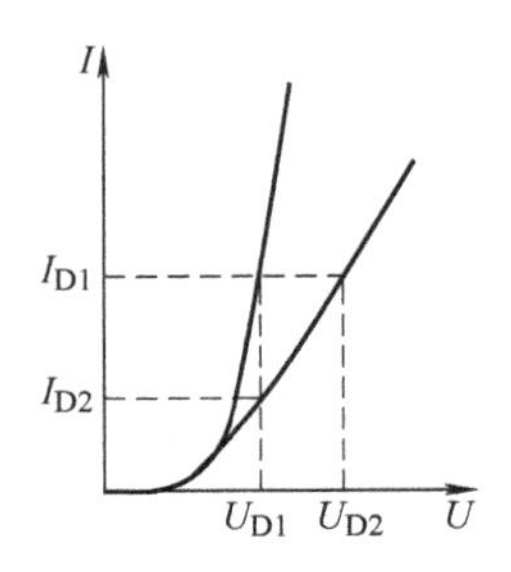

图 2-4　LED 串联电阻后电流与电压的关系

2.1.2　设计实例

【例 2.1】 设计一个 USB 小灯（见图 2-5），由六颗额定电流为 50mA 的贴片 LED 并联，试确定串联电阻的参数。

图 2-5　USB 小灯

解　1）画出电路原理图。

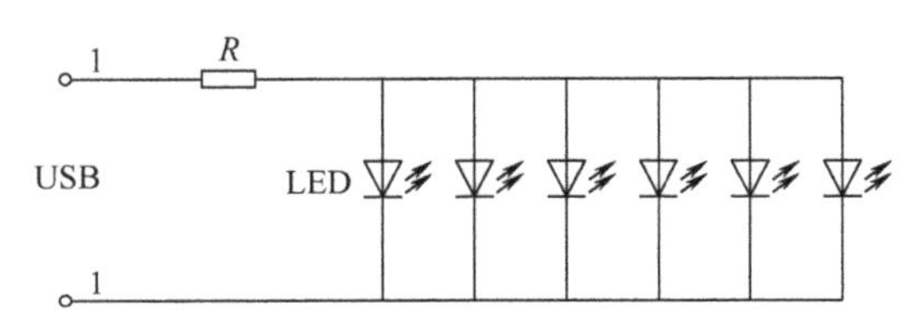

2）确定 LED 的工作电压和电流。由于题目未给出 LED 的具体参数，因此可以根据经验值（或 LED 样本测试值）来确定 LED 的工作点电压。根据经验，50mA 的 LED 灯珠降额 80%（即按 40mA）使用，即总电流为 $6\times40\text{mA}=240\text{mA}$，工作点电压可按 3.2V 计算。

3）计算阻值和功耗。串联电阻的阻值为

$$R=\frac{5-3.2}{0.24}\Omega=7.5\Omega$$

由于相同阻值的电阻有许多不同的规格，为了确定具体的规格，还要计算电阻的功耗，即

$$P_{\text{R}}=I^2R=(0.24\text{A})^2\times7.5\Omega=0.432\text{W}$$

由于 USB 灯空间比较小，因此可选用两个额定功率为 1/4W，阻值为 15Ω 的 1206 SMD 贴片电阻并联使用。

从例子中可以看出，计算串联电阻的关键是知道输入电压、LED 的电压和电流，根据电阻的电压和电流计算阻值，同时还要计算电阻的功耗，才能确定电阻的具体规格，为

样机的设计和实验提供明确的元器件清单。

【例 2.2】 图 2-6 所示为利用单片机 P1 端口驱动一个 LED 灯珠的电路原理图，若外置晶体管集电极电流为 25mA，则 c–e 极之间的饱和电压降为 0.5V，其他参数如图所示，试确定 R 的阻值和规格。

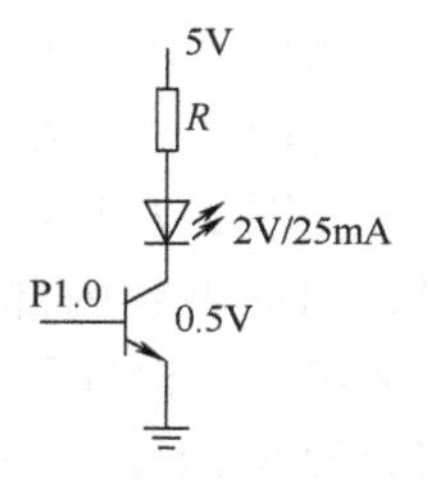

图 2-6　单片机驱动 LED

解　由于单片机驱动能力有限，通常需外加晶体管扩流才能驱动具有一定亮度的 LED，晶体管导通时，c–e 极之间有一定的电压降，题目已给出了饱状态下的电压降，根据图中参数得

$$R = \frac{5\text{V} - 2\text{V} - 0.5\text{V}}{0.025\text{A}} = 100\Omega$$

$$P_{\text{R}} = (0.025\text{A})^2 \times 100\Omega = 0.0625\text{W}$$

可选择阻值为 100Ω，额定功率大于 1/16W 的电阻。

2.2　电容降压限流

LED 是直流负载，在交流电网中使用时，首先要把交流电变为直流电，这就需要整流电路。一般情况下，为了提高电源的利用率，整流电路常采用全波整流方式，通过整流桥把交流电变换为频率 2 倍于工频的正弦半周波（脉动的直流）。这时如果直接给 LED 供电，会产生什么问题呢？正弦半周波电压是连续变化的，若接上线性负载则其瞬时功率也是连续变化的，对于像白炽灯这样的线性负载，由于其发光来源于热辐射，亮度的变化具有热惯性，人的眼睛感觉不明显，而 LED 的响应非常快，亮度的变化紧跟电压的变化，并且在正弦电压变化过程中，存在电压小于 LED 开启电压的死区，LED 就会产生人眼易于觉察的 2 倍于工频的闪烁现象，由于 LED 的发光不存在热惯性和余辉，故这种闪烁现象比荧光灯的闪烁还严重。

为了解决闪烁问题，需要将整流后的脉动直流电加以滤波，使之变成较平滑的直流电，这通常需要一个容量较大的电容器。

交流市电在一些供电条件不良的环境中，电源电压的波动非常大，上下波动 20% 甚至更高的情况经常出现，整流滤波后的直流电压范围仍可在 200 ～ 370V 之间变化。在电压比较稳定的地区，电压一般在 300V 左右。这样高的电压，需要多达近 100 只的 LED 串联才能使用，数量众多的 LED 串联会大幅度降低电路的可靠性，且难以满足不同功率规格的要求，因此，有必要采取降压限流的手段。2.1 节所述的电阻降压限流具有电路简单的特点，但也存在能耗大、发热严重，甚至有引起火灾的危险，不适用于这种电压波动较大的电路。另一种典型的降压手段是采用变压器，但工频变压器体积大、笨重，成本也高，相比之下采用电容降压是一种较好的选择。

2.2.1　电容降压限流原理

在交流电路中，电容具有一定的阻抗特性，即

$$X_{\text{C}} = \frac{1}{2\pi fC} \tag{2-6}$$

例如，在 220V/50Hz 交流电下，容量为 1μF 的电容的容抗约为 3.2kΩ。

因此，电容在交流负载电路中，就相当于一个电阻，将起到串联降压限流作用。

如图 2-7 所示，理想电容由两个相互绝缘但相距很近的导电体组成，中间填充绝缘材料，因此电容内部没有电流通过。但通过电容的充电和放电过程在电容外部回路中就会形成电流，因此利用电容降压限流必须在交流负载回路中才能应用。而 LED 是直流负载，它具有单向导电性，也就是说，电容充电后无法放电，因此不能形成持续的电流，所以图 2-8 所示的电路是无法正常工作的。要使电容能正常充放电，LED 必须双向连接，或采用图 2-9 所示的整流电路把交流电变成直流电，再给 LED 供电。

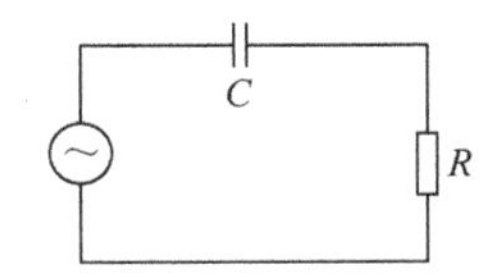

图 2-7 电容的降压限流作用

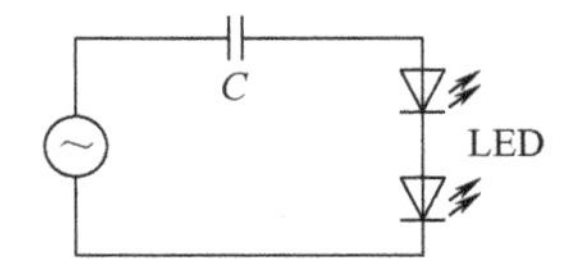

图 2-8 电容不能直接与 LED 串联

在图 2-9 中，整流桥把交流和直流分成两部分，输入侧为交流电，输出侧为直流电，在正弦波输入电压下，正半周和负半周 LED 都有电流，因此交流侧的电容就可以不断充电和放电，起到降压限流的作用。图 2-9 中整流桥输出的电压为正弦半周波，电压的大小是周期性变化的，因此 LED 会出现 2 倍于工频的闪烁现象。为了克服这一缺点，要尽量使输出的直流电压保持稳定平滑，这就需要进行滤波，实际应用中的电容降压限流的 LED 驱动电路原理如图 2-10 所示。

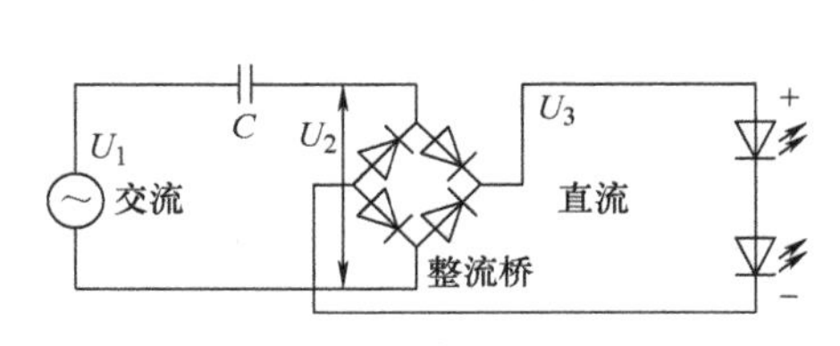

图 2-9 交直流的匹配

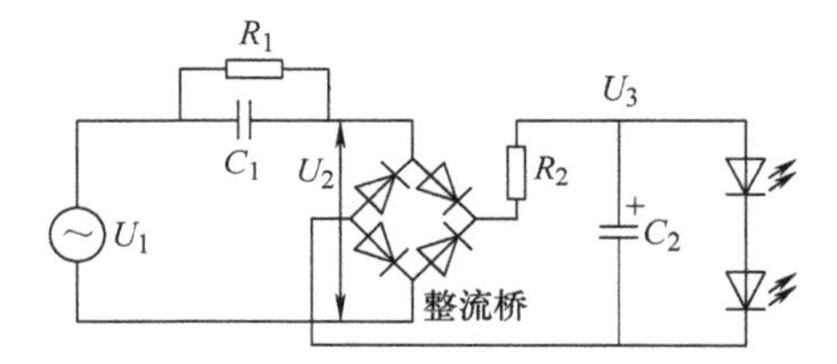

图 2-10 整流滤波的电容降压限流的 LED 驱动电路

该电路的工作波形如图 2-11 所示。

如图 2-11 所示，整流桥交流侧为正弦交流电压，经整流后输出电压为正弦半周波，加上滤波电容 C_2 后，在不接入负载 LED 的情况下，电容将逐渐充电达到正弦半周波的峰值，然后一直保持不变（理想直线），这是因为电容 C_2 充电后没有放电回路。若接上负载，则电容 C_2 每个正弦半周期的后半段（输入瞬时电压下降时）向负载放电，因此 C_2 的电压有起有伏，形成纹波。

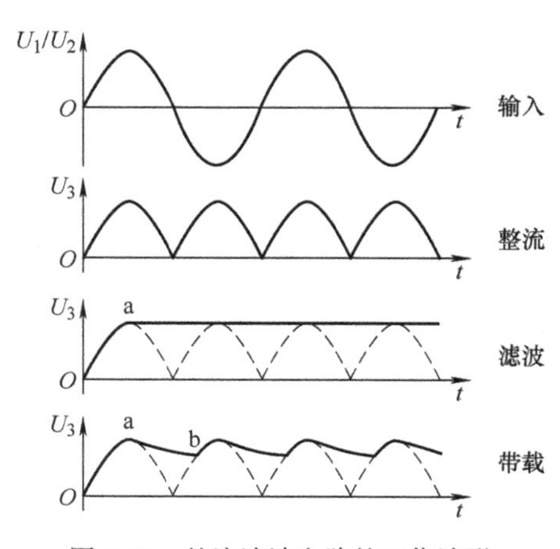

图 2-11 整流滤波电路的工作波形

图 2-10 中，交流市电经电容 C_1 降压限流，整流桥整流变成脉动直流电，再经 C_2 滤波后变为较平滑的直流电供 LED 使用，R_1 为电容 C_1 的泄放电阻，用于在断电后把 C_1 的电荷放掉以确保用电安全，R_2

浪涌电流的抑制电阻用于保护整流桥不被浪涌电流损坏。

若交流市电为 50Hz 正弦波电压，则当交流电流过电容 C_1 时，C_1 对于交流电的容抗为

$$X_C = \frac{1}{2\pi fC} = \frac{1}{2\times 3.14\times 50\text{Hz}\times 1\times 10^{-6}\text{F}} \approx 3.2\text{k}\Omega$$

若把这个 1μF 的电容直接接在交流电的相线与中性线之间，则流过电容的电流有效值为

$$I_C = \frac{220\text{V}}{3.2\text{k}\Omega} \approx 69\text{mA}$$

也就是说，在图 2-10 所示电路中，即使 LED 串短路，流过 C_1 的电流也不超过 69mA，因此，电容 C_1 起到了限流作用。电流流过电容，由于容抗的存在，在电容上会产生电压降，故电容也起到降压的作用。

2.2.2 电容降压限流驱动电路的计算举例

【例 2.3】设计一个电容降压驱动的 LED 灯，输入电压为 220V/50Hz，输入功率为 3W，LED 灯板由 40 颗 3014 贴片 LED 串联构成，LED 灯珠的工作点为 3.2V/20mA，试计算和选择电路中各元器件的参数。

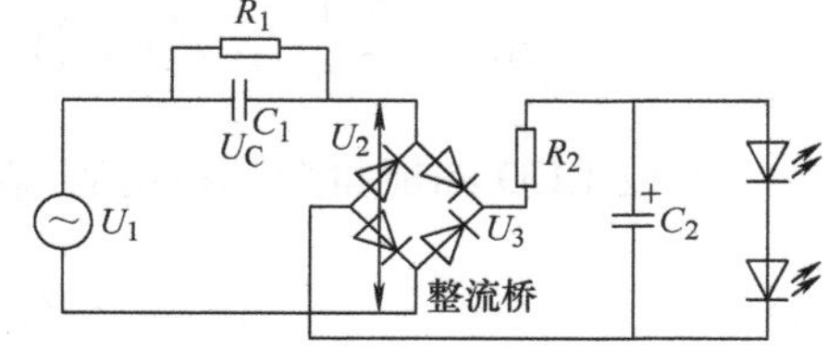

图 2-12　LED 灯泡电路原理图

解　根据题意，画出电路原理图如图 2-12 所示。令输入电压有效值为 U_1，电容 C_1 电压降为 U_C，整流桥交流侧两端电压有效值为 U_2，整流桥直流侧输出直流电压为 U_3。

1）确定 LED 的参数。

$$U_{LED} = 40\times 3.2\text{V} = 128\text{V}$$

$$P_{LED} = 128\text{V}\times 0.02\text{A} = 2.56\text{W}$$

2）计算和选择 R_2。电路中除了 LED 灯珠外，其他损耗主要由 R_2 产生，因此有

$$P_{R2} = 3\text{W} - 2.56\text{W} = 0.44\text{W}$$

$$R_2 = \frac{P_{R2}}{I_{R2}^2} = \frac{0.44\text{W}}{(0.02\text{A})^2} \approx 1.1\text{k}\Omega$$

R_2 的作用主要是抗浪涌，精度不需要很高，故可选择 1.1kΩ 的碳膜电阻。

3）计算和选择 C_1。整流桥输出直流电压为

$$U_3 = U_{LED} + U_{R2} = 128\text{V} + 0.02\text{A}\times 1100\Omega = 150\text{V}$$

由于整流桥的电压降很小，所以若忽略不计，则整流桥输入侧的电压有效值约为

$$U_2 = \frac{U_3}{\sqrt{2}} = \frac{150\text{V}}{1.414} \approx 106\text{V}$$

电容 C_1 的电压有效值为

$$U_C = U_1 - U_2 = 220\text{V} - 106\text{V} = 114\text{V}$$

电容 C_1 的容抗为

$$X_{C1} = \frac{U_C}{I_C} = \frac{106\text{V}}{I_{\text{LED}}/\sqrt{2}} \approx \frac{150}{0.02}\text{k}\Omega = 7.5\text{k}\Omega$$

根据电容容量与容抗的关系有

$$C_1 = \frac{1}{2\pi f X_C} = \frac{1}{2\times3.14\times50\text{Hz}\times7500\Omega} \approx 0.42\times10^{-6}\text{F}$$

可选择容量为0.47μF，额定电压AC 250V的无极性电容器，常用CBB电容较多。

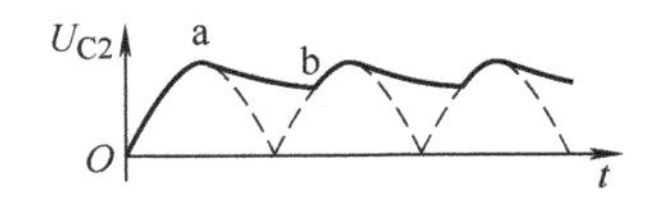

图2-13 电容 C_2 两端电压波形

4）计算和选择 C_2。C_2 两端电压的波形如图2-13所示。

假设电压纹波为峰值的20%，根据电容储能特性，电容每个周期释放的能量为

$$\Delta W_{C放} = \frac{1}{2}C_2(U_a^2 - U_b^2) = 0.5C_2\left[(128\text{V})^2 - (128\text{V}\times0.8)^2\right] \approx 2949\text{V}^2C_2$$

假设LED的能量全部由电容 C_2 提供，则 C_2 每个周期补充的能量为

$$\Delta W_{C吸} = P_{\text{LED}}T = 2.56\text{W}\times\frac{1}{2\times50\text{Hz}} = 0.0256\text{J}$$

根据能量守恒可知

$$\Delta W_{C吸} = \Delta W_{C放}$$

解方程得

$$C_2 = \frac{0.0256\text{J}}{2949\text{V}^2} \approx 8.7\times10^{-6}\text{F}$$

可选择容量为10μF，额定电压200V以上的铝电解电容。

5）计算和选择整流桥。整流桥的参数主要包括二极管的额定电流和额定电压。由于二极管是轮流导通的，每次只有其中两只导通，因此电流有效值和平均值相对于LED而言大致减小一半，即约10mA。但是由于 C_2 上电瞬间充电电流很大会产生浪涌，因此整流桥的二极管额定电流不能仅仅根据正常工作的电流大小选择，还要根据工作环境考虑其抗浪涌的能力。例如，1N400X系列的整流二极管额定电流为1A，可以承受的浪涌电流高达30A，能满足一般小功率LED灯泡应用。对于整流二极管承受的反向电压的分析相对复杂一点，如图2-14所示，从输出端来看，由上面的分析可知整流桥输出直流电压为150V，四只二极管可看作分为上下两条支路并联，因此每条支

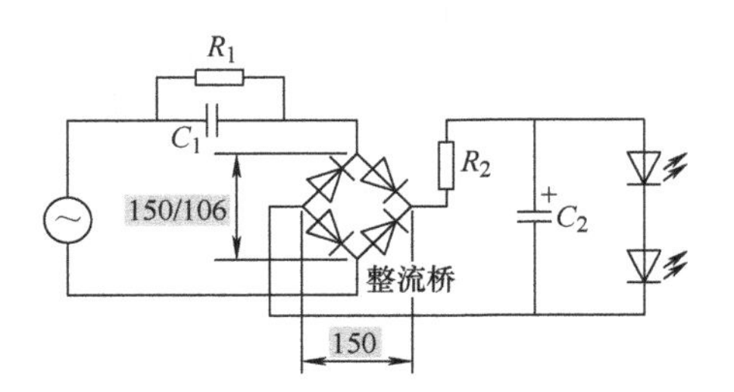

图2-14 整流桥的电压参数

路总电压为 150V，每只二极管承受反向电压为 75V；从输入端来看，由上面的分析可知整流桥输入电压交流有效值为 106V，峰值为 150V，四只二极管可看作分为左右两条支路并联，每条其中一只二极管导通，另一只二极管反向截止，忽略导通二极管的正向电压降则截止的二极管将承受全部输入电压，即交流有效值为 106V，峰值为 150V，根据这些数据可以选择合适的整流二极管型号。

图 2-15 所示为普通 1N400X 系列整流二极管的极限参数表。表中第一行为直流峰值反向电压，可见 1N4003 之后的型号均可满足要求（大于 150V）；第二行为交流峰值反向电压，1N4003 之后的型号均可满足要求（大于 150V）；第三行为交流有效值，1N4003 之后型号可满足要求（大于 106V）；第四行为正常工作时的平均电流，所有型号都可满足要求；第五行为浪涌电流，所有型号都可满足要求；第六行为结温和储存温度。由此可见，选择 1N4003 之后的型号均可满足本例中的设计要求。

MAXIMUM RATINGS

Rating	Symbol	1N4001	1N4002	1N4003	1N4004	1N4005	1N4006	1N4007	Unit
*Peak Repetitive Reverse Voltage Working Peak Reverse Voltage DC Blocking Voltage	V_{RRM} V_{RWM} V_R	50	100	200	400	600	800	1000	Volts
*Non–Repetitive Peak Reverse Voltage (halfwave, single phase, 60 Hz)	V_{RSM}	60	120	240	480	720	1000	1200	Volts
*RMS Reverse Voltage	$V_{R(RMS)}$	35	70	140	280	420	560	700	Volts
*Average Rectified Forward Current (single phase, resistive load, 60 Hz, see Figure 8, $_A$T=75℃)	I_O	1.0							Amp
*Non–Repetitive Peak Surge Current (surge applied at rated load conditions, see Figure 2)	I_{FSM}	30(for 1 cycle)							Amp
Operating and Storage Junction Temperature Range	T_J T_{stg}	–65 to +175							℃

图 2-15　1N400X 系列整流二极管极限参数表

6）计算和选择 R_1。R_1 并联在 C_1 两端，用于关灯掉电时把 C_1 的电荷释放掉，避免 C_1 两端保留高压产生安全隐患。R_1 的阻值要远大于 C_1 的容抗，以免产生不必要的损耗和发热，R_1 的选择主要是设置一个合适的放电时间即可。

图 2-16 所示为电容充放电电压变化与时间常数的关系曲线，其中时间常数定义为 $\tau = RC$。一般认为电容充电时间达 5τ 时电压基本达到峰值（充满），而放电时间达到 5τ 时电压基本为零。假设希望 C_1 的电压在 1s 内降到零，则有 $5R_1C_1 = 1$，即

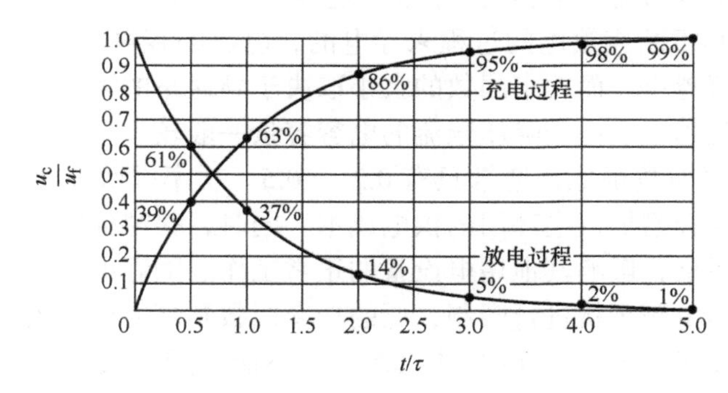

图 2-16　RC 电路电容的充放电电压变化与时间常数的关系

$$R_1 = \frac{1}{5C_1} = \frac{1}{5 \times 0.47 \times 10^{-6}\,\mathrm{F}} \approx 426\mathrm{k}\Omega$$

由此，可选择阻值为 430kΩ 的电阻。由于其功耗很小，为了便于焊接，可选择合适的尺寸规格，例如额定功率 1/4W 的金属膜电阻或贴片电阻等。

至此电路中所有元器件的参数和型号均已确定，上述步骤给出了一种实用的设计和计算思路，仅供参考。图 2-17 所示为一款常见的电容降压限流 LED 灯泡的结构和电路。

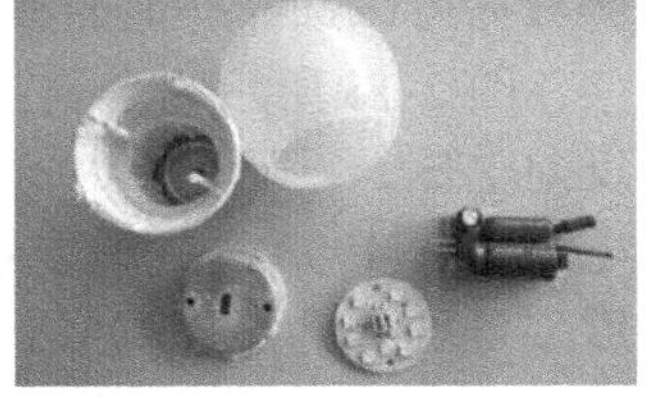

图 2-17　常见的电容降压限流 LED 灯泡的结构和电路

2.2.3　注意事项

LED 直接接电池或串联电阻接电池（或稳压电源）的电路最简单，利用电容器降压限流也是交流市电驱动 LED 的比较简单的方法。这种方法材料成本低，相比电阻限流降压而言，虽然电容也是串联在 LED 回路中的，但是电容在充放电过程中可为后面的电路提供电流通路，且所提供的电流有效值的大小取决于电容的容量，电容不会像电阻那样消耗功率，因此电源的效率较高，一般可以达到 80%，也不存在产生大量发热的现象，相对更安全。在电容的选择上，一定要采用耐压足够高的无极性电容（如薄膜电容），并要考虑电源电压的波动，留有足够的余量。因为耐压不足会使电容鼓包、发热，甚至熔化、短路等现象，产生危险。另外，由于整流桥后采用了大电解电容滤波，浪涌电流较大，所以必须使用抗浪涌的限流电阻，这个电阻也会产生一定的功耗，因此要选择耗散功率足够大的电阻，有时为了提高效率，这个电阻可采用具有负温度系数的热敏电阻（NTC）。其特点是在上电时阻值比较大，可以抑制浪涌电流，当有电流流过时，由于发热而阻值迅速变小，以减小损耗。另一方面电容降压限流电路只适用于小功率小电流的 LED 驱动，因为大功率 LED 驱动（如超过 100mA）需要电容量很大的电容，电容器的体积也很大，这时电容器的成本加上其他元器件的成本将接近甚至高于采用开关电源的成本，一旦电阻限流或电容降压限流电路失去了成本优势就失去了使用价值。这就是功率稍大的 LED 驱动电路不采用电阻限流或电容降压限流的主要原因之一。

电容限流用于交流电网供电的 LED 驱动，具有成本低、电路简单的优点，特别适用于小功率（3 ～ 5W）的球泡灯。但是电容降压限流电路具有一个致命的弱点，就是功率因数低，主要原因是因为流过电容的电流是不连续的，而且导通角很小。这主要是因为电容是通过交流电对其不断充放电的过程来导电的，电容的容量越小，充放电的时间越短，则流过的电流有效值越小。而功率因数的大小取决于导通角的大小，导通时间越短，导通角越小，功率因数就越小，由于降压限流的电容容量一般较小，因此充放电时间很短，电流导通角很小，功率因数很低，通常只有 0.2 ～ 0.5。功率因数越小，意味着对电网电能的利用率越低，这样会增加供电部门的供电成本。同时，很窄的电流脉冲会产生较多谐波分量，对电网造成污染，影响其他用电设备的正常工作。随着电子产品的大量使用，很多国家已经对用电器的电磁干扰进行限制，低的功率因数和高的谐波失真达不到相关国家制定的标准，无法满足相关国家的市场准入条件，不能使用。因此，采用电容降压限流的 LED 只能在要求不高的范围内有限度地使用。

2.3 晶体管恒流

前两节介绍的电阻降压限流和电容降压限流可以一定程度降低 LED 电流对电压的敏感性，使 LED 发光相对较为稳定，但对于输入电压波动范围较大时，LED 的电流受到的影响仍然很大，如何才能使 LED 的电流不受输入电压波动影响？最理想的情况是采用恒流控制电路，这样就可以使 LED 电流恒为设定值，本节将介绍利用晶体管的电流放大作用构成 LED 恒流驱动电路的工作原理和参数计算方法。

2.3.1 晶体管串联恒流驱动电路原理

晶体管共射放大电路如图 2-18a 所示，其输入、输出的公共参考端为发射极，工作时晶体管可以处于三种不同的状态，即截止、放大和饱和状态。图 2-18b 所示为晶体管共射放大电路的输出特性曲线。由图中可知，当基极电流很小时，集电极电流也很小，此时集电极与发射极之间的电阻很大，可视为断开，集电极电流随晶体管 c–e 极之间的电压变化很小。当基极电流增加时，晶体管开始导通，渐渐进入放大状态，这时基极电流很小，如图中的 20μA，但由于晶体管的电流放大倍数很高，如一般的小功率晶体管的放大倍数可在 100 ～ 300 倍甚至更高，因此，集电极的电流会被放大到毫安级。此后随着基极电流的增加，集电极输出电流也成比例地增加，这个比例在一定的范围内将保持不变，因此这种放大是线性的放大。当基极电流增大到一定程度时，基极电流与放大倍数的乘积将超过集电极的极限电流（饱和电流），晶体管进入饱和状态，此时，基极电流再增加也不会引起集电极电流的增加。

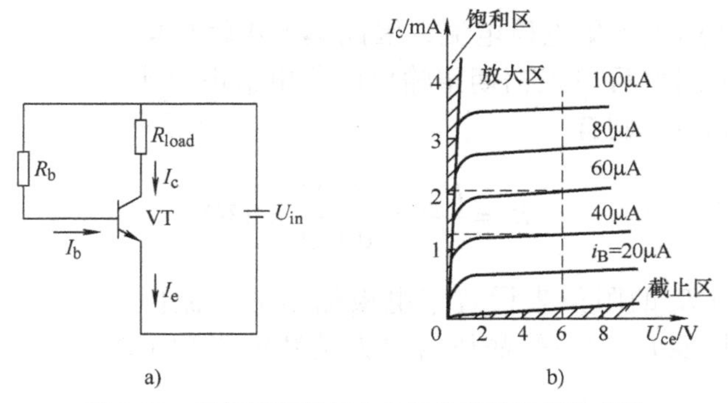

图 2-18　晶体管共射放大电路及其输出特性曲线

晶体管的集电极和发射极之间等效于一个阻值可自动调节的可变电阻，截止时，电阻值趋于无穷大；线性放大时，电阻值随输入电流增加而减小；饱和时，电阻值趋向于零。相应的三种状态下集电极和发射极之间的电压降从高到低，饱和时电压降接近于零，此时集电极的电流约等于电源电压除以集电极的负载电阻，即饱和电流。

晶体管的三种工作状态中，只有工作在线性放大区时，集电极电流才等于基极电流与放大倍数的乘积，此时，集电极电流只与基极电流有关，而与电源电压无关。当电源电压波动时，若能设法使基极电流保持不变，则集电极电流也不变（即实现恒流输出），此时集电极上负载的电压降不变，而晶体管 c–e 极之间的电压降随电源电压自动调节。由此可见，利用晶体管实现输出恒流控制的关键是设法保持基极电流不变。

由于晶体管 b–e 极之间由一个 PN 结构成，根据 PN 结的伏安特性，当电压稳定不变时，其工作电流也保持不变，因此可以设法稳定基极的电压以达到稳定基极电流的目的。图 2-19 所示为利用稳压二极管稳定基极电压的电路原理。

在图 2-19 中，若使用硅晶体管则其发射结工作开启电压约为 0.7V，根据 PN 结的伏安特性可知，基极电流对电压变化十分敏感，这就要求稳压二极管具有很高精度的稳压特性才能使基极电流稳定，而且输出电流还受晶体管放大倍数的影响，电流的大小不容易控制和调节。针对上述缺点，图 2-20 对电路进行了改进，图中在发射极增加了一个电阻 R_e。

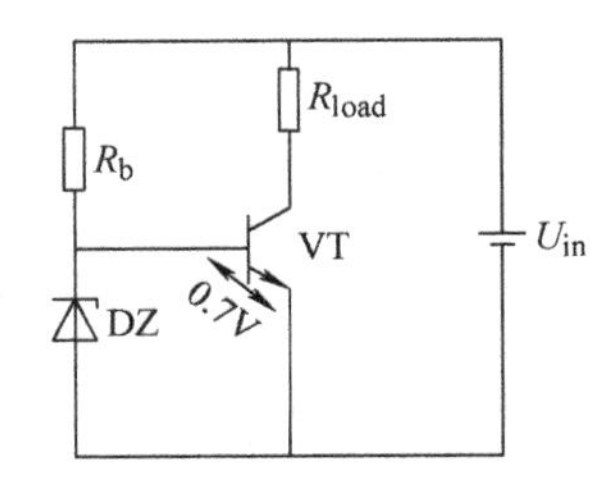

图 2-19　利用稳压二极管稳定基极电压

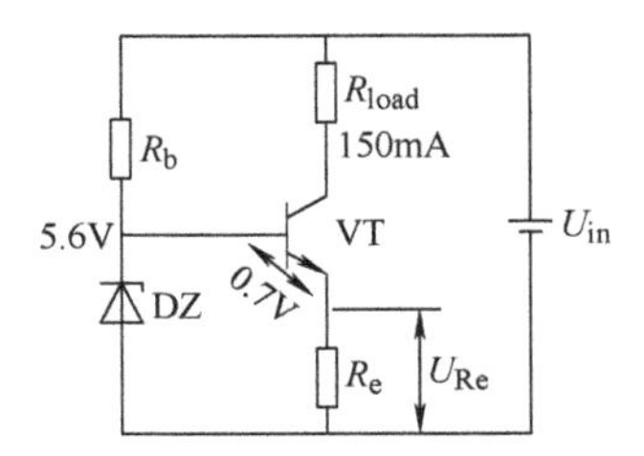

图 2-20　改进后的晶体管恒流控制电路

图 2-20 中假设稳压二极管的稳压值为 5.6V，则 R_e 两端电压为

$$U_{Re} = 5.6V - 0.7V = 4.9V$$

由于稳压二极管的稳压作用，该电压恒定不变，则 R_e 的电流也恒定不变，且

$$I_{Re} = \frac{U_{Re}}{R_e}$$

由于基极电流远远小于集电极电流，因此集电极输出电流约等于发射极电流，即 R_e 的电流，因此，R_e 的阻值可以根据期望输出的集电极电流来选取，例如，如果希望集电极输出电流恒为 150mA，则有

$$R_e = \frac{U_{Re}}{I_C} = \frac{4.9V}{0.15A} \approx 33\Omega$$

所以，可以通过 R_e 的阻值来设置集电极输出的电流值，且该电流值基本恒定（取决于稳压二极管的性能），它不受晶体管放大倍数的影响（放大倍数仅影响恒流调节的快慢）。

2.3.2　晶体管恒流驱动电路设计实例

扫一扫看视频

【例 2.4】 设计一个汽车内的 LED 阅读灯，由汽车的 12V 蓄电池供电，允许电压在 10 ～ 14V 内波动，要求 LED 稳定工作在 9.6V/150mA 条件下，画出电路图，计算元器件参数，选择元器件型号。

解　根据题意画出电路原理图如图 2-21 所示。

1）计算选择稳压二极管。稳压管主要选取稳压值、额定功率和工作点电流。稳压二极管伏安特性曲线如图 2-22 所示，正向导通电压降为 0.7V，反向击穿电压为稳压值，进入稳压区的初始电流约为 1mA，工作区电流范围取决于额定功率。

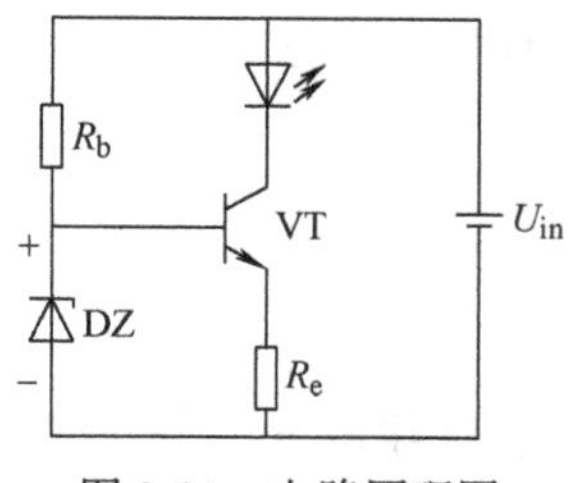

图 2-21　电路原理图

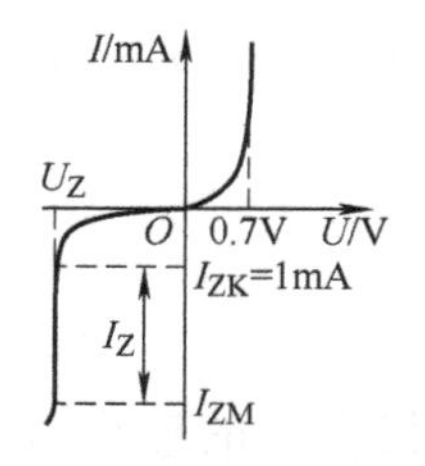

图 2-22　稳压二极管的伏安特性

本例中稳压管的击穿电压必须大于 0.7V（晶体管导通必须的发射结电压降）。为了减小功耗，稳压管的稳压值不宜选择得过高，本例可选择 3.3V，额定功率 1/2W 玻璃封装的稳压二极管。此时稳压管允许的最大工作电流为

$$I_{ZM}=\frac{0.5W}{3.3V}\approx 0.15A$$

2）计算和选择 R_e。根据稳压管的稳压值可知 R_e 的电压降为 3.3V−0.7V=2.6V，电流约等于 LED 的电流，即 150mA，因此阻值和功耗分别为

$$R_e=\frac{U_{Re}}{I_C}=\frac{2.6V}{0.15A}\approx 17.3\Omega$$

$$P_{Re}=2.6V\times 0.15A=0.39W$$

可见该阻值并非标准阻值，可以采用两个电阻并联的方式，方法如下：首先计算 R_e 的 2 倍，即 17.3Ω×2=34.6Ω，选一个略大于 34.6Ω 的标称阻值，例如 36Ω，再选一个略小于 34.6Ω 的标称阻值，例如 33Ω，计算两个电阻并联的值为

$$R_{并}=\frac{36\Omega\times 33\Omega}{36\Omega+33\Omega}\approx 17.2\Omega$$

这样就可以获得与 17.3Ω 相近的阻值。根据功耗，选取每个电阻的额定功率为 1/4W 即可，如图 2-23 所示。

3）计算选择 R_b。R_b 为晶体管提供基极电流，同时也为稳压二极管提供工作电流，计算其阻值需要知道其电压降和工作电流的大小。根据图 2-24 所示电路，R_b 的电压降等于 U_{in}−3.3V，但是由于 U_{in} 允许在 10 ～ 14V 变化，究竟用最大电压计算还是用最小电压计算是个问题。

扫一扫看视频

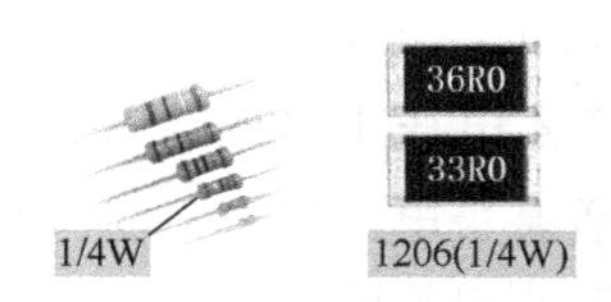

图 2-23　直插式和贴片式的电阻

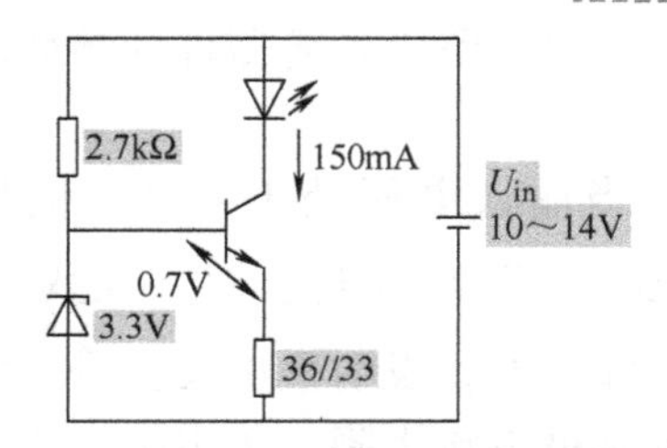

图 2-24　R_b 计算参考电路图

若采用最大输入电压计算，显然 R_b 电压降最大，功耗最大，因此可用以选择电阻的额定功率。采用最小输入电压计算，R_b 电压降最小，提供的电流也最小，此时要保证满

足晶体管基极电流和稳压二极管最小工作电流的需要，因此，应该用最小电压来计算阻值，满足

$$R_b \leqslant \frac{U_{in(min)} - 3.3V}{I_b + I_{Dz}}$$

其中，基极电流的最小需求量为集电极输出的 LED 电流除以晶体管的放大倍数，在这里首先取定一个预期放大倍数，例如 100 倍，用来计算基极电流的最小值，后面在选择晶体管时只要满足放大倍数不小于 100 倍即可。这样就可以确定基极电流最小值为

$$I_b = \frac{0.15A}{100} = 0.0015A$$

根据稳压二极管数据手册（或伏安特性曲线）可知稳压二极管的最小工作电流约为 1mA，则

$$R_b \leqslant \frac{U_{in(min)} - 3.3V}{I_b + I_{Dz}} = \frac{10V - 3.3V}{0.0015A + 0.001A} = 2680\Omega$$

若取标称值 2.7kΩ，则晶体管的放大倍数大于 100 才可以。

再按最大输入电压计算功耗为

$$P_{Rb} = \frac{[U_{in(max)} - 3.3V]^2}{R_b} = \frac{(6.7V)^2}{2700\Omega} \approx 0.017W$$

功耗不大，可以根据空间和便于焊接的原则选择即可，例如可选 1/10W 的 0603 封装的贴片电阻。

4）选择晶体管。晶体管的选取主要考虑 c–e 极额定电压、功耗、集电极电流，以及放大倍数等参数。本例中当晶体管处于截止状态时，c–e 极电压最大 14V，工作时集电极电流 150mA，最大耗散功率为

$$P_{ce} = U_{ce} I_{LED} = (14 - 9.6) \times 0.15W = 0.66W$$

常用的小功率 NPN 型晶体管，如 2N3904、9013 等均可使用，选用时要采用额定功率较大的 TO92 封装，实际上这两种晶体管的额定功率略小于 0.66W，可以采用两只晶体管并联使用（三只引脚对应并联）。同时要注意不同后缀的晶体管的放大倍数不一样，要选择大于 100 倍的型号。

至此，该电路中各元器件的参数和型号均已确定。最后来讨论一下该电路的恒流控制过程。

假设当输入电压处于某值（例如 12V）时，电路处于稳定状态，此时集电极电流 $I_c = 150mA$，发射极电压 $U_e = 3.3V - 0.7V = 2.6V$，当输入电压上升时，基极电流上升，集电极电流上升，发射极电压上升，稳压二极管使晶体管基极电压保持不变，发射结电压下降，则基极电流下降，集电极电流也随之下降，从而实现电流的回调；反之，调节过程相反，最终回到稳定状态，即保持 $U_e = 3.3V - 0.7V = 2.6V$。这个过程可以用图 2-25 表示。

当输入电压变化时，将打破由稳压管、晶体管结射结和射极电阻所建立的回路的稳定

状态，而基极电流的变化将引起发射极输出电压产生变化，促使发射极回到稳定的 0.7V，发射极电压又回到 2.6V，集电极电流回到 150mA 的稳定状态。$U_e = 3.3V - 0.7V = 2.6V$ 相当于建立了一个固定的基准电压，只要这个基准足够稳定，电路中任何原因引起 R_e 的电压变化，最终都会经过自动调整，使其符合该基准。其工作原理可以抽象为图 2-26 所示的电路结构。

$U_{in}\uparrow \rightarrow U_{Rb}\uparrow \rightarrow I_b\uparrow \rightarrow I_c\uparrow \rightarrow U_e\uparrow \rightarrow U_{be}\downarrow \rightarrow I_b\downarrow \rightarrow I_c\downarrow$

$U_{in}\downarrow \rightarrow U_{Rb}\downarrow \rightarrow I_b\downarrow \rightarrow I_c\downarrow \rightarrow U_e\downarrow \rightarrow U_{be}\uparrow \rightarrow I_b\uparrow \rightarrow I_c\uparrow$

图 2-25　恒流调节的过程

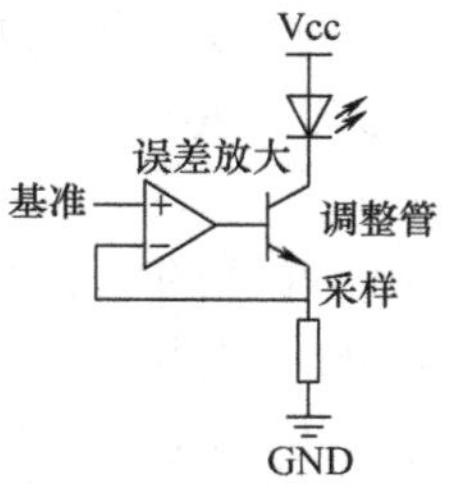

Vcc
误差放大
基准
调整管
采样
GND

图 2-26　线性恒流电路的结构模型

稳压二极管和晶体管的发射极提供 2.6V 的基准电压，晶体管起放大和调整作用，发射极电阻起电流采样的作用。满足这样结构的电路均可构成线性恒流电路。

2.3.3　注意事项

利用晶体管作为 LED 恒流控制电路，实际上是利用晶体管的 b–c 极之间电压作为参考电压，晶体管作为误差放大器或比较器来实现的，由于晶体管 b–c 极也是一个半导体 PN 结，其伏安特性也是非线性的，且伏安特性受温度变化影响，因此恒流效果并不是很好。另一方面，由于晶体管串联在回路中，若电源与 LED 的工作电压差较大，则该电压差将全部加至晶体管上，晶体管的损耗很大，电源效率很低，且存在高温危险，因此也不适合在电压高且波动较大的交流电网中直接使用。

晶体管工作时可能处于截止、线性放大与饱和三种状态之一，只有工作在线性放大状态下，晶体管才具有恒流的功能。如何判断晶体管处于哪一种状态？从参数上看，晶体管的基极电流小于导通所需电流时，晶体管处于截止状态，基极电流大于导通所需电流时，开始进入放大状态，此时，集电极电流正比于基极电流，若电源电压因某种原因产生变化，只要设法保持基极电流不变，则集电极电流也不变，即实现恒流。恒流状态下晶体管的 c–e 间的电压是可以变化的，若基极电流很大，以至于基极电流与放大倍数的乘积大于集电极电流，则晶体管进入饱和状态，此时集电极电流始终处于最大值，不再受基极电流控制，而 c–e 间的电压降很小（接近于零），晶体管相当于一个开关。因此在参数设计时，要注意晶体管的工作点，不能使其进入饱和状态。

2.4　恒流二极管

由晶体管构成的恒流源要保证基极的电压和电流不变，但由于外围元器件的精度难以保证，加上晶体管的 U_{be} 和放大倍数受结温影响较大，因此晶体管恒流的精度难以保证，恒流二极管可以在一定程度上解决这个问题。

早期的恒流二极管通常用于仪器仪表中作为电流基准（即参考电流源），电流级别比较低，不适合于功率电路。然而随着 LED 产业的蓬勃发展，很多公司开发出了电流级别更大的恒流二极管用以驱动 LED。恒流二极管使用十分方便，它是一个二端器件，使用时像电阻一样与 LED 串联即可，它在提供恒定电流的同时也承受一定的电压降和功耗。

2.4.1 恒流二极管的伏安特性

理想的恒流源是一种内阻为无穷大的器件，不论其两端电压如何变化，其流经的电流始终保持不变。然而现实中这种器件是不可能存在的，恒流二极管只能在一定工作电压范围内（例如 10 ～ 100V）保持电流为一个恒定值（例如 30mA），其等效电路如图 2-27 所示。

其内阻为 Z，并联的电容为 4 ～ 10pF。它在某一个电压范围内有一段恒流区间，在这个区间，流经的电流几乎不变，其伏安特性曲线如图 2-28 所示。由图中可知，实际的恒流二极管的电流仍然会随电压增加而有所增加，不过变化不大。

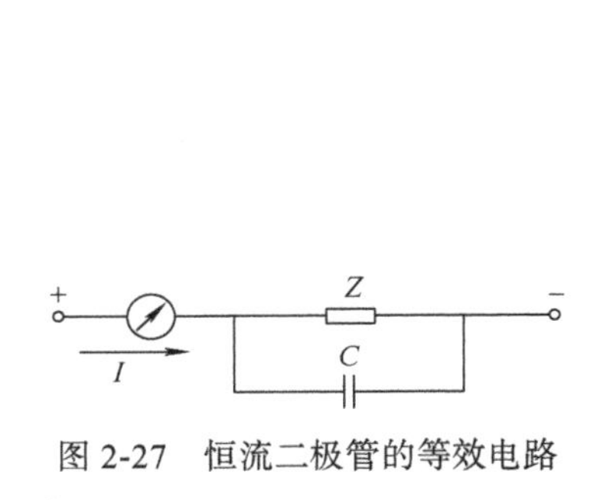

图 2-27 恒流二极管的等效电路

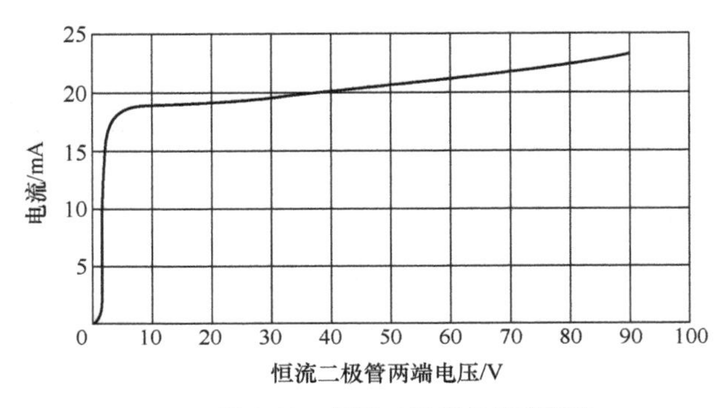

图 2-28 恒流二极管的伏安特性

2.4.2 恒流二极管 LED 驱动电路

恒流二极管的恒流特性用于驱动 LED 最简单的方法就是直接和 LED 串联。但是在把恒流二极管用于 LED 驱动时必须注意选择恰当的电流和耐压。由于恒流二极管需要一定的电压降 U_k 才能够进入恒流状态，所以太低的输入电压是无法使其工作的。通常这个 U_k 在 5 ～ 10V，所以大多数采用电池供电的 LED 是无法使用恒流二极管驱动的。另一方面由于恒流二极管具有一定的额定功耗，所以过大的电流也是不合适的，常见的恒流二极管的工作电流只有几十毫安，如 1W 的 LED 通常需要 350mA，单个恒流二极管无法提供。目前恒流二极管比较适合的使用场合就是电压比较稳定的交流市电供电的小功率 LED 灯具，如采用很多小功率 LED 串联，也就是高电压小电流的情况。

图 2-29 所示电路就是一种用于 LED 球泡灯的恒流二极管驱动电路。其负载是 80 颗采用 3014 封装的 LED，总功率为 8W。所用的恒流二极管也是恒流在 30mA，目前的恒流二极管可以达到这个电流水平，假如手头的恒流二极管只有 5mA 的，就需要六个并联。

恒流二极管的作用就是要在输入市电电压变化时，保持输出电流不变。但是由于恒流二极管的耐压有一定的限制，所以它所能吸收的电源电压的变化也是有限的。以 100V 耐压的 CRD 为例，220V 市电经过桥式整流后输出直流电压大约为 300V，80 颗 LED 串联的正向电压降约为 256V，恒流二极管承受的电压降为 44V 左右，可以使用。如果市电变化 ±20%，即整流后为 240 ～ 360V，最高电压与最低电压相差 120V，低压时满足不了 LED 工作电压，高压时，恒流二极管的电压降超过其耐压，因此在输入电压波动较大的场合也不宜使用恒流二极管。

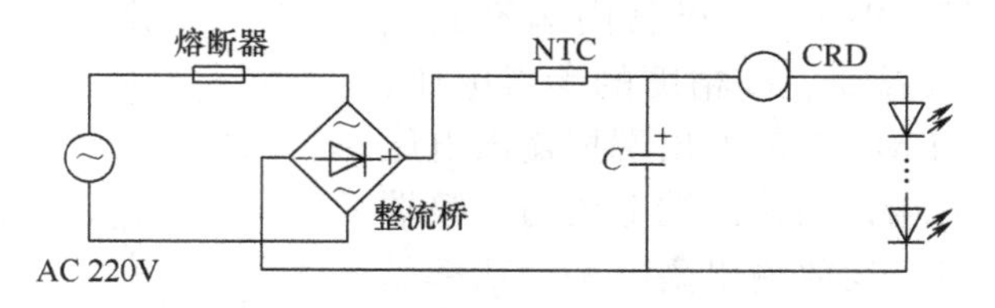

图 2-29 采用恒流二极管作为 LED 驱动电路

2.4.3 注意事项

使用恒流二极管时，不仅要考虑其电流和工作电压范围，还要考虑其功耗，只有在电源电压与 LED 工作电压相差不大（当然也不能太小，小于恒流二极管的起始工作电压也是不行的）时，恒流二极管电压降最小，功耗也最小，电源的整体效率才最高，因此在电源电压较为稳定的情况下，通过 LED 的串并联组合和选用合适电流和耐压的恒流二极管使恒流二极管上的电压降降到最低，可使电源的效率达到 90% 以上。

采用恒流二极管作为 LED 的恒流驱动具有结构简单、成本低廉的优点，尤其适合于小功率市电 LED 灯具，如球泡灯和日光灯和吸顶灯。但是由于受到功耗的限制，它只能用于高压小电流的情况。负载只能是多个小功率 LED 的串联或是采用集成的“高压 LED”。

而且，如果直接采用整流滤波电路，则同样会有功率因数不高的缺点，必要时可采用无源功率因数校正手段以达到相关的标准。另外，恒流二极管可以并联使用，以提高总的电流输出，驱动更大功率的 LED。

2.5 集成线性恒流电路

利用晶体管工作在线性放大区时的恒流特性，可以构成恒流的 LED 驱动电路，其原理是通过稳定晶体管基极的电压来达到稳定基极电流的目的，从而控制集电极输出电流恒定。然而晶体管发射极的正向电压降具有负温度特性，当晶体管结温升高时，发射极的正向电压降大约按 2mV/℃下降，同时晶体管的放大倍数也会变大，这样就会造成设定的恒流值会上升。因此使用晶体管作为恒流源时，要采取相应的温度补偿措施，这就使得原本很简单的电路变得复杂，成本也相应增加。利用晶体管构成稳压电路同样也有温度漂移的问题，为了解决这一问题，人们早已开发出包含温度补偿功能的集成线性稳压器，其内部包含了低温漂的高精度基准电压源，使得用作比较的参考电压十分精准稳定，从而提高了稳压器输出电压稳定度。利用这些集成稳压器可以构成精度很高的恒流电路。

2.5.1 LM317 简介

LM317 是一种可调的集成三端稳压器，该芯片最初是由美国国家半导体公司生产的，由于性能稳定，使用非常广泛，现在许多厂商都可以生产了。LM317 内部结构如

图 2-30 所示，其主要包括：①一个功率开关管，为 NPN 型晶体管；②一个电压参考模块，它提供 1.25V 参考电压；③一个控制功率开关的运算放大器，该运算放大器使输出电压等于调整引脚（ADJ）的电压与参考电压的差。

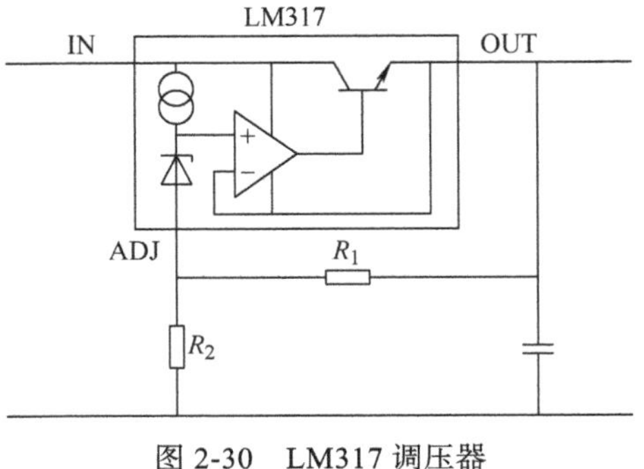

图 2-30　LM317 调压器

LM317 内部恒流源和稳压二极管向运算放大器的同相输入端提供低温漂、高精度的参考电压，该参考电压为 1.25V。LM317 的输出端把输出电压反馈到运放的反相输入端，当输出端电压与调整端的电压差小于 1.25V 时，运放输出高电平，功率晶体管导通并处于线性放大状态，输出电压上升，直到输出端电压比调整端电压高出 1.25V 时，运放输出低电平，晶体管截止，因此，输出端电压被稳定在此状态下。典型的 LM317 稳压电路中包含由 R_1、R_2 构成的分压电路，调整端的参考电压为 1.25V，只要调整 R_1、R_2 的比例，就可以控制输出电压的大小。

输出电压可通过式（2-7）计算

$$U_o = \frac{R_1 + R_2}{R_2} \times 1.25\text{V} \tag{2-7}$$

这里忽略了由 LM317 的 ADJ 引脚拉出的微小电流在 R_2 上产生的电压降。

LM317 集成三端稳压器的派生器件包括正固定电压输出模块（LM78XX）和负电压输出模块（LM79XX），XX 表示输出电压，如 LM7805 为输出 +5V 电压和 1A 电流的电压调节器。

2.5.2　LM317 恒流电路

在图 2-30 所示电路的基础上稍做修改，就可以构成驱动 LED 的恒流电路，如图 2-31 所示。

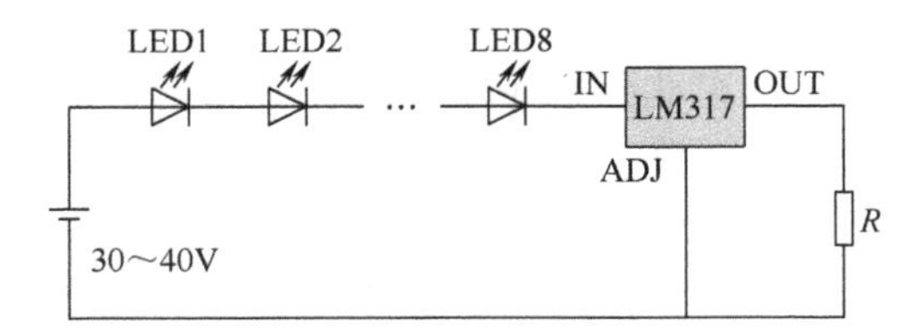

图 2-31　使用 LM317 构成的 LED 恒流电路

如前所述，当 LM317 的 OUT 引脚与 ADJ 引脚的电压差为 1.25V 时，LM317 就能实现稳定电压功能。在图 2-31 所示的电路中，OUT 引脚与 ADJ 引脚间接有电流检测电阻 R。流过 R 的电流将产生电压降，使 OUT 引脚的电压高于 ADJ 引脚，当这个压差达到 1.25V 时，LM317 的内部功率开关管就关断，因此输出电流不会继续上升，而是会维持在使 R 的电压降为 1.25V 的水平上，从而实现稳定电流的功能。因而电流限制值可以用式（2-8）计算。

$$I_o = \frac{1.25V}{R} \tag{2-8}$$

如图2-31所示，若LED串总电压为3.2V×8=25.6V，LED限流为350mA，则计算得R为3.57Ω，电池电压为最低值30V时，LM317及电阻R的总电压降为30V−25.6V=4.4V，功耗为4.4V×0.35A=1.54W，电路的效率为[（30V×0.35A）−1.54W]/（30V×0.35A）=85%。同理，当电池电压达到电高40V时，LM317及电阻R的电压降为40V−25.6V=14.4V可算得电路的效率为（25.6V/40V）×100%=64%。由此可见，当输入电压与LED工作电压相差较大时，线性稳压器构成的恒流电路损耗较大。但由于采用线性集成稳压器作为线性恒流源时恒流效果极好，在最低电压到最高电压的整个范围内，其电流值几乎不变，这是电阻限流方式绝对做不到的，也是开关型LED驱动电路很难实现的，故在输入电压波动不大的场合是一种最佳的选择。

2.5.3 注意事项

LM317及其派生的三端稳压器正常工作是有条件的，即输入、输出之间需要维持一定的电压差，这个电压差取决于流过电压调节器的电流（电流越大要求的电压差越大），其典型值为1～3V。如果这个压差相对于输出电压而言占的比例较高，那么在稳压器上损耗的功率也占了很大的一部分，因此，在低压应用时，为了提高效率，应该选用低压差的线性稳压器。

三端稳压器构成的线性恒流电路具有恒流精度高、稳定性好、不会产生干扰、电磁兼容性好、电路简单等优点，且技术成熟，从商用角度看其成本较低，是开关电源无法比拟的，因此在条件允许的前提下，应尽量选用线性恒流电路作为LED驱动，而不是开关电源。使用线性电源来驱动LED也存在一些缺点和局限性，例如在一些应用中，线性电源的效率过低，不仅浪费，而且还会因散热问题而增加成本。还有一些应用中，比如使用交流电网供电时，线性电源显得体积太大，以及线性电源只能用于降压电路，允许的输入电压范围较小。相比之下，采用开关电源变换器设计的恒流电源则具有体积小、效率高、输入电压范围宽、可升压也可降压等优点，因此采用哪种电路应根据不同应用进行选择。

思 考 题

1. 为什么计算串联电阻时，有时还要计算其功耗？

2. 计算电流采样电阻时，当计算值无法用一个常规标称阻值的电阻满足时，应采用什么方法解决？

3. 现手头上只有一批3.3V的稳压二极管，如何利用这些稳压二极管分别实现稳压值4.0V、0.7V、1.4V和6.6V，画出电路原理图，并加以解释。

4. 通过互联网，查找S8050和9013晶体管的数据手册，说明这两种型号是否满足例2.4中的选型要求。

第 3 章

开关变换器原理与设计

与线性电源相比，开关电源具有效率高、体积小、输入电源范围宽等优点，广泛应用于各种电子电气设备，LED 的突出优势之一是节能，提高驱动电路的能效是关键，开关电源变换器是首选方案。本章将介绍开关变换器的基本原理，并通过两个实例详细说明利用开关变换器设计 LED 恒流驱动电路的方法。

3.1 开关变换原理

3.1.1 电磁感应

所有开关变换器和开关电源的基本工作原理都是基于磁性元件（包括电感、变换器）和电磁感应的物理原理设计而成的，因此有必要了解电磁感应的基本现象和工作原理。

下面通过一个简单的实验来理解电磁感应现象。在一个铁环上用导线绕上两个线圈 A 和 B，如图 3-1 所示，A 线圈通过开关接直流电源，B 线圈接指针式检流计（电流表）。

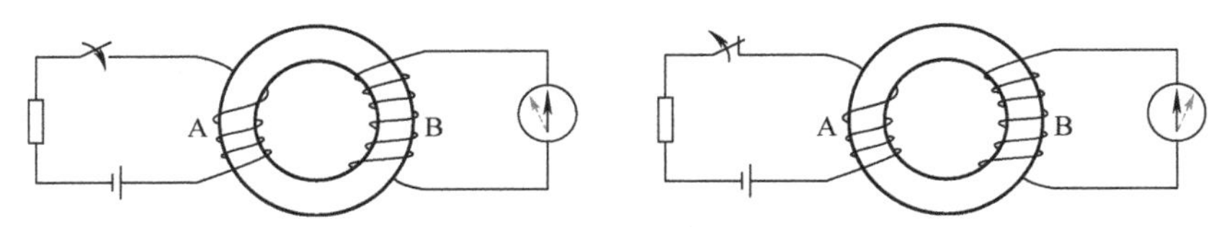

图 3-1　电磁感应现象

当开关闭合时，检流计指针向左摆动一下，然后回到中间的零点位置，此时开关保持闭合状态，但检流计指针始终保持在零点位置不动。当开关断开时，检流计指针向右摆动一下，然后回到中间的零点位置。这就是电磁感应现象，它说明了以下两点事实：

1）开关闭合和断开瞬间，线圈 B 中有电流输出，且电流方向相反。

2）开关保持导通状态时，虽然线圈 A 中有电流，但线圈 B 中没有电流。

该实验现象的工作过程解释如下：

1）当开关闭合瞬间，A 线圈中电流增加，产生磁场，且磁通量增加，并通过铁环传递到 B 线圈，B 线圈中感应磁通量的变化产生感应电动势，通过闭合回路就电流加到检流计，使指针偏转。

2）经过一段闭合的时间后，A 线圈电流增加到最大值（等于电源电压除以回路的电阻）并保持不变，此时 A 线圈虽然产生磁场，但磁通量保持不变，因此 B 线圈中磁通量不变，不会产生感应电动势，就没有电流输出。

3）当开关由闭合状态断开的瞬间，A 线圈中电流减小，磁通量减小，因此 B 线圈中感应磁通量变化，又产生感应电动势，输出电流，但由于此时磁通量的变化趋势（减小）

与开关闭合瞬间的变化趋势（增大）相反，故感应电动势方向相反，电流方向相反，因此指针摆动方向相反。

在整个过程中，电源的能量通过铁环的磁通量变化从A线圈传递到B线圈，若A、B线圈匝数不同，则输入和输出电压就有不同，根据能量守恒定律，输入和输出电流也就不同，从而实现了电能的变换。

3.1.2　开关的作用

从上面实验可以看出，要使能量持续不断地从A线圈传递到B线圈，必须不断重复开关动作，且最好是在A线圈中的电流达到最大值（或小于最大值）时断开开关，而在A线圈电流下降到零（或大于零的某个值）时重新闭合开关，这样就可以使磁通量始终保持变化（增大和减小），而B线圈始终产生感应电动势（正负交替），从而实现能量的连续传输，并减小A线圈的直流损耗。通常情况下，A线圈中的电流变化很快（取决于电感量和回路的电阻），因此开关的速度也要足够快，并且要能周期性自动重复，这就需要相应的电路来进行控制。

3.1.3　电感的伏安特性

上面的实验中使用了两个线圈A和B，事实上，电磁感应现象在一个线圈上也可以实现。当开关闭合时，由线圈产生磁通量，开关断开时，线圈处于自身产生的磁通量变化之中，因此自然就会产生感应电动势，也就是说线圈两端有电压输出，这种现象称为自感，而这种元件（线圈）称为电感。下面简单讨论电感两端产生的电压与电感流过电流的关系。

图3-2所示为空心线圈产生磁场的示意图。当线圈通过电流I时，在线圈的内部和周围产生闭合的磁场，磁场方向按右手定则确定，电流和磁场方向的关系如图3-2所示。磁场的强度一般用磁感应强度（磁通密度）B表示，线圈内部的磁感应强度较强且较为均匀，而外部较弱且较为分散。理想情况下（线圈无限长）线圈内部的磁感应强度为

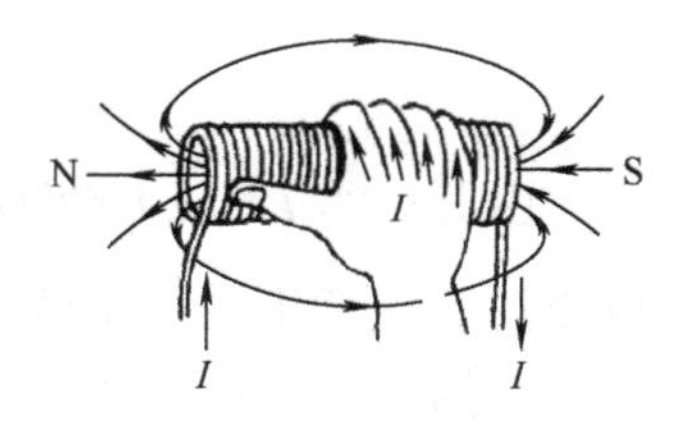

图3-2　电感线圈产生的磁场

$$B = \mu_0 nI \tag{3-1}$$

式中，μ_0为真空中的磁导率；n为单位长度线圈的匝数；I为电流值。

电感线圈产生的感应电动势主要受内部磁感应强度的变化影响，也就是说主要通过内部磁场实现能量的变换（电源变换的本质是能量的不同表现形式的变化，即不同的电压和电流组合），因此希望线圈内部的磁感应强度越强越好。为了提高内部磁场的强度，可在线圈中间插入磁心，通常磁心的磁导率是空气磁导率的数千倍，这样就可以大大提高线圈内部的磁感应强度。

$$B = \mu nI \quad (\mu >> \mu_0) \tag{3-2}$$

根据定义，磁感应强度（磁通密度）为线圈的单位横截面积的磁通量，即

$$\phi = BA_e = \mu nIA_e \tag{3-3}$$

式中，ϕ为线圈内部的磁通量；A_e为线圈的有效横截面积。

假设线圈的总匝数为N（注意与单位长度匝数n不同），由于每匝线圈都在磁场中，因此每匝线圈都会产生感应电动势，如图 3-3 所示。

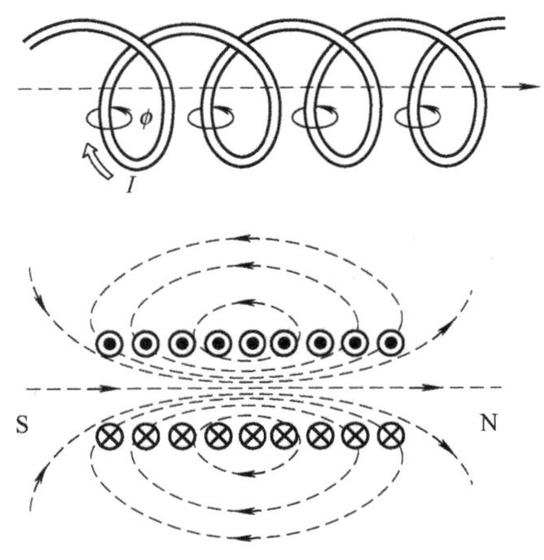

图 3-3 电感线圈产生的磁场分布

N匝线圈所感应的磁通量可以表示为

$$N\phi = N\mu nIA_e = \frac{N^2\mu IA_e}{l} \tag{3-4}$$

式中，l为线圈的长度，式（3-4）可以简写为

$$N\phi = LI \tag{3-5}$$

由此可得$L = \mu A_e N^2 / l$，称为电感的电感量，可见电感量的大小与线圈的匝数二次方成正比（注意不是与匝数N成正比）。

根据电磁感应定律，每匝线圈产生的感应电动势可以表示为

$$E = -\frac{\Delta\phi}{\Delta t} \tag{3-6}$$

可见其大小取决于磁通量变化的快慢，方向与磁通量变化的趋势相反（线圈产生的感应电动势的机理是抗衡磁通量的变化趋势），那么N匝线圈产生的感应电动势叠加后大小为

$$U = \frac{N\Delta\phi}{\Delta t} \tag{3-7}$$

而磁通量的变化是由励磁电流I的变化引起的，由式（3-5）得

$$N\Delta\phi = L\Delta I \tag{3-8}$$

由式（3-7）和式（3-8）得线圈两端的电压与电流的关系可表示为

$$U = L\frac{\Delta I}{\Delta t} \tag{3-9}$$

式（3-9）给出了电感线圈的伏安特性，具有以下几个特点：

1）电感两端的电压与电流变化率成正比，比值为电感量。

2）当电流恒定不变时，虽然电感线圈仍然产生磁场，但磁场不变，电感线圈两端不会产生电压（感应电动势）。

3）电感线圈两端的电压是可以突变的，因为电流变化率可以突变（例如电流随时间变化的曲线可以从 45° 突变为 0），反之电感线圈的电流是不能突变的，因为对于固定的 U 和 L，电流变化率是一个定值，即电流随时间变化的曲线斜率是一个定值。

【例 3.1】 若流过电感线圈（$L = 1\text{mH}$）的电流 I_L 波形如图 3-4a 所示，试计算各个时间段电感两端的电压 U_L，并画出电压波形。

解　假设电感电压和电流的参考方向如图 3-5 所示，根据式（3-9），对应每一段斜率不同的电流可以计算出电感线圈的感应电动势如下：

1）$0 \leqslant t \leqslant 1\text{ms}$,　$U = L\dfrac{\Delta I}{\Delta t} = 1\text{mH} \times \dfrac{(1000-0)\text{mA}}{1\text{ms}} = 1\text{V}$

2）$1\text{ms} \leqslant t \leqslant 3\text{ms}$,　$U = L\dfrac{\Delta I}{\Delta t} = 1\text{mH} \times \dfrac{(0-1000)\text{mA}}{(3-1)\text{ms}} = -0.5\text{V}$

3）$3\text{ms} \leqslant t \leqslant 5\text{ms}$,　$U = L\dfrac{\Delta I}{\Delta t} = 1\text{mH} \times \dfrac{(1000-0)\text{mA}}{2\text{ms}} = 0.5\text{V}$

4）$5\text{ms} \leqslant t \leqslant 7\text{ms}$,　$U = L\dfrac{\Delta I}{\Delta t} = 1\text{mH} \times \dfrac{(1000-1000)\text{mA}}{(7-5)\text{ms}} = 0\text{V}$

5）$7\text{ms} \leqslant t \leqslant 8\text{ms}$,　$U = L\dfrac{\Delta I}{\Delta t} = 1\text{mH} \times \dfrac{(0-1000)\text{mA}}{(8-7)\text{ms}} = -1\text{V}$

据此画出电感两端的电压波形，如图 3-4b 所示。由图中可知，电感电流是连续变化的，且均为正值，而电感电压是跳变的，且有正负之分。

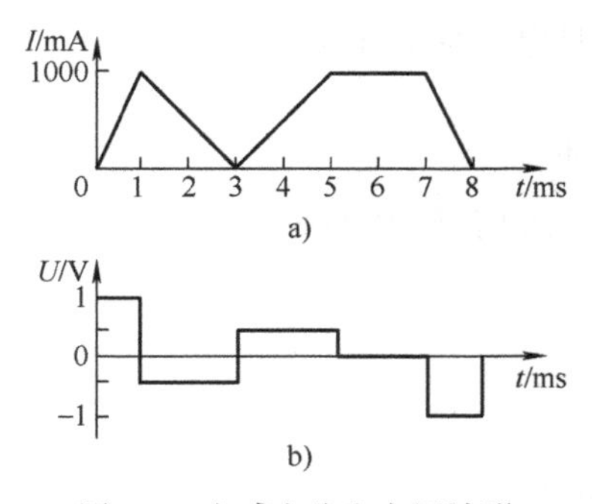

图 3-4　电感电流和电压波形

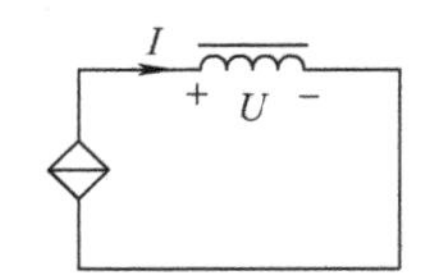

图 3-5　电感电压和电流的参考方向

3.1.4　BUCK 变换原理

开关变换器可以实现直流对直流（DC-DC）降压、升压或升降压的变换，开关变换器主电路由开关、储能电感、输出滤波电容，以及续流二极管四个主要元器件构成，本节将以降压式（BUCK）开关变换器为例介绍其变换原理。

1. 降压原理

BUCK 变换器的电路结构和两种工作状态如图 3-6 所示。

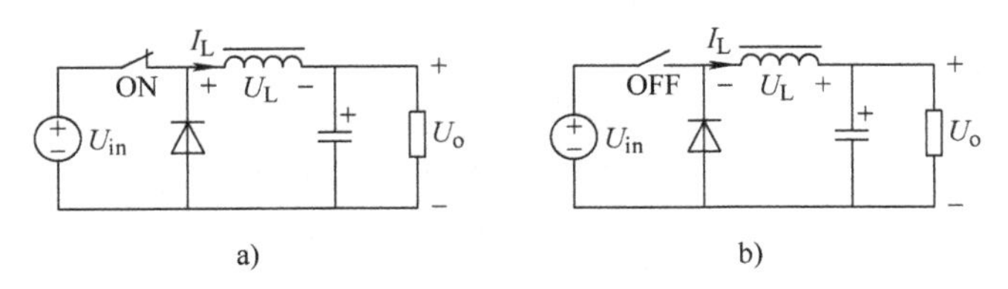

图 3-6 BUCK 变换原理

当开关闭合时（见图 3-6a），输入直流电 U_{in} 经开关、电感到输出端，二极管反向偏置截止。由于电感电流增加，磁通量增加，所以电感电压左正右负，根据基尔霍夫电压定律（KVL）有

$$U_{L(on)} = U_{in} - U_o \tag{3-10}$$

当开关断开时（见图 3-6b），输入直流电 U_{in} 断开，此时电感中磁通量趋于减小（磁通量是磁场能量的表现，不能瞬间消失，只能逐渐释放减小），感应电动势方向反转，电压变为右正左负，二极管正向偏置导通，电感电流得以持续（因此二极管称为续流二极管），根据基尔霍夫电压定律（KVL）有

$$U_{L(off)} = U_o \tag{3-11}$$

根据式（3-7）感应电动势与磁通量变化的关系，有

$$N\Delta\phi = U_L \Delta t \tag{3-12}$$

开关闭合时电感储存的磁能为

$$N\Delta\phi_{\uparrow} = U_{L(on)} t_{on} \tag{3-13}$$

式中，t_{on} 为开关的导通时间长短。同理，开关断开时电感储存的磁能为

$$N\Delta\phi_{\downarrow} = U_{L(off)} t_{off} \tag{3-14}$$

电路系统工作稳定的条件下，电感储存的和释放的能量必然相等（通过控制电路实现），因此有

$$N\Delta\phi_{\uparrow} = N\Delta\phi_{\downarrow} \tag{3-15}$$

$$U_{L(on)} t_{on} = U_{L(off)} t_{off} \tag{3-16}$$

$$(U_{in} - U_o) t_{on} = U_o t_{off} \tag{3-17}$$

式（3-17）整理得

$$U_o = \frac{t_{on}}{t_{on} + t_{off}} U_{in} \tag{3-18}$$

式中，$t_{on}+t_{off}$为一个开关周期，而$\frac{t_{on}}{t_{on}+t_{off}}$称为开关的导通时间占空比（通常简称为占空比），通常用字母D表示（即Duty的首字母），式（3-18）可简写为

$$U_o = DU_{in} \tag{3-19}$$

显而易见，由于占空比小于1，因此输出电压总是小于输入电压，即该开关变换器实现了直流电的降压变换。

由上述推导过程可知，变换器的工作原理是通过电感（磁性元件）的电磁感应现象实现的，通过磁场储存能量，再通过电路结构重新分配输出的电压和电流，从而实现新的功率组合输出，以适应负载的要求。式（3-16）描述了电感在能量变换过程中的电压变化关系，即开关闭合时电感电压与闭合时间的乘积等于开关断开时电感电压与断开时间的乘积，这个公式对所有结构的开关变换器都适用，业内通常把该表达式称为“伏秒平衡”（伏秒表示电压与时间的乘积）。

2. 电感的电流和电压波形

如上所述，电源变换器总的原则是基于能量守恒原理，因此在电压变换的同时，电流也会有相应的变化，所以不能只看电压，还要看电流。在变换器实施的功能中会有一个预期目标，例如，可能主要是希望获得稳定的电压（稳压）输出，又或者是恒定的电流（恒流）输出，那么在控制电路设计时就要按既定目标进行。在上述变换器推导过程中，默认以稳压输出为目标，也就是说在控制电路的控制下，输出电压U_o保持不变，下面讨论电感电流的变化。

由式（3-9）得，电流随时间的变化率为

$$\frac{\Delta I}{\Delta t} = \frac{U_L}{L} \tag{3-20}$$

因为开关导通和截止时，电感电压都是确定的值，而电感量也是一个定值，因此可以预期电流是线性变化的，把式（3-10）和式（3-11）代入式（3-20）得出开关导通和截止时电流的变化率分别为

$$k_{on} = \frac{U_{in} - U_o}{L} \tag{3-21}$$

$$k_{off} = \frac{-U_o}{L} \tag{3-22}$$

其中，式（3-22）中的负号表示电流是线性下降的。综上所述，电感电压U_L、电感电流I_L，以及开关通断的控制信号（PWM）三者之间的波形如图3-7所示。

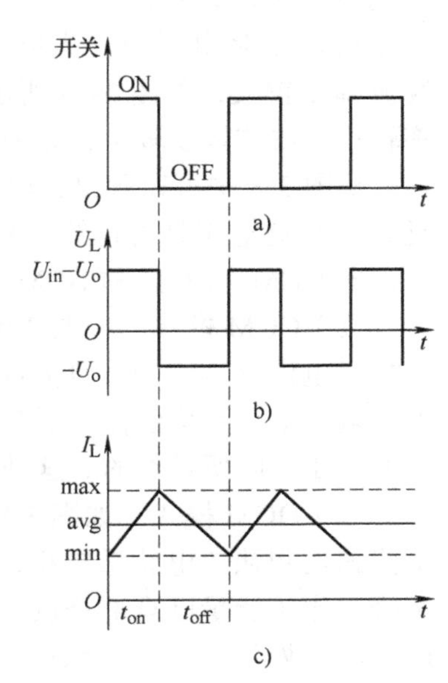

图3-7 电感电压与电流的波形

图3-7a所示为开关的导通和截止控制信号波形（PWM），高电平表示控制开关导通，导通的时间长度为t_{on}，低电平表示控制开关截止，截止的时间长度为t_{off}，不断周

期性重复。图3-7b所示为电感电压波形，开关导通阶段电压左正右负，大小为$U_{in}-U_o$，开关截止阶段电压右正左负，大小与U_o相等。图3-7c所示为电感电流波形，开关导通阶段电流线性上升，在开关截止时刻达到峰值，然后线性下降，当开关重新导通时再次上升，不断重复。由此可见，电感电流始终是波动的，这种波动通常称为纹波，用ΔI表示，其值为

$$\Delta I = I_{max} - I_{min} \tag{3-23}$$

这里电感电流是连续的，可以容易算得电感电流的平均值为

$$I_{avg} = \frac{I_{max} + I_{min}}{2} \tag{3-24}$$

3. 电感电流工作模式

下面讨论一下电感电流纹波的大小与什么有关？首先可以确定的是电感电流一定是有纹波的，因此电感的功能是能量的储存和释放，若电流没有波动即意味着能量没有变化，就不能正常工作了。假设输入电压、输出电压、开关频率（周期）不变，那么电感电流纹波的大小取决于电流变化的快慢，因为输入、输出电压不变，意味着开关导通时间占空比不变$\left(D=\frac{U_o}{U_{in}}\right)$，开关频率（周期）不变，则意味着开关导通和截止的时间不变，那么在相同的时间内电流变化越快，意味着变化的幅度越大，因此纹波越大。根据式（3-21）和式（3-22），电流变化斜率的大小与电感电压成正比，与电感量L成反比。由于输入、输出电压不变，则开关导通和截止时电感电压也分别保持不变，故影响电流变化率和电流纹波大小的因素是电感量。当电感量较小时，电流变化率较大，纹波幅度较大，如图3-8a所示。当电感量较大时，电流变化率较小，纹波幅度较小，如图3-8b和图3-8c所示。

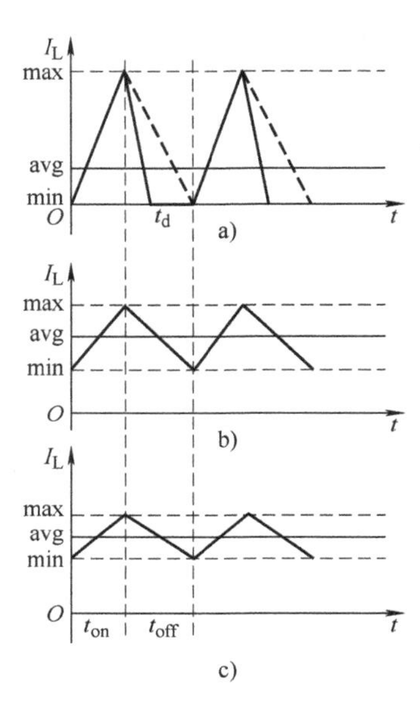

图3-8 电感电流的工作模式

从图3-8中可以看出，电感电流变化率（斜率）的大小不仅影响电流纹波的大小，而且还会影响电流是否连续。根据电感电流的连续性，可以把电感的工作状态分为三种模式，即CCM、DCM和BCM。

（1）CCM模式 如图3-8b和c所示，电感电流始终大于零，就像悬挂在横坐标轴的上方，电流是连续的，且方向不变。此时电流平均值较大，输出给负载的电流也比较大。如果输出电流平均值保持不变，则两个图的不同之处为电流的纹波幅度不同，这是由电感量的大小不同所导致的。这种工作模式称为电感电流连续模式（CCM）。

（2）DCM模式 如图3-8a所示，电感电流纹波幅度很大，在开关截止时，由于电流下降速度很快（电感量较小，储存能量较少），在下一个导通周期还没到来之前，电流已下降为零（能量已全部释放）。从电流下降到零的时刻开始到下一个周期开始之前这段时间，电感处于停止工作状态（即所谓的死区），可见电感电流是断续的。此时电流的平均值较小，输出给负载的电流也比较小，这种工作模式称为电感电流断续模式（DCM）。

（3）BCM模式　如图3-8a所示，如果电流下降到零时刚好下一周期开始导通，那么这种状态正好介于CCM和DCM之间的临界状态，称为BCM模式。

事实上，电感电流的三种工作状态并不是固定不变的，例如：

1）其他条件不变，当电感的电感量较小时，容易进入DCM模式。

2）其他条件不变，当输出电压升高时，电流下降速度加快（斜率增大），容易进入DCM模式。

3）其他条件不变，当占空比减小时，开关截止时间增加，电流有可能下降到零，进入DCM模式。

4）其他条件不变，当负载电流（即电感电流的平均值）下降到一定程度后，将带动整个电流波形向下移，必定从CCM进入到DCM模式。

此外，由于电感电流增加时产生磁通量，使磁心磁化（储能），而磁心存储能量的能力是有极限的，当电流达到一定时，随着电流不断增加，磁心的磁感应强度将不能再上升（磁感应强度B可理解为磁心接受线圈产生的磁场磁化的能力），即磁心的磁感应强度达到了饱和状态，此时线圈内部的磁通量变化迅速减小，感应电动势迅速下降直至零，电感失去了电感的功能（只相当于导线），不能抑制电流的增加，有可能造成电路过电流甚至短路烧毁。因此在设计电路时，必须避免电感以及变压器等磁性元件出现磁饱和现象。从上面分析可知，电感量越大，电流纹波越小，但也越容易饱和。

了解电感电流的工作模式，对于电路设计中选择合适的元器件参数有重要的参考意义。

4. 电容和续流二极管的电流波形

（1）电容电流波形　由于电感电流具有一定的纹波，如果直接加在负载电阻上，则负载两端的电压必定会产生相应的波动。为了减小输出电压波动，可在输出端并联滤波电容，吸收电感电流的变化部分，使负载电流变得较为平滑，从而稳定输出电压。由于电容与负载并联，因此电容两端的电压等于输出电压U_o，下面仅讨论电容的电流波形。

电容电流与电感电流的对应关系如图3-9所示。由图中可知，当开关开始导通时，电感电流从最小值开始上升，此时，由于电感电流小于负载电流，因此，电容放电以补充电流的不足。图中电容电流方向为负。当电感电流上升至平均值之上时，输出电流大于负载电流，因此多出的电流给电容充电，图中电容电流方向为正。由此可见，电容的充放电时机并不是出现在开关的导通和截止的时间点上，而是在电感电流围绕其平均值（即负载电流）上下波动的时间点上。由于电容两端电压不能突变，电容的充放电目的就是尽量维持电压稳定。从能量的角度来考虑，理想情况下直流负载上所需要的能量是保持不变的，这样才能使负载工作保持稳定，而电感提供的能量是波动的，电容的作用就是在电感提供能量超出负载所需时把它转化为电场能储存起来（充电），在电感提供的能量低于负载所需时再释放出来补充上去（放电）。由此可见，电感电流纹波越大，就需要更大容量的电容来吸收和调节，才能使输出的电压保持一定程度平滑。

（2）续流二极管电流波形　二极管起续流作用，它相当于一个自动的开关，当开关导通时，二极管自动截止，而开关截止时，二极管自动导通。因此当二极管截止时，两端电压等于输入电压，导通时则有一个很小的正向电压降（理论计算可忽略不计）。二极管导通时才有电流通过，二极管的电流波形如图3-10所示。由图中可知，该电流即为开关截止时的电感电流。

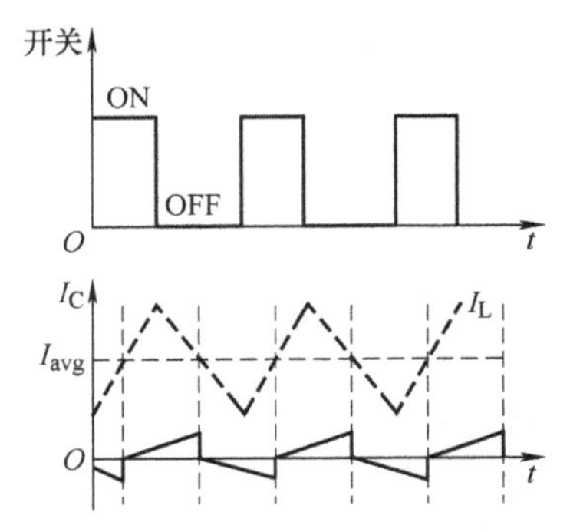

图 3-9　电容电流与电感电流的对应关系

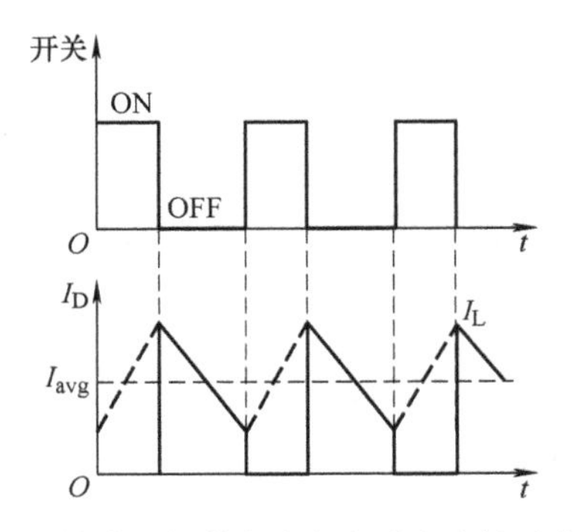

图 3-10　续流二极管电流与电感电流的对应关系

3.2 BUCK 变换器元器件参数计算

BUCK 变换器的主电路由四个关键元器件构成，包括储能电感、输出滤波电容、开关和续流二极管，本节将通过实例介绍这四个元器件的参数计算和型号选择的思路和方法。

3.2.1 电感的计算和选择

【例 3.2】 设计一个 BUCK 变换器，输入电压为 12V，输出电压为 5V，输出电流为 1A，允许输出电流下降至低于 0.1A 时从 CCM 模式进入 DCM 模式，假设开关频率为 25kHz，试计算选择合适的电感量。

解　由式（3-20）得

$$L=\frac{U_L\Delta t}{\Delta I}=\frac{U_{L(on)}t_{on}}{\Delta I}=\frac{U_{L(off)}t_{off}}{\Delta I}$$

因此，既可以用开关导通时对应的电压和时间（伏秒积）计算，也可以用开关截止时对应的电压和时间（伏秒积）计算。考虑到对于 BUCK 电路而言，开关截止时电感电压较为简单，这里用上式中第二个等号后的表达式计算，上式可改写为

$$L=\frac{U_{L(off)}t_{off}}{\Delta I}=\frac{U_o(1-D)}{\Delta If_{sw}}$$

式中，D 为开关导通时间占空比，根据式（3-19）得 $D=\frac{U_o}{U_{in}}=\frac{5}{12}$；$f_{sw}$ 为开关频率，题目已知；下面确定电流纹波 ΔI 的取值。根据输出电流的要求，电感电流模式的切换点如图 3-11 所示。

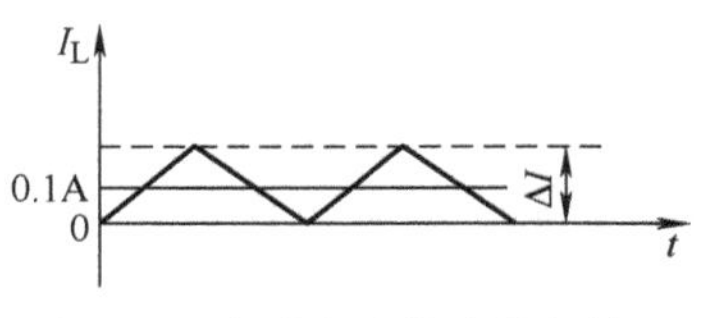

图 3-11　电感电流模式的切换点

由图可知，电流纹波应为 $\Delta I=2\times0.1\text{A}=0.2\text{A}$，代入计算得

$$L=\frac{U_o(1-D)}{\Delta If_{sw}}=\frac{5\text{V}\times\left(1-\frac{5}{12}\right)}{0.2\text{A}\times25\times10^3\text{Hz}}\approx0.58\times10^{-3}\text{H}$$

计算得到的电感量为580μH，实际应用中可选取标称680μH、额定电流为2A的功率电感。这里选择电感量稍大的电感，可以减小电流纹波，也就是说负载电流下降到低于0.1A的某个值时才会进入DCM模式，满足题意要求。

3.2.2　电容的计算和选择

【例3.3】 例3.2中的其他条件不变，要求满负载（输出电流为1A）时输出电压纹波不超过0.05V，试计算选择输出滤波电容的容量。

解　输出纹波电压有效值可以看作是纹波电流有效值在电容阻抗上产生的电压降，即

$$\Delta U_{\mathrm{rms}} = \Delta I_{\mathrm{rms}} X_{\mathrm{C}}$$

纹波电流为三角波，其有效值为 $\Delta I_{\mathrm{rms}} = \dfrac{\Delta I}{2\sqrt{3}}$；为了简化计算，将纹波电压也视为三角波，则有效值为 $\Delta U_{\mathrm{rms}} = \dfrac{\Delta U}{2\sqrt{3}}$，其中 ΔI、ΔU 均为交流成分（纹波部分）的峰峰值，由此可得

$$X_{\mathrm{C}} = \frac{\Delta U}{\Delta I} = \frac{0.05}{0.2}\Omega = 0.25\Omega$$

假设电容的等效串联电阻可忽略不算，则由 $X_{\mathrm{C}} = \dfrac{1}{2\pi f C}$ 得

$$C = \frac{1}{2\pi f X_{\mathrm{C}}} = \frac{1}{2\times 3.14\times 25\times 10^{3}\,\mathrm{Hz}\times 0.25\Omega} = 25.5\times 10^{-6}\,\mathrm{F}$$

因此可选取容量为33μF、额定电压为10V的钽电容，容量越大，输出纹波电压将越小。

3.2.3　开关管的选择

开关变换器中的开关管可选用BJT功率晶体管、MOSFET场效应晶体管，以及绝缘栅双极型晶体管IGBT，前两者适用于中小功率的应用，后者适用于大功率的应用，下面以MOSFET功率开关管为例说明参数选择的主要依据。

开关管的选择主要考虑两个方面：一是极限参数，二是性能参数。极限参数包括额定电压、额定电流，性能参数主要是导通电阻以及栅极电荷等。

额定电压是指当开关管截止时，漏极与源极之间所能承受的电压；额定电流是指在开关管导通时漏极与源极之间允许流过的电流大小；导通电阻是指开关管导通时漏极与源极之间的阻值；栅极电荷表示开关管每完成一个开关周期栅极充放电消耗的电荷的多少。

理论上说，开关管的选择最基本的要求是：①截止时所承受的电压不超过其额定电压；②导通时通过的电流不超过其额定电流。满足这两点则表示开关管是安全的。在此基础上，导通电阻越小则导通时的损耗越少，栅极电荷值越小则用于不断重复开关控制器件导通与关断的过程中损耗的电荷越少，即开关损耗越小，因此变换器的效率就越高。

实际应用中，由于电路工作条件会受外界以及电路本身影响发生变化，因此选择参数要留有足够的裕量，下面用例 3.3 说明开关管的额定电压和额定电流参数的选择。

对 BUCK 变换器而言，开关管截止时，其漏极与源极通过续流二极管与输入电源相连，因此漏极与源极之间承受的电压就等于输入电压，考虑留 20% 的裕量，则开关管的额定电压选择 12V 以上即可。而开关管导通时，流过开关管的电流即为电感电流，峰值电流为 $I_o + 0.5\Delta I = 1.1\text{A}$，考虑 20% 的裕量，选额定峰值电流为 1.375A 即可。实际应用中，由于额定电流与导通电阻负相关，即额定电流越大，导通电阻越小（结面积越大），因此，结合减小功耗和散热成本等因素，额定电流参数通常可能会选得更大。本例中可选型号为 SI2301 或 SI2302 的 MOSFET，两者额定电压均为 20V，额定电流均为 3A，前者为 P 沟道类型，后者为 N 沟道类型，对 BUCK 变换器而言，P 沟道的 MOSFET 更便于使用，因为开关管位于输入电压正端（高端），但由于 P 沟道 MOSFET 工艺较为复杂，价格相对较高，且可选的型号较少，所以在很多场合下不得不选择 N 沟道 MOSFET。N 沟道 MOSFET 在输入电压接地端（低端）使用时很方便，若要在输入电压正端使用则其源极（S 极）要使用悬浮地，控制电路也相对复杂。

3.2.4 续流二极管的选择

续流二极管是一个自动的开关器件，正向偏置导通，反向偏置截止，与开关管的工作时序正好相反。在开关变换器中续流二极管的参数选择同样要考虑两个方面，即极限参数和性能参数。极限参数包括反向击穿电压和正向额定电流，性能参数主要是正向电压降和反向恢复时间。

续流二极管截止时，将承受一定的反向电压，若超过其额定值则击穿损坏，如在上面的例子中当开关管导通时，续流二极管两端通过开关管接到输入电压两端，则开关管导通时漏源之间的电压降很小可忽略不计，因此续流二极管的反向电压等于输入电压。

续流二极管导通时，必然存在正向电压降（开启电压），此电压降越小越好，原因有两个：其一是减小在输出回路中的电压降，减小输出电压与电感电压之间的误差；其二是减小二极管的功耗，因为二极管有电流流过，电压降越大功耗越大，不仅会降低变换器的效率，而且还会造成二极管本身发热，严重时甚至烧毁。实际上，续流二极管的正向额定电流的大小也是基于其额定功耗考虑的。续流二极管的正向电压降与其类型有关，普通的整流二极管（如 1N400X 系列）的电压降要比肖特基二极管（如 1N58XX 系列）高得多，同时正向电压降还会随着电流的增加而增加（参考二极管的伏安特性曲线），因此随着电流的增大，续流二极管的功耗也会增加，发热严重，有时不得不进行散热处理。为了降低二极管的功耗，在很多大功率（大电流）应用的场合往往使用 MOSFET 代替续流二极管，因为 MOSFET 的正向导通电阻极小，功耗比二极管小得多，但此时要外加控制电路控制 MOSFET 与开关管协调工作，这就是所谓的同步整流技术。

续流二极管受正反向偏置电压控制自动导通和截止，我们期望在开关管导通瞬间二极管能迅速截止，否则输入端就会经开关管和二极管短路，但实际上续流二极管从导通到截止是需要一定时间的，这是因为续流二极管需要一定的时间重建足够强的内电场以抑制电流的通过，这个时间称为反向恢复时间。不同种类续流二极管的反向恢复时间有所不同，按反向恢复时间的长短可分为普通整流二极管（如 1N400X 系列）、快恢复二极管（如 FR 系列）、超快恢复二极管（如 SR 系列），以及肖特基二极管（如 UF400X 系列）等。开关变换器工作频率较高，普通整流二极管的反向恢复时间太长，不宜使用。对开关变换器而言，开关频率越高对减小磁性元件的体积和提高效率都有好处，反向恢复时间越短越好，可根据工作频率的高低和价格成本等条件选择合适类型的二极管。

综上所述，本例中续流二极管承受的反向电压为 12V，正向电流峰值等于电感电流的峰值 1.375A，工作频率为 25kHz，不算太高，可以选择快恢复类型二极管，但考虑到输出电压较低（5V），为了提高效率，可选择正向电压降更低的肖特基二极管，因此可选择型号为 1N5820 的肖特基二极管。其最大峰值反向电压为 20V，最大平均电流为 3A。

3.3　稳压与恒流控制原理

实用的 BUCK 变换器包括主电路和控制电路两大部分，前文讨论的仅为主电路。主电路有时又称功率级，是变换器实现功率变换的主体部分，控制电路主要作用是控制开关管的导通和截止，稳定输出电压或电流。

3.3.1　稳压控制

在主电路中，假设输出电压是稳定的，此时开关导通时间占空比是固定的，它等于输出电压与输入电压之比，那么是不是只要控制开关管的占空比保持固定不变，输出电压就自然稳定不变呢？实际上，在前文的推导过程中还假设了一个条件，即每个开关周期内开关导通时电感储存的能量正好在开关截止时全部释放，这样电路才能保持平衡，稳定工作。然而，能量的释放是通过负载消耗的，负载电阻稍有变化，这种平衡就会被打破，而占空比不变的情况下主电路无法通过调节能量储存的多少使电路重新恢复平衡，电路很快偏离稳定状态而失效。实验证明，若负载稍微偏小（负载电阻偏大），则由于多余的能量会造成电容充电大于放电，输出电压不断升高，甚至会高于输入电压。

使用电路不稳定的因素除了上述原因之外，还包括输入电压的波动、电路元器件参数的漂移、外部信号的干扰等，因此，有必要采取适当的控制措施使电路受到这些因素干扰时能自动保持稳定。

图 3-12 所示为主电路结构原理图，图 3-13 所示为主电路和稳压控制电路的结合。下面以 MOSFET 开关管为例，说明稳压控制电路的结构和工作原理。

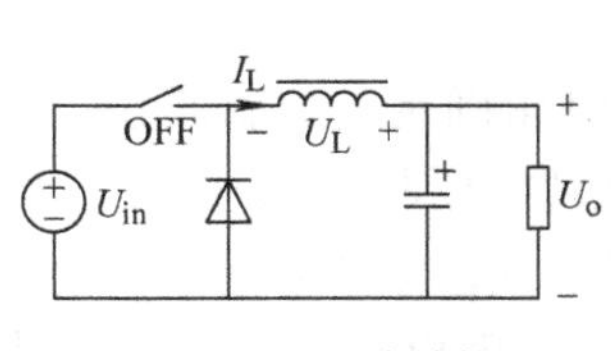

图 3-12　主电路结构图

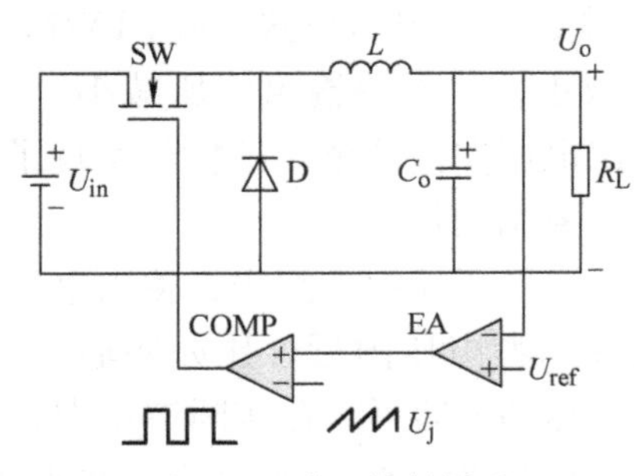

图 3-13　稳压控制原理

图 3-13 中，使用 MOSFET 作为开关管，这里暂时以 N 沟道为例进行说明，也就是说 MOSFET 栅极（G 极）为高电平时控制开关管导通，低电平时截止。稳压控制回路包括三个环节，即采样、误差放大、PWM 比较。通过上面的不稳定性原因分析可知，影响输出电压稳定的原因有很多，如果针对每一个原因设计一个调节电路将会使电路变得非常复杂，实际上最终关心的只是输出电压稳定这个结果，只要想办法让输出稳定，不管造成不稳的原因是什么都没有关系，而控制输出电压的关键就在于开关管导通时间的占空比，因此应将目标聚焦在占空比的调节。那么，占空比调大或调小的依据是什么呢？根据 $U_o = DU_{in}$ 可知，当输出电压偏高时，应减小占空比，反之应增加占空比。那么首先需要知道输出电压是偏高还是偏低，这就需要设定一个参考电压，不断对输出电压进行采样并与参考电压进行比较，判断其误差是正还是负，再根据误差的大小调节占空比的大小，从而使输出电压回到期望值。根据上述思路，分析图 3-13 中控制电路的工作原理。

图 3-13 中控制回路由误差放大器（负反馈放大器）、参考电压、PWM 比较器（电压比较器）、锯齿波（振荡器）构成。

控制信号的产生过程如下：①首先从输出端对输出电压进行采样，采样信号输入误差放大器（EA）的反相输入端，与同相输入端的参考电压 U_{ref} 进行误差运算，并把运算结果进行放大，得到误差信号 U_e；②误差信号 U_e 输入 PWM 比较器（COMP）的同相输入端，与反相输入端的锯齿波 U_j 进行比较，比较器根据 U_e 和 U_j 的大小比较输出相应占空比的 PWM 信号以控制开关管的导通和截止。

图 3-14 说明了比较器输出的 PWM 控制信号的原理。PWM 比较器输入的锯齿波频率和峰值不变，每个周期内电压线性增加，误差放大器输出的误差电压在一定时间范围内基本不变（相对于开关频率而言输出电压变化较慢）。在每个周期开始阶段，锯齿波电压比误差电压小，PWM 比较器输出为高电平，开关管保持导通，随着锯齿波电压上升超过误差电压，PWM 比较器输出为低电平，控制开关管截止。PWM 波形如图 3-14b 所示。

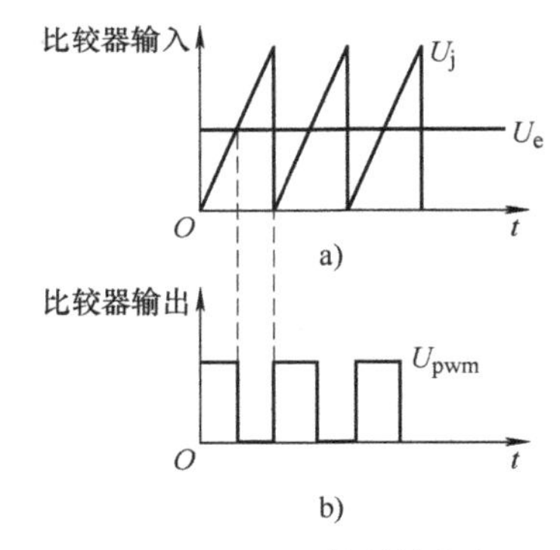

图 3-14 PWM 信号的产生

假设输出电压出现向上波动（升高），则误差信号减小（因输出电压采样信号加至误差放大器的反相输入端），即在图 3-14 中，误差电压位置下降，PWM 信号高电平时间减少，占空比减小，从而使输出电压减小。反之若输出电压偏低，则误差电压升高，占空比增加，输出电压向上调整。这样就实现了输出电压的动态调节，始终趋向设定的期望值，达到了稳压控制的目的。

在上述稳压控制方案中，输出电压的设定值由参考电压确定。也就是说，输出电压始终稳定在参考电压附近，比如要输出 5V 稳定电压，则只需要将参考电压设定在 5V（使用基准电压源）即可。在实际应用中，有时输出电压并不一定与参考电压完全一致，比如希望输出电压为 7.5V，那么在不更改参考电压的情况下，可以采用两个电阻串联分压的方式对输出电压进行采样，这样电路就会使分压点的电压稳定，通过串联电阻的分压比实现对输出电压的稳定控制。

3.3.2　恒流控制

恒流控制是指当输出负载或其他条件发生变化时，允许变换器输出电压变化，但输出电流保持不变，这种变换器可使 LED 的亮度保持稳定，是高质量 LED 应用的优选方案。对开关变换器而言，恒流控制与稳压控制在本质上没有太大区别，只需要把输出电流转换成采样电压即可，如图 3-15 所示。

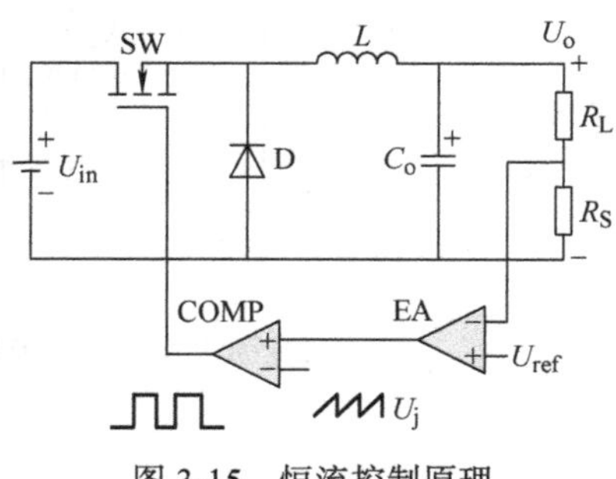

图 3-15　恒流控制原理

在图 3-15 中，变换器的输出端串联了一个电流采样电阻 R_S，当输出电流流过 R_S 时在 R_S 上产生与电流成正比的电压，该电压加至误差放大器，当输出电流发生波动时，采样信号电压也会同方向成比例地变化，从而自动调节 PWM 信号占空比，使输出电流趋向稳定。输出电流的大小根据参考电压和电流采样电阻确定，其值为

$$I_o = \frac{U_{ref}}{R_S} \tag{3-25}$$

显然，为了减小采样电阻的损耗，采样电阻的阻值应尽量小，而参考电压的值也相应要小一些。

3.4　PWM 控制器 TL494

在上述具有稳压和恒流控制的 BUCK 变换器电路中，要用到误差放大器、参考电压源、PWM 比较器、锯齿波振荡器等单元，由于开关变换器使用十分广泛，为了使用方便，人们设计了一些通用的集成电路专门用于各种变换器的控制，例如 TL494 就是一款常用的经典 PWM 控制器芯片。本节将详细介绍该芯片的结构原理和使用方法。

3.4.1　内部结构

TL494 作为一款通用的 PWM 控制器，常用于单端输出的 BUCK 降压、BOOST 升压和双端输出的推挽、半桥、全桥等开关变换器和开关电源设计，它内部集成了 5V 的基准电压源、两个误差放大器、锯齿波振荡器、PWM 比较器、用于控制死区时间的比较器、用于保障芯片正常工作的欠电压保护比较器，以及各种控制信号的逻辑运算功能，其还具有两路可选的 PWM 控制信号输出，功能齐备，使用灵活。

TL494 的内部原理框图如图 3-16 所示。

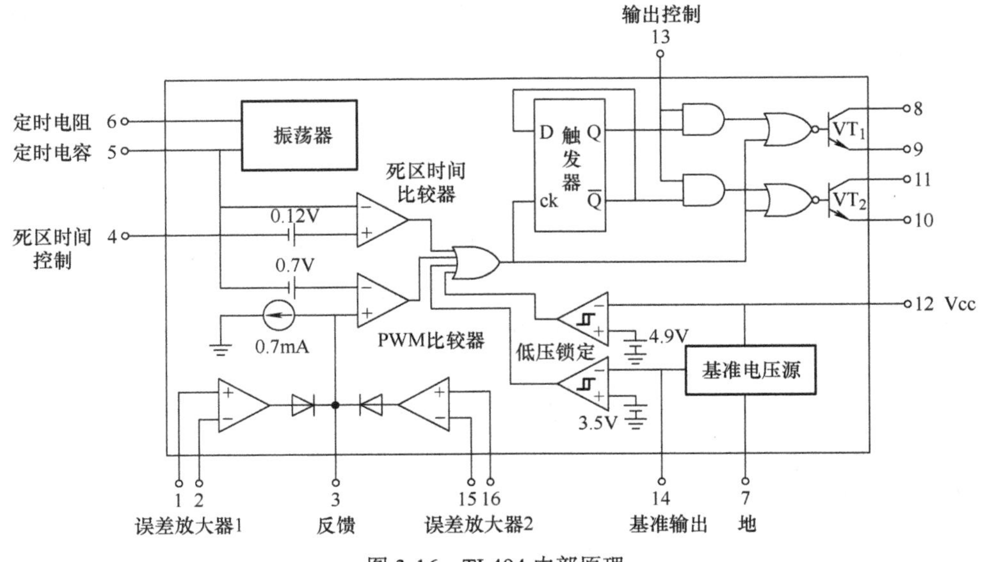

图 3-16 TL494 内部原理

3.4.2 工作原理

1. 供电和欠电压保护

为了适应各种应用场合，作为一款通用的 PWM 控制器，TL494 具有宽至 7 ~ 40V 的工作电压，该电压经 12 脚 Vcc 端输入芯片，经内部稳压调整输出 5V 基准电压源，一方面供内部各功能模块使用，另一方面从 14 脚引出可供误差放大器使用的参考电压（通过串联电阻分压可获得低于 5V 的基准电压）。正常工作时该电压不受 Vcc 影响。但由于内部稳压调整器是线性稳压器，只能降压不能升压，因此当输入电压低于 7V 时，内部基准电压源就不能保证正常输出（5V），内部各功能模块不能正常工作，且提供给外部的基准电压也不准确，在这种情况下应做停机处理。TL494 内部有两个迟滞比较器用于监视输入电压，一个直接监测 Vcc，另一个监测内部基准电压输出（5V），只要其中一个电压过低则通过逻辑电路关断 PWM 信号输出，对外围电路进行保护，即实现了所谓的欠电压保护。

2. 振荡器

通过外接定时电容 C_T（5 脚）和定时电阻 R_T（6 脚），内部振荡器产生峰值为 3V 的锯齿波，供 PWM 比较器使用，振荡频率约为

$$f_{osc} = \frac{1.1}{R_T C_T} \tag{3-26}$$

由式（3-26）可知，振荡频率取决于电容与电阻的乘积，因此相同频率可由不同的电容和电阻组合设置，较为准确的电容和电阻选取方法可参考 TL494 数据手册中有关振荡频率与定时电容和定时电阻的实验曲线。

3. 死区时间控制与软启动

所谓死区时间是指输出的 PWM 信号中控制开关管截止的时间，死区时间简写为 DT。死区时间通通过 4 脚输入电压与振荡器输出的锯齿波进行比较得到。由于锯齿波峰值为

3V，故当DT脚输入电压大于或等于3V时，死区时间占比达100%，即开关管完全关闭，且不受其他信号控制；当DT输入电压为零（接地）时，死区时间最短，但由于芯片内部自带0.12V死区时间控制电压（与外部电压叠加），因此死区时间占比并不为零，最小死区时间占比为4%（即0.12V/3V），即输出的PWM信号最大占空比为96%（双端输出时减半）。

开关电源变换器在上电时，为了缓解各种信号对电路产生的冲击，可以利用*RC*延时电路逐渐降低DT引脚的输入电压，使死区时间逐渐减小，变换器这种启动方式称为软启动。

4. 误差放大器

TL494内部集成了两个误差放大器，可用于稳压、限流以及过热保护等功能的设计。两个误差放大器输入和输出全部通过引脚引出，可以灵活配置参考电压和反馈电路。在开关变换器中，稳压、恒流等控制的目标采样信号始终稳定在参考电压附近，可从14脚的基准电压（5V）经电阻分压后获得所需参考电压，输入误差放大器的反相端或同相输入端（由于TL494内部控制逻辑的关系，参考电压应接同相端，其他芯片不能一概而论），误差放大器另一输入端则接采样信号。两个误差信号的输出通过二极管隔离后合并一起输入到PWM比较器，逻辑上是“或”的关系，也就是说两个采样信号只要有任意一个达到设定的参考值即可控制开关管截止。

误差放大器属于反相放大器，具有一定的带宽和频率特性，输出端（3脚）可用于对反馈环路过行频率补偿设计，以保证系统的稳定性。此外，还可以跳过内部误差放大器通过3脚直接输入外部信号与锯齿波进行比较得到PWM信号。

5. 控制逻辑

TL494最终输出的PWM信号在一个控制周期内的工作时序如下：首先使开关管导通，然后根据控制信号决定在哪个时刻截止。控制信号来源包括：死区时间比较器的输出、PWM比较器的输出、Vcc欠电压比较器输出、内部基准电压源欠电压比较器输出，四个信号只要有一个满足条件即关断开关管，因此最终结果是四个信号的逻辑“或”关系。也就是说，用电平来进行运算时，四个信号中只要有一个或以上是高电平，则最终结果为高电平，因此，四个信号以及“或”门输出为高电平时表示控制开关管截止，如果需要使用低电平控制开关管截止，则只要在后面的输出控制电路中选择反相输出即可。其内部控制逻辑如图3-17所示。

图3-17中标出了各控制信号的变化例子，包括软启动时死区时间控制电压、误差电压的波动、Vcc欠电压和基准电压源欠电压的情况，相应比较器的输出波形，以及“或”门输出的信号波形。

6. 输出控制

前面已产生了控制开关管截止的逻辑信号，但对于不同类型的开关管，其截止控制信号可能是高电平（PNP晶体管或P沟道MOSFET），也可能是低电平（NPN晶体管或N沟道MOSFET），同时，有的变换器只需要单一的PWM信号（如BUCK、BOOST、反激等），有的变换器则需要两个互补的PWM信号（发推挽、半桥、全桥等），因此，为了使用方便，在上述“或”门输出的基础上设计了输出控制电路，如图3-16所示。其工作原理如下：首先通过一个 D 触发器把“或”门输出波形变在两路相位相反的信号输出，再经过两个“与”门实现一路（单端）或两路（双端）输出的选择，或选择两路输出，则通过两个“或非”门得到互补输出，后面是晶体管放大，集电极和发射极悬空方便选择用低电平关断还是高电平关断开关管。

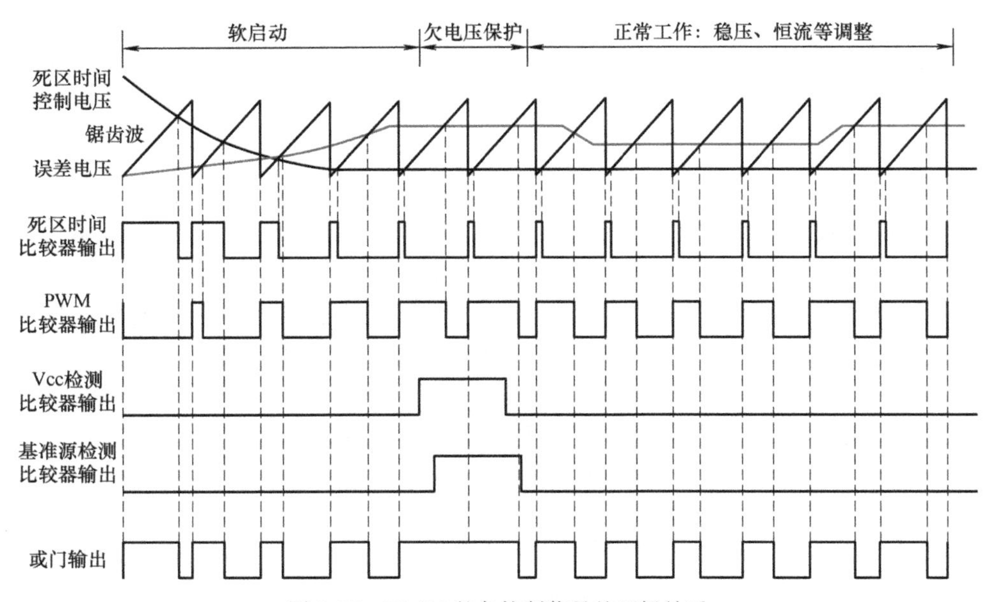

图 3-17 TL494 的各控制信号的逻辑关系

（1）单端输出配置 把“或”门输出信号看作输出控制电路的输入信号，当输出控制端（13 脚）接低电平时，两个“与”门输出同为低电平，D 触发器两路输出不起作用，经两个“或非”门输出到两个输出晶体管的基极信号相同，且与输入信号反相。由于两路输出是一样的，因此可以选择任意一个作为输出，也可以把 VT_1 和 VT_2 并联使用，以增强输出端驱动能力。

（2）双端输出配置 输出控制端（13 脚）接高电平时，两个“与”门输出分别等于 D 触发器的两路互为反相的输出 Q 和 $\overline{Q}$，再经过两个“或非”门与输入信号进行运算得到两路互补的 PWM 信号输出。

D 触发器的特征方程为 Q=D，在时钟上升沿到来时，Q 的状态改变为当前 D 的状态，而 D 与 $\overline{Q}$ 相连，因此 Q 与输入信号（ck）的时序关系如图 3-18 所示。其中 Q 初始状态为 0，则 $\overline{Q}$ 为 1，在输入信号 ck 上升到来时，Q 变为 1（D 的值），$\overline{Q}$ 反转为 0；下一个 ck 上升沿到来时，Q 变为 0（D 为当前值，即 $\overline{Q}$ 为当前值），接着 $\overline{Q}$ 再反转，如此不断循环，由此可由每个 ck 上升沿到来时 Q 反转一次，每两个 ck 上升沿对应 Q 重复一次原来的数值，因此 Q 信号的周期是 ck 的两倍，经过触发器后，把输入信号变为周期增加一倍的互为相反的信号 Q 和 $\overline{Q}$。再与输入信号进行“或非”运算，即得到两路互补的 PWM 信号。

值得注意的是，两路 PWM 是“互补”关系，而不是简单的反相，如图 3-18 所示，这两路 PWM 信号的频率为锯齿波振荡器频率的 1/2，两路信号占空比相同，且均小于 50%（最大 48%）。两路 PWM 信号存在公共死区，即在这个时间段内两个外部开关管均不导通，其他时间则轮流导通。这就是所谓的双端输出，它主要用于推挽式等双端式开关电源变换器，驱动两个开关管轮流工作。

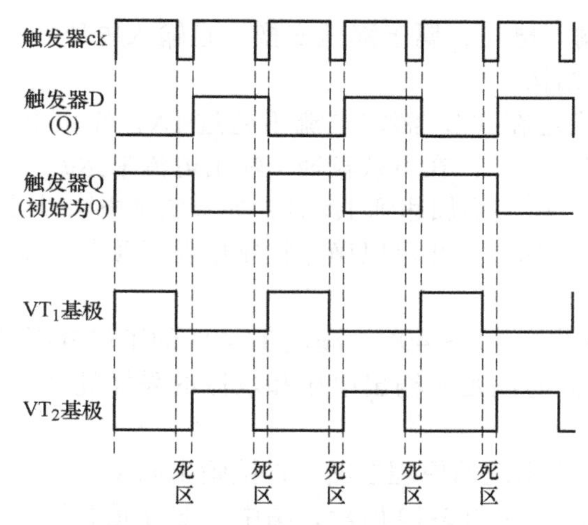

图 3-18　双端输出波形的产生原理

最后要注意的是，TL494 两路输出晶体管的集电极和发射极引脚是悬空的，使用时首先根据要驱动的开关管类型选择集电极输出还是发射极输出。由上面的分析可知，单端输出时晶体管基极与四个控制开关管截止的信号“或”输出结果反相，即在基极处的逻辑是低电平控制开关管截止，因此选择集电极输出为反相，即变为高电平截止，适合驱动 P 沟道 MOSFET 或 PNP 型晶体管。而选择发射极输出为同相，即低电平截止，适合驱动 N 沟道 MOSFET 或 NPN 型晶体管。此外，集电集输出时需添加上拉电阻，发射极接地；发射极输出时需添加下拉电阻，集电极接 Vcc，否则无法正常产生高低电平，电阻的阻值可根据 Vcc 以及开关管的需要进行选择。

3.5　基于 TL494 的 BUCK 稳压限流变换器设计实例

本节将参考 TL494 数据手册，设计一个 BUCK 稳压限流变换器，给出设计思路和主要元器件参数的计算和选择方法，最后通过实验验证设计指标。

3.5.1　主要指标参数

电源变换器的指标参数有很多，作为学习和验证实例，本节仅考虑以下几个主要参数：①输入电压 10 ～ 40V；②输出电压 5V；③输出电流 1A；④输出纹波电压小于 0.05V。

3.5.2　设计思路

根据题意，对电路进行细化的需求分析，列出分析提纲如下：

1）用什么电路结构？例如是线性还是开关变换器？

2）功能细化？例如这里的稳压和限流是什么意思？

3）用什么芯片？根据要求，查看芯片手册看是否符合已知条件的要求。

4）画出电路图，明确各元器件的作用。

5）计算和选择元器件参数。

根据上述提纲，分析结果如下：

1）输出电压低于输入电压，属于降压变换，且输入电压较宽，宜采用开关变换器，确定选择 BUCK 变换器结构。

2）要求输出电压稳定在 5V，额定电流不超过 1A，输出电流不超过额定值一定范围（例如 30%），电路是安全的。在负载较轻（输出电流未达到 1A）时，输出电压稳定在 5V；随着负载电阻减小，电流增加达到 1A 时，如果负载电阻继续减小，则电流最大不能超过 1.3A，而电压随之下降。由此可以确定控制电路必须具有对两个采样信号的处理能力（两个误差放大器）。

3）根据输入电压的范围 10 ～ 40V，满足 TL494 的工作电压要求（7 ～ 40V）；TL494 具有两个误差放大器能同时满足对输出电压和电流的采样处理；其他无特别要求，因此 TL494 可用于本方案。

4）简单电路可以省去系统的原理框图，直接画出电路原理图。本例可参考 TL494 的应用实例画出电路原理图，如图 3-19 所示，图中大部分元器件的参数也可来自 TL494 数据手册中的例子。

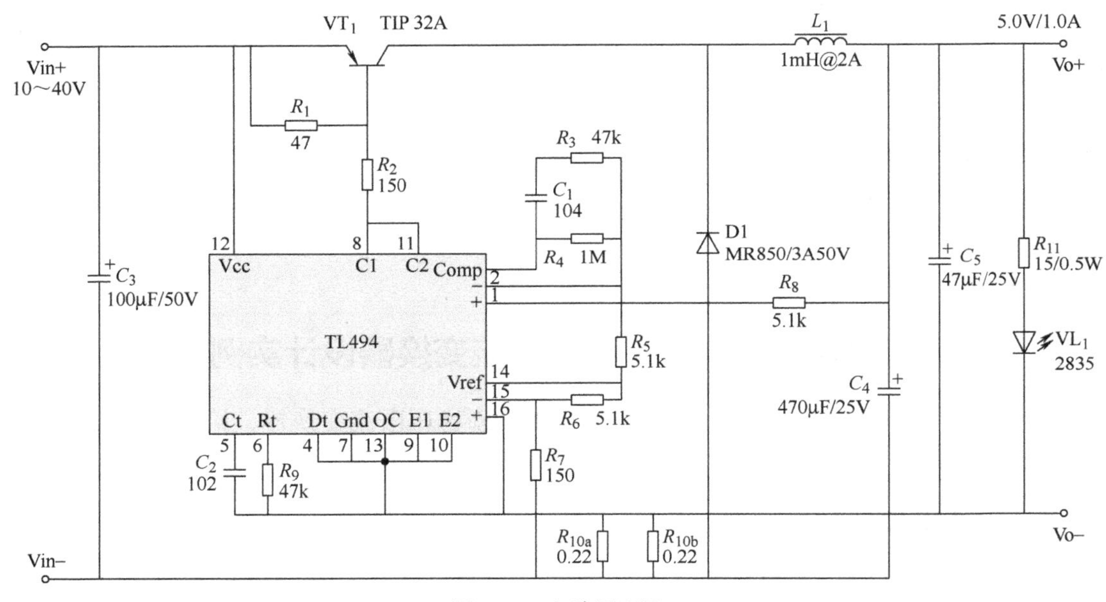

图 3-19 电路原理图

5）下面详细解释电路原理和元器件参数的计算和选择要点。

3.5.3 工作原理

电路原理如图 3-19 所示，主回路从输入端 Vin+ 出发，经开关管 VT_1、储能电感 L_1、滤波电容 C_4 和负载，回到输入端 Vin–，D_1 为续流二极管。

开关管采用 PNP 型晶体管，因此输出 PWM 高电平关断，宜采用集电极输出，因此两路输出晶体管的集电极（8、11 脚）并联使用，这样可以提高驱动电流（功率晶体管的所需的驱动电流较大）。要注意两路输出晶体管的发射极要接地，集电极必须有上拉电阻 R_1 提供高电平输出，R_2 为分压限流电阻。

因为只需要一路 PWM 输出，所以输出端配置为单端输出，13 脚接地。

本例为直流电源输入，电压相对于由电网交流供电要稳定得多，产生冲击的因素较少，输入端并联 C_3 足以保证 TL494 安全，而 BUCK 结构电路中开关管串联在输入回路，对后面的电路具有保护作用，因此无需软启动功能，死区时间控制电压输入脚（4 脚）接地即可。

锯齿波振荡频率由 C_2 和 R_9 计算，即

$$f_{\text{osc}}=\frac{1.1}{R_{\text{T}}C_{\text{T}}}=\frac{1.1}{47\times10^3\times1000\times10^{-12}}\text{Hz}\approx23.4\text{kHz} \tag{3-27}$$

TL494 中的 1 号误差放大器用于稳压控制，5V 基准电压源（14 脚）通过 R_5 接到反相输入端（2 脚）作为参考电压，由于运算放大器的输入阻抗很高（理论上可视为无穷大），输入电流很小，而 R_5 的阻值相对输入阻抗而言很小，故 R_5 上的电压降可忽略不计，参考电压仍为 5V。R_5 主要用于环路稳定性设计（关于环路设计的内容涉及控制理论，本书不做深入讨论，下同）。输出电压采样信号经 R_8 输入同相输入端（1 脚），R_8 的阻值与 R_5 相等，其作用是使两个输入端的阻抗一致。C_1、R_3 和 R_4 与 R_5 配合构成误差放大器的反馈环路补偿网络（本书不深入讨论）。

TL494 中的 2 号误差放大器用于恒流控制，5V 基准电压源（14 脚）通过 R_6、R_7 与 R_{10} 串联到芯片的地（即输出端 Vo-），分压作为参考电压输入反相输入端（15 脚），输出电流从输出端 Vo- 流经采样电阻 R_{10} 产生电压降，作为采样信号输入同相输入端（16 脚）。限流调节的响应时间不需要像稳压调节那样快，因此不需要对 2 号误差放大器进行环路补偿（但如果是对电流变化有较快的调节速度的恒流控制则需要必要的环路补偿网络设计）。

为了直观了解电路是否有输出，在输出端并联了 R_{11} 和 VL_1 支路作为指示灯。

3.5.4　元器件参数计算和选择

电路设计其中一项重要且较为困难的工作是确定元器件的参数和选择元器件的规格型号。事实上，对于相同的电路来说，采用不同的元器件参数，电路可能都能正常工作，所不同的是电路的工作点不同，工作状态不同。要合理选择电路中各个元器件的参数和规格，不仅要正确理解电路的工作原理，了解每个元器件的作用，还要深入认识每个元器件的参数对电路哪些方面的表现产生什么样的影响，通过各方面的约束条件和期望达成的结果对元器件参数进行计算，并依据结果合理选择。图 3-19 中的电路原理图中已标注了所有元器件的参数，本节将讨论这些参数的计算和选择依据。

1. 储能电感

参考 3.2.1 节，电感的计算公式选用

$$L=\frac{U_{\text{L(off)}}t_{\text{off}}}{\Delta I}=\frac{U_{\text{o}}(1-D)}{\Delta If_{\text{sw}}}=\frac{U_{\text{o}}\left(1-\dfrac{U_{\text{o}}}{U_{\text{in}}}\right)}{\Delta If_{\text{sw}}}=\frac{U_{\text{o}}(U_{\text{in}}-U_{\text{o}})}{U_{\text{in}}\Delta If_{\text{sw}}} \tag{3-28}$$

由于没有给出电感电流的工作模式要求，一般情况下应尽量减小纹波电流的大小，故可设置在满负载电流 10% 左右允许电感电流从 CCM 进入 DCM 模式，即纹波电流设为

$\Delta I = 2\times0.1\times I_{o(full)} = 0.2A$。根据式（3-27）可以确定开关频率。由于输入电压是可变的，使用不同的输入电压计算的电感量是不一样的，所以应该在所有电感量中选择最大值，才能在整个输入电压范围内保证电感电流工作模式满足要求（电感量越大纹波越小）。首先了解式（3-28）中电感量对应的输入电压是多少，这就要了解函数的单调性，如果函数是单调的，那么最大值肯定在两头；如果函数不是单调的则需要找出极值的位置（这里需要用到一点高数知识），式（3-28）以输入电压为自变量求导得

$$L' = \frac{U_o^2}{U_{in}^2 \Delta I f_{sw}} \tag{3-29}$$

显然式（3-29）恒大于零，证明电感量随输入电压单调增加，因此取 $U_{in} = 40V$ 计算的电感量最大。代入数据计算结果为

$$L = \frac{U_o(U_{in} - U_o)}{U_{in}\Delta I f_{sw}} = \frac{5V\times(40V-5V)}{40V\times0.2A\times23.4\times10^3 Hz} \approx 935\mu H \tag{3-30}$$

由于电感平均电流为 1A，为了减小电感的直流电阻损耗（减小发热），可选择标称值为 1mH / 2A 的功率电感（功率不大一般可用磁环或贴片式的功率电感）。

2. 输出滤波电容

参考 3.2.2 节电容的容量计算公式，得

$$X_C = \frac{\Delta U_o}{\Delta I} = \frac{0.05V}{0.2A} = 0.25\Omega \tag{3-31}$$

$$C = \frac{1}{2\pi f X_C} = \frac{1}{2\times3.14\times23.4\times10^3 Hz\times0.25\Omega} = 27.2\times10^{-6} F \tag{3-32}$$

可选择标称为 33μF / 10V 的钽电容。钽电容等效串联电阻（ESR）小，滤波效果好，但一般钽电容的容量较小，且耐压较低，价格也比较高，在要求不是十分高的情况下，经常采用容量大、耐压高，且价格便宜的铝电解电容作为输出滤波电容。

铝电解电容有一个明显的弱点，就是 ESR 较大。ESR 可以理解为一个与理想电容上串联的一个电阻，对于高频纹波电流，铝电解电容 ESR 远大于其容抗 X_C，输出纹波电压主要由 ESR 产生，因此铝电解电容往往不是按容量而是按 ESR 选择的。

铝电解电容的元器件参数分散性和误差较大，不同品牌、不同档次的铝电解电容的等效串联电阻差别较大，选用时最好能参考相应产品的说明书。如图 3-20 所示为某系列铝电解电容产品手册的数据表。由表中可知，铝电解电容的等效串联电阻与容量及额定电压（耐压）有关，容量越大 ESR 越小，耐压越大 ESR 越小（小容量及高压时有例外）。根据图 3-20 选择铝电解电容的步骤如下：

根据式（3-31）计算结果，在图 3-20 中初步选择一个 ESR 略小的规格，例如 220μF / 50V，或 470μF / 25V，两者的 ESR 均为 0.19Ω。

电容量	额定电压/V							
/μF	10	16	25	35	50	100	160	250
1	ESR/Ω				5	7	10	14
2.2					4	6	8	10
4.7			3	3	3	4	4	3.5
10		2	2	2	2	1.2	1.5	2.8
22	1.3	1.3	1.3	1.3	1.3	0.66	1.1	1.2
47	1.3	1.3	1.3	0.6	0.6	0.32	0.46	0.6
100	1.3	0.6	0.6	0.6	0.33	0.16	0.24	0.3
220	0.6	0.33	0.33	0.25	0.19	0.09	0.14	0.27
470	0.33	0.25	0.19	0.14	0.09	0.06		
1000	0.19	0.14	0.09	0.07	0.06			
2200	0.09	0.07	0.06	0.05	0.04			
3300	0.07	0.06	0.05	0.04				
4700	0.06	0.05	0.04	0.03				
10000	0.04	0.03						

图 3-20 某系列铝电解电容规格选择参考数据表

1）计算所选容量的容抗

$$X_{C(220\mu F)}=\frac{1}{2\pi fC}=\frac{1}{2\times 3.14\times 23.4\times 10^{3}\,\text{Hz}\times 220\times 10^{-6}\,\text{F}}\approx 0.031\Omega \tag{3-33}$$

$$X_{C(470\mu F)}=\frac{1}{2\pi fC}=\frac{1}{2\times 3.14\times 23.4\times 10^{3}\,\text{Hz}\times 470\times 10^{-6}\,\text{F}}\approx 0.014\Omega \tag{3-34}$$

2）计算所选容量的总阻抗

$$X_{C(220\mu F)}+\text{ESR}=0.031\Omega+0.19\Omega=0.221\Omega \tag{3-35}$$

$$X_{C(470\mu F)}+\text{ESR}=0.014\Omega+0.19\Omega=0.204\Omega \tag{3-36}$$

3）根据总阻抗选择电容的容量和耐压规格。由上述计算结果可知，两种铝电解电容的总阻抗均达到要求，因此两种电容都可选。由上述计算可知，对于高频纹波电流，其容抗远小于其 ESR，有时可忽略不计。此外，有时为了减小体积、提高可靠性等原因，可采用多个电容并联使用，从而有效减小 ESR。本例中输出滤波电容 C_4 选择了 470μF / 25V，为了进一步滤除不同频率成分的纹波干扰，有时并联一个容量较小的电容（滤高频）效果更佳，如本例中的 C_5。

值得注意的是，铝电解电容内部使用浸泡电解液的纸作为介质，使用时绝对不可以超出其额定电压，也不可以接反极性，否则电解液会迅速汽化，电容壳体膨胀鼓包，甚至发生爆炸。此外，由于铝电解电容的 ESR 较大，流过高频纹波电流（按有效值计算）时容易发热，如果不能及时散热，温度上升也会使电解液汽化，因此相同参数的条件下选择外观体积大一些的铝电解电容更有利于散热。

3. 开关管

开关管截止时承受电压约等于输入电压，输入电压最大值 40V，按至少 20% 安全裕量计算开关管的额定电压至少应为 50V 以上。开关管导通时电流等于电感电流，虽然电感电流平均值仅为 1A，考虑到纹波电流和散热等因素，二极管的额定电流应选择 2A 或更大。由于开关管在输入端（电源正极），因此适宜采用 P 沟道 MOSFET 或 PNP 型晶体管，考虑到这种参数的 P 沟道 MOSFET 可选的型号较少，且价格较高，宜选择 PNP 型功率晶体管。综合上述分析，这里选择 TIP32A 型号的晶体管作为开关管，其额定电流为 3A，额定电压为 60V，TO220 封装，有利于散热处理。

4. 续流二极管

续流二极管反向电压约等于输入电压，输入电压最大值为 40V，按至少 20% 安全裕量计算二极管的反向击穿电压至少应为 50V。而续流二极管的电流为开关断开时电感电流，虽然电感电流平均值仅为 1A，考虑到纹波电流和散热等因素，二极管的额定电流应选择 2A 或更大。开关频率为 23.4kHz，周期约为 43μs，根据经验，这个频率不算太高，选择快恢复二极管即可。综合上述分析，可选择 MR850 型号的快恢复二极管，其额定电流为 3A，反向击穿电压为 50V，反向恢复时间约为 100ns。

5. 稳压控制电路

如上所述，参考电压通过 R_5 从 TL494 的基准电压源（14 脚）取得，R_5 的取值主要用于调节误差放大器的放大倍数，根据负反馈运算放大电路可知，放大倍数为

$$A_{\mathrm{V}}=-\frac{R_{\mathrm{f}}}{R_{\mathrm{i}}}=-\frac{R_4}{R_5}=-\frac{1\mathrm{M}\Omega}{5.1\mathrm{k}\Omega}\approx 200 \tag{3-37}$$

C_1、R_3 组成误差放大器的频率补偿网络，要较为准确计算其参数需要对整个控制系统的传递函数进行分析，限于篇幅本书不展开讨论。根据理论和工程实践经验，C_1 的值越大系统的带宽越小，越有利于系统稳定，但是会降低系统对扰动的响应速度，即会使输出稳压调整的灵敏度下降，调整时间延长。实践中可根据实验结果综合考虑，做出适当的选择。

R_8 的阻值与 R_5 相等即可。此外，这些电阻流过的电流很小，无须考虑功耗，选择便于焊接加工的尺寸规格即可。

6. 限流控制电路

根据图 3-19 所示电路原理图，参考电压和采样电压的公共地是输入端 Vin−。由于电流采样电阻与负载串联，为了减小损耗，阻值的选取不宜过大，因此参考电压也不宜过大。参考设计思路如下：首先选择两个 0.22Ω 的电阻并联，总阻值为 0.11Ω，根据输出电流限值为 1.3A，则采样电阻的电压降为 0.143V，即确定参考电压为 0.143V，然后再选取参考电压的分压电阻。由于理论上可以获得 0.143V 分压的两个电阻的组合有无数种，但如果总阻值过小会导致损耗较大，电阻值也会因温度升高而产生变化，因此可以先确定一个大概的范围再分配两个阻值。一般而言，串联电阻的功耗应在毫瓦级，例如这里电压为 5V，若总电阻为 5kΩ，功耗为 5mW，那么阻值就可以在这个范围附近选择。由于下分压电阻的分压很小，仅为 0.143V，因此可以预期上分压电阻远大于下分压电阻，即可以先选定上分压电阻，如这里可选 R_6 为 5.1kΩ，然后再计算下分压电阻

$$\frac{R_7}{R_6+R_7}=\frac{0.143}{5}\Rightarrow R_7=\frac{0.143R_6}{5\Omega-0.143\Omega}=\frac{0.143\times 5100\Omega}{4.857\Omega}\approx 150\Omega \tag{3-38}$$

这里由于流过采样电阻 R_{10} 的电流较大，需要计算功耗

$$P_{R10} = I_{o(max)}^2 R_{10} = 1.3\text{A} \times 1.3\text{A} \times 0.11\Omega = 0.1859\text{W} \tag{3-38}$$

综合上述分析，限流控制电路的元器件参数就可以确定了。

7. 开关管的辅助电阻 R_1、R_2

TL494 输出晶体管的引脚是悬空的，本例采用集电极输出驱动 PNP 型晶体管，发射极接地。集电极需要接上拉电阻 R_1 才能提供高电平输出，由于开关管 V_{be} 仅需要 0.7V 左右，因此 TL494 输出晶体管的集电极需要接 R_2 分压限流，以降低输出晶体管的损耗。图 3-21 所示为开关管与 TL494 输出端的连接电路，图中标注了工作点的参数，便于说明 R_1 和 R_2 的计算过程。

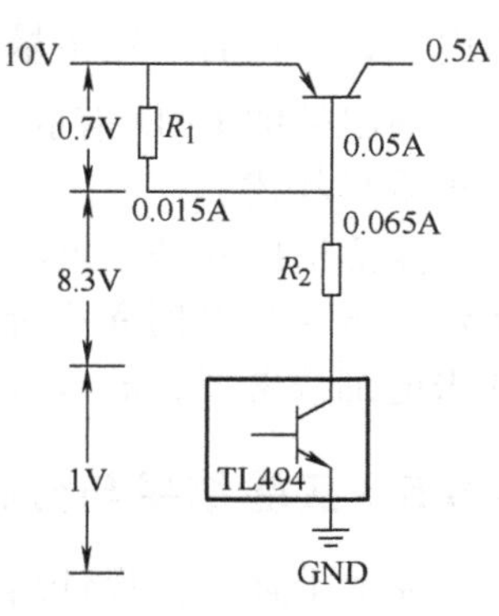

图 3-21　开关管与 TL494 的连接

由于晶体管属于电流驱动型的器件（基极电流控制集电极电流），当外围元件确定（R_1、R_2 等）后，电流的大小取决于输入电压，电压越大提供的工作点电流就越大，越能保证开关管的正常导通。为了确保开关管在整个输入电压范围（10 ～ 40V）以内都能正常导通，应选择最低输入电压计算元器件的参数。

由于开关管导通时电流等于电感电流，因此，开关管的最大电流平均值为

$$I_{1(max)} = I_o D = \frac{I_o U_o}{U_{in(min)}} = \frac{1\text{A} \times 5\text{V}}{10\text{V}} = 0.5\text{A} \tag{3-39}$$

根据晶体管 VT_1（TIP32A）的数据手册可知，其放大倍数为 10 ～ 40，为确保最差条件下开关管正常导通，按最小放大倍数计算基极电流为

$$I_b = \frac{I_1}{10} = 0.05\text{A} \tag{3-40}$$

当 TL494 输出晶体管导通时，电流经 R_1、R_2 流入，电流的大小由 R_1、R_2 阻值决定，电流在 R_1 上产生 0.7V 电压降时 VT_1 导通，此时流入 TL494 的电流为 R_1 支路电流与 VT_1 基极拉出的电流，假设流过 R_1 的电流取值为 15mA（由于 V_{be} 很小，电流值不宜取大，一般取 10 ～ 20mA 即可），则 R_2 的电流为

$$I_{R2} = I_{R1} + I_b = 0.015\text{A} + 0.05\text{A} = 0.065\text{A} \tag{3-41}$$

TL494 输出晶体管的饱和电压降约 1V（数据手册中提示集电极电流为 200mA 时饱和电压降为 1.3V），根据上述条件计算 R_1 和 R_2 阻值为

$$R_1 = \frac{0.7\text{V}}{0.015\text{A}} \approx 47\Omega \tag{3-42}$$

$$R_2 = \frac{10\text{V} - 0.7\text{V} - 1\text{V}}{0.065\text{A}} \approx 128\Omega \tag{3-43}$$

实际电路中，由于 VT_1 的放大倍数一般都会超过其手册中的最小值，因此其基极电流远小于上述假设值，所以这里可以选择 R_2 的阻值稍大一点（有利于减小损耗），本例 R_2

选择标称值 150Ω。

8. 其他元器件

输入端并联 C_3 的作用主要用于防止电路产生的高频干扰信号窜出影响输入端的电源电压的稳定性，根据实验调试适当选取电容容量即可，但要注意额定电压必须高于最大输入电压，并留有一定裕量，这里选择 100μF / 50V 铝电解电容。

输出端的 LED 指示灯支路按前文串联电阻降压限流的例子进行计算选取即可，此处不再重复叙述。

需要指出的是，虽然所有元器件参数均已确定，但由于元器件参数具有一定误差和分散性（批量生产时每个元器件的参数有所不同），以及诸如电路布局布线、外部干扰等因素未能细致考虑，故这些结果仅作为参考，在实际应用中还应根据实验结果进行调整。

3.5.5 实验结果与分析

完成上述理论设计后，接下来就可以按照方案进行 PCB 设计、打样并进行实验验证，实物如图 3-22 所示。

1. 测试任务

1）输入电压在 10 ～ 40V 范围内，输出电压是否稳定在 5V（空载和满载）。

2）输出电压纹波的大小。

3）当负载增加，甚至输出短路时，电流是否被限制在设定的 1.3A。

4）检测 TL494 输出的锯齿波（5 脚）、输出晶体管的集电极波形（8 脚和 11 脚），以及 VT_1 的基极 - 发射极间的电压波形。

5）检测电感电流的波形，加深对 CCM 和 DCM 模式的理解。

2. 测试结果

1）设定输入电压 12V，空载上电，LED 指示灯点亮，用万用表测试输出电压 5V，初步确定电路能正常工作。保持空载，将输入电压在 10 ～ 40V 范围内调节，输出电压依然保持 5V 不变，说明变换器能实现自动稳定输出电压。输出端接额定功率为 10W 的 5Ω 水泥电阻作为负载，输出电压依然保持 5V 不变，说明变换器带载能力符合设计要求的 1A（也可串联电流表测试）。

2）在满载条件下，用示波器测试输出电压波形和电压纹波，结果如图 3-23 所示。

图 3-22 实验板实物图

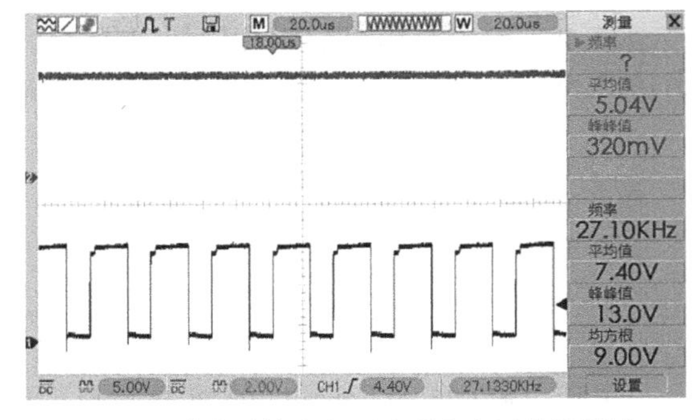

图 3-23 满载时输出电压波形和电压纹波测试

图 3-23 上方为输出直流电压波形，直观地看是直线一条（与下方的 TL494 输出的 PWM 控制信号对照），平均值为 5.04V，直线有一定宽度，说明有纹波，纹波峰峰值为 0.32V，但从纹波的频率远高于开关频率，应该是开关管开关动作产生的高频谐波成分，可以在输出端并联小容量的高频电容（例如 0.1μF 以下的陶瓷电容等）来加以改进。实际上如果不影响负载的表现（例如 LED 灯的亮度），则可以忽略不计。从波形上看，开关频率上的纹波几乎看不到，示波器可以改用交流输入方式和更小的电压分度值测试，验证输出滤波电容的选择是否达到设计要求（纹波电压小于 0.05V）。

负载电阻采用两个 5Ω 水泥电阻并联（2.5Ω）时，用万用表测试输出电压下降至 3.2V，输出电流为 1.3A（与计算值 3.2V/2.5Ω=1.28A 相符），如图 3-24 所示。当输出端直接接电流表时，可认为输出端基本短路，此时输出电压降至几乎为零，LED 指示灯熄灭，输出短路电流为 1.3A，测试结果如图 3-25 所示。结果表明变换器的限流功能可以正常实现而且比较准确。

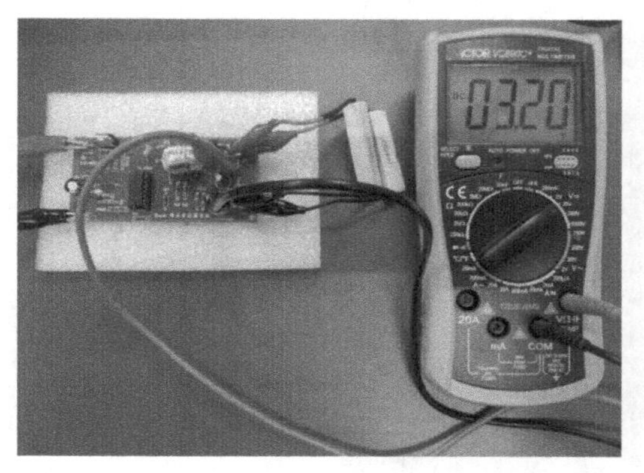

图 3-24　过载（2.5Ω 负载）输出电压

图 3-25　输出短路电流

3）用示波器观测 TL494 的工作波形，加深对 TL494 的工作状态的了解。图 3-26 下方曲线所示为 TL494 振荡器输出的锯齿波（5 脚），测得振荡频率为 22.98kHz，与设计值 23.4kHz 基本相符；电压峰值为 3.04V，与数据手册的理论值 3V 相符。图 3-26 上方曲线所示为内部输出晶体管的集电极（8 脚与 11 脚并联）输出的 PWM 控制信号波形，变换器输入电压为 12V，输出电压为 5V，理论占空比约为 0.42。由于驱动 PNP 型开关管低电平有效，从图中可以直观看出低电平占比小于 50%，与预期相符。可以用示波器具体测量波形的负占空比数值，也可以用负频宽除以周期测得具体的占空比，这里不再赘述。输出的高电平峰值为 11.6V（与输入电压一致），低电平约为 0.6V，说明输出晶体管导通时基本饱和，电压降很小。

图 3-27 所示为开关管 VT_1 的基极 – 发射极间的电压波形。从图中可以看出，V_{be} 电压为负，用光标法测得该电压值为 760mV，说明低电平驱动 PNP 型开关管信号正常。

4）使用感应式电流探头测量电感电流的波形，转换比例设置为 100mV/A，即在示波器上每 100mV 对应的电流值为 1A。图 3-28 所示为 15Ω 负载电阻（输出电流 0.333A）的电感电流波形，图 3-28a 用光标法测得纹波值为 16mV，对应电流纹波为 0.16A（设计时取值为 0.2A），图 3-28b 用光标法测试纹波的工作频率为 25.6kHz（设计值 23.4kHz）。图 3-29 所示为轻负载（电路板上的 LED 指示灯仍然点亮）时的电感电流波形。对比

图 3-28 和图 3-29 可以看出，随着负载减小，电感电流整体下降（注意图中示波器屏幕左侧边沿的标签位置为 0），纹波大小基本保持不变，由于输入、输出电压不变，占空比不变，所以纹波上升和下降的斜率也没有变化。此外，由于杂波以及开关管产生的高频谐波干扰等原因，电感电流并不如理想波形光滑，但整体形态基本符合线性上升和线性下降的趋势。

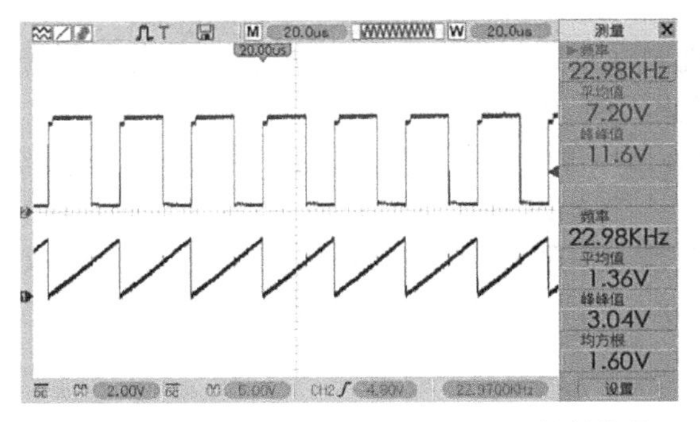

图 3-26 锯齿波与集电极输出的 PWM 控制信号

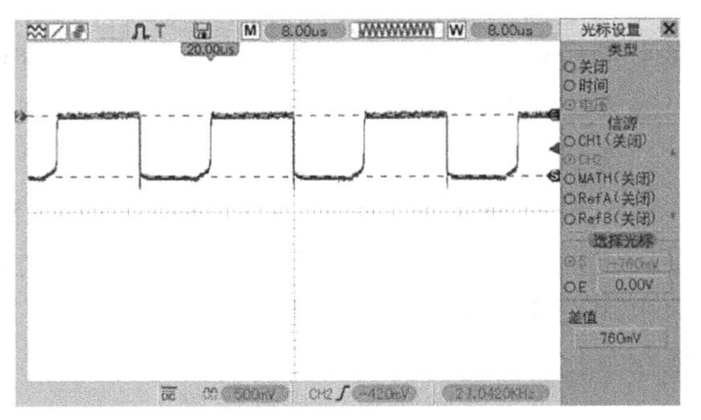

图 3-27 开关管 VT_1 的基极 – 发射极间电压

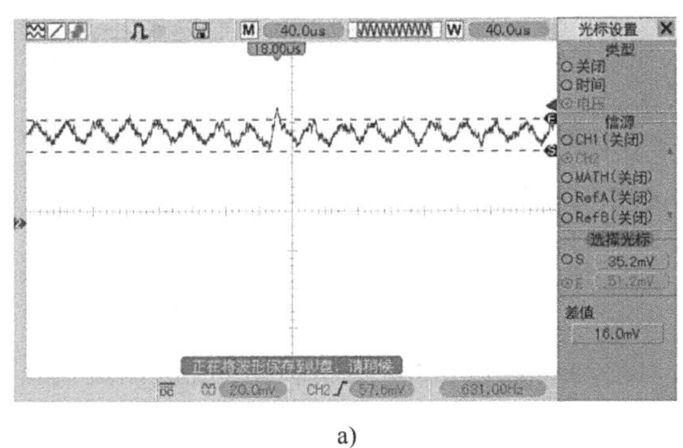

a)

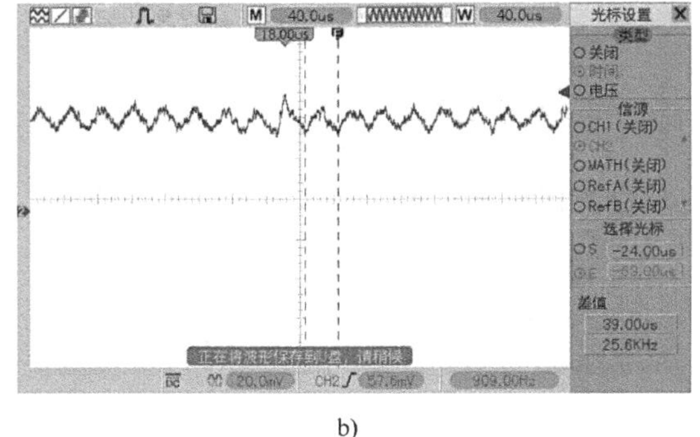

b)

图 3-28 中等负载时电感电流波形

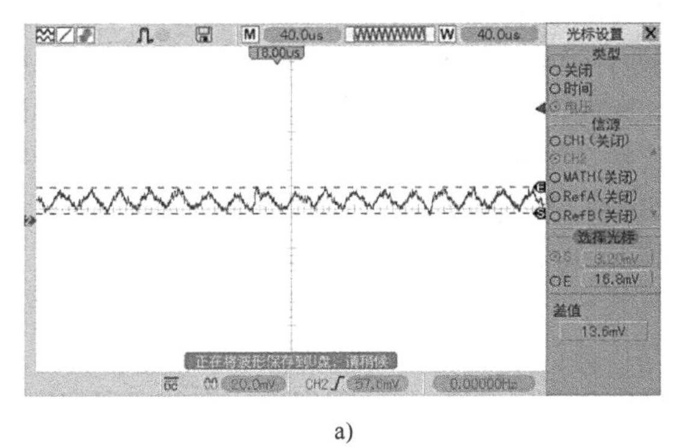

a)

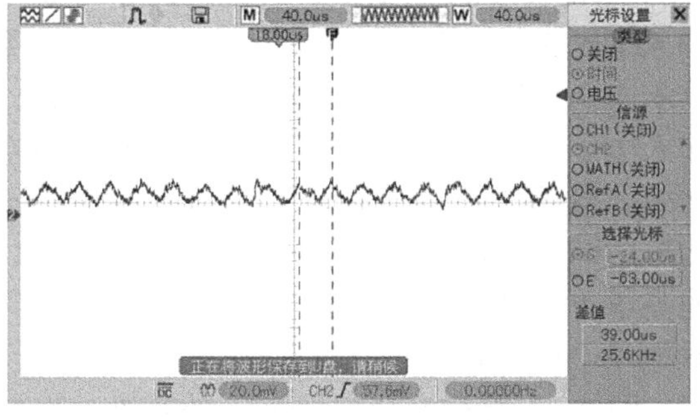

b)

图 3-29 轻负载时电感电流波形

3.6 非隔离吸顶灯电路设计实例

3.5 节介绍了基于通用 PWM 控制器 TL494 设计的 BUCK 降压稳压限流变换器的例子，TL494 具备一般开关变换器设计所需要的要素，功能强大，使用灵活，正因如此也会使得其外围电路所需要的元器件数量较多，材料和空间成本相对较大。为了节约成本和使用方便，人们针对特定的应用开发了相应的专用芯片，这些芯片把控制器及其可以固定的参数集成在一起，例如固定的开关频率、参考电压等，有的甚至把开关管也集成在芯片里，这样不仅能大幅度减少芯片的引脚和外围元器件，降低电路的复杂度，节约材料和空间，还便于对芯片内部的开关管进行温度监测和设计过热保护等。近年来，随着 LED 照明应用的快速发展，各种 LED 驱动芯片如雨后春笋般地涌现，使得 LED 产品的开发效率大大提高。本节将介绍一个基于 SM7302 芯片的由交流市电供电的普通 LED 吸顶灯驱动器的设计实例。

3.6.1　设计指标

吸顶灯是家用和商用照明中常见的灯具，LED 吸顶灯由 LED 灯板、电源变换器（驱动器）和灯壳组成，如图 3-30 所示。常见的 LED 吸顶灯的功率一般在几瓦到几十瓦不等。本节以一个通用的 13W 吸顶灯为例进行介绍，主要设计指标参数如下：①输入电压 AC 220V；②输入功率 13W；③电源变换器效率不小于 90%。

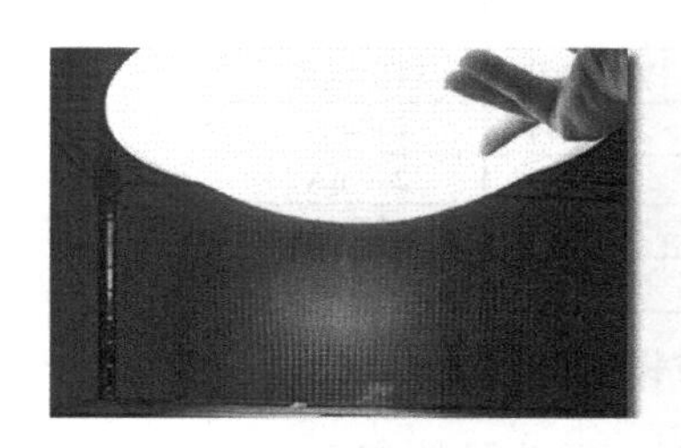

图 3-30　LED 吸顶灯的灯板与灯壳

3.6.2　设计思路与解决方案

根据给定的条件，拟出设计思路和步骤如下：

1）确定 LED 灯珠的功率、颗数和连接方式。

2）选择电源变换器的电路结构。

3）选择驱动芯片。

4）画出电路图，计算和选择元器件参数。

5）设计 PCB，进行样机制作和测试。

1. 电路选型分析

由于交流市电供电电压较高（AC 220V 整流滤波后高达 DC 310V），适宜采用降压变换器结构，同时要求效率不低于 90%，必须使用开关变换器，由此可以明确变换器应使用 BUCK 结构。对于 LED 灯具而言，为了亮度的稳定，应采用恒流驱动，因此可以初步确定芯片的选型方向，包括：①高压应用；② BUCK 结构；③有恒流功能；④由于功率不大，最好内置开关管。根据这些条件查阅相关资料，确定具体的芯片型号，下面以 SM7302 为例讨论是否符合选型要求。

2. SM7302 芯片

根据数据手册介绍，SM7302 是一款内部集成功率管的高效的 PWM-LED 恒流驱动控制芯片，恒流精度可达到全电压范围 ±3%，该芯片直接从 DRAIN 输入电压供电，不需要辅助绕组提供电源。SM7302 主要适用于高亮的 BUCK LED 驱动器，无需任何的补偿元器件，即可实现恒定的输出电流，且所需外围元器件少，方案成本低，并具有 LED 输出开短路保护特性。

SM7302 内部集成了额定电压为 550V 的 MOSFET，省去了外部开关管；宽电压（AC 85 ～ 265V）输入，适用于全球各个国家和地区的电网供电；恒流精度高达 ±3%；220V 交流市电输入时，效率高达 90% 以上；内置自恢复输出开短路保护（恒流驱动器输出端开路时电压持续升高，必须加以保护）；非隔离拓扑（输出端与输入端没有隔离）适合用于外壳绝缘和远离人体接触范围的应用（如本例的吸顶灯）；BUCK 结构；无需补偿元器件；所需外围元器件少，材料和加工成本低；芯片只有八只引脚，可选择双列直插和贴片式两种封装形式，占用空间小。

综上所述，SM7302 可在本例选型的考虑范围内，下面进一步细化。

（1）确认功率是否足够　根据数据手册可知，SM7302 不同封装的输出功率的能力不同，如图 3-31 所示。

	输入电压	输出电压	输出电流
DIP8	AC 85～265V	20～50V	240mA
	AC 180～265V	50～100V	240mA
SOP8	AC 85～265V	50～60V	150mA
	AC 180～265V	50～80V	180mA

图 3-31　不同封装的使用范围

根据吸顶灯的指标要求，输入功率为 13W，驱动器效率在 90% 以上，则 LED 灯板的功率约为 12W，若采用 DIP8 封装的芯片，则电流为 240mA，可算得灯板的电压为

$$U_{\text{LED}}=\frac{12\text{W}}{0.24\text{A}}=50\text{V} \tag{3-44}$$

正好在使用范围之内，由于本例仅要求在 AC 220V 电压下使用，考虑输入电压允许 10% 的波动，最低输入电压为 AC 198V，工作电压在 AC 180V 以上，采用 DIP8（输入电压 AC 180 ～ 265V）规格的芯片，可保证输出电压在 50V 以上，其最大输出功率为 12 ～ 24W。综合上述分析可知，芯片可以支持本例功率所需。

（2）明确芯片的工作原理　SM7302 的封装和引脚定义如图 3-32 所示，内部原理如图 3-33 所示。

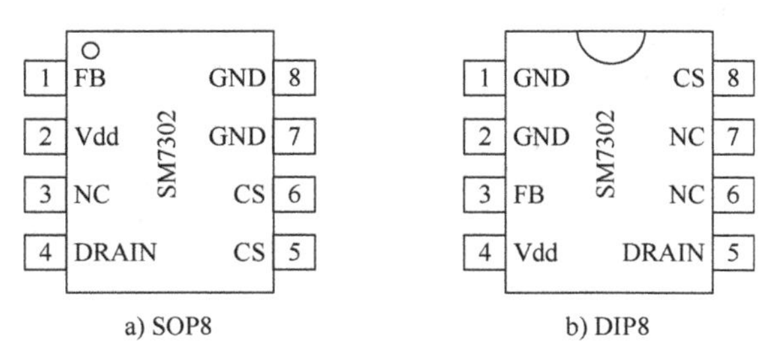

图 3-32　SM7302 的封装和引脚定义

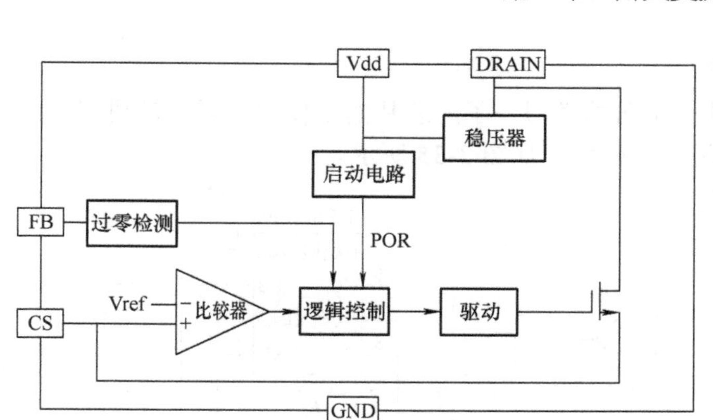

图 3-33　SM7302 内部原理框图

虽然 SM7302 封装上有八只引脚（注意 DIP 和 SOP 封装引脚位置不一样），但实际电气上有效的仅为五只引脚，采用两只 GND 引脚的作用是为了增加载流和散热能力。

供电电压从 DRAIN 端直接输入，内部一路接稳压器，输出 5.7V 稳定电压共内部电路使用，另一路接开关管（BUCK 变换器的开关管接电源输入正极），DRAIN 端输入直流电压极限值为 550V（内部开关管的击穿电压），实际工作时电压范围为 20 ～ 500V。Vdd 引脚用于外接滤波电容以稳定内部工作电压。

通电后，内部启动电路开始工作，它将在每个开关周期的前端产生一个前沿消隐信号（相当于 TL494 的死区时间控制信号），防止由于开关噪声等原因使开关管产生误关断。前沿消隐过后，当流过开关管的电流使得 CS 端的电压达到其比较阈值电压时，控制开关管截止。

CS 端外接电流采样电阻的计算公式为

$$R_{CS}=\frac{0.4}{2I_{LED}} \tag{3-45}$$

FB 引脚用于检测电感电流过零时开启下一个开关周期。由此可见 SM7302 并不是通过振荡器产生开关频率，而是通过对电流峰值的控制来调节开关频率的，电感电流波形如图 3-34 所示，也就是始终工作在临界导电模式（BCM）。

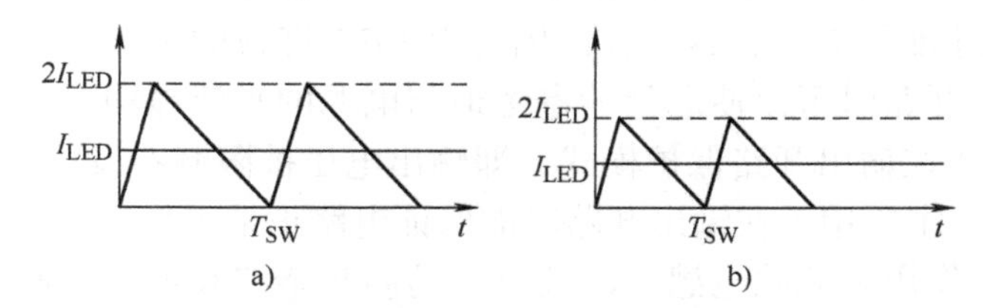

图 3-34　电感电流与输出电流的关系

如前文所述，根据电磁感应定律 $U_L=\frac{\Delta\phi}{\Delta t}=\frac{L\Delta I}{\Delta t}$，若电感量以及输入输出电压不变（电感电压不变），则电感电流的上升和下降斜率也保持不变。当输出电流设定值增加时，峰值电流增大，则开关周期延长，频率降低，如图 3-34a 所示；反之则周期缩短，频率升高，如图 3-34b 所示。

3. 电路原理图

通过对芯片数据手册的学习，了解芯片的工作原理后，就可以画出电路原理图（可以参考数据手册中的应用实例），如图3-35所示。

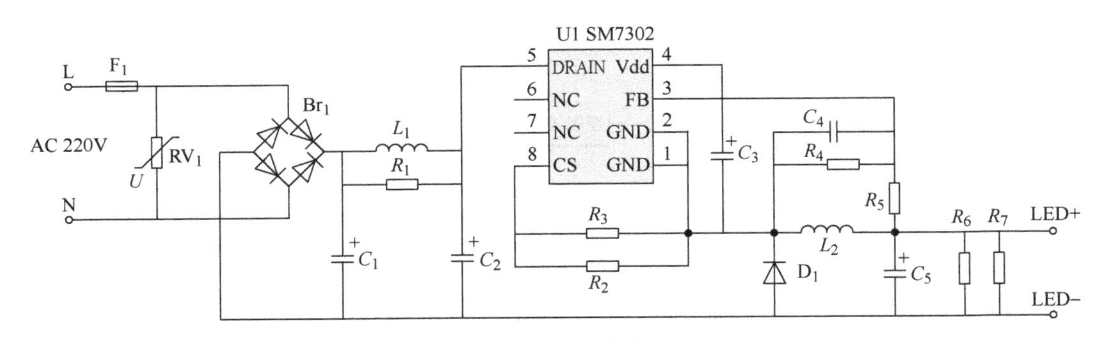

图3-35 参考芯片数据手册画出电路原理图

交流电从相线L和中性线N输入，熔丝F_1和压敏电阻对输入端起保护作用，避免浪涌电流和高压冲压损坏电路。整流桥Br_1把交流电变为直流电，C_1、C_2、L_1和R_1构成π型滤波器，可以防止电网上的干扰信号影响电路的正常工作，同时也可以防止电路产生的干扰信号进入电网对其他电器产生影响。整流桥Br_1是个双向的滤波器，通常称为电磁干扰（EMI）滤波器，在交流电网供电条件下，电源输入端通常都需要上述几个环节。

整流滤波后的高压直流电输入SM7302的DRAIN（内部MOSFET的漏极）引脚，芯片开始工作，C_3是内部稳压器的滤波电容，进一步稳定内部工作电压（Vdd=5.7V），R_2和R_3为电流采样电阻，主电路电流从内部开关管的源极经CS脚流出，经过R_2、R_3进入储能电感，电感电流上升，R_2、R_3电压降上升。当CS引脚电压升至比较器参考电压（0.4V）时，控制开关管截止，电感电流开始下降，并通过续流二极管形成通路，继续给C_5充电并给LED供电。

要注意这里芯片的GND引脚并不是直接接整流滤波后的直流母线地，它既是芯片的参考地，又是内部开关管驱动时源极所需要连接的悬浮地（内部开关管是N沟道的MOSFET，虽然这里在芯片内部源极没有引出，它是通过CS引脚经R_2和R_3再连接到GND，但R_2和R_3阻值很小，不影响栅极对源极的驱动电压），芯片的GND必须回到电源输入端的直流地才能使芯片正常工作。因此在LED灯板的正负极两端并联了R_6和R_7，目的是当LED灯板开路时可以使芯片的参考地与电源的直流地构成通路，芯片仍能正常工作（此时应该工作在输出开路保护模式，即输出电压被限制在设定的范围内），R_6和R_7经常被称为假负载，主要用于在输出开路时能保证电路正常工作。

C_4、R_4和R_5的作用是滤除电感电流波形中的高频杂波和毛刺，使之更加平滑，实现较理想的恒流控制效果。

4. 参数的计算和选择

熔丝F1的作用是在输入端产生瞬时很大的浪涌电流时及时熔断以保护电路，选用时主要考虑额定电压、电流和反应时间等参数。本例中输入功率为13W，当输入电压最低时输入电流最大，可大致计算得到工作电流应不小于13W/198V=0.066A，熔丝的额定电流应远大于此值，例如本例可选用1A/AC 250V的熔断器。

压敏电阻 RV_1 的功能是在输入端产生高压冲压（例如雷击、电网中的大功率电感元件产生的感应电动势等）时阻值迅速减小，把这部分能量吸收，缓冲输入电压的上冲。但由于无法预期这部分的冲击能量有多大，一般情况下只能根据使用的环境、功率的大小、空间体积等考虑选择一个适当的规格即可，有时为了方便也可以用一个适当容量的高压陶瓷电容代替。

整流桥 Br_1 的选择主要考虑反向击穿电压和额定电流这两个参数。整流桥输入交流电，市电正弦波的正半周和负半周期间，整流桥对边的两个二极管导通，另外两只二极管截止，截止的二极管串联起来承受输入交流电的峰值电压。若考虑输入电压允许向上波动10%，则最大峰值电压为

$$U_{Br} = 220V \times 1.1 \times \sqrt{2} = 342V \tag{3-46}$$

每只二极管承受171V，但考虑到不可预期的因素（例如雷击）的影响，通常这个击穿电压取值要远远大于正常工作电压，例如220V供电条件下通常会选取1N4007普通整流二极管搭建的整流桥。该型号二极管的额定电流为1A，可以承受的浪涌电流达30A（浪涌电流不一定是外界产生的，在电路上电时，滤波电容充电瞬间的电流也很大）。由于工作频率很低（工频50～60Hz），所以这里不必使用快恢复二极管。

EMI电磁干扰滤波器根据功率的大小和使用环境参考经验值（或实验值）选择即可。例如，这里 C_1 和 C_2 可用6.8μF/400V的铝电解电容，要注意额定电压必须高于式（3-46）的计算值，并留有足够的裕量（一般使用400V）。L_2 可选择2.2mH/1W的串模滤波电感，它能有效缓冲输入回路的电流纹波，减小谐波电流产生的干扰（满足各国和地区相关标准的限值指标）。R_5 可以改善EMI滤波器的性能，可根据实验值选择，该电阻与 L_2 并联，阻值不能太小，否则会令 L_2 失去作用，这里可选6.8kΩ的0805封装的贴片电阻。

C_3 用于稳定芯片Vdd的电压，该电压为5.7V（相对于芯片的GND），由于芯片内部电路工作时自身的功耗很小，工作电流也很小，故 C_3 的容量不需要很大，这里选用1μF/16V的铝电解电容即可，但如果实验调试发现芯片Vdd不稳（纹波电压较大），则需要增大该电容的容量。

R_2 和 R_3 用于设置电感电流的峰值，由于电感电流始终工作在BCM模式，因此电感电流的峰值等于LED电流的2倍，因此 R_2 和 R_3 实际设置的是LED灯板的电流，根据式（3-45）得

$$R_{CS} = \frac{0.4V}{2 \times 0.24A} = 0.83\Omega \tag{3-47}$$

因此，R_2、R_3 取1.5Ω和1.8Ω并联即可，根据功耗此处可选1206贴片封装的电阻。

由于电感始终工作在BCM模式，因此电感量选取不同的值都不会影响工作模式，但为了使电流相对平滑（电流变化率更小一些），电感量不要取得过小，如本例可选择2.2mH/1A的功率电感。选择不同的电感量会影响开关管频率的工作范围。例如，若输入电压为AC 220V，输出电流恒为240mA，则可按下述步骤推算开关管的工作频率：

$$U_L = \frac{\Delta\phi}{\Delta t} = \frac{L\Delta I}{\Delta t} \tag{3-48}$$

$$U_o = \frac{L\Delta I}{t_{off}} = \frac{L \times 2I_{LED}}{T_{SW}(1-D)} = \frac{f_{SW} L \times 2I_{LED}}{1-\dfrac{U_o}{U_{in(DC)}}} \quad (3\text{-}49)$$

$$f_{SW} = \frac{U_o\left(1-\dfrac{U_o}{U_{in(DC)}}\right)}{2LI_{LED}} = \frac{50V \times \left(1-\dfrac{50V}{220V \times \sqrt{2}}\right)}{2 \times 2.2 \times 10^{-3} H \times 0.24A} \approx 40kHz \quad (3\text{-}50)$$

由式（3-50）可知，开关频率与输入输出电压、电感量，以及输出电流的大小都有关。

续流二极管 VD_1 必须选择快恢复二极管，最好是超快或者是肖特基二极管，本例可选 ES1J 型贴片式超快恢复二极管，其击穿电压为 600V，额定电流为 1A，反向恢复时间小于 100ns。

输出滤波电容 C_5 可选择 10μF/200V 的铝电解电容，恒流电源可以通过 LED 负载对输出电压进行钳位，有的电路甚至可以省去输出滤波电容，因此 C_5 的容量不必很大，但是额定电压必须要有足够高的裕量。这里要考虑万一输出开路，输出电压上升到保护电压的情况，所以不能按 50V 来选择，而是要按芯片的输出上限 100V 来考虑，加上足够的裕量，这里选择 200V 是比较安全的。

R_6 和 R_7 并联在输出端，因此阻值不可以过小，只要确保输出开路时仍能给芯片提供内部工作足够的电流即可。参考数据手册，这两个电阻选用 43kΩ 的 1206 封装的贴片电阻。

C_4、R_4 和 R_5 可参考数据手册的例子选择 30pF/50V，13kΩ 和 300kΩ。同理，这里的电阻值不能太小，否则会分走储能电感太多的能量，轻则降低驱动器的效率，重则甚至造成驱动器失效。

综合上述分析和计算，列出元器件清单见表 3-1。

表 3-1 元器件清单

元器件	参数 / 规格	元器件	参数 / 规格
F_1	1A/AC 250V	R_2	1.5Ω/1206
RV_1	7D471	R_3	1.8Ω/1206
Br_1	M7（或 1N4007）	L_2	2.2mH/1A
L_1	2.2mH/1W	D_1	ES1J（600V，1A）
R_1	6.8kΩ/0805	C_5	10μF/200V
C_1	6.8μF/400V	R_6，R_7	43kΩ/1206
C_2	6.8μF/400V	C_4	30pF/50V
U_1	SM7302/DIP8	R_4	13kΩ/0805
C_3	1μF/16V	R_5	300kΩ/1206

3.6.3　实验测试

1. 灯板的设计与制作

吸顶灯通过 PC 灯罩实现均匀出光，适合使用数量众多的小功率 LED 均匀排列在较大的灯板上，本例选择额定电流为 60mA 的 2835 贴片 LED 灯珠，根据上述驱动电路的输出特性，总电流为 240mA，因此可以采用 4 路并联。LED 灯珠额定电压按 3V 计算，则每路 LED 的颗数为 50V/0.3V，约为 16 颗。LED 灯板可设计为 16 串 4 路并联的连接方式。为了便于布局和布线，灯板分为两个 16 串 2 路并联单元再并联，每个单元电路原理和布局如图 3-36 所示，尺寸为 100mm × 75mm。

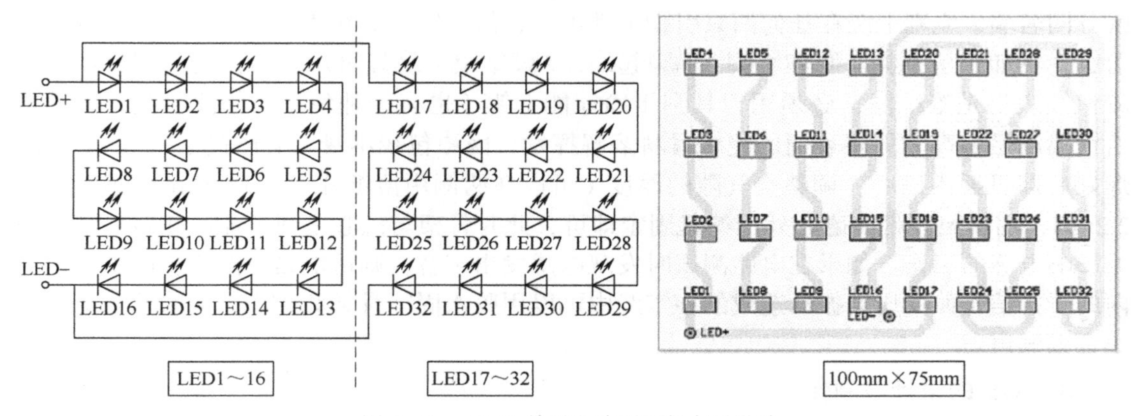

图 3-36　16S2P 单元电路原理与布局设计

2. 电感的设计与制作

开关变换器的储能电感通常又称为功率电感，常用的封装有直插式和体积相对较小的贴片式两大类。从结构上来说都是用导线在磁心上绕制而成。由于功率电感的参数对变换器的性能指标影响较大，因此在很多情况下需要根据电路设计进行定制，本例中使用的功率电感主要参数为 2.2mH/1A。为了便于自制实验，选择直插式进行 DIY。直插式封装的电感一般有工字电感、贴片式电感、磁环电感和 EE 型磁心电感，如图 3-37 所示。

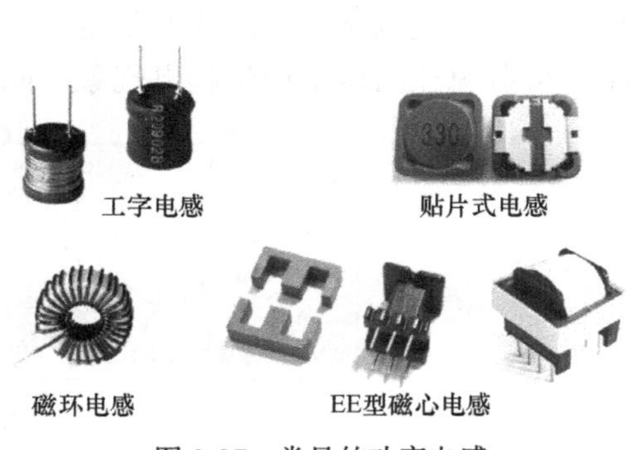

图 3-37　常见的功率电感

其中，工字电感的线圈绕在工字形的磁心上，磁路通过外部空气才能闭合，这样磁心不容易饱和。磁环电感线圈绕在环形磁心上，磁路通过磁环闭合，环路中每个点的磁导率均相同。根据磁心材料的不同选择不同的磁导率，可用较少匝数实现较大的电感量。EE 型电感由一对 E 型的磁心组合成两个对称的窗口（长方形）磁路，可以通过调节磁心之间的空气隙的厚度改变电感量，线圈绕在骨架上再套到磁心中柱上，制作加工比较方便，此外相同的磁心可以有不同引脚数量的骨架，便于制作多个绕组的变压器。本例采用 EE 型磁心制作功率电感，具体结构参数和绕制方法如图 3-38 所示。

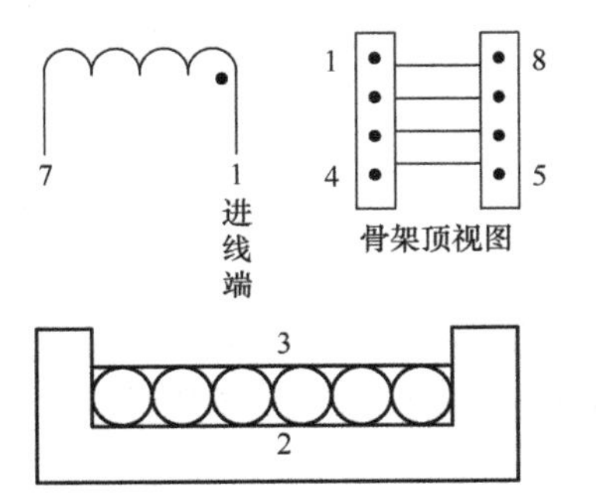

材料和绕制方法
1—磁心：EE13，PC40材质
2—骨架：卧式4+4脚
3—线圈：ϕ0.23mm×250匝
4—电感量：2.2mH

图 3-38　EE 型电感参数和绕制方法

采用直径 0.23mm 的漆包线在骨架上整齐紧密地绕 250 匝，由于只有一个线圈，不用区分同名端，原则上绕在任何两只引脚上都可以，但一般最好在骨架左侧和右侧各选一只引脚，例如这里选择 1 脚和 7 脚，1 脚起绕，7 脚结束。绕好可用电烙铁进行焊接，注意漆包线表层是绝缘漆，必须用刀具刮干净才能上锡（也有一种免刮漆的漆包线，但要求烙铁温度足够高才能将表面的绝缘材料溶解挥发，因漆包线本身具有耐高温特性）。线圈焊好后即可插入磁心，调整空气隙的厚度（可以在两侧用薄纸片垫高），测试电感量约为 2.2mH，用高温胶带绕磁心外围缠紧固定即可，此时骨架与磁心之间可能会相对松动，但不影响电感的工作。如果在电路测试时发现电感发出声音，则可能是电路产生的音频范围内的干扰信号使变压器振动造成的，实践中可以用胶水固牢骨架和磁心，同时改进电路减小音频噪声。

3. PCB 的设计与制作

驱动器的实验电路板布局如图 3-39 所示，尺寸大小为 95mm × 25mm。为了便于初次实验验证，暂时省略了输入端熔断器和压敏电阻，且部分元器件改用直插封装。PCB 设计时要注意主电路导线的线宽要足够，否则在高压差和大电流时会被烧断，保持足够的线距，可避免在高压下产生爬电现象，同时可使整体布局工整、美观。

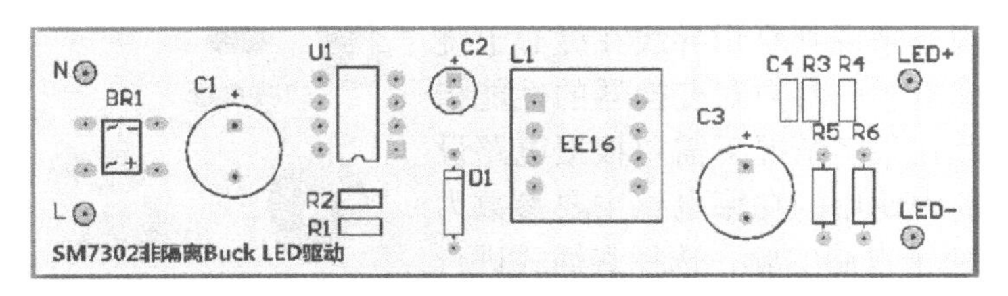

图 3-39　PCB 布局

4. 实验测试

（1）关于安全　由于本例中采用的是非隔离的 BUCK 变换器，输出与输入之间没有电气隔离，所以如果直接在市电下测试必须十分注意安全，不能触及电路的任何部位，否则会有触电的危险。为了保证安全以及便于改变输入电压，本例使用了一个可调压的隔离 AC 电源，如图 3-40a 所示。但由于输出电压仍然很高，测试时仍需注意安全，尤其不能同时使用双手接触电路中不同的部位（同样会在两手之间形成高压危及人身安全），该 AC 电源内部有大功率的隔离变压器，在使用示波器测试电路时可以不用带隔离功能的探针。

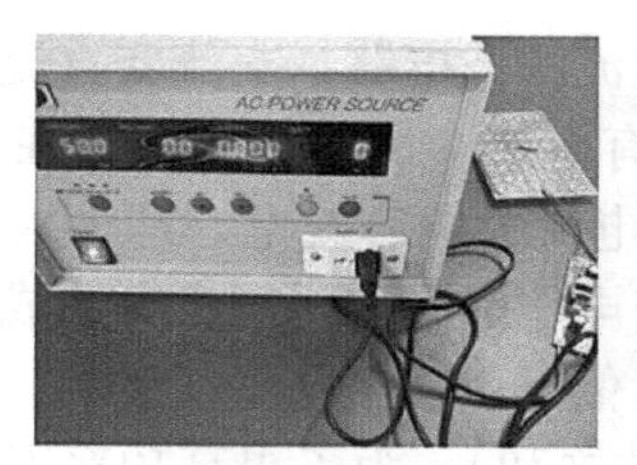

a) 使用可调压隔离AC电源

b) 输入AC 220V，实测功率13W

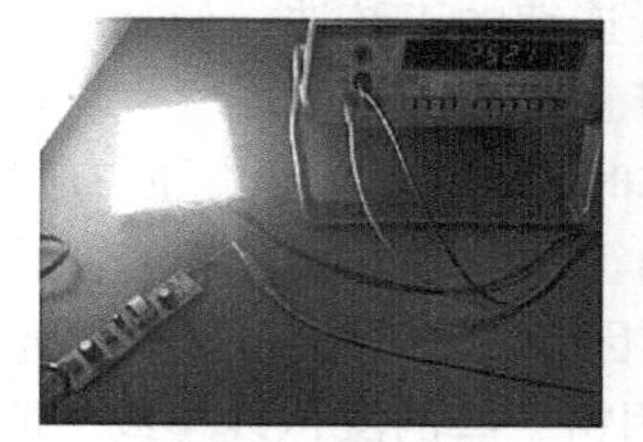

c) 测得LED灯板电流252mA

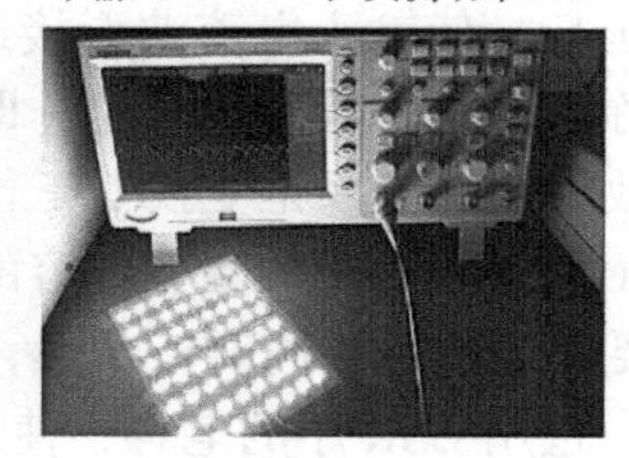

d) 输出电压波形测开关频率35kHz

图 3-40　实物测试效果

（2）效率和功率因数　如图 3-40b 所示，将电压调至 220V，频率调至为 50Hz 的正弦交流电输入，LED 灯板正常点亮，电源输入参数显示电流为 0.115A，功率为 13W。根据参数计算输入端电压与电流的乘积为 220V × 0.115A=25.3V・A，与实际显示的功率 13W 不符。这是因为前者为输入端的视在功率，后者为有功功率。简单理解就是前者是电网提供给电路可以利用的功率，而后者是电路真正消耗的功率，也就是说电路并没有充分利用电网提供的全部功率，多余的部分称为无功功率，有功功率占视在功率的比例大小称为功率因数，即

$$\mathrm{PF} = \frac{P}{S} = \frac{P}{P+Q} = \frac{13\mathrm{W}}{220\mathrm{V}\times 0.115\mathrm{A}} \approx 0.51 \tag{3-51}$$

式中，PF 为功率因数；P 为有功功率；Q 为无功功率；S 为视在功率（或总功率）。式（3-51）的结果表明本例对电网提供功率的利用率仅有 51%。功率因数越低表示为了提供用电器所需要的功率（有功功率），电网需要提供更多的视在功率，即需要更粗的电线供电，这对于供电部门来说是不划算的（因为电费是按有功功率收取的）。随着电子电气设备的普及，用电量不断增加，世界上许多国家和地区都制定了严格的标准，规定各种不同功率的电子电气设备市场准入的功率因数指标，只有不低于指标的产品才能进入市场。

与功率因数指标不同，效率是指电源变换器输出的功率与输入功率之间的比值，两者都是指有功功率，例如图 3-40c 所示，在 AC 220V 输入条件下，测得输出电流为 252mA，输出电压为 47.6V，则效率为

$$\eta = \frac{P_{\mathrm{o}}}{P_{\mathrm{in}}}\times 100\% = \frac{47.6\mathrm{V}\times 0.252\mathrm{A}}{13\mathrm{W}}\times 100\% \approx 92.3\% \tag{3-52}$$

由此可见，本例中的效率可达 92.3%，符合设计要求。较高的效率不仅可以节省能源，而且还可以减小电路本身的发热，使产品更加安全可靠，延长使用寿命。

虽然功率因数与功率两个概念都可用于评价产品在能效方面的性能，但两者从产生原因、对电路的影响和处理方法等方面都有着本质的不同，这里仅作定性的简单介绍。

功率因数低的原因是电路输入端使用了整流滤波电路，交流变直流的过程中，当电容的电压高于输入的正弦波电压时，输入端没有电流，所以输入端仅在正弦电压峰值附近（此时输入电压高于电容放电后的电压）提供电流为电容充电，即输入电压是连续的正弦波，而输入电流却是断续的脉冲电流，电流与电压的相位不同，会造成供电浪费。同时脉冲电流还会产生很多高次谐波分量，产生干扰信号（根据傅里叶级数，非正弦的周期函数可分解为无穷多个基频倍数的正弦和余弦函数之和）。为了提高功率因数，必须设法使输入电流的导通时间延长，使输入电流波形接近连续的正弦波，使功率因数越接近 1，在电路中这个功能模块称为功率因数校正电路（即 PFC）。

电源变换器的效率低的原因是变换器工作时自身的损耗大，所有阻性的元件或其他元器件中的分布电阻（例如导线、线圈、电容的等效串联电阻、开关管的导通电阻、二极管的等效电阻等）都要消耗能量，同时产生热，因此要设法减小这些损耗，例如，加宽和缩短电路板中的走线；选用 ESR 小的电容；使用粗一些的漆包线（或多股并绕）制作电感和变压器；选用通态电阻和栅极电荷小的 MOSFET、电压降低的二极管；以及适当阻值和规格的电阻器等。此外，还可以使用 MOSFET 代替二极管的同步整流技术，能有效减小开关损耗的零电压和零电流开通技术（ZVS 和 ZIS）以及谐振和准谐振开关技术（QR）等。

此外，还可以用示波器大致观测一下电路的工作波形，由于电感已焊接在电路中，不方便使用电流传感器对其电流进行实际观测，已知 LED 的伏安特性总体上虽说是非线性的，但是在工作区内可以基本上看作是线性的，因此可以通过 LED 灯板的电压波形大致了解其电流的波形，从而可以测出开关管的工作频率，如图 3-40d 所示。测得开关管的实际工作频率为 35kHz，考虑到元器件参数的分散性和允许的误差，结果与理论计算值 40kHz 基本相符，况且这个频率参数对电路的正常工作与否没有影响，故只了解即可，不做深究。

（3）改变输入电压进行详细的测试和分析　在额定输入电压（AC 220V/50Hz）条件下对整个 LED 吸顶灯电路进行初步测试，了解其大致工作情况后，下一步就对电路在整个输入电压范围内的表现进行测试，以模拟电网电压波动时的情况。测试内容包括输入电压、电流、功率，输出电压、电流，从而可计算输出功率、效率和功率因数等指标。测试数据如图 3-41 所示。

U_{in}/V	I_{in}/mA	P_{in}/W	U_o/V	I_o/mA	P_o/W	η(%)	PF
264	97	13	47.6	248.7	11.84	91.06	0.51
250	101	13	47.6	248.8	11.84	91.10	0.51
240	104	13	47.6	247.6	11.79	90.66	0.52
230	108	13	47.6	247.5	11.78	90.62	0.52
220	111	13	47.6	247.1	11.76	90.48	0.53
210	114	13	47.6	246.8	11.75	90.37	0.54
200	117	13	47.6	246.3	11.72	90.18	0.56
190	121	13	47.6	246.2	11.72	90.15	0.57
180	125	13	47.6	245.9	11.70	90.04	0.58
170	131	13	47.6	245.6	11.69	89.93	0.58
160	138	13	47.6	245.3	11.68	89.82	0.59
150	145	13	47.6	245.0	11.66	89.71	0.60
120/60Hz	176	13	47.6	245.7	11.70	89.96	0.62
110/60Hz	201	14	48.4	246.0	11.91	85.05	0.63

图 3-41　不同输入电压下的测量数据

根据测量数据，绘出效率和功率因数随输入电压变化的曲线，如图3-42所示。

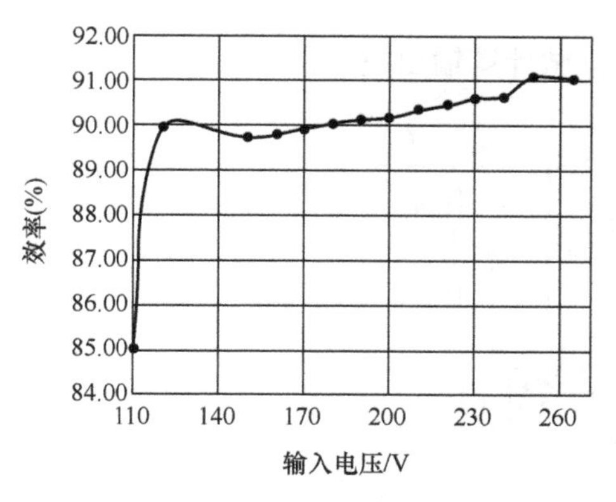

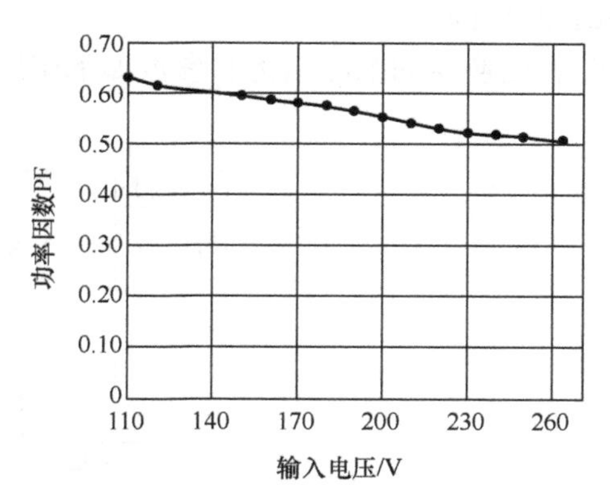

图3-42 变换器的效率和功率因数随输入电压的变化曲线

测量结果表明，输入电压从AC 110～264V范围内，电路均能正常工作，输入功率基本保持在13W。输入电压超过AC 180V效率均达到90%以上，最高效率可达91.1%，基本符合设计要求，这主要得益于使用了BUCK开关变换器结构和MS7302芯片。功率因数整体随电压升高而下降，最高仅为0.63，这是因为电路采用了整流滤波电路而没有进行PFC校正的原因，但由于功率较小，在大部分国家和地区的相关标准中没有明确的指标要求，故暂可不考虑。

综上所述，本例所采用的方案基本达到设计要求。需要指出的是，在实际产品开发中，仅仅对这些参数进行测试是远远不够的，一个合格的电路产品测试包括很多方面的很多指标，例如，安全规定（安规）方面的标准和指标、能效方面的标准和指标、环保方面的标准和指标、电磁干扰方面的标准和指标等，本例仅从电路的功能和主要性能角度给出设计和测试的思路和方法，后续还需要对照相关的标准进行充分的测试，不断整改，才能成为安全可靠、高效长寿的产品。

思 考 题

1. 若已知一个磁环电感的电感量为1mH，线圈匝数为100，试求把匝数去掉10匝改为90匝，电感量应该是多少？

2. 若开关变换器电路结构如下图所示，试推导输出电压与输入电压之间的关系表达式，说明该变换器的功能，并试解释其原因。

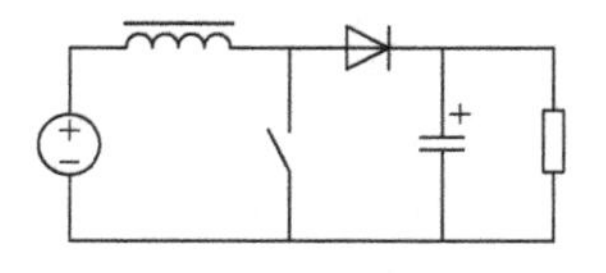

3. 设计一个BUCK变换器，输入电压为12V，输出电压为5V，输出电流为1A，允许输出电流下降至低于0.1A时从CCM模式进入DCM模式，假设开关频率为25kHz，试计算选择合适的电感量。在例3.2中选择了开关管截止时的参数进行计算，请按照例题的思路，选择开关管导通时的参数进行计算，并说明计算结果是否一致。

4. 根据图3-20所示的铝电解电容的参数表，若变换器的开关频率为50kHz，以下两种选择方案，哪一种滤波效果更好，为什么？①三个 1000μF/25V 的电容并联；②一个 3300μF/25V 的电容。

5. 若变换器的电路结构和参数如下图所示，试计算输出电压。

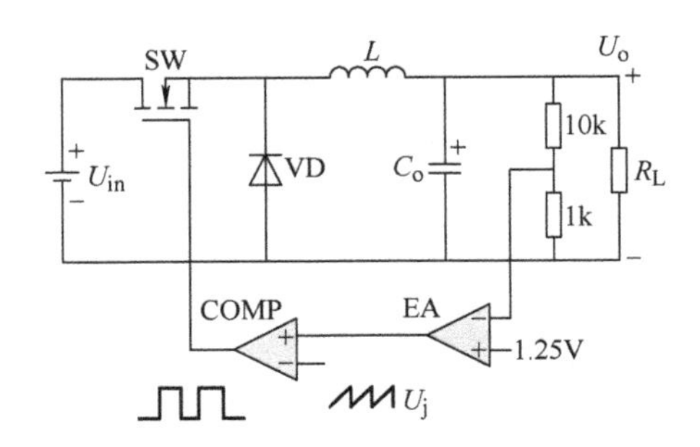

6. 若 TL494 内部振荡器产生的锯齿波峰值电压为 3V，第 4 脚输入电压为 0.36V，请画出内部死区时间比较器输出的信号波形，并计算 TL494 单端输出时的 PWM 信号的占空比。

7. 参考 3.5 节的 BUCK 变换器设计实例，利用 TL494 设计一个升压式的（BOOST）开关变换器，要求如下：输入电压为 12V（允许上下波动 10%），输出电压为 24V，纹波电压不大于 0.3Vpp，满载电流为 500mA，开关频率为 25kHz。画出电路原理图，并计算和选择元器件参数。

第 4 章

反激式开关恒流电源设计

第 3 章介绍的非隔离 BUCK 开关恒流变换器具有效率高、电路简单等优点，但由于输入与输出之间在电气连接上是非隔离的，因此不适用于一些比较容易被人体触及的应用场合，例如一些有金属外壳作散热器的射灯、筒灯等，这些灯具通常适宜采用隔离式的设计，例如通过高频变压器、光电耦合器等元器件将输出侧与输入侧隔开，以保护人身的安全。本章将通过实例详细讲解常应用于中小功率（包括 LED 灯具）的反激式开关电源的原理和设计方法。

4.1 反激式开关变换器的结构

4.1.1 反激式开关变换器原型

1. BUCK–BOOST 变换器

开关变换器主要由开关元器件（开关、二极管）和换能元件（电感、变压器、电容）构成，这些元件所在的位置不同，就会构成功能不同的变换器，例如第 3 章介绍的 BUCK 降压变换器和思考题（2）中出现的 BOOST 变换器等。图 4-1 所示为另一种开关变换器，下面推导该变换器的输出电压、输入电压与开关导通时间占空比之间的关系。

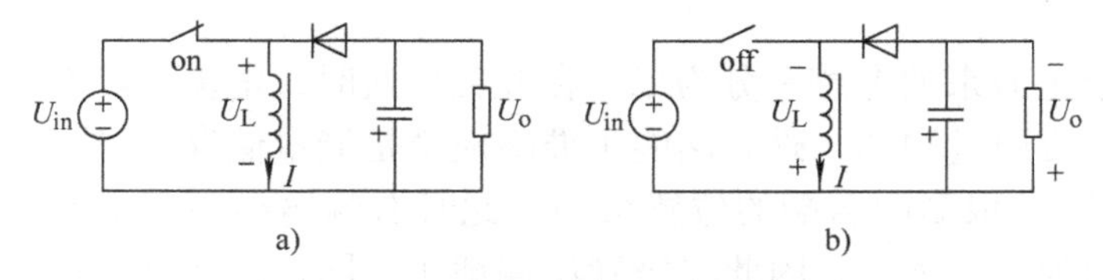

图 4-1 BUCK–BOOST 变换器

由图 4-1a 可知，当开关导通时，电感电流增加，方向由上至下，产生感应电动势极性上正下负，大小等于输入电压，即 $U_{L(on)} = U_{in}$，此时由于二极管反偏截止，电感电流不会输出给负载，负载的电流由上一周期在电容中储存的能量供给。

同理，由图 4-1b 可知，当开关截止时，电感磁能释放，感应电动势极性反转为下正上负，二极管正向导通，电感电流经二极管形成续流通路，给负载供电，同时给电容充电，若忽略二极管的电压降不计，则此时电感的感应电动势等于输出电压，即 $U_{L(off)} = U_o$。

根据伏秒平衡原理，$U_{L(on)}t_{on} = U_{L(off)}t_{off}$，则

$$U_{in}t_{on} = U_o t_{off} \tag{4-1}$$

$$U_o = U_{in}\frac{t_{on}}{t_{off}} = \frac{D}{1-D}U_{in} \tag{4-2}$$

由此可见，当开关导通时间占空比小于 0.5 时，输出电压低于输入电压，属于降压变换；而当开关导通时间占空比大于 0.5 时，输出电压高于输入电压，属于升压变换。该变换器既可降压又可升压，故称为 BUCK–BOOST 变换器。需要注意的是，变换器输出电压极性与输入电压的极性相反，该变换器同时实现反极性变换（输出负电压）。BUCK–BOOST 变换器是隔离反激式变换器的原型，下面来讨论它是如何演变的。

2. 隔离的 BUCK–BOOST 变换器

为了实现电气隔离，必须把输入和输出回路分开，有什么方法可以把电路分开而又保持两个电路之间的能量传输呢？首先可以利用互感器（或变压器），它可以把电转换为磁，通过磁场传输能量，再把磁转换为电，利用磁场就可以把两个电气回路耦合起来。如图 4-2 所示，利用一个匝比为 1∶1 的互感器代替图 4-1 中的电感，就构成了隔离式的 BUCK–BOOST 变换器。

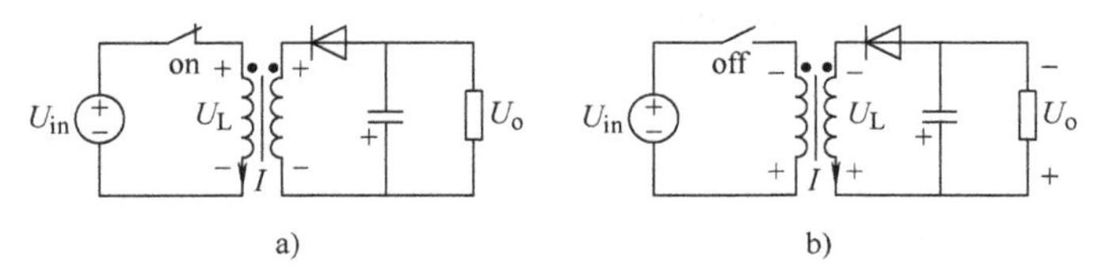

图 4-2　隔离式的 BUCK–BOOST 变换器

图 4-2 中，互感器的两个线圈紧密并行绕制在同一磁心上，小圆点表示两个绕组的同名端，感应电动势在同名端上的极性保持一致，由于两个绕组绕在同一磁心上，磁通量的变化将使两个绕组同时产生感应电动势。同时，由于两个绕组匝数一样，因此产生的感应电动势大小也一样。

互感器相当于把原来的电感一分为二，在开关导通时，电流流经左侧输入回路的绕组（常称一次绕组），磁通量增加，磁心储能（准确地说是能量储存在磁场中，但大部分是集中在磁心内磁场中），根据同名端的位置可知，此时右侧输出回路中的绕组（常称二次绕组）感应电动势同为上正下负，因此二极管反偏截止。同理，在开关截止时，一次绕组断开了电流通路，励磁结束，能量开始释放，磁通量下降，感应电动势极性反转，二极管正偏导通，电流从二次侧流向负载，同时给电容充电。

可见，上述过程中，输出电压与输入电压的变换关系并没有发生改变，只是把电感的两个工作阶段分别由两个绕组来完成。通过互感器的磁场耦合就实现了输入和输出回路的电气隔离。

3. FLYBACK 反激式开关变换器的结构

反激式开关电源（变换器）英文表示为 FLYBACK。实用的反激式开关电源（变换器）常用于交流市电输入的场合，虽然 BUCK–BOOST 变换器可以实现降压变换，但一般情况下不宜把占空比 D 设计得过小，因为这样的话微小的占空比变化就有可能引起较大的输出电压波动，不利于稳压控制。而较小的降压比往往无法满足高电压输入低电压输出的应用场合，利用图 4-2 所示变换器中互感器的匝比可以扩大降压比。假设互感器一、二次

绕组的匝数分别为 N_1 和 N_2，则式（4-2）应改写为

$$U_o = \frac{N_2}{N_1} \cdot \frac{D}{1-D} \cdot U_{in} \tag{4-3}$$

这样的互感器除了储存和传输能量之外，还具有了变压的功能，因此也常常称之为变压器，因为它工作在高频开关状态，有时又称为高频变压器、开关变压器等。由于工作频率高，且体积远远小于工频变压器，因此高频的开关电源比使用工频变压器的线性电源要节省空间和材料成本。

图 4-2 中输出电压极性仍为下正上负，不太符合人们读图习惯，典型的反激式开关变换器的电路结构如图 4-3 所示。

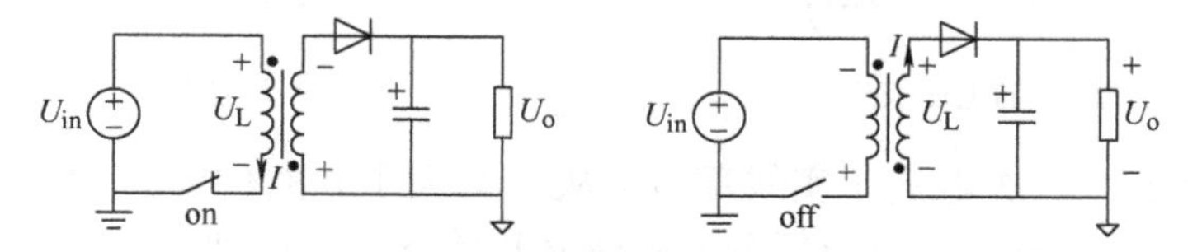

图 4-3 反激式开关变换器的电路结构

图 4-3 中，由于输入回路与输出回路在电气上是隔离的，开关在输入回路中的位置并不影响变换器的工作，因此可以把它调整到电源负极端，这样有利于选择型号更多、价格更低的 N 沟道 MOSFET 作为开关管。另一方面，习惯上把输出电压表达为上正下负，因此把变压器二次绕组的同名端位置调到下面，二极管和输出滤波电容的极性做相应的改变。值得注意的是这样的修改仅仅适应画图习惯而已，电路并没有本质的改变。隔离的反激式开关变换器输入和输出回路的地线也是隔离的，对于交流市电输入的应用，输入回路（变压器一次侧）的参考地与电网有电气上的连接，输出回路（变压器二次侧）的参考地是悬浮的地，它与电网是电气隔离的，因此二次侧通过负载与散热器外壳的接触对人体而言是较为安全的。

反激式开关电源变压器的一、二次绕组是轮流工作的，本质上仍是储能电感，这是反激开关电源的标志。反之，如果变压器一、二次绕组是同时工作的，那么变压器只是起到能量传输的作用，没有储能作用，是真正意义的变压器，这种工作模式常称为正激。

4.1.2 反激式开关变换器的工作波形

1. 变压器的电压和电流波形

反激式变压器两个绕组轮流工作，当开关导通时一次绕组电流上升，感应电动势等于输入电压；当开关截止时一次绕组电流断开，二次绕组电流从峰值开始下降，感应电动势等于输出电压，输出电压与输入电压之间的关系见式（4-3）。变压器一、二次绕组的电压波形如图 4-4 所示，一、二次绕组电流波形如图 4-5 所示。

2. 变压器的电流工作模式

对单一的电感而言，根据其工作时电流的状态分为 CCM 和 DCM 两种模式（注：BCM 可视作这两种模式的特例），前者电流始终是连续的，后者是断续的。但对反激变压器而言，两个绕组轮流工作，电流始终都是断续的，经过细致分析可以看出，一、二次侧的电流也具有两种典型的形态。

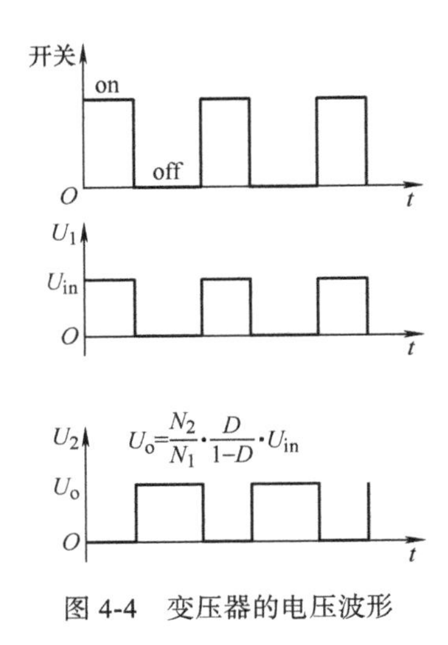

图 4-4 变压器的电压波形

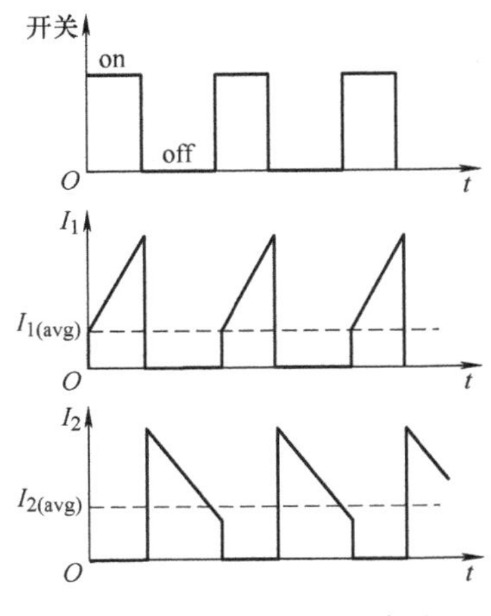

图 4-5 变压器的电流波形

如图 4-6a 所示，一次电流（实线部分）从一个大于 0 的位置开始上升，达到峰值后迅速回到 0，接着二次电流（虚线部分）从峰值开始下降，达到一个大于 0 的位置后迅速回到 0。如果把一、二次电流放在一起考虑，则变压器的电流就与电感电流 CCM 模式一样。同理，如图 4-6b 所示，一次电流从 0 开始，二次电流又回到 0，没有“悬挂在半空中”，看起来就像电感电流的 DCM 模式。因此，虽然事实上变压器两个绕组的电流是断续的，但还是把图 4-6a 的状态定义为变压器电流的 CCM 模式，而把图 4-6b 的状态定义为变压器电流的 DCM 模式，以便区别。

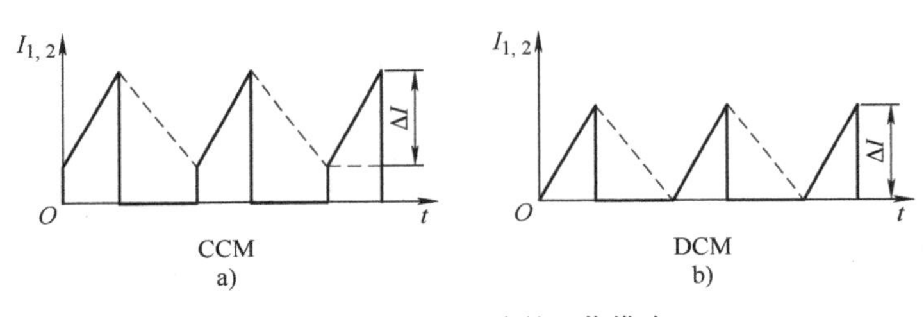

图 4-6 变压器电流的工作模式

在图 4-6 中，如果变压器的变比不是 1，则一、二次电流的峰值是不相等的，但这并不会改变其工作模式。由图可知，CCM 模式的电流呈梯形，DCM 模式的电流呈三角形，在变压器设计时必须明确一、二次电流的工作模式才能正确计算其参数，下面分别讨论两种模式下一、二次电流的峰值、平均值和有效值三者之间的关系。

3. 电流峰值、平均值和有效值

（1）定义的理解 电流的峰值是指电流的最大值。

平均值是指将电流值在一个开关周期内进行算术平均，数学上表示为电流波形时间函数在一个开关周期内积分再除以周期，即

$$I_{avg}=\frac{1}{T}\int_0^T i(t)\mathrm{d}t \tag{4-4}$$

如果用几何图形表示，就是把电流函数与时间轴围成的面积平均分配到一个周期内，即将其等价为一个长度等于周期的长方形，长方形的高度即为平均值。

有效值是从做功的角度出发，把该电流与某一恒定的直流电流在同一规格的电阻上通电做功，若所做的功（发热）相等，则两个电流的作用是等价的，恒定直流电流的值称为该电流的有效值。数学上表示为

$$I_{\mathrm{rms}}=\sqrt{\frac{1}{T}\int_0^T i^2(t)\mathrm{d}t} \tag{4-5}$$

式（4-5）的含义可以理解为：电流的二次方对单位电阻的乘积（即功率），乘以时间单元再积分（即做功），除以周期（算术平均，即等价于直流做功），再开二次方根（回到电流的单位），因此运算的过程可以概括描述为“方均根”，即 Root Mean Square，简写为 RMS，因此通常以此为下标表示。

（2）平均值与有效值的区别和意义 变化电流的平均值与有效值不仅概念不同，而且数值也不同，例如，有效值为 AC 220V 的正弦交流电压，峰值为 310V，而平均值为 0，该交流电通过 100Ω 电阻产生的功率为 484W，相当于 DC 220V 直流电通过 100Ω 电阻产生的功率。

再举个例子，比如，100V 直流电压通过 100Ω 的电阻，每通电 10s 后断电 10s，不断重复，该电压波形即为占空比为 50% 的方波，通电时电流为 1A，在一个周期内，电流流过电阻产生的功率为 1A × 1A × 100Ω/2=50W。按式（4-4）计算该电压的算术平均值为 50V，而按式（4-5）计算其有效值为 $50\sqrt{2}$ V。若用 50V 的直流电压加在 100Ω 电阻上产生功率为 25W，而用 $50\sqrt{2}$ V 的直流电压加在 100Ω 电阻上产生的功率为 50W，等价于上述 100V 占空比 50% 的方波电压在 100Ω 电阻上产生的功率。由此可见，计算功率时，若电压或电流不是恒定的直流电（如开关电源中典型的方波、三角波、梯形波、正弦波等），那么必须按有效值计算。

由上文可知，反激变压器的电压波形为较为简单的方波，而电流波形则根据工作模式的不同分别为梯形波和三角波，下面先从波形较为简单的 DCM 模式的电流波形开始讨论其平均值和有效值与峰值之间的关系，推导计算公式，以便后续变压器设计时使用。

（3）DCM 模式的电流计算公式 DCM 模式下的一、二次电流波形如图 4-7 所示，若一次电流的峰值为 $I_{1\mathrm{p}}$，二次电流的峰值为 $I_{2\mathrm{p}}$，则根据式（4-4）的定义，一次电流的平均值为

$$I_{1(\mathrm{avg})}=\frac{1}{T}\int_0^{t_{\mathrm{on}}}\frac{I_{1\mathrm{p}}}{t_{\mathrm{on}}}t\mathrm{d}t=\frac{1}{T}\left(\frac{1}{2}\cdot\frac{I_{1\mathrm{p}}}{t_{\mathrm{on}}}t_{\mathrm{on}}^2-0\right)=\frac{1}{2T}I_{1\mathrm{p}}t_{\mathrm{on}}=I_{1\mathrm{p}}\frac{D}{2} \tag{4-6}$$

同理，二次电流的平均值为

$$I_{2(\mathrm{avg})}=\frac{1}{T}\int_0^{t_{\mathrm{off}}}\frac{I_{2\mathrm{p}}}{t_{\mathrm{off}}}t\mathrm{d}t=\frac{1}{T}\left(\frac{1}{2}\cdot\frac{I_{2\mathrm{p}}}{t_{\mathrm{off}}}t_{\mathrm{off}}^2-0\right)=\frac{1}{2T}I_{2\mathrm{p}}t_{\mathrm{off}}=I_{2\mathrm{p}}\frac{1-D}{2} \tag{4-7}$$

由式（4-6）和式（4-7）可知，虽然一、二次电流的变化趋势是相反的，但其形态都是三角波，因此电流平均值的计算公式是一致的，只是对应的开关导通时间占空比不同。

根据式（4-5）的定义，一、二次电流的有效值分别为

$$I_{1(\text{rms})}=\sqrt{\frac{1}{T}\int_0^{t_{\text{on}}}\left(\frac{I_{1\text{p}}}{t_{\text{on}}}t\right)^2\text{d}t}=\sqrt{\frac{1}{3T}\left(\frac{I_{1\text{p}}}{t_{\text{on}}}\right)^2t_{\text{on}}^3-0}=I_{1\text{p}}\sqrt{\frac{D}{3}} \tag{4-8}$$

$$I_{2(\text{rms})}=\sqrt{\frac{1}{T}\int_0^{t_{\text{off}}}\left(\frac{I_{2\text{p}}}{t_{\text{off}}}t\right)^2\text{d}t}=\sqrt{\frac{1}{3T}\left(\frac{I_{2\text{p}}}{t_{\text{off}}}\right)^2t_{\text{off}}^3-0}=I_{2\text{p}}\sqrt{\frac{1-D}{3}} \tag{4-9}$$

（4）CCM模式　CCM模式下的一、二次电流波形如图4-8所示，一次电流的峰值为$I_{1\text{p}}$，二次电流的峰值为$I_{2\text{p}}$。

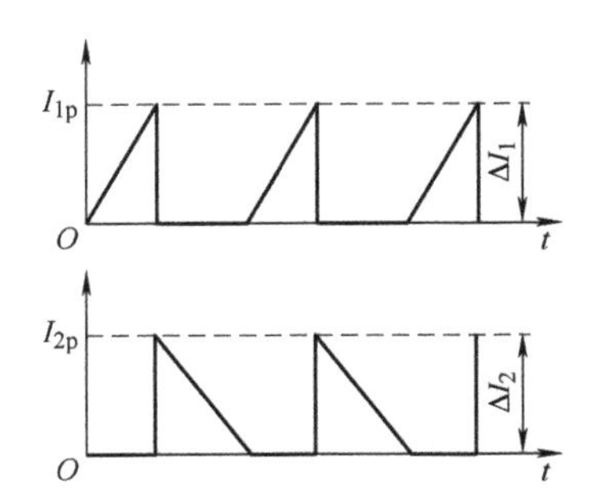

图4-7　DCM模式的一、二次电流计算

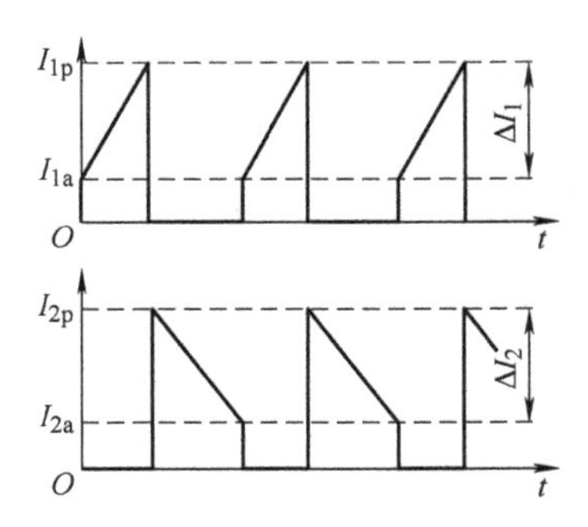

图4-8　CCM模式的一、二次电流计算

一次电流的时间函数表达式可表示为

$$I_1(t)=\frac{I_{1\text{p}}-I_{1\text{a}}}{t_{\text{on}}}t+I_{1\text{a}}=kt+I_{1\text{a}} \tag{4-10}$$

则平均值为

$$I_{1(\text{avg})}=\frac{1}{T}\int_0^{t_{\text{on}}}(kt+I_{1\text{a}})\text{d}t=\frac{1}{T}\left(\frac{1}{2}kt_{\text{on}}^2+I_{1\text{a}}t_{\text{on}}\right)=\frac{1}{T}\left[\frac{1}{2}\left(\frac{I_{1\text{p}}-I_{1\text{a}}}{t_{\text{on}}}\right)t_{\text{on}}^2+I_{1\text{a}}t_{\text{on}}\right]$$

$$I_{1(\text{avg})}=\frac{1}{T}\left(\frac{1}{2}I_{1\text{p}}t_{\text{on}}-\frac{1}{2}I_{1\text{a}}t_{\text{on}}+I_{1\text{a}}t_{\text{on}}\right)=\frac{1}{T}\left(\frac{1}{2}I_{1\text{p}}t_{\text{on}}+\frac{1}{2}I_{1\text{a}}t_{\text{on}}\right)$$

$$I_{1(\text{avg})}=\frac{t_{\text{on}}}{2T}(I_{1\text{p}}+I_{1\text{a}})=(I_{1\text{p}}+I_{1\text{a}})\frac{D}{2} \tag{4-11}$$

同理，二次电流的平均值为

$$I_{2(\text{avg})}=\frac{t_{\text{off}}}{2T}(I_{2\text{p}}+I_{2\text{a}})=(I_{2\text{p}}+I_{2\text{a}})\frac{1-D}{2} \tag{4-12}$$

一次电流的有效值为

$$I_{1(\text{rms})}=\sqrt{\frac{1}{T}\int_0^{t_{\text{on}}}(kt+I_{1\text{a}})^2\text{d}t}=\sqrt{\frac{1}{T}\int_0^{t_{\text{on}}}(k^2t^2+2kI_{1\text{a}}+I_{1\text{a}}^2)\text{d}t}$$

$$I_{1(\text{rms})}=\sqrt{\frac{1}{T}\left(\frac{1}{3}k^2t_{\text{on}}^3+kI_{1\text{a}}t_{\text{on}}^2+I_{1\text{a}}^2t_{\text{on}}\right)}$$

$$I_{1(\text{rms})}=\sqrt{\frac{1}{T}\left[\frac{1}{3}\left(\frac{I_{1\text{p}}-I_{1\text{a}}}{t_{\text{on}}}\right)^2 t_{\text{on}}^3+\left(\frac{I_{1\text{p}}-I_{1\text{a}}}{t_{\text{on}}}\right)I_{1\text{a}}t_{\text{on}}^2+I_{1\text{a}}^2t_{\text{on}}\right]}$$

$$I_{1(\text{rms})}=\sqrt{\frac{1}{T}\left[\frac{1}{3}(I_{1\text{p}}-I_{1\text{a}})^2 t_{\text{on}}+(I_{1\text{p}}-I_{1\text{a}})I_{1\text{a}}t_{\text{on}}+I_{1\text{a}}^2t_{\text{on}}\right]}$$

$$I_{1(\text{rms})}=\sqrt{\frac{t_{\text{on}}}{3T}\left[(I_{1\text{p}}-I_{1\text{a}})^2+3(I_{1\text{p}}-I_{1\text{a}})I_{1\text{a}}+3I_{1\text{a}}^2\right]}$$

$$I_{1(\text{rms})}=\sqrt{\frac{D}{3}(I_{1\text{p}}^2-2I_{1\text{p}}I_{1\text{a}}+I_{1\text{a}}^2+3I_{1\text{p}}I_{1\text{a}}-3I_{1\text{a}}^2+3I_{1\text{a}}^2)}$$

$$I_{1(\text{rms})}=\sqrt{\frac{D}{3}(I_{1\text{p}}^2+I_{1\text{p}}I_{1\text{a}}+I_{1\text{a}}^2)} \tag{4-13}$$

同理，二次电流的有效值为

$$I_{2(\text{rms})}=\sqrt{\frac{1-D}{3}(I_{2\text{p}}^2+I_{2\text{p}}I_{2\text{a}}+I_{2\text{a}}^2)} \tag{4-14}$$

为了直观地反映电流纹波的大小，定义

$$K=\frac{I_{\text{a}}}{I_{\text{p}}} \tag{4-15}$$

K 值越大表示纹波越小（DCM 模式时为 $K=0$），代入式（4-11）～式（4-14）得到一、二次电流的平均值和有效值分别为

$$I_{1(\text{avg})}=(I_{1\text{p}}+I_{1\text{a}})\frac{D}{2}=I_{1\text{p}}(1+K)\frac{D}{2} \tag{4-16}$$

$$I_{2(\text{avg})}=(I_{2\text{p}}+I_{2\text{a}})\frac{1-D}{2}=I_{2\text{p}}(1+K)\frac{1-D}{2} \tag{4-17}$$

$$I_{1(\text{rms})}=\sqrt{\frac{D}{3}(I_{1\text{p}}^2+I_{1\text{p}}I_{1\text{a}}+I_{1\text{a}}^2)}=I_{1\text{p}}\sqrt{\frac{D}{3}(1+K+K^2)} \tag{4-18}$$

$$I_{2(\text{rms})}=\sqrt{\frac{1-D}{3}(I_{2\text{p}}^2+I_{2\text{p}}I_{2\text{a}}+I_{2\text{a}}^2)}=I_{2\text{p}}\sqrt{\frac{1-D}{3}(1+K+K^2)} \tag{4-19}$$

【例 4.1】 假设反激式开关电源满载时工作在 CCM 模式（纹波系数 K=0.6），输出电流为 10A，开关导通时间占空比 D=0.45，试计算二次电流的峰值和有效值。

解 已知输出电流 10A 即为二次电流的平均值，由式（4-17）得

$$I_{2\text{p}}=\frac{2I_{2(\text{avg})}}{(1+K)(1-D)}=\frac{2\times10\text{A}}{(1+0.6)\times(1-0.45)}=22.7\text{A}$$

由式（4-19）得

$$I_{2(\text{rms})}=I_{2\text{p}}\sqrt{\frac{1-D}{3}(1+K+K^2)}=22.7\text{A}\times\sqrt{\frac{1-0.45}{3}\times(1+0.6+0.6^2)}=13.6\text{A}$$

可见，有效值比平均值大。

4.2 变压器的设计

开关电源变换器的核心工作原理是通过开关控制磁性元件的工作，实现电能与磁能之间的变换，从而调节输出电压和电流以达到变换的目的。因此，磁性元件的合理选择和设计是变换器设计的最重要环节之一，磁性元件包括电感和变压器。本节将讨论变压器设计的主要参数和步骤。

总体而言，变压器设计的基本步骤是：①明确工作条件，包括输入输出的电压和电流大小、工作模式、工作频率、占空比等；②选择磁心的尺寸规格；③计算各绕组的匝数；④计算各绕组的线径；⑤计算一次绕组的电感量。

4.2.1 列出已知条件和参数

1）一次输入电压：交流市电应用下输入的交流电经整流滤波后变为高压直流电才可以输入 DC/DC 变换器进行变换，变压器输入的交流电压用 U_1 表示，通常它允许在一个较宽的范围内变化，例如，AC 85 ～ 264V，对应直流峰值为 DC 120 ～ 374V。

2）二次输出电压：通常为低于输入电压的直流电压，用 U_2 表示，考虑变压器二次绕组与负载之间有一个二极管的电压降，它略高于输出电压 U_o。

3）输出电流平均值：指最大输出电流，是满载时的电流值，用 I_2 表示，它等于 I_o。

4）预期效率：根据功率的大小，预先设置变换效率，一般功率越小，效率越低，这是因为控制电路本身的功耗占的比例较大的原因，FLYBACK 电源的效率一般在 70% 以上。效率用 η 表示，它等于输出功率与输入功率之比。

5）电流模式及纹波系数：电流工作模式与控制芯片的选择有关，如无特别要求一般选择满载时采用 CCM 模式以减小纹波，K 值的一般按小于 0.5 选取。

6）最大占空比：是指开关导通时间的占空比，当输入电压最低时，开关的占空比最大，对 FLYBACK 开关电源变换器而言，最大占空比 D_{max} 不宜超过 0.5，这是因为通常采用电流型的 PWM 控制器时，超过 0.5 会产生次谐波失真造成系统不稳，但有些芯片通过一些其他方法解决了这一问题则另当别论。

7）开关频率：理论上开关频率越高，变压器传输能量的速度越快，相同的功率所需要的磁心体积越小，即功率密度越大，这是理想的结果，但由于过高的开关频率也会带来其他问题，因此开关频率的设置要根据实际情况综合考虑，但一般开关电源的频率最好大于 20kHz 以上，以避免产生音频噪声。开关频率用 f_{SW} 表示，开关周期用 T_{SW} 表示。

4.2.2 选择磁心

1. 变压器磁心的特性

磁心的磁化和退磁的过程就是能量储存和释放的过程，磁心的工作过程如图 4-9 所示。

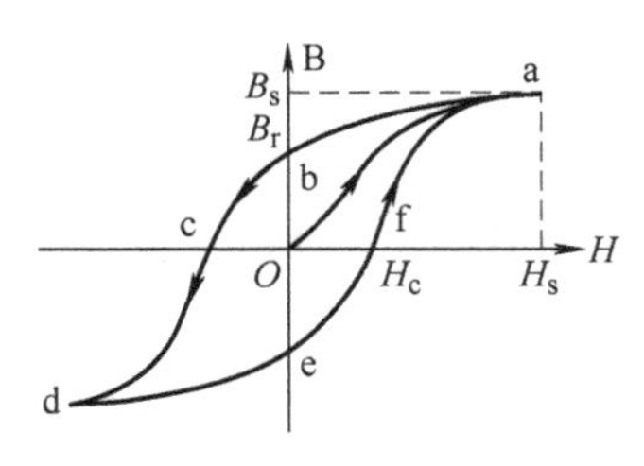

图 4-9 磁心的磁化和退磁

图 4-9 中，横坐标为磁场强度 H，它表示线圈流过电流产生的磁场大小（注意，这些磁场能量无法全部被集中在磁心内

部，而是有部分在外部的空气中），纵坐标表示磁心的磁感应强度 B，它可以理解为一次绕组产生的磁场强度 H 中可用于传递到二次绕组的那部分，可用 B 与 H 的比值来表示它的多少，该比值就是磁导率 μ，因此 μ 越大，说明磁心聚集存储磁场能量的能力越强，有利于能量的传输。

由图可知，磁心磁化和退磁的过程是沿 o–a–b–c–d–e–f–a 曲线进行的。在起始阶段，磁心初始状态为 o，当线圈电流正向增加时，H 沿正半轴增加，磁心的磁感应强度 B 则沿 oa 曲线增加，也就是说，B 的增加不是线性的，首尾变化慢，中间变化快，且在 a 点后达到峰值 B_s，处于饱和状态（若 H 增加，则 B 不再增加），此时，由于 B 不变，随着 H 增大，μ 越来越小，线圈的电感量 L 变小，其抑制电流增加的作用变弱，最终线圈对电流的阻碍作用就只剩下其直流电阻的，而这个阻值通常很小，因此要避免磁心出现饱和，否则会出现过电流甚至短路现象，烧毁线圈和回路中的元器件（如开关管等），磁心具有饱和特性也说明磁心聚集和储存磁场能量的能力是有限度的，这种能力跟磁心的材料和体积有关，常用的 PC40 材料的磁心的饱和磁感应强度约为 0.5T，相同材料下，磁心的横截面积越大，则容纳的磁通量越大。

磁心退磁的过程是能量释放的过程，变压器通过次级绕组向负载释放能量，随着绕组线圈的电流减小，B 沿着 ab 减小，这也是非线性的，并且磁心储存的能量并不能通过线圈完全释放，也就是说线圈电流降回到 0 时 B 并没有回到 0，而是回到 b 点，磁心还留有剩余的值 B_r，这就是所谓的剩磁，也就是说，磁心转移能量的工作区在 ab 之间，即

$$\Delta B = B_s - B_r \tag{4-20}$$

如果剩磁 B_r 太大，那么磁心的工作区就很小，磁心的利用率就很低，虽然剩磁的大小跟磁心材料有关，但是可以通过在磁路中增加气隙的方法有效减小剩磁。

如果绕组线圈中的电流是交流电（方向可变），那么磁心可以反向磁化，随着反向电流增加，磁感应强度 B 就会从 b 到 c，这时 B 回到 0，磁心的能量完全释放，此时 H_c 称为矫顽力。工频变压器，以及如推挽式、桥式开关电源中，变压器的磁心都是双向工作的，其工作区就可以被充分的利用。而对于反激式、正激式开关电源，电流总是单向的，磁心是单向磁化的，工作区相对较小，因此反激式变压器需要增加气隙降低剩磁扩大工作区，而正激式变压器则还需要设计磁复位电路把剩磁归零才能正常工作。

由图 4-9 可以看出，磁心的磁化和退磁特性曲线是一条封闭的滞后于磁场变化的曲线，因此也称之为磁滞回线，常用于开关电源高频变压器的磁心材料的磁滞回线，如图 4-10a 所示。

由图 4-10 可知，磁心的剩磁 B_r 较大，单向磁化工作区利用率不高。实际应用中，可以通过在磁路中增加气隙改变磁滞回曲线，从而改善磁心的性能，达到设计的需要，如图 4-10b 所示。增加气隙的方法一般包括打磨中柱，如图 4-11a 所示，也可以在两边垫高，如图 4-11b 所示。图中所示为 EE 型磁心，它构成的磁路为包含中柱和两边柱的形成的上下两个长方形窗口。

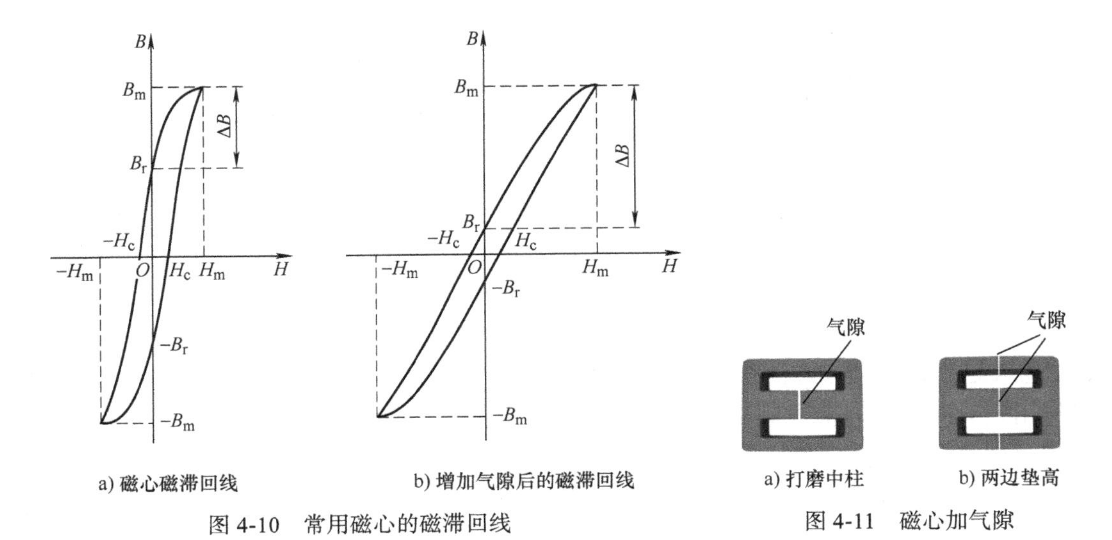

a) 磁心磁滞回线　　b) 增加气隙后的磁滞回线

图 4-10　常用磁心的磁滞回线

a) 打磨中柱　　b) 两边垫高

图 4-11　磁心加气隙

如图 4-10b 增加气隙后的磁滞回线所示，剩磁 B_r 大大减小，工作区增加了许多，曲线的整体斜率减小，达到饱和状态所对应的磁场强度 H 更大，即励磁绕组线圈的允许的电流更大。气隙厚度的参考计算公式为

$$\delta=\frac{\mu_0 N^2 A_e}{L} \tag{4-21}$$

式中，δ 为气隙厚度，通常为 0.1mm 数量级；A_e 为磁心中柱的有效横截面积；L 为安装磁心后绕组的电感量。由此可见，其他条件不变，气隙厚度与电感量成反比，因此在实际应用中，常常先计算好电感量，再加气隙，根据实际测试结果调整气隙厚度，满足电感量的要求。

2. 磁心大小规格的选择

反激式变换器通常使用 EE 型或 EI 型的磁心制作较为方便，磁心的选择主要包括磁性材料和大小规格的选择，磁性材料主要影响磁导率、饱和磁感应强度和工作温度等，一般可选择常用的 PC40 材质的磁心，其饱和磁感应强度 B_s 约为 0.5T。而磁心大小的选择与传递的功率、电流模式、开关频率，以及电流的大小都有关，实践中磁心大小的选择有几种不同的方法，第一种是根据功率的大小进行粗略的选择，第二种根据磁心的有效体积进行选择，第三种是较为精确的面积乘积法（即所谓的 AP 法）。其中第三种方法为目前推荐较多且较为准确的有效方法。

EE 型变压器线圈是绕在磁心的中柱上的，图 4-12a 所示为中柱的有效横截面积，用 A_e 表示；图 4-12b 所示为两个 EE 磁心合拢后形成的窗口示意图，导线围绕磁心中柱穿过窗口，每一匝导线都穿过上下两个窗口，因此计算安匝数时只能按一个窗口计算，其有效面积用 A_w 表示。面积乘积是指 A_e 和 A_w 的乘积，可以根据磁心规格书中提供的尺寸参数算得，有的磁心规格书也会直接给出这个乘积参数，供使用者选用。

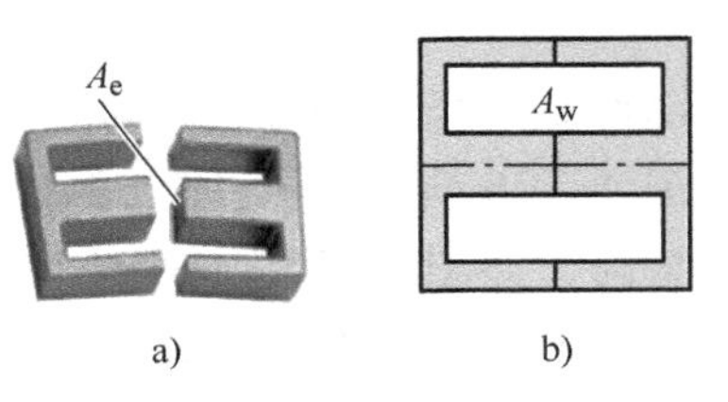

a)　　b)

图 4-12　AP 法中的面积

AP 法原本是针对传统的工频正弦波铁心变压器提出的，直接用于波形复杂的高频变压器并不合适，计算结果也很不准确，基于 AP 法选择高频变压器磁心的公式推导较为复杂，限于篇幅，本文引用参考文献［1］的推导结果，给出计算公式如下：

$$AP = A_w A_e = \frac{0.433(1+\eta)P_o}{\eta K_w DJB_m K_{rp} f_{sw}} \times 10^4 \text{cm}^4 \tag{4-22}$$

该公式适用于单端正激或反激式高频变压器设计。其中，P_o 为输出功率，单位为 W。电流密度一般取 $J = 200 \sim 600\text{A/cm}^2$ 级。窗口面积利用系数取 $K_w = 0.3 \sim 0.4$。B_m 为磁心的最大工作磁通密度，其取值必须小于磁心的饱和磁感应强度 B_s。对单端的反激式高频变压器而言，一般取 $B_m = 0.2 \sim 0.3T$。K_{rp} 为一次侧电流脉动系数，定义为

$$K_{rp} = \frac{\Delta I}{I_p} \tag{4-23}$$

根据电流模式的不同，K_{rp} 为的值有所不同，如图 4-13 和图 4-14 所示。由此可见，CCM 模式下 $K_{rp} < 1$，且此值越小，纹波越小；而 DCM 模式下，$K_{rp} = 1$。

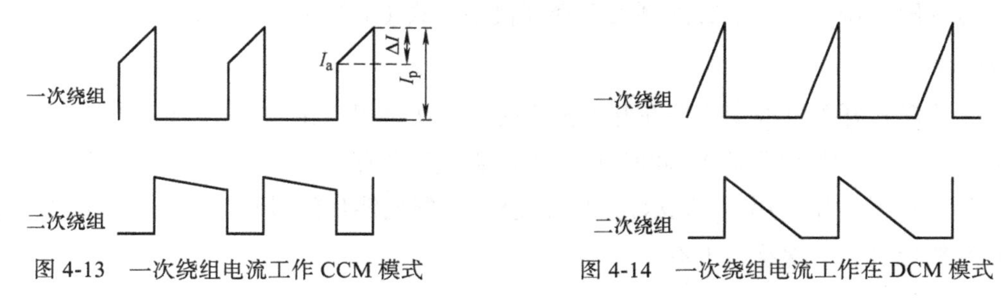

图 4-13　一次绕组电流工作 CCM 模式　　图 4-14　一次绕组电流工作在 DCM 模式

DCM 模式下，电流脉动系数总是为 1，电流变化量等于其电流峰值，输出电流纹波大，输出滤波电容的容量大，输出电压不如 CCM 平滑，但是变压器体积小，同时由于其电流波形前端没有跳变（CCM 前端有跳变），因此产生的电磁干扰比 CCM 模式小，EMI 方面的性能指标会好一点。一般计算磁心时可以先按 DCM 计算，即 $K_{rp} = 1$，然后适当增加磁心尺寸，以便通过增大一次绕组的电感量，使开关电源工作在 CCM 模式。

【例 4.2】 设计一个反激式开关电源变压器，输入交流电压为 85 ～ 265V，输出 12V/5A。采用 AP 法选择磁心，已知电源效率 80%，开关频率 100kHz。

解　选取磁心窗口利用率 $K_w = 0.3$，最大占空比 $D_m = 0.48$，电流密度取 $J = 400\text{A/cm}^2$，最大工作磁感应强度 $B_m = 0.25\text{T}$，一次电流脉动系数 $K_{rp} = 0.7$，用 AP 法计算得

$$AP = A_w A_e = \frac{0.433 \times (1+0.8) \times 60\text{W}}{0.8 \times 0.3 \times 0.48 \times 400\text{A/cm}^2 \times 0.25\text{T} \times 0.7 \times 100 \times 10^3 \text{Hz}} \times 10^4 = 0.58\text{cm}^4$$

根据表 4-1 所示的 EI 型磁心的 AP 参数，EI28 的 AP 刚好满足要求，但考虑到上述公式未考虑磁心的损耗等因素，应选择更大一点的磁心，如 EI30。

表 4-1 常用 EI 型磁心的 AP 参数

规格	A_e / cm²	A_w / cm²	AP/cm⁴	规格	A_e / cm²	A_w / cm²	AP/cm⁴
EI16	0.19	0.42	0.08	EI30	1.09	0.77	0.91
EI19	0.23	0.53	0.12	EI33	1.18	1.34	1.58
EI22	0.41	0.38	0.16	EI40	1.43	1.61	2.30
EI25	0.40	0.79	0.32	EI50	2.27	2.39	5.43
EI28	0.83	0.70	0.58	EI60	2.44	3.95	9.64

4.2.3 计算一、二次绕组匝数

根据上一步的计算结果，选择确定的磁心的大小后，就可以根据其规格书具体确定其中柱的有效横截面积A_e，根据电磁感应定律有

$$N_1 \cdot \Delta\phi = N_1 \cdot \Delta B A_e = U_1 t_{on}$$

$$N_1 = \frac{U_1 \mathrm{D}}{\Delta B A_e f_{sw}} \tag{4-24}$$

经过气隙的调整后，磁心的剩磁下降到很小，式（4-24）中的磁感应强度变化范围按$\Delta B = B_m$选取。

由于反激式开关电源变换器在开关截止时，二次绕组电压U_2等于输出电压U_o（必要时还要加上二极管的电压降），此时通过变压器的变比关系，一次绕组上也会产生感应电动势，称为反射电压，用U_{or}表示，把二次绕组上释放能量的过程等效到一次绕组上，根据伏秒平衡原则，一次绕组上有

$$U_{or} t_{off} = U_1 t_{on}$$

$$U_{or} = \frac{U_1 D}{1-D} \tag{4-25}$$

根据变压器的变比关系，则

$$N_2 = \frac{U_2}{U_{or}} N_1 \tag{4-26}$$

4.2.4 计算一、二次绕组的线径

导线的线径计算公式为

$$d = \sqrt{\frac{4s}{\pi}} = \sqrt{\frac{4I_{rms}}{\pi J}} \tag{4-27}$$

一、二次绕组的电流有效值可根据上文讨论的公式进行计算，电流密度的取值范围一般在 4～6A / mm^2 内选取，取值越大，算得的线径越小，导线的电阻越大，越容易发热，

从而影响变压器的可靠性。一般当匝数较少、导线较短时可以选大一点，以减小绕组的总电阻，反之可以选大一些，以节省材料和空间，最终应对实验结果（温度的高低）进行调整。此外，上述公式算得的结果是指导线的有效横截面积，根据趋肤效应，高频电流仅在导体表面一定深度流通，因此应根据导线材料（一般为铜）在不同频率下的趋肤深度选择导线的线径，必要时可采用多股并绕的方式来解决。

4.2.5　计算一次绕组的电感量

反激变压器一次绕组的作用是励磁，其电感量的大小将影响电流的工作模式，还会影响磁心是否超出正常的工作区进入饱和状态而导致一次回路过电流甚至烧毁，因此制作反激变压器时要在磁心的磁路中增加气隙，调节一次绕组的电感量，以满足设计要求。

根据电磁感应定律有

$$N_1 \cdot \Delta\phi = U_1 t_{on} = L_1 \cdot \Delta I_1$$

$$L_1 = \frac{U_1 D}{\Delta I_1 f_{sw}} \tag{4-28}$$

4.3　稳压控制

如前所述，引起开关变换器输出电压波动的原因有多种，实现输出电压稳定的控制策略是根据当前输出电压变化趋势调整开关管导通时间占空比，使输出电压朝相反的方向进行调节。图4-11所示为反激式开关电源的稳压控制基本构架，R_1 和 R_2 构成的串联电路对输出电压进行实时比例采样，误差放大器计算并放大采样信号与参考电压之间的误差，据此调节PWM信号占空比，使输出电压始终稳定在设定值附近。

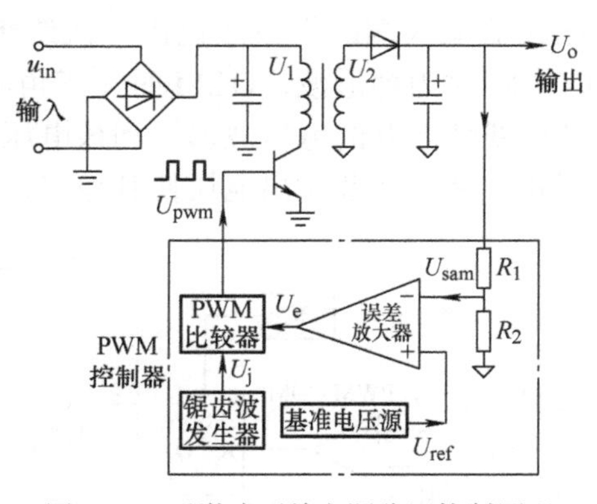

图4-15　反激式开关电源稳压控制原理

图4-15中的PWM占空比的控制完全由输出电压采样信号所控制，这种控制方式称为电压型控制，其PWM比较器的比较信号为固定频率的锯齿波。还有一种控制方式不仅对输出电压进行采样，而且还对一次绕组的电流进行采样，可以用它代替锯齿波信号进行PWM比较，这种控制方式称为电流型控制。两种控制方式各有其优缺点。

4.3.1　电压型PWM控制

图4-16所示为电压型控制的基本原理和波形。控制器内部提供误差放大器、PWM比较器、基准电压源和锯齿波发生器，以及触发器等逻辑单元，当控制器外围元器件参数配置确定时，PWM占空比仅由输出电压采样信号控制。这种控制方式的优点是仅有一个控制环路，电路比较简单，调制过程稳定，两个同一规格的电源输出端可以并联使用，为同一负载供电（输出电压相等，输出电流累加）；缺点是响应速度慢，这是因为输出端电压变化受输出滤波电容构成的RC电路延时所致，即当PWM占空比发生调整时，输出电压

的调整会相对滞后，可能需要若干开关周期才能调节到位，因此输出稳压精度相对较低，同时也给控制回路频率补偿电路的设计带来一定的困难。其次由于没有对电流信号进行任何的采样，所以必要时需外加过电流保护，例如上面的基于TL494控制器设计的BUCK稳压限流变换器就是利用第二个误差放大器实现额外的过电流保护。

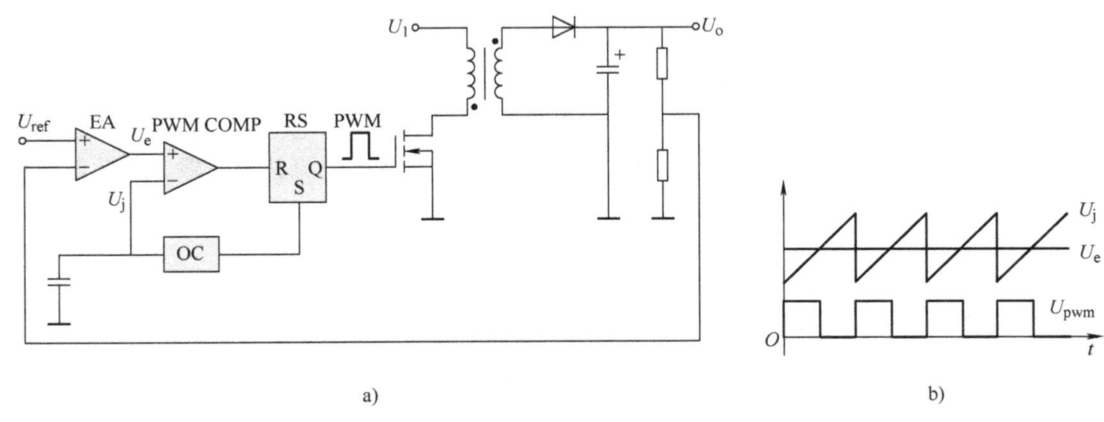

图 4-16　电压型 PWM 控制

4.3.2　电流型 PWM 控制

图4-17所示为电流型控制的基本原理和波形。所谓电流型控制是指它不仅有输出电压的采样信号，同时还对流过一次绕组和开关管的电流进行采样，两个信号共同作用，控制PWM占空比的调节。具体来说，输出电压采样与电压型控制方式没有区别，而PWM比较器输入端的锯齿波是由一次绕组的电流产生的，由于一次绕组的电流总是线性上升（CCM时为梯形波，DCM时为三角波），所以电流流过开关管下方的电流采样电阻时就会产生线性上升的电压波形，当该电压上升到误差放大器输出的误差电压值时，控制开关管截止，从而调节输出电压使其稳定，工作波形如图4-17b所示。

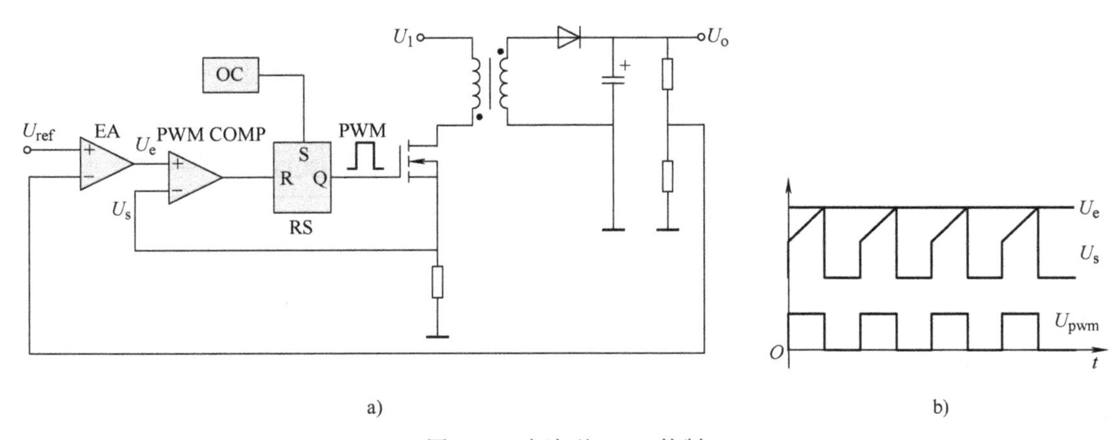

图 4-17　电流型 PWM 控制

由此可见，电流型控制具有电压控制和电流控制两个环路（双闭环控制），两个信号互相作用，当输出电压偏高时，误差信号水平线下降，减小占空比，反之亦然。占空比变化直接影响一次绕组的电流变化，从而直接调节变压器的输出电压，因此其响应速度快，控制精度较高。同时，对一次组电流的控制实际上也是间接对输出电流的控制，限制一次绕组电流的峰值就可以起到限流保护的作用，即使输出端短路也不会对电路产生损坏，因此无须额外增加过电流保护电路。电流型控制的缺点是电路相对复杂，其次是由于一次绕组的电流信号容易受变压器的漏感影响产生尖峰和振荡干扰，最后就是当 PWM 占空比大于 0.5 时会产生次谐波失真，影响系统的稳定性，需要增加斜坡补偿。

4.3.3 一次侧反馈

反激式开关电源的稳压控制原理与 BUCK 变换器的稳压控制原理并无本质上的区别，但由图 4-11 ～图 4-17 可以看出，输出电压采样信号从输出端获取后直接输入控制器与参考电压进行误差运算。为了保证参考地的一致性，输入端的地线与输出端的地线要连接在一起，这样就会使得输出端与输入端的电气隔离被破坏。因此，功率级电路通过变换器隔离的同时，反馈控制回路也必须采取隔离措施，常用的方法主要包括变压器一次侧反馈和光电耦合器隔离，前者通过变压器绕组与次级绕组的变比关系对输出信号进行间接采样，后者通过光电转换的方式对输出信号进行采样；前者电路简单，但精度较低，后者响应速度快、精度高，但成本相对较高。本节将先对变压器一次侧反馈进行讨论，后面在方案优化的部分再深入讨论使用光电耦合器隔离的实例。

图 4-18 所示为变压器一次侧反馈稳压控制的电路原理。由图可知，输入直流电压 U_1 加在变压器的一次绕组，通过二次绕组输出 U_2，经二极管整流（续流）输出负载电压 U_o，根据同名端的位置关系，一次级绕组轮流工作，即开关管导通时一次绕组励磁，开关截止时二次绕组释放能量，因此是反激结构。为了对输出电压的变化进行采样，在变压器上增加了一个辅助绕组，该绕组的同名端极性与二次绕组相同，即图中的黑色小圆点接二极管的阳极，这样，辅助绕组的工作时序就与二次绕组保持一致，即当二次绕组释放能量的同时，有一小部分的能量也通过辅助绕组向控制器释放，此时辅助绕组输出电压 U_a 与二次绕组输出电压 U_2 成正比，比例等于两个绕组的匝数之比，若忽略二极管的正向电压降，则通过辅助绕组就可以得到对输出电压 U_o 的间接采样电压 U_s，从而实现了反馈回路的电气隔离。

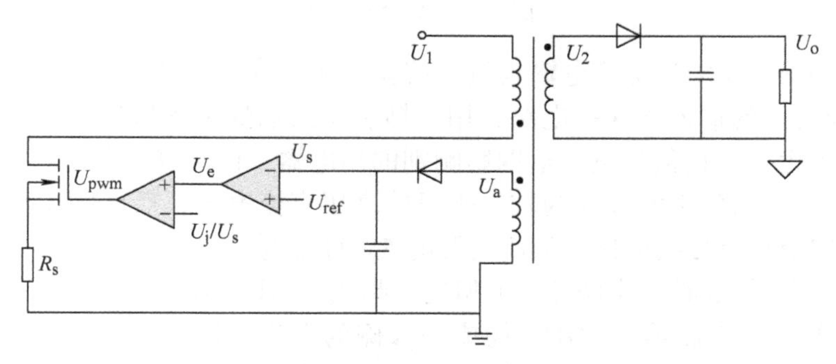

图 4-18 变压器一次侧反馈隔离

通过变压器辅助绕组实现一次侧反馈的隔离方案具有电路简单、成本低的优点，但是由于变压器绕组导线自身有一定的电阻，因此当输出电流变化较大时，两个绕组自身电阻产生的内部电压降不等，对采样电压有较大的影响。具体地说，当负载电流较小时，输出电压偏高，而负载电流较大时输出电压偏低，因此采用这种方案的负载调整率指标往往表现不佳，实际应用中，常用于负载相对固定的应用场合，例如 LED 照明等。

4.4 一次侧反馈反激式开关电源设计实例

本节以一个简单的实例说明一次侧反馈隔离的反激式开关电源的设计过程。

4.4.1 主要参数要求

本节的主要目的是帮助读者加深对反激式开关电源的工作原理的理解，学会主要元器件参数的计算和选择，因此只提出实例设计的主要参数要求，对电源的各项性能指标暂不深入讨论。具体参数如下：输入电压额定 AC 220V，允许波动范围 AC 195 ～ 240V，频率 50/60Hz；输出电压 5V；输出额定电流 3A。

4.4.2 电路原理和实物图

根据输入和输出参数，就可以确定电路的基本结构，由于输入电压远高于输出电压，所以必须降压，而降压比较大，并且电网供电需要电气隔离，因此需要使用变压器（高频脉冲变压器），功率 15W，属于小功率，适合采用隔离的反激式开关电源结构。

为了使读者对电路原理有一个总体的了解，先给出完整的电路原理图和实验电路板实物图，后面再展开介绍元器件参数的计算和选择方法，这里用到电流型 PWM 控制器 UC3842 的工作原理和参数配置也在实例过程中一并介绍，实物图如图 4-19 所示，完整的电路原理图如图 4-20 所示。

图 4-19　实验电路板

如图 4-20 所示，LN 为交流电输入端，熔丝 Fuse、负温度系数的热敏电阻 NTC 和电容 C_1 构成一个简单的输入端保护电路，用于抑制输入端的干扰信号和浪涌电流，同时也可以阻挡电路产生的干扰信号进入电网影响别的用电器；D_1 ～ D_4 构成桥式整流电路，把交流电变为直流电，经 C_2 滤波变为较为平滑的高压直流电压，后面的反激式开关变换器的目标就是把这个直流母线电压变为所需要的 5V 直流电压。

高压直流电经变压器一次绕组（1 脚进 2 脚出）、开关管 VT_1、电流采样电阻 R_{10} 和 R_{11}（阻值很小）回到直流地（GND）构成一次侧的电流主回路，开关管 VT_1 在 PWM 控制器 UC3842 的控制下调节开关导通时间的占空比，使输出的电压稳定（工作原理后述）；变压器的二次绕组在 VT_1 截止时向负载供电；变压器还有一个辅助绕组（3、4 脚），其作用有两个，一是给 UC3842 提供电源（Vcc），二是通过变比关系间接检测二次绕组的输出电压，并反馈给控制器 UC3842；电路中其他元器件均为 UC3842 的配置的外围元器件。

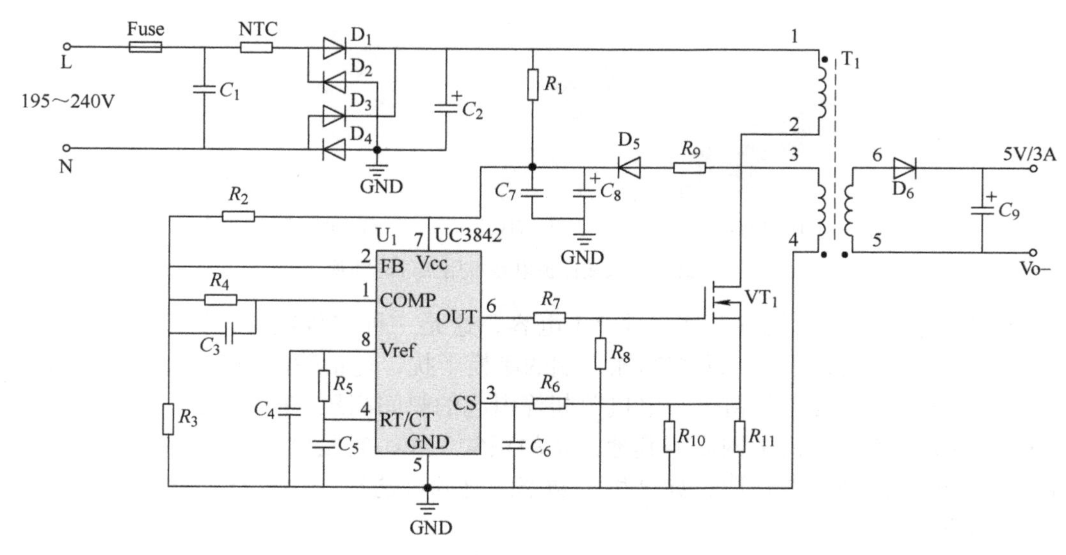

图 4-20　电路原理图

4.4.3　输入端元器件参数计算和选择

电路设计过程中，计算和选择合适的元器件参数对电路是否能实现设计的功能，是否能符合设计指标的要求，是否能稳定、安全、可靠地长时间工作影响极大。在工程实践中，有些环节的元器件参数需要精确计算，例如电流和电压的采样，而有些元器件的参数则不需要十分精确，例如输入端的保护电路，有些元器件参数力求准确，但由于实际条件的限制，计算值仅作为参考依据，例如变压器。但无论如何，任何一个元器件参数、型号规格的选择都应该有合理的依据，否则电路的制作、实验和生产等活动就无法开展，由此可见，元器件参数的计算和选择环节是整个电路设计中的十分重要的环节。

1）熔断器：熔断器 Fuse 的种类规格有很多，要根据不同的用途和条件选择，这里主要用于短路保护，当电路某处意外短路，输入端电流急剧增加时，Fuse 发热，温度升高达到熔点就会熔断，但瞬间的浪涌电流和正常的工作电流不应该触发 Fuse 熔断（本例是电流型控制方案，输出端短路是允许的，它通过控制器实现过电流保护），因此 Fuse 的类型宜选用“慢断型”，额定电流远大于工作电流的规格，这里由于输入电压最低为 195V，假设电源效率 70%，则输入功率约为 5V × 3A ÷ 0.7，约 22W，最大输入电流为 22W 除以 195V，约 113mA，因此 Fuse 的额定电流可取 1A，而额定工作电压宜略大于允许的最大输入电压（AC 240V），即可选用额定电压为 AC 250V 的保险管，如图 4-21a 所示。

2）NTC：NTC 是负温度系数的热敏电阻，其阻值在常温时较大，电流流过时发热，温度升高，电阻值下降，其主要作用是限制开机瞬间由于整流桥后的滤波电容 C_2 充电而造成的浪涌电流及电网中其他原因产生的浪涌电流，有时为了节省成本，有些电路在这里直接用一个固定阻值的电阻代替 NTC，也能起到抗浪涌的作用，但是开机后正常工作时，在固定阻值的电阻上产生的功耗就会比较大，而 NTC 在电路正常工作时阻值降低，因此可以降低损耗。用于输入端保护电路的 NTC 的外形一般为圆形，如图 4-21b 所示，直径越大，额定电流和功率越大，可根据实际功耗进行适当选择，如本例可选择型号 5D-7，其零功率电阻（冷电阻）为 5Ω，直径 7mm。

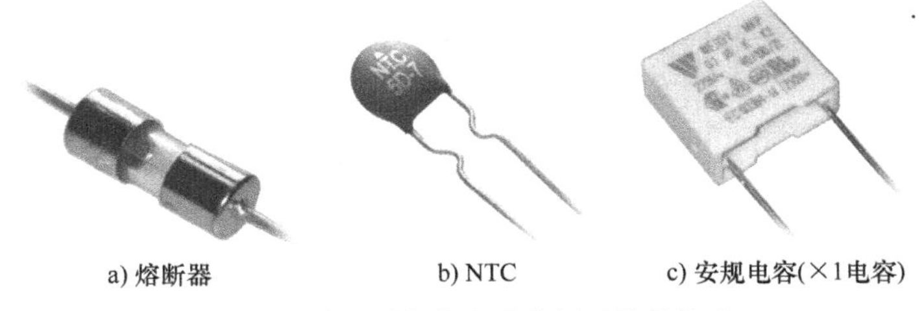

a) 熔断器　　b) NTC　　c) 安规电容(×1电容)

图 4-21　输入端保护电路常用元件的外观

3）安规电容：输入端并联了一个 X1 电容，这是一种安规电容，这种电容失效时不会短路，安全系数高，主要用来抑制输入端的串模干扰，包括瞬间的尖峰电压，它既可以防止电网中的电压尖峰（如雷击、电机关断等引起的瞬间高压）损坏电路，也可以防止电路中产生的干扰信号注入电网影响其他设备的正常工作，它是电磁干扰（EMI）滤波器的一部分。一般可按经验值选取，如这里小功率的电源可选择 0.1μF/AC 250V 的安规电容，如图 4-21c 所示。

4）整流二极管：D_1 ～ D_4 为高压整流二极管，它们可以分成两组，D_1 与 D_4 一组，D_2 与 D_3 一组，一组导通时，另一组截止。导通时流过最大电流平均值如上所述，约为 113mA，因此额定电流必须大于此值；截止时，两只二极管串联起来承受输入电压的峰值，因此每只二极管的反向击穿电压必须大于 240V × 1.414，约 340V。考虑到还要有一定的抗浪涌能力和抗瞬间高压的能力，需留有足够的裕量，因此可选额定电流 1A，反向击穿电压 1000V 的普通整流二极管 1N4007，该系列二极管可承受 30A 的浪涌电流，可确保输入端的安全，这里由于输入电压是工频，因此采用反向恢复速度最慢的普通整流二极管即可，输入电压较高，因此也不必介意二极管的正向电压降。整流桥由四个相同型号规格的二极管构成，为了方便使用和节省体积，有时也可采用现成的整流桥（四个二极管封装在一起，引出输入和输出四个端点），例如本例中的 1N4007 二极管可以用 DB107 整流桥代替，如图 4-22 所示。

5）滤波电容：C_2 为整流后的高压滤波电容，由于开关电源允许输入电压在一定范围内波动，因此相对而言，对直流母线的电压纹波的要求也比较宽松，直流母线的电压最高可达 340V，故可选择该滤波电容的额定电压为 400V，而高压电容体积较大、成本高，产生的浪涌电流也较大，所以，在实验结果满足指标要求的条件下，可尽量减小该电容的容量。以下是该电容容量参考值的计算。

图 4-22　DB107 整流桥

6）通过分析可知，当输入电压最小（AC 195V），负载功率最大（约 22W）时，电容电压纹波最大，假设允许直流母线纹波电压最大不超过 20%，在低频交流电下，电容的容抗远大于其 ESR，电容两端电压纹波主要由容抗引起，因此可根据容抗来计算电容

$$\Delta U_C = 195 \times \sqrt{2} \times 0.2 \approx 55\text{V} \tag{4-29}$$

电容的容抗

$$X_C = \frac{\Delta U_C}{I_C} = \frac{55}{0.113} \approx 487\Omega \tag{4-30}$$

根据电容容抗与频率和容量的关系

$$X_{\mathrm{C}}=\frac{1}{2\pi fC} \tag{4-31}$$

得

$$C=\frac{1}{2\pi fX_{\mathrm{C}}}=\frac{1}{2\times3.14\times100\mathrm{Hz}\times487\Omega}\approx3.3\mu\mathrm{F} \tag{4-32}$$

因此，可选择容量 3.3μF，额定电压 400V 的铝电解电容。

4.4.4 变压器设计与制作

1. 设计内容

由电路原理图可知，本例所设计的变压器包括三个绕组，即一次绕组 N_1，二次绕组 N_2，以及辅助绕组 N_3，辅助绕组用于原边反馈以及为控制芯片 UC3842 提供电源，变压器的引脚和同名端位置如图 4-23 所示。

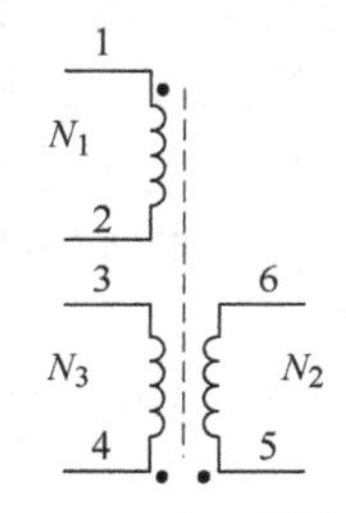

图 4-23　变压器结构

变压器的设计包括结构参数和电参数，结构参数包括：磁心的型号（材料、大小、外形）、骨架规格（卧式、立式）、各绕组线圈的匝数、线径（股数）、脚位、绕向（同名端）、气隙的厚度、绝缘和屏蔽，还有工艺及制作流程等。电参数主要是一次绕组的电感量、各绕组的工作电压、电流等。设计变压器的步骤和方法有多种多样，不同的方法可能得出不同的结果，但这些结果都有可能满足电路的指标要求，所不同的可能是变压器的工作点不同、工作模式不同（CCM/DCM），因此理解变压器设计的原理和思路，可以根据实际条件和要求进行灵活运用。

上文已给出了变压器设计的其中一种思路，本节将在此基础上对变压器的具体参数进行计算，首先确定变压器设计的基本出发点，即满足在输入电压最低且输出功率最大的条件下变压器能正常工作，这个工作点可以被理解为变压器的最“苛刻”工作条件，按照这个目标设计出来的变压器，在其他条件（输入电压较高或负载减轻）下可以更“轻松”地正常工作。所谓正常工作是指有足够的功率输出，变压器不会出现饱和、过热等现象。

2. 设计步骤

第一步：列出已知条件，确定必要的参数，包括：

输入电压：AC 195 ～ 240V；

输出电压：5V；

输出额定电流：3A；

期望效率：75%；

开关频率：65kHz；

最大占空比：0.45；

初级绕组的电流脉动系数：0.7；

窗口利用率：0.3；

最大磁感应强度：0.3T；

电流密度：600A/cm^2。

开关频率不同，所需磁心的体积不同，频率越高，磁心体积越小，变压器占的空间越小，因此，在条件许可的情况下，可以选择较高的开关频率，本例选择 65kHz，比上文设计的 BUCK 变换器时采用的 23.4kHz 高很多，目的是减小变压器的体积，但有一点要注意，频率越高，开关管的开关损耗以及磁心损耗就会相应增加，所以开关频率也不能取得太高。

根据反激式开关电源工作原理，如果输出电压稳定不变，变压器的匝比不变，那么当输入电压最低时，开关管导通时间占空比最大，其他工作点都会比这个值要小，占空比的工作范围受到控制器的限制，本例采用电流型 PWM 控制器 UC3842 实现开关管的控制功能，电流模式的 PWM 控制电路最大占空比若超过 0.5 便会引起所谓的次谐波失真，需要额外增加斜坡补偿电路才能达到稳定，因此一般情况下，最大占空比不要超过 0.5，通常设置为 0.45 就可以。其他参数的选取均带有经验性质，但一般留有裕量，因此计算结果具有现实参考意义。

第二步：选择磁心规格。

根据上文讨论，利用 AP 法计算磁心的大小，由于计算公式中有些参数需要满足一定工艺条件，带有经验取值的性质，因此计算结果仅作参考，这里根据上文讨论的面积乘积法有

$$\mathrm{AP}=A_{\mathrm{w}}A_{\mathrm{e}}=\frac{0.433\times(1+0.75)\times 15\mathrm{W}}{0.75\times 0.3\times 0.45\times 600\mathrm{A/cm^2}\times 0.3\mathrm{T}\times 0.7\times 65\times 10^3\mathrm{Hz}}\times 10^4=0.14\mathrm{cm}^4 \tag{4-33}$$

参考表 4-1 可以选择 EI22 型磁心，其 $\mathrm{AP}=0.16\mathrm{cm}^4$，中柱有效横截面积 $A_{\mathrm{e}}=0.41\mathrm{cm}^2$。

第三步：计算一次绕组的匝数。

根据式（4-24），输入电压最低时对应占空比最大，考虑输入电压纹波的影响，选取最低输入直流电压下降 10%（约 30V）计算，则

$$N_1=\frac{U_1 D}{\Delta B A_{\mathrm{e}} f_{\mathrm{sw}}}=\frac{\left(195\times\sqrt{2}-30\right)\mathrm{V}\times 0.45}{0.3\mathrm{T}\times 0.41\times 10^{-4}\mathrm{m}^2\times 65\times 10^3\mathrm{Hz}}=138 \tag{4-34}$$

第四步：计算二次绕组的匝数。

根据式（4-25），开关管截止时，一次绕组上的反射电压为

$$U_{\mathrm{or}}=\frac{U_1 D}{1-D}=\frac{\left(195\times\sqrt{2}-30\right)\mathrm{V}\times 0.45}{1-0.45}=201\mathrm{V} \tag{4-35}$$

根据式（4-26），二次电压与反射电压之比等于匝数比，这里由于输出电压为 5V，二极管的电压降应考虑进去，即

$$N_2=\frac{U_2}{U_{\mathrm{or}}}N_1=\frac{5\mathrm{V}+0.5\mathrm{V}}{201\mathrm{V}}\times 138=3.8 \tag{4-36}$$

计算结果取整数 4 匝。把 N_1 和 N_2 代入式（4-36），重新计算反射电压得

$$U_{\mathrm{or}}=\frac{N_1}{N_2}U_2=\frac{138}{4}\times(5+0.5)\mathrm{V}=190\mathrm{V} \tag{4-37}$$

代入式（4-35）计算在最低输入电压时的最大占空比为

$$D = \frac{U_{or}}{U_1 + U_{or}} = \frac{190V}{\left(195 \times \sqrt{2} - 30\right)V + 190V} = 0.44 \tag{4-38}$$

结果表明最大占空比不大于 0.5 即可，实际上，当计算匝数向上取整时，占空比略小于设定值，自然满足不超过 0.5 的条件（对于电流型控制芯片不加斜坡补偿时才有此限制）。注意，后续的计算中占空比应按 0.44 计算。

第五步：计算辅助绕组的匝数。

辅助绕组用来提供 UC3842 芯片的工作电压，同时也作为输出电压的间接采样，UC3842 工作电压不低于 10V，一般可设置为 12V，那么根据电路原理图可知，辅助绕组输出电压应为

$$U_3 = U_{cc} + U_{D5} + U_{R9} \tag{4-39}$$

式中，U_{cc} 为 UC3842 的工作电压（12V）；U_{D5} 取 0.5V ；R_9 的作用是用来调节绕组的直流电阻（修正输出电压用，后述），此处 U_{R9} 暂取为 0，则

$$U_3 = 12 + 0.5 = 12.5V \tag{4-40}$$

根据匝比关系有

$$N_3 = \frac{U_3}{U_2} N_2 = \frac{12.5V}{5.5V} \times 4 = 9.1 \tag{4-41}$$

取整数 10 匝。

第六步：计算各绕组的线径。

绕组的线径根据电流有效值的大小和电流密度计算，由式（4-17），已知二次电流的平均值等于输出电流 3A，电流脉动系数为 0.7，即式中的电流纹波系数为 0.3，则二次电流峰值为

$$I_{2p} = \frac{2I_{2(avg)}}{(1+K)(1-D)} = \frac{2 \times 3A}{(1+0.3) \times (1-0.44)} = 8.4A$$

由式（4-19）得次级电流有效值为

$$I_{2(rms)} = I_{2p}\sqrt{\frac{1-D}{3} \cdot (1+K+K^2)} = 8.4A \times \sqrt{\frac{1-0.44}{3} \times (1+0.3+0.3^2)} = 4.2A$$

一次电流的有效值可根据变压器的匝比计算，即

$$I_{1(rms)} = I_{2(rms)} \frac{N_2}{N_1} = 4.2A \times \frac{4}{138} = 0.122A$$

根据式（4-27）得

$$d = \sqrt{\frac{4s}{\pi}} = \sqrt{\frac{4I_{rms}}{\pi \cdot J}}$$

由于一次绕组匝数较多，导线较长，电流密度取 $J = 4\text{A}/\text{mm}^2$，计算得

$$d_1 = \sqrt{\frac{4\times 0.122\text{A}}{3.14\times 4\text{A}/\text{mm}^2}} = 0.2\text{mm}$$

二次绕组匝数较少，导线较短，电流密度取大一些，按 $J = 6\text{A}/\text{mm}^2$，计算得

$$d_2 = \sqrt{\frac{4\times 4.2\text{A}}{3.14\times 6\text{A}/\text{mm}^2}} = 1\text{mm}$$

考虑到铜导线的高频电流趋肤效应，二次绕组选用直径为 0.5mm 的漆包线多股并绕，股数为

$$n = \frac{S_{\phi 1\text{mm}}}{S_{\phi 0.5\text{mm}}} = \frac{0.5^2\,\text{mm}^2}{0.25^2\,\text{mm}^2} = 4$$

即采用四股直径 0.5mm 的漆包线并绕。

辅助绕组电流很小，一般不需要计算，取与一次绕组一样的较小线径即可。

第七步：计算一次绕组的电感量。

由式（4-18）得一次电流峰值为

$$I_{1\text{p}} = \frac{I_{1(\text{rms})}}{\sqrt{\frac{D}{3}(1+K+K^2)}} = \frac{0.122\text{A}}{\sqrt{\frac{0.44}{3}\times(1+0.3+0.3^2)}} = 0.27\text{A}$$

由式（4-28）得一次绕组电感量为

$$L_1 = \frac{U_1 D}{\Delta I_1 f_{\text{sw}}} = \frac{\left(195\times\sqrt{2}-30\right)\text{V}\times 0.44}{0.27\text{A}\times 0.7\times 65\times 10^3\,\text{Hz}} = 8.8\text{mH}$$

3. 手工 DIY 制作

根据上述计算的参数就可以制作变压器，首次设计的变压器需要实验，有条件的读者可以尝试手工 DIY，制作步骤如下：

1）首先根据磁心的大小和绕组的数量和分布选取合适的骨架，本例采用 EI22 型磁心，共三个绕组，至少使用六只引脚，因此可以选择四针 + 四针的卧式骨架，如图 4-24a 所示。根据电路板的布局方便，骨架一侧（1 ～ 4 脚）用于绕制一次绕组和辅助绕组，另一侧（5 ～ 6 脚）用于绕制二次绕组。

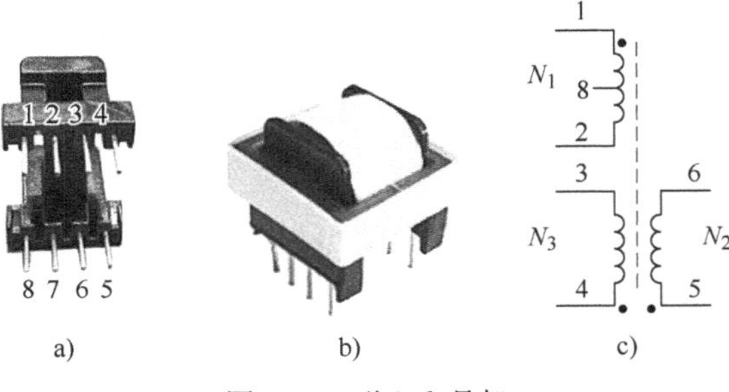

图 4-24　磁心和骨架

2）由于一次绕组匝数较多（138 匝），为了增加一、二次侧之间能量传输的紧密性（减小漏感），可以采用“三明治”绕法，即把初级绕组分成两半，先在骨架最里面绕 1/2（69 匝），然后绕二次绕组（四股并绕 4 匝），最后再把剩余的 1/2 一次（69 匝）绕在外面，即把二次绕组包裹在一次绕组中间。因此，第一部分的一次绕组从 1 脚起绕，8 脚结束，

然后二次绕组从 5 脚起绕，6 脚结束，第二部分的一次绕组则从 8 脚开始接着绕，2 脚线束，一、二次绕组的同名端分别为 1 脚和 5 脚。

3）辅助绕组一般绕在最外层，方便调试。要注意绕组的排线尽量整齐紧密，绕组之间用 2 ～ 3 层高温绝缘胶带隔开，防止绕组间意外短路。三个绕组的引脚和同名端分布如图 4-24c 所示。

4）线圈绕制好之后，可以使用电烙铁将漆包线与骨架引脚焊接在一起，注意要去掉漆包线表面的绝缘漆（免刮漆的漆包线可以直接通过烙铁高温加热熔化挥发）。

5）安装磁心。通常没有气隙时一次侧电感量很大，可在磁心两侧垫上薄纸片调节气隙厚度，测量一次侧电感量满足计算值即可。

制作完成的变压器如图 4-24b 所示，注意，此时磁心与骨架之间是相对松动的，这不会影响电路的测试，但如果测试中变压器有音频噪声，则可以使用胶水固定磁心减小噪声，必要时可由专业的变压器制作厂家进行标准化的制作，同时还可以通过优化电路的其他元器件参数减小音频噪声干扰。

需要指出的是，变压器的参数设计并非只有一种方法，根据不同的出发点，设计的过程和结果有所不同，在实际应用中，不同的变压器设计思路和结果只要是符合逻辑的都可以正常工作，但有可能工作点有所不同，例如纹波电流的大小、电流模块的切换点等，这些都不影响电路的正常功能，因此上文给出的仅仅是其中一种思路，该思路的出发点是保证在最大负荷的条件下变压器能正常工作，这里的最大负荷是指输入电压最低且输出功率最大（此时占空比最大）。另外，采用不同的线径，变压器的各参数指标将有所不同，得到的结果也有所不同，表 4-2 比较两款变压器对应的一些参数和输出电压的结果（其他电路元器件及测试条件不变，输入电压为 AC 220V）。

表 4-2　两组采用不同线径制作的变压器参数比较

比较项目	方案一		方案二	
一次绕组电阻	线径 0.2mm	6.5Ω	线径 0.35mm	3Ω
二次绕组电阻	线径 0.5mm × 3	0.007Ω	线径 0.35mm × 6	0.004Ω
辅助绕组电阻	线径 0.2mm	0.330Ω	线径 0.35mm	0.139Ω
一次侧电感量	8mH		8mH	
一次侧 Q 值	375		397	
一次侧漏感	195μH		104μH	
输出电压（空载）	7.2V		7.2V	
输出电压（5Ω）	6.2V		5.4V	
输出电压（2.5Ω）	5.1V		5.1V	
输出电压（1.67Ω）	4.8V		4.9V	

注：本例采用辅助绕组反馈，受变压器绕组本身电阻电压降影响，负载调整率较大

由表可知，一次绕组线径更粗则直流电阻更小，二次绕组采用多股并绕一方面可减小直流电阻，以降低负载变化时引起的额外电压降，同时也可避免因高频电流趋肤效应引起过热，方案二最里层的 1/2 一次绕组为正好绕满三层，比较平整，因此绕组之间耦合比较紧密，漏感也较小，仅为电感量的 1.3%，可使开关管漏极的尖峰电压小一点，效率也略有提高。

4.4.5 开关管的选择

反激式开关电源在开关截止时，变压器的二次绕组通过变比关系在一次绕组上产生反射电压，反射电压的极性与输入电压相一致，形成同向叠加，再加到开关管两端，开关管将承受较高的电压，如图 4-25 所示。

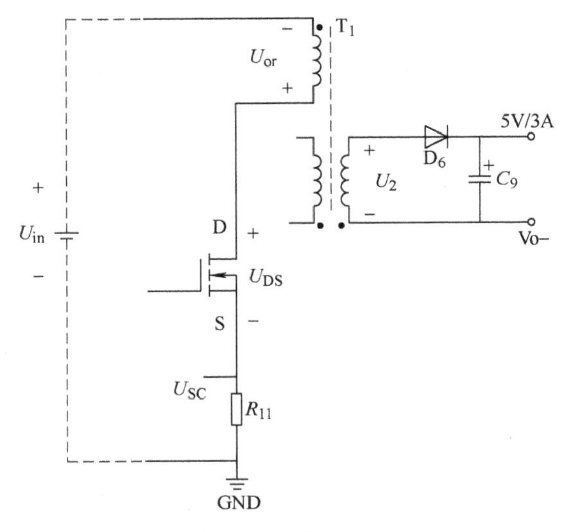

图 4-25　电路原理图

在开关管截止时，漏源之间承受的电压为输入的直流电压和二次侧反射过来的电压之和（电流采样电阻上的电压降很小，可忽略不计），即

$$U_{DS}=U_{in}+U_{or} \tag{4-42}$$

由于输出电压稳定为 5V，变压器匝比不变，故反射电压为固定值，而漏源之间承受的最高电压是在输入电压最高时，即

$$U_{DS}=U_{in(max)}+U_{or}=240V\times\sqrt{2}+\frac{(5+0.5)\times138V}{4}=529V \tag{4-43}$$

因此，开关管的额定电压要大于此值。此外，由于变压器一、二次侧不能做到完全耦合，加上剩磁的存在，能量并不能完全被二次绕组完全释放，这部分能量在开关截止时仍通过一次绕组释放，反映在一次绕组上就是所谓的漏感，而此时由于开关截止一次绕组只能通过开关管漏源之间的输出电容构成电流回路来释放能量，由于此电容的容量极小，因此电流很小，所以在开关断开的瞬间会产生很高的尖峰电压（电流与电压的乘积为功率，功率一定，电流小则电压大），这个尖峰电压也叠加在开关管的漏源之间，必要时要加 RC 吸收或钳位电路限制其高度，否则会击穿开关管。因此，考虑一定的安全裕量，开关管的额定电压要比式（4-43）计算结果高出 10% 以上，即 583V，一般可取 600V。开关管的额定电流等于输入电流的有效值，即 0.122A（见变压器设计第六步），条件允许的情况下，选择额定电流更大的开关管可有效降低开关管的导通损耗，减小散热器体积，结合这两个主要参数的要求，本例选择 2N60 型号的开关管，其额定电压为 600V，额定电流为 2A，TO220 封装，实验中能满足要求，2N60 的实物如图 4-26 所示。

2N60 的外壳是塑料的，加装散热器直接用螺钉固定即可。有的开关管使用金属外壳以便更好将内部的热量导出，其漏极通常与裸露的金属外壳连在一起，由于漏极有数百伏的高压，因此在加装散热器时，要使用绝缘垫和绝缘胶圈把散热器与开关管的金属外壳隔离，否则触及散热器就会导致触电，此外，这样做还可以避免开关管通过散热器作为天线向外产生电磁辐射，造成较大的 EMI 干扰。

图 4-26　2N60 功率 MOSFET 实物图

本例测试开关管的漏极电压波形如图 4-27 所示。图 4-27a 所示为负载电流 1A 时的波形，图 4-27b 所示为负载电流 3A 时的波形，对比两图可知，图 4-27a 为轻负载时的 DCM 模式，图 4-27b 为满载时的 CCM 模式。

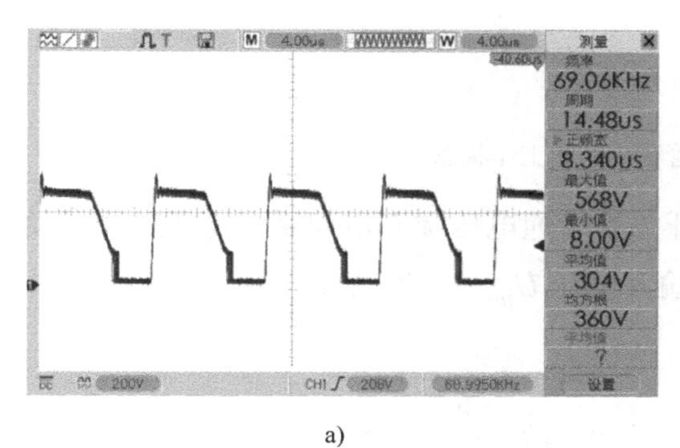

a)

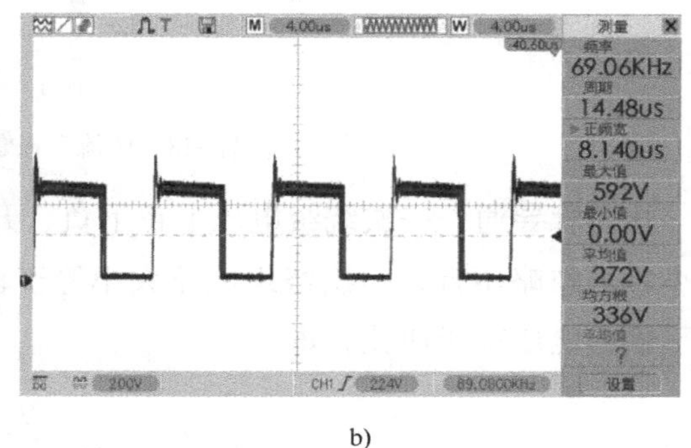

b)

图 4-27　开关管漏极电压波形

图 4-27 中，电压为零处（底部）即开关管处于导通状态，在开关管截止的瞬间，可以看到有一个较高的尖峰电压，分别为 568V 和 592V（最大值），尖峰之后是一个平台，这个平台的电压即为 $U_{in}+U_{or}$。DCM 模式时该平台开关管导通之前有一个下降过程（图 4-27a 中波形周期的末段），这是因为磁心能量在下一个周期到来之前就释放完全，一次电流下降至零，等待下一周期开始导通才有电流；而 CCM 模式下该平台一直保持到开关管导通，即一次绕组始终有电流通过，磁心能量不完全释放。由此可见 DCM 模式下磁心的利用率要比 CCM 模式高，故相同的输出功率条件下，采用 DCM 模式时变压器的体积更小一点。

功率 MOSFET 是电压驱动的器件，GS 间必须有足够的电压才能使 DS 导通，常见的 MOSFET 的驱动电压有 4V 和 10V，本例中的 2N60 是 10V 驱动的，本例采用的 PWM 控制器 UC3842 输出级是推挽结构，输出 PWM 信号的高电平电压约等于 UC3842 的 Vcc，上文已提及把 UC3842 的工作电压设置在 12V，这样就能满足 MOSFET 的驱动电压要求。此外，在允许的电压范围内，MOSFET 的驱动电压越高，导通的速度越快。电路中 MOSFET 的 G 极电阻 R_7 的作用是用来衰减由于线路的等效电感引起的振荡，以确保 PWM 信号的稳定，R_8 的作用是加速 MOSFET 输入电容放电，加快 MOSFET 截止速度，R_7 阻值要远小于 R_8，一般 R_7 取几十 Ω，R_8 取 10 ～ 20kΩ，可根据实验调整。

4.4.6　续流二极管的选择

开关管导通时，输出续流二极管截止，阴极与阳极之间承受的反向电压，其工作状态如图 4-28 所示。

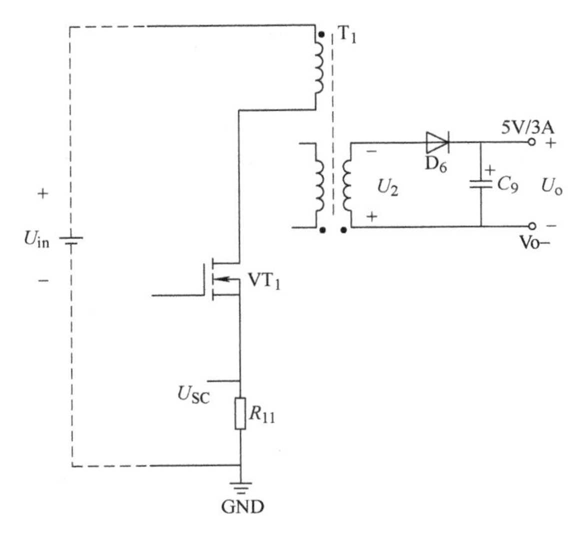

图 4-28　续流二极管截止时的工作状态

开关管导通，一次绕组电压上正下负，开关管导通电压降和电流采样电阻的电压降都很小，可忽略不计，一次绕组电压大小等于输入电压 U_{in}，二次绕组电压下正上负，大小等于输入电压乘于匝比，即

$$U_{2(max)} = U_{in(max)} \times \frac{N_2}{N_1} = 240 \times \sqrt{2} \times \frac{4}{138} = 9.8\text{V} \tag{4-44}$$

二次绕组电压与输出电压叠加后加到续流二极管两端，二极管承受的最大反向电压为

$$U_r = U_{2(max)} + U_o = 9.8 + 5 = 14.3\text{V} \tag{4-45}$$

开关管截止时续流二极管正向导通，续流二极管的额定电流必须大于最大输出电流（3A），考虑到开关频率（65kHz）比较高，且输出电压（5V）比较低，宜采用肖特基二极管。综合上述分析，加上考虑反向恢复过程中产生的尖峰电压和发热等因素，且反向击穿电压和额定电流要有足够裕量，本例选择 SR560 型号肖特基二极管，该管额定电流 5A，反向击穿电压 60V，典型正向电压降 0.55V。SR560 常见为直插式 DO-27 封装，如图 4-29 所示。

图 4-29　SR560 封装

4.4.7　输出滤波电容的选择

反激式开关电源变压器次级绕组只有在开关管截止时才有电流输出，因此加在输出滤波电容上的充电电流也是断续的梯形波或三角波，输出电压纹波也相应较大，由于高频条件下电容的容抗很小，因此纹波电压主要由 ESR 引起，可通过计算 ESR 来选择电容。计算公式可参考

$$\text{ESR} = \frac{\Delta U}{\Delta I} \tag{4-46}$$

式中，ΔU 为输出纹波电压，本例没有提出指标要求，可以按输出电压的 1% 来取，即

50mV。ΔI 为二次绕组输出电流纹波，其值为

$$\Delta I = I_{2p} \times K_{rp} = 8.4 \times 0.7 = 5.88\text{A} \tag{4-47}$$

代入式（4-46）得，$\text{ESR} = 8.5\text{m}\Omega$，这样的结果对于铝电解电容的容量要求是相当高的，一个普通 470μF/25V 铝电解电容，其 ESR 实测为 $50\text{m}\Omega$，要满足满载时输出电压纹波不大于 50mV，需要与六个电容并联才能达到要求，这实际上大大增加了成本和空间的要求，不符合实际生产的经济性，为了节约成本，通常在变压器二次绕组后加一个电感，由于二次绕组输出电压是方波，就相当于一个自带开关的直流电源加了一级 BUCK 变换，利用电感的储能作用使后续的电流变成连续的，减小了电流纹波，从而大幅度减小电容的容量和数量。通常所加的电感量为几 μH 至几十 μH，可根据试测结果调试，这样的电路比较简单，也起到一定的滤波效果。若要输出纹波更小，则可使用 π 型滤波，电路如图 4-30 所示。

由于输出纹波是高频的（65kHz），所以对某些特定的负载而言，并不影响其正常工作，例如 LED 灯，高频的纹波并不会使人眼察觉灯的闪烁，因此可以不必增加电感和滤波器，本例仅用了一个 470μF/25V 的铝电解电容作为输出滤波，满载（3A）时输出纹波电压波形如图 4-31 所示。由图可得，纹波电压约为 0.456V，约为输出电压（5V）的 10%，此值与理论值 $\Delta U = \Delta I \times \text{ESR} = 10\text{V} \times 0.05 = 0.5\text{V}$ 基本相符。

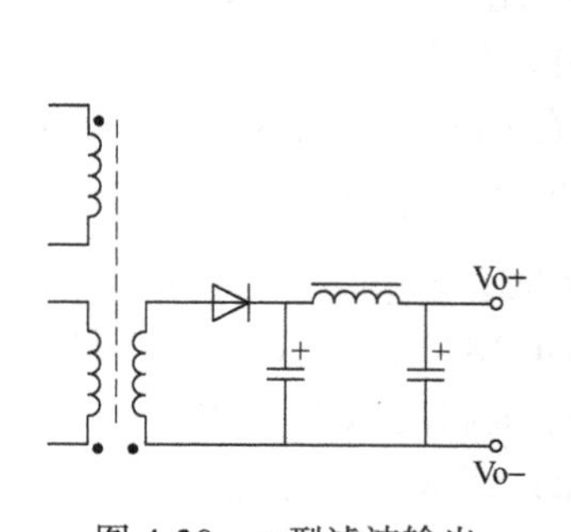

图 4-30　π 型滤波输出

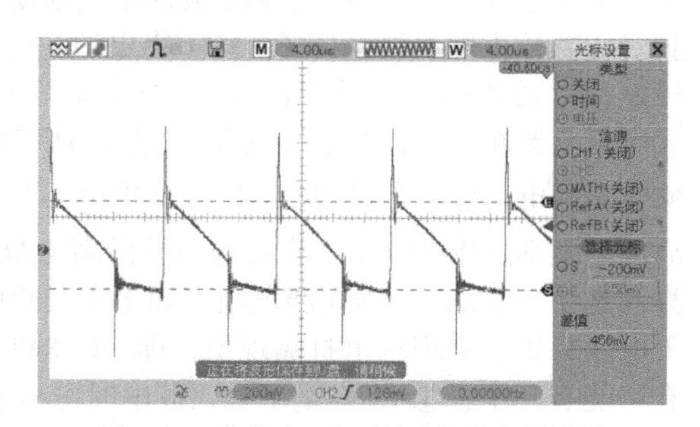

图 4-31　满载（3A）时输出纹波电压波形

4.4.8 PWM 控制器 UC3842 外围电路设计

前面已经对电路的输入到输出主回路上的元器件进行了分析讨论，本节将对控制器的外围电路的作用和元器件参数选择进行分析，并通过外围初步了解 UC3842 的各引脚功能，为了便于分析，重画电路原理图，如图 4-32 所示。

1. 启动与供电

UC3842 的 7 脚为电源正极，工作电压最小为 11V，内部设置低于 10V 欠电压保护和 36V 的齐纳保护（即最大工作电压），启动电压为 16V。也就是说在正常工作前，该电压必须上升至 16V，芯片才能启动，启动后工作电压可在 11 ~ 36V 之间，若低于 10V 则停机，停机后电压需回升到 16V 才能正常重启。本例设置正常工作电压为 12V（设计变压器辅助绕组时决定匝数）。本例中 UC3842 的供电有两条路径，上电时，由于 UC3842 尚没有输出控制信号，开关管处于截止状态，变压器不工作，辅助绕组无电压输出，高压直

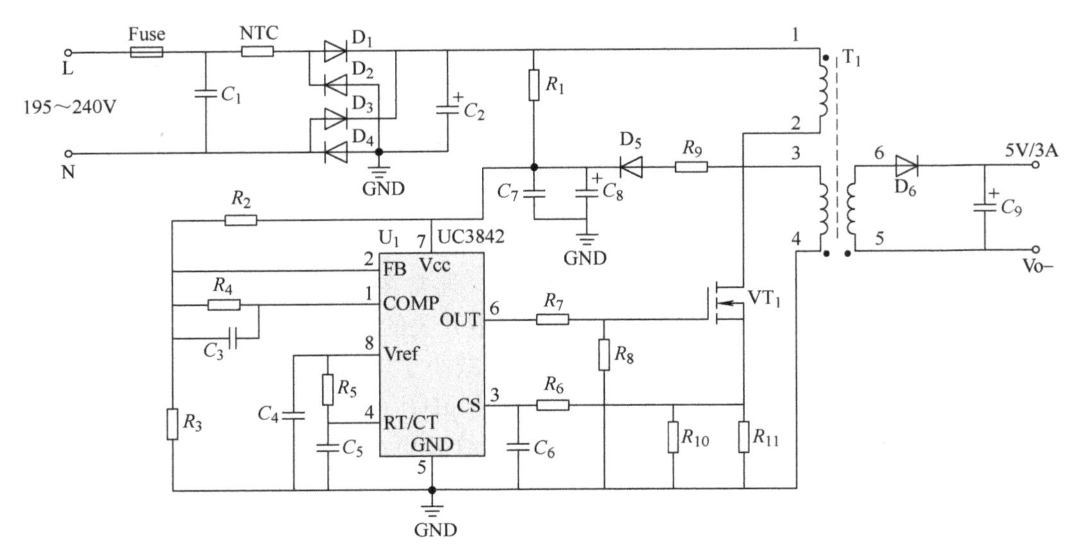

图 4-32　电路原理图

流母线经 R_1 向 C_8 充电，C_8 电压上升，即 UC3842 的 Vcc 上升，达到 16V 时启动，启动后变压器即开始工作，辅助绕组输出电压经 R_9、D_5 整流补充 C_8 因为向 UC3842 放电而产生的电压下降，UC3842 的 Vcc 被稳压控制锁定在 12V（稳压控制是由 R_2、R_3 以及 FB 引脚对应芯片内部参考电压（2.5V）决定的，后述），可见正常工作时 R_1 两端存在很大的电压差，R_1 的作用只是用于启动，其任务就是向 C_8 充电，使其电压上升至 16V，其阻值的大小只会影响启动的快慢，而是否能成功启动，主要看 C_8 的容量，C_8 应有足够的容量存储充足的电荷以满足供 UC3842 工作电流需要。本例中 C_8 选取 22μF / 35V 铝电解电容，R_1 启动电阻则选用 220kΩ，在输入电压最高（AC 240V）时，R_1 的功耗为 0.49W，因此可选择额定功率 1/2W 的金属膜电阻。如果在实验中出现 UC3842 的 Vcc 电压不足，则会造成欠电压保护，出现输出打嗝现象，即 UC3842 处于不停重启的状态。UC3842 的 Vcc 不足有可能有几个：① C_8 容量不够，放电时电压下降太深；② R_2、R_3 比例不当，Vcc 工作点过低。针对这些原因，做出相应调整即可。

2. 稳压控制

UC3842 是电流型的 PWM 控制器，控制外部开关管关断的时间点有两个信号，一个是从 2 脚（FB）输入的电压采样信号，该信号达到 2.5V 时，开关关断，另一个是从 3 脚（CS）输入的电流采样信号，该信号通过串联在一次绕组和开关回路中的电流采样电阻 R_{10} 和 R_{11} 获得，每个开关周期的前段，开关管导通，一次绕组电流线性上升，R_{10} 和 R_{11} 电压也跟着上升，直到 CS 引脚电压达到由 FB 输入采样电压经内部误差放大器建立的参考电压时，开关管关断，这时代表变压器已经有足够的能量使输出端负载电压达到设定值。因此，输出电压的大小由 R_2 和 R_3 决定，而输出端是否有足够的能量（电流）满足输出电压达到设定值则由 R_{10}、R_{11} 决定。R_2 和 R_3 的取值比例满足

$$\frac{R_3}{R_2+R_3}=\frac{2.5}{\text{Vcc}} \tag{4-48}$$

而 Vcc 与输出电压 U_o 则满足变压器的变比关系

$$\frac{U_3}{U_2}=\frac{\text{Vcc}+U_{\text{D5}}+U_{\text{R9}}+U_{3\text{R}}}{U_o+U_{\text{D6}}+U_{2\text{R}}}=\frac{N_3}{N_2} \tag{4-49}$$

式中，U_{3R} 和 U_{2R} 分别为辅助绕组和二次绕组的直流电阻引起的电压降，当负载电流变化时 U_{2R} 的变化较大，而 UC3842 的工作电流基本不变，所以 U_{3R} 基本不变，因此，当负载电流变化时，由于 U_{2R} 变化而其他参数基本不变会导致输出电压有较明显的变化，在实验中会发现空载输出电压比满载电压高出许多，这种现象是由于电压采样不是直接从输出端获取，而是通过变压器辅助绕组间接采样的原因造成的，因此一次侧反馈只适合于对负载调整率要求不高，或者负载比较固定的应用。电路中额外增加了 R_9 的目的是为了调节输出电压在某负载条件下达到设定值（通过实验获得），本文 R_9 阻值为 22Ω，在负载 2A 时基本达设定值 5V 附近（见表 4-3）。

本例中，设定 Vcc = 12V，即

$$\frac{R_3}{R_2+R_3}=\frac{2.5}{12} \tag{4-50}$$

取 $R_3=5.1\text{k}\Omega$，则 $R_2\approx 20\text{k}\Omega$ 可大致满足条件，代入式（4-50）反推得 Vcc = 12.3V，基本可以达到设置要求。

3. 频率设置

UC3842 振荡器频率由外部定时电阻和定时电容设置。接法是 UC3842 的 8 脚输出的基准电压（5V）经定时电阻 R_5 为定时电容 C_5 充电，4 脚电压上升至 2.8V 开始由内部放电，电压下降至 1.2V 又重新开始充电，如此不断重复，产生振荡波形，振荡频率由 R_5 和 C_5 组成的 RC 电路的时间常数决定，因此相同的频率可以有许多的 RC 组合，但不同的组合死区时间不一样，本例要求最大占空比 0.45，即死区时间不能超过 55%，RC 参数的选择可参考 UC3842 的两张图，如图 4-33 和图 4-34 所示。

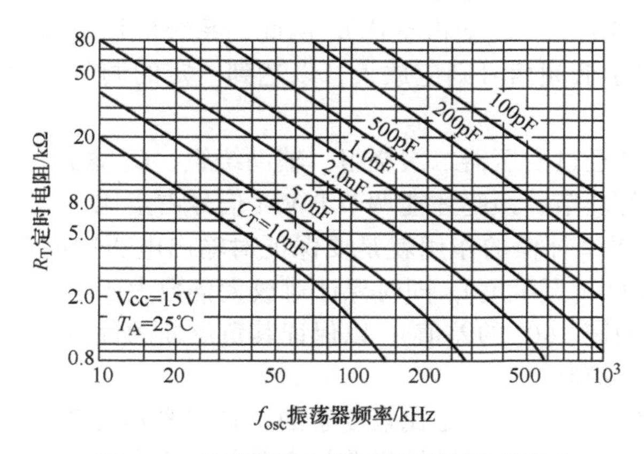

图 4-33　定时电阻与振荡器频率关系曲线

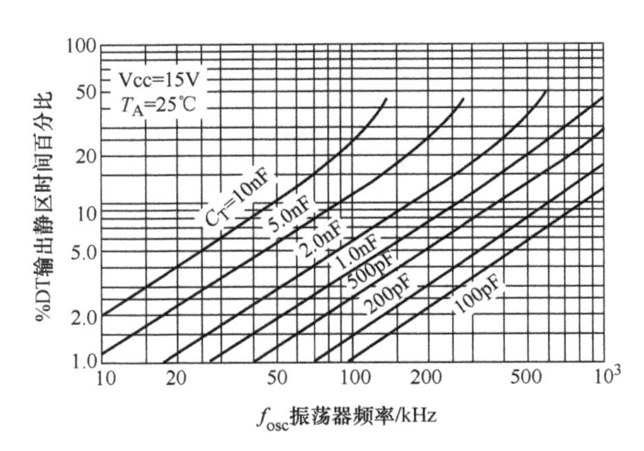

图 4-34　死区时间与振荡器频率关系曲线

本例要求频率为 65kHz，从图 4-33 中，若选择 R_5 为 5.1kΩ，则 C_5 为 4.7nF 时，频率约在 65kHz 附近（不需要很精准，由于元件参数的分散性，本例实测频率约 69kHz，不影响正常工作）。由图 4-34 可以看出，当定时电容为 5nF，频率 60kHz 时，死区时间约为 7%，因此能满足要求（相同频率时，容量越大死区时间越大）。

4. 频率补偿

频率补偿是指反馈回路中输出信号与输入信号之间存在一定的相位差，这个相位差随着频率的增加而增加，当相位差超过 360° 时，负反馈就变成了正反馈，系统就不稳定了。因此为了使系统稳定，在反馈回路中设计相应的补偿电路，调节系统的频率特性，使之对稳压控制信号满足两个条件：①放大倍数大于 1，以提高输出响应的灵敏度；②保证输入信号的频率不会引起超过 360° 的相移，即保证是负反馈而非正反馈。

本例中，反馈回路的输入信号是输出电压的采样信号，输出电压中既有高频分量（如 65kHz 开关频率分量），也有低频分量（如 50Hz 的工频分量），这里的控制对象是低频分量，也就说根据低频分量的变化来调节占空比，以抑制低频纹波。这是因为低频纹波在负载上产生的结果能被人们感受到，例如音响的噪声和 LED 的闪烁等，而高频纹波虽然对负载的工作有一定的影响，也会产生一些电磁干扰，但对于像音响和 LED 这一类负载而言不会直接被人们感受到，在一定范围内是允许的。因此对于反馈系统，并不需要以很高的频率频繁地调节输出电压（改变占空比），因此，系统应该对高频信号起衰减作用（放大倍数小于 1），而对于低频信号则应放大，以达到一定的调节灵敏度，系统具有低通滤波器的性质。

由于输出电压采样经过变压器二次绕组、辅助绕组、C_8 滤波、UC3842 内部误差放大器和电流检测比较器等环节，最终才能调节 PWM 信号占空比，这中间每个环节都会影响信号的幅度和相位。频率补偿的作用就是要保证对输出电压中的低频分量有足够的增益（放大）以提高响应速度（灵敏度），同时保证对放大倍数大于 1 的频率范围内的信号有足够的相位裕量（相移距离 360° 的差值），以保证其负反馈的性质，才能使电压向设定值方向调节，从而实现稳压控制。

严格的频率补偿电路参数计算是比较复杂的，它需要知道系统的传递函数，在工程实践中有时难以精确求解，因而可以采用经验加实验的方法来解决系统的稳定性问题。下面简单说明本例如何选择频率补偿元器件的参数。

频率补偿电路通常在误差放大器的输出端（UC3842 的 1 脚）与反相输入端（2 脚）之间构建，最简单的补偿电路就是在 1 脚和 2 脚之间接一个电容 C_3。

UC3842 内部误差放大器的开环增益和相位裕量如图 4-35 所示，由图可知，其低频增益高达 90dB，而 65kHz 处的增益也有 40dB，这不是我们需要的，我们希望在 65kHz 时增益为负（0dB 以下放大倍数小于 1，即为衰减），这就需要将误差放大器接成负反馈放大器，以减小放大倍数，如图 4-36 所示。

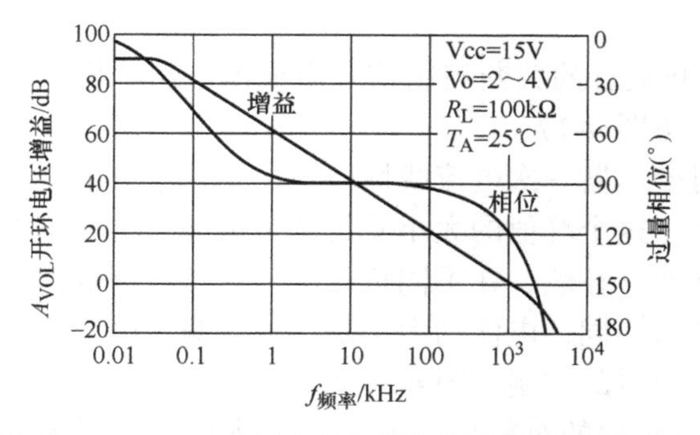

图 4-35　UC3842 内部误差放大器的开环增益和相位裕量

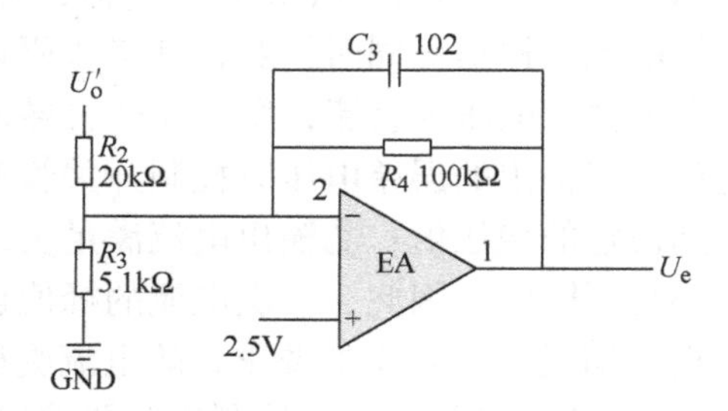

图 4-36　频率补偿电路

由图 4-36 可知，根据负反馈运算放大电路的“虚短”和“虚断”的性质，输出信号与输入信号之间的关系为

$$U_e = U_+ - \frac{R_f}{R_i}(U_- - U_+) \tag{4-51}$$

其 U_+ 和 U_- 分别为同相输入端和反相输入端的电压。

对于变化的输入信号（交流信号），输入电阻可视为 R_2 与 R_3 并联，反馈阻抗由 R_4 与 C_3 的容抗并联构成，R_4 主要是调节低频放大倍数，C_3 用来抑制高频分量的放大倍数。那么放大倍数为

$$A_V = \frac{R_f}{R_i} = \frac{R_4 // X_{C3}}{R_2 // R_3} \tag{4-52}$$

式中，$R_2 // R_3 \approx 4\text{k}\Omega$，对于直流和低频信号，可近似认为 $X_{C3} = 0$，即直流（低频）放大倍数为

$$A_{V(DC)} = \frac{100\text{k}\Omega}{4\text{k}\Omega} = 25 \tag{4-53}$$

计算放大倍数为 1 时的容抗，即可算出截止频率

$$1 = \frac{100\text{k}\Omega // X_{C3}}{4\text{k}\Omega} \tag{4-54}$$

得出 $X_{C3} \approx 4.17\text{k}\Omega$，截止频率约为 38kHz，高于此频率的信号放大倍数小于 1，即被放大器衰减掉了，因此开关频率 65kHz 引起的纹波不会影响占空比的变化。也可以计算一下如果 C_3 的容量选择小一个数量级，即容量为 101 时，截止频率则为 380kHz，开关频

率引起的纹波将被放大，从而使占空比调节过于频繁，系统稳定性欠佳。

这里要注意，根据UC3842数据手册，反馈电阻R_4的取值受UC3842内部误差放大器输出端的电流源（0.5mA）和后面的电流检测比较器的钳位电压（1V）限制，其阻值不能小于8800Ω。

此外，上述计算仅针对误差放大器的放大倍数，环路中其他因素并未考虑，参数值只为选择元器件的数量级提供参考，并不完全准确，因此需要根据实验进行调试。

5. 电流采样

UC3842是电流型的PWM控制器，外部开关管的关断控制信号由输出电压采样信号和初级电流采样信号同时控制，其工作原理参考图4-17。

由于输入电压为直流，所以在开关导通时变压器一次电流线性增加，当该电流上升到误差放大器输出的误差电压时控制开关管截止。这个峰值的大小满足两个条件：①输出电压达到设定的稳压值；②输出电流满足负载功率，显然，在不同负载时，变压器传输的能量大小是不同的，因此，一次电流的峰值也应该不同，电流的大小是在保证输出电压稳定的前提下满足输出功率的要求，故电流受稳压信号的控制。图4-37所示为UC3842内部原理图，PWM信号是由电流检测比较器输出的，比较的对象是一次电流（3脚入）与误差放大器的输出，误差放大器的作用是使其反相输入端输入的采样电压趋于同相输入端的参考电压（即稳压控制），当输出电压因为负载变化等而产生误差时，误差放大器输出信号相应变化，从而带动变压器一次电流调整（占空比也相应调整），使输出电压回到设定值。

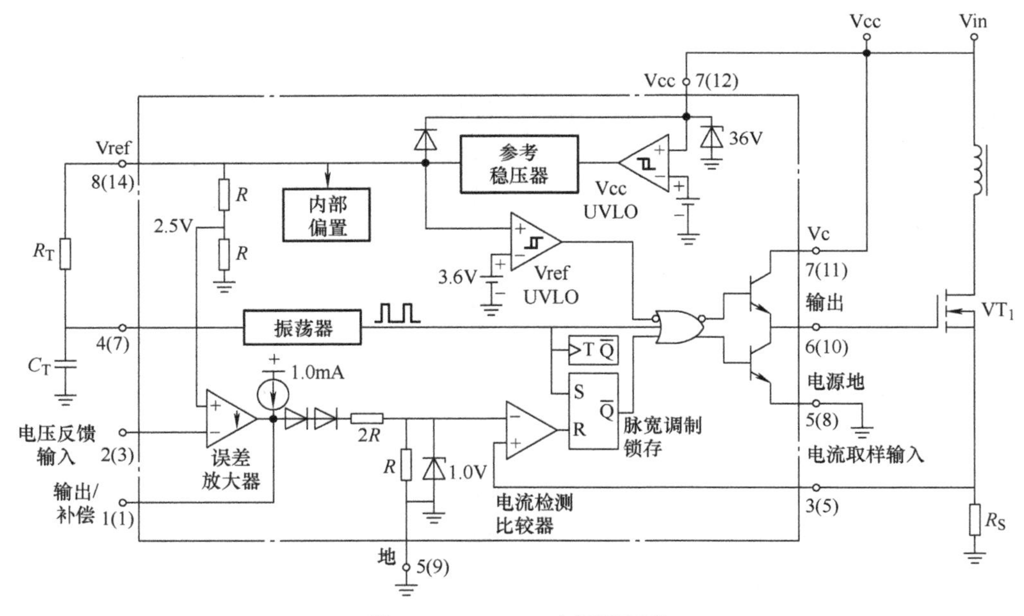

图4-37 UC3842内部原理图

由图4-38可知，误差放大器的输出电压经两个二极管降压，再经电阻三分后加至电流检测比较器与电流采样信号比较，因此电流检测比较器的反相输入端电压U_-为

$$U_- = \frac{U_1 - 1.4\text{V}}{3} \tag{4-55}$$

式中，U_1 为误差放大器输出端（1 脚）的电压，1.4V 是两个二极管的电压降，根据式（4-51）可计算误差放大器的输出电压，对于直流信号有

$$U_e = 2.5\text{V} - \frac{100\Omega}{4\Omega}(U_2 - 2.5\text{V}) \tag{4-56}$$

式中，U_2 为反馈输入端（2 脚）的电压，即输出电压的间接采样电压，例如，若某时刻输出电压变高（负载变轻），采样电压为 2.51V（正偏离 0.1V），则

$$U_1 = 2.5\text{V} - \frac{100\Omega}{4\Omega}(2.51\text{V} - 2.5\text{V}) = 2.25\text{V} \tag{4-57}$$

又例如，若某时刻输出电压变低（负载加重），采样电压为 2.49V（负偏离 0.1V），则

$$U_1 = 2.5\text{V} - \frac{100\Omega}{4\Omega}(2.49\text{V} - 2.5\text{V}) = 2.75\text{V} \tag{4-58}$$

可见，误差放大器的输出总是围绕其参考电压 2.5V 上下变化，变化的大小取决于输出电压的变化幅度。把式（4-53）和式（4-54）结果代入式（4-51）可得到电流检测比较器的反相端输入电压分别为 0.28V 和 0.45V，由此可见，输出电压跌落越低（负载越重），变压器的一次电流就越大。为了避免一次电流过大造成磁心饱和，在电流检测比较器的反相输入端并联了一个稳压二极管，它把输入电压限制在 1V，也就意味着限制了一次电流的峰值不超过

$$I_{1p(\max)} = \frac{1\text{V}}{R_S} \tag{4-59}$$

该电流峰值对应于输入电压最小且输出功率最大时的工作点（变压器设计时选取的工作点）。因此电流采样电阻 R_S 的阻值可用一次电流的最大峰值算得。本例中

$$R_S = \frac{1\text{V}}{I_{1p}} = \frac{1\text{V}}{0.27\text{A}} \approx 3.7\Omega \tag{4-60}$$

实际采用 R_{10} 和 R_{11} 并联，即 6.9Ω 和 8.2Ω 的电阻并联即可。图 4-38 所示为输入电压 AC 220V 负载 3A 时的电流采样电阻的电压波形。

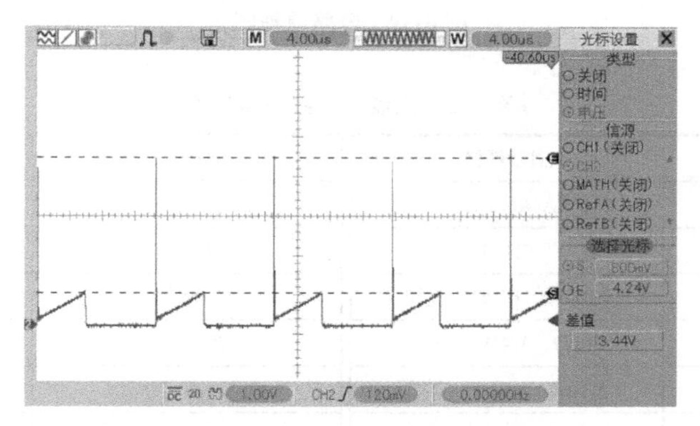

图 4-38　输入电压 AC 220V 负载 3A 时电流采样电阻的电压波形

由图 4-39 可知，电流采样电压波形除了前端有一个很高很窄的脉冲外，后面主体部分是线性增加的，这就是一次绕组电流的波形（CCM 为梯形波，DCM 为三角波）。前面高高的尖峰是由于输出续流二极管反向恢复和变压器匝间的分布电容形成的，后面为 0 的部分是开关管截止的时间。可见，在开关管导通时，一次绕组的电流的确实是线性增加的，图中电压峰值为 0.8V，即一次绕组电流的峰值为 0.8V / 3.7Ω =0.22A，未达到上文理论计算的最大值（0.27A），这是因为输入电压为 AC 220V，而不是最小输入电压 AC 195V。同时，采样电阻的电压峰值也就是 UC3842 内部电流比较器的参考电压，它取决于误差放大器的输出。

波形前端的尖脉冲在负载较轻时会影响系统的稳定性，可以加 RC 电路把这部分能量吸收，如电路中的 R_6 和 C_6 就是起这个作用，设计时，使 R_6 和 C_6 构成的 RC 电路的时间常数（即 RC 的乘积）接近于尖脉冲持续的时间宽度即可。

4.4.9 元器件参数列表

根据上述讨论和计算，所有元器件的用途、参数的计算和型号规格的选择思路基本确定，为了方便对照，重画电路原理图如图 4-39 所示，列出元器件的参数规格见表 4-3。

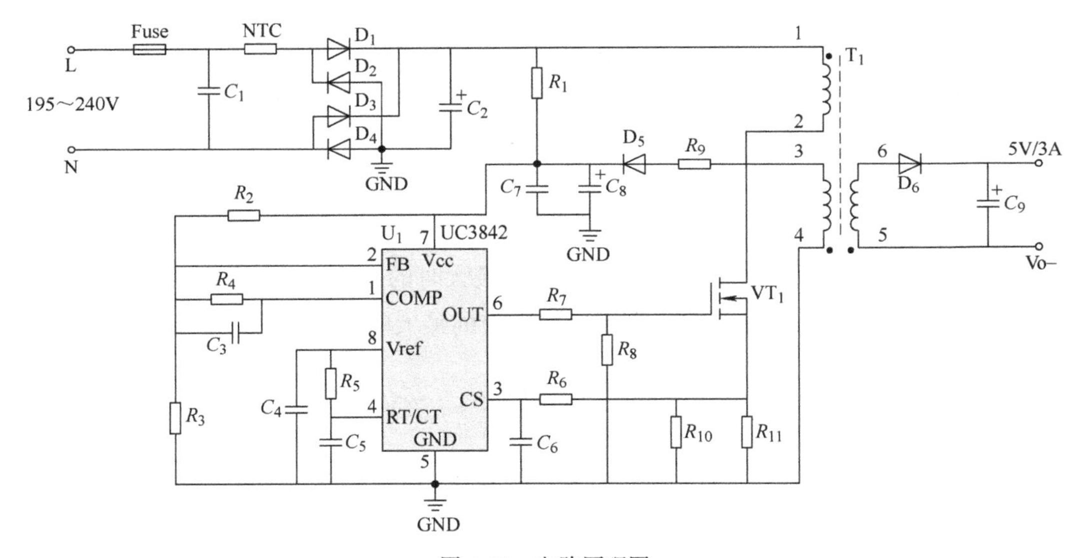

图 4-39　电路原理图

表 4-3　元器件参数规格列表

名称	型号规格	名称	型号规格
Fuse	1A/AC 250V	R_6	1kΩ，1/4W，直插
NTC	5D–7	R_7、R_9	22Ω，1/4W，直插
R_1	220kΩ，1/2W，直插	R_8	10kΩ，1/4W，直插
R_2	20kΩ，1/4W，直插	R_{10}、R_{11}	6.9，1/4W，直插
R_3、R_5	5.1kΩ，1/4W，直插	C_1	0.1μF/AC 250V，安规
R_4	100kΩ，1/4W，直插	C_2	3.3μF/400V，铝电解

（续）

名称	型号规格	名称	型号规格
C_3	102，瓷片 / 独石	$D_1 \sim D_4$	1N4007 或 DB107 整流桥
C_4、C_7	104，瓷片 / 独石	D_5	1N5819
C_5	472，瓷片 / 独石	D_6	SR540
C_6	471，瓷片 / 独石	VT_1	2N60，TO220
C_8	22μF/35V，铝电解	U_1	UC3842，DIP8
C_9	470μF/25V，铝电解	T_1	EI22，PC40 磁心自制

4.4.10 PCB 设计

开关电源工作在较高频率下，其印制电路板（PCB）设计相比一般低频电子电路板在设计上要求更高一些，普通电子电路板设计的布局、布线及铜线的宽度等原则同样适用于开关电源电路板。开关电源中除了常用标准封装的电阻、电容及集成电路之外，通常还包含如储能电感、高频变压器、大功率的开关管、二极管和大电解电容等功率型元器件，以及加装各种不同外形规格的散热器等，有些元器件在 PCB 设计软件（以 AD 为例）中并没有提供相应的符号和封装库，在 PCB 设计之前需自行绘制。PCB 的元器件符号和封装库设计请参考附录 A。

开关电源中的元器件布局，重点考虑主回路的几个关键元器件和控制回路上的信号采样点，因为主回路上流过的脉冲电流较大，要尽可能缩短大电流的路径，减小损耗，提高电源效率。特别是地线上的电流很大，应该使用足够的线宽，避免地线路径上不同位置产生的较大电压降被引入控制回路，造成负载调整率指标性能下降，必要时可通过在电路上堆锡减小电阻以提高承载电流的能力。采样点的选择也很重要，应尽量选择在输出端子的两端，以便能精确反映输出端的电压变化，获得最佳的负载调整率。本例的元器件布局和印制电路板可参考图 4-40。

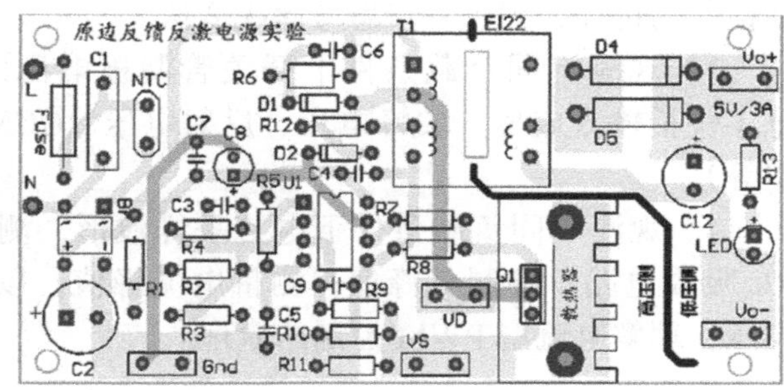

图 4-40　实验电路 PCB 布局设计和实物

4.4.11 实验提示

1. 注意事项

由于本例采用 AC 220V 高压供电，根据反激式开关电源的原理，在开关管截止时漏极处电压可高达 600V，出于安全考虑，必须在充分的保护措施和有经验的专业技术人员指导的下才能进行实验。实验时一定要做好保护措施，包括但不限于以下几点：

1）输入端采用 AC 200V 的 1∶1 隔离变压器（或带有隔离变压器的交流电源）连接市电，一方面保护人身安全，另一方面这样才能使用示波器测试一次侧电路波形（普通的示波器探头是不带隔离的，没有使用隔离变压器时直接测试会造成电路短路，导致房间的漏电保护开关跳闸，严重时会引起火灾）。

2）使用示波器、万用表测试一次侧电路时，必须先接好线再上电，不能带电测试，以免造成触电和短路事故。

3）不能用手直接触摸一次侧（高压侧）任何带电部位，如确需用手感受元器件的发热情况，在使用隔离电源的情况下也必须采用单手操作，并且不能接触金属带电部件，绝不允许双手触碰电路任何部件，以免高压在人体形成电流回路造成触电事故。

4）实验前认真检查铝电解电容的极性是否正确，额定电压是否足够高，测试时注意预防铝电解电容使用不当产生爆炸，做好防爆措施。

5）实验者需制定清晰的实验方案，小心操作，实验时必须两人在场。

总之，要切实做好安全防范措施方可进行实验。

2. 实验目的和内容

为了帮助读者做好实验计划，针对本例给出以下几个测试内容供参考：

1）电压调整率测量，主要测试当输入电压变化时输出电压的稳定性，按照设计要求，输入电压 AC 195 ～ 240V 范围内，输出电压应保持稳定不变。

2）负载调整率测量，主要测试当负载电流发生变化时输出电压的稳定性，按照设计要求，当输出电流在 3A 以内变化时，输出电压应保持不变。测试时使用不同阻值的电阻作为负载进行，一般可使用额定功率较大的水泥电阻，本例可选用多个 5Ω 额定功率为 10W 的水泥电阻组合进行分段测试，例如一个 5Ω 电阻对应电流为 1A，两个并联对应 2A，三个并联对应 3A。通过上文的分析可知，由于一次侧反馈受变压器绕组自身电阻引起的电压降影响较大，而不同电流在绕组电阻上产生的电压降差别明显，因此可以预期不同负载条件下输出电压差别较大，负载调整率表现较差，通过实验可以加深理解一次侧反馈控制的特性，并进一步思考解决方法。

3）观测不同负载条件下开关管漏极电压的波形，感性认识漏极波形中包含的信息（包括输入电压、尖峰电压、反射电压、CCM 和 DCM 模式的表现、占空比、开关频率等）。

4）观测不同负载条件下电流采样波形，测量前端窄脉冲的高度和宽度，适当调整 RC 吸收电路，抑制其峰值；测量电流峰值，以及 UC3842 的 1 脚（误差放大器输出端）电压，理解电流型 PWM 控制的原理。

4.5 采用光电耦合器和外部运放的高精度稳压恒流电源设计

4.4 节介绍的一次侧反馈控制的反激式开关稳压电源采用辅助绕组为 UC3842 控制器供电，同时也兼作输出电压的采样，这种电路能够把输出端的电压变化信号以电气隔离的方式间接地传输出到变压器的一次侧，节省了一些隔离元器件，降低了产品的成本。但这种电路的稳压精度很低，这是由于从输出端到误差放大器的反相输入端经过了很多元器件，其中包括两个整流（续流）二极管、二次绕组、辅助绕组，而这些元器件的电压降会随着负载电流的大小发生变化，这就使得输出电压的变化不能线性地反映到误差放大器的输入端，从而造成输出电压的负载调整率指标极差，因此这种电源仅适合用于对输出电压稳压值要求不高或负载固定的场合，例如一些固定功率的灯具等。本节针对这些缺点，在上述电路基础上，介绍一种常用的采用光电耦合器和外加运算放大器（误差放大器）的方式实现的高精度的稳压恒流开关电源的设计方法。

4.5.1　UC3842的两种典型稳压控制方式

1. 使用UC3842内部误差放大器

UC3842是电流型的PWM控制器，它具有两个控制信号（控制环），首先由误差放大器建立一个输出电压的稳压控制的误差信号，然后再通过电流检测比较器对变压器的一次电流进行控制，当变压器存储的能量满足当前负载所需（表现为输出电压达到设定值，输出电流也满足当前负载的要求，即输出功率足够）时，线性上升的电流峰值达到由误差放大器根据当前输出电压稳定的条件所建立的误差信号，控制开关管截止，工作原理参考图4-41。

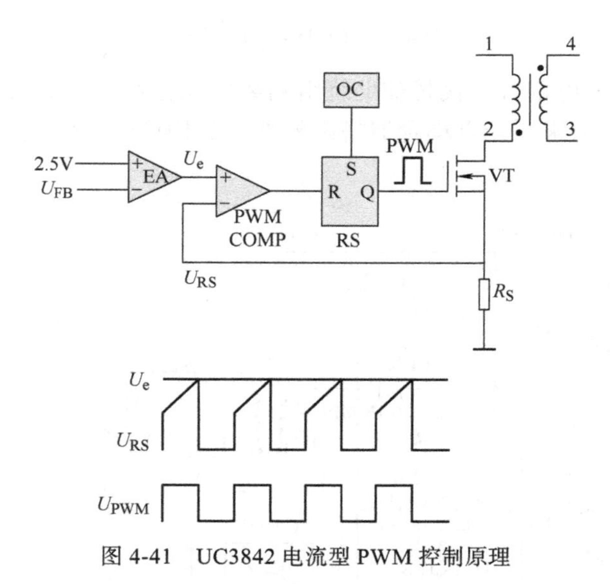

图4-41　UC3842电流型PWM控制原理

4.4节介绍的一次侧反馈控制电路的电压采样信号从UC3842的误差放大器反相输入端（FB引脚）输入到内部误差放大器，与内部2.5V参考电压进行误差运算获得误差信号，这是UC3842其中一种常规的用法。

2. 不使用UC3842内部误差放大器

使用UC3842内部误差放大器具有一定的局限性，例如，参考电压不能改变、需要频率补偿等，对LED驱动器而言，同时考虑恒流和限压功能的情况下，还需要外加一个误差放大器，这就会使电路变得复杂，幸运的是UC3842提供内部误差放大器输出端引脚，如图4-42所示，也就是说可以跳过内部误差放大器直接接入误差信号，这样就可以省去内部误差放大器，简化电路控制环路。

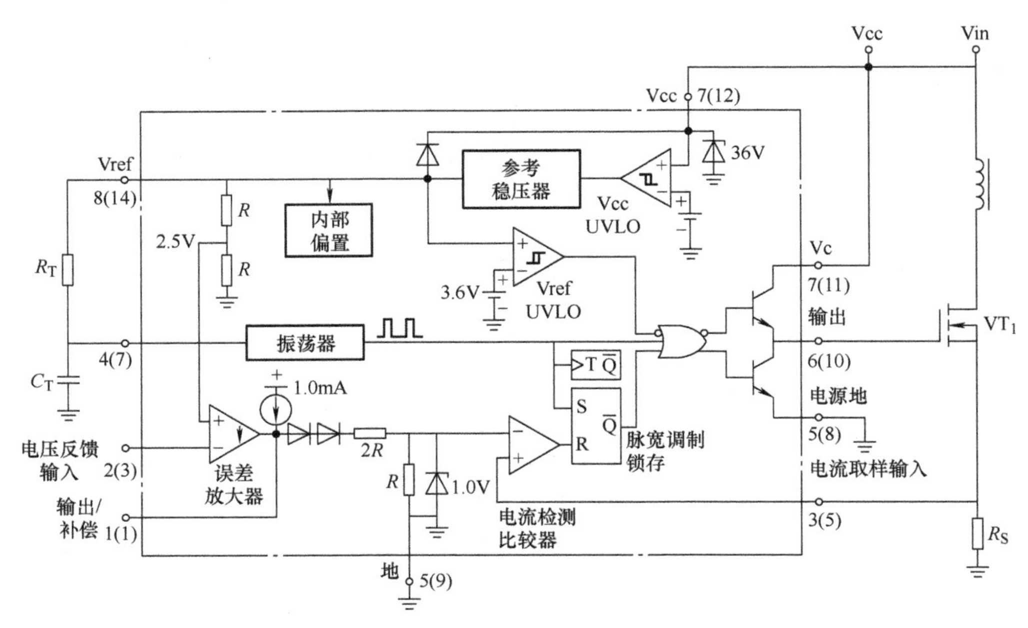

图 4-42 UC3842 内部原理

与此同时，采时光电耦合器代替辅助绕组隔离可以有效降低控制信号受环路中电压降的影响，图 4-43 所示为采用光电耦合器搭配外加运放构成的反激式稳压恒流 LED 驱动器的电路。

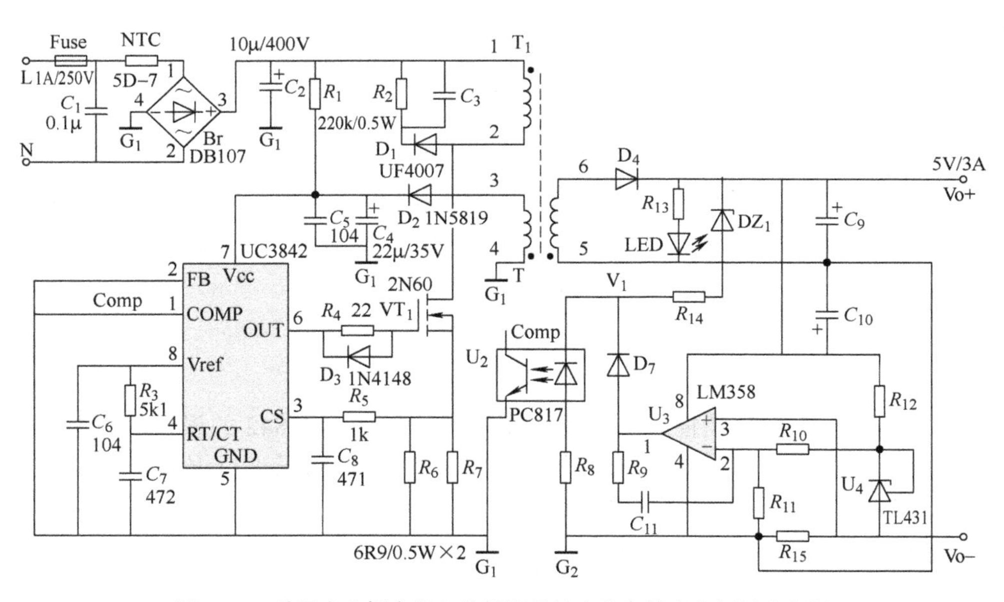

图 4-43 采用光电耦合器和外部误差放大的高精度稳压恒流电源

如图 4-43 所示，UC3842 的 2 脚（误差放大器的反相输入端）直接接地，误差放大器开环增益很大，因此 1 脚的电压（误差放大器的输出）U_e 被拉至接近 Vcc，根据图 4-41 所示的波形可知，此时 U_e 对电流采样信号的峰值 U_{RS} 没有了限制作用，U_{RS} 的峰值将达到电流检测比较器输入端的钳位电压（1V）和电流采样电阻 R_S 之比所设定的上限才会关断开关管，即 PWM 信号将以最大占空比工作，输出功率达到最大值。但是随着所接的负载不同，有时并不需要这么大的功率，也就是说，开关管的截止时间应该根据负载的大小自动调节，当输出电压达到设定的稳压值时，把 UC3842 的 1 脚电平拉低，那么电流检测比较器输出马上反转，输出低电平控制开关管截止。

如图 4-43 所示，当输出电压达到 5V 时，光电耦合器 PC817 的输入端红外发光二极管导通发光，输出端的接收管受到光照而导通（导通程度与输入端电流大小成正比），集电极的电平就被拉低（集电极与 UC3842 的 1 脚直接相连），从而控制开关管提前截止。由于光电耦合器是通过电 – 光 – 电的转换传输信号的，因此它的传输速度很快，几乎没有延时，且红外发光二极管的电流对电压变化十分敏感，输出电压有很小的变化即可使红外发光管的电流足够大的变化，从而接收端产生足够大的电流把 UC3842 的 1 脚电平拉低，控制开关管截止，因此相比于 4.4 节介绍的一次侧反馈控制而言，响应速度更快，稳压控制的精度更高，负载调整率性能更好。图 4-43 中的 DZ_1 和 R_{14} 是用来提高输出电压的稳压值的，其参数计算和选择请参考下文。

完整的稳压控制过程是：在一个周期内，开关截止时，二次侧释放能量供负载所需，同时部分能量转存在输出滤波电容 C_9 中，输出电压经 DZ_1、R_{14}、PC817 的输入端红外发光二极管、R_8 构成回路，若输出电压达到设定值，则该回路导通，PC817 内部红外发光二极管发光，接收管导通，把 UC3842 的 1 脚电平拉低，从而为电流比较器建立一个参考电压（这里要注意，C_9 充电电压上升并非达到设定电压值就停止，而是继续上升，因此设定的输出电压只是一个平均值，输出电压将围绕它上下波动）。当下一个开关周期到来时，开关管导通，一次电流线性上升，此时二次侧截止，负载电压将有所下降，但由于 C_9 的作用，若 C_9 容量足够则短时间内下降不大，则 DZ_1、R_{14}、PC817、R_8 仍然导通，通过 UC3842 的 1 脚所建立的电流采样参考电压仍然存在，因此一次电流上升到该参考值时马上关断开关管，如此不断循环重复。

这里可以注意到，由于反激式开关电源一、二次绕组是轮流工作的，电流纹波很大，因此输出电压纹波也相应会较大，而且会随着负载增加而增大，这也会造成输出电压的采样值随负载变化而变化，但反馈路径中通过的电流比前面所采用的辅助绕组进行间接采样的方式要小得多，因此受到反馈回路中的电压降受负载变化的影响也小得多，故负载调整率要好得多，这一点可以通过实验验证。

4.5.2　稳压恒流电源的输出特性

在图 4-43 的电路中，只要使 PC817 的红外发光二极管导通，就能控制开关管提前截止，图中除了上述用于稳压控制的电压反馈回路之外，还增加了额外的恒流控制电路，即由 LM358 构成的输出电流采样控制的误差放大电路，该电路的采样对象是输出电流，是通过图中 R_{15} 实现的，即输出电流流过 R_{15}，在其两端产生的电压正比于输出电流，该采样信号加到误差放大器的同相输入端（LM358 的 3 脚），参考电压由 TL431、R_{10} 和 R_{11} 构成，先由 TL431 构成 2.5V 的基准电压源，再由 R_{10}、R_{11} 分压得到，参考电压加至误差放大器的反相输入端（LM358 的 2 脚），当输电流上升使 R_{15} 电压达到设定的参考电压值时，误差放大器输出（LM358 的 1 脚）高电平，通过 D_7 接入 PC817 的输入端，使其红外发光二极管导通发光，控制开关管截止，从而达到对输出电流的控制。这里要注意，电流型的 PWM 控制方式本身具有过电流保护和短路保护的功能，由 UC3842 内部电流检测比较器的钳位电压（1V）和一次电流检测电阻 R_S（图中的 R_6、R_7）决定，它限制了变压器的最大输出功率，因此 R_6、R_7 需用 1V 除以变压器的一次电流最大值来计算。而这里增加的恒流功能目的是限制输出电流，以适用于一些特定的负载应用，例如，本电路可以接一组工作电压 3V 工作电流 3A 的 LED 板。因此输出特性可用图 4-44 表示，在输出电流小于 3A 时输出电压为 5V，对应满载负载电阻为 1.67Ω，当负载电阻小于此值时，即进入恒流模式，输出电流保持 3A 不变，而电压会低于 5V。

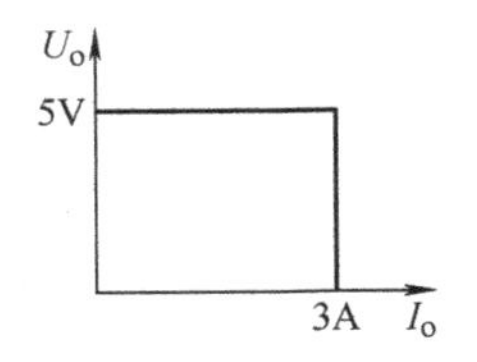

图 4-44　稳压恒流电源的输出特性

4.5.3　稳压恒流电源的元器件参数计算

为了方便对照实验，本例输入电压、输出电压和额定电流与 4.4 节介绍的案例保持一致，即输入 AC 195 ～ 240V，输出 5V/3A。因此，变压器的参数以及一次侧 UC3842 的外围参数基本不变，所不同的是辅助绕组在这里仅用于给 UC3842 供电，而串联在 D_2 右边的用于调节输出电压的电阻就不需要了。然后 FB 脚接地，FB 引脚上的两个采样分压电阻也不需要了，UC3842 的 1 脚通过光电耦合器 PC817 的接收管接地，二次侧的输出二极管 D_4 和输出滤波电容 C_9 不变，稳压和恒流控制部分增加了 PC817、LM358、TL431 及其外围元器件，本节重点讲解控制环路上这些元器件的参数计算和选择方法，相关元器件如图 4-45 所示。这里涉及 PC817、LM358、TL431 的相关参数时将简单说明后直接应用，其他相关的详细资料请有需要的读者参考数据手册。

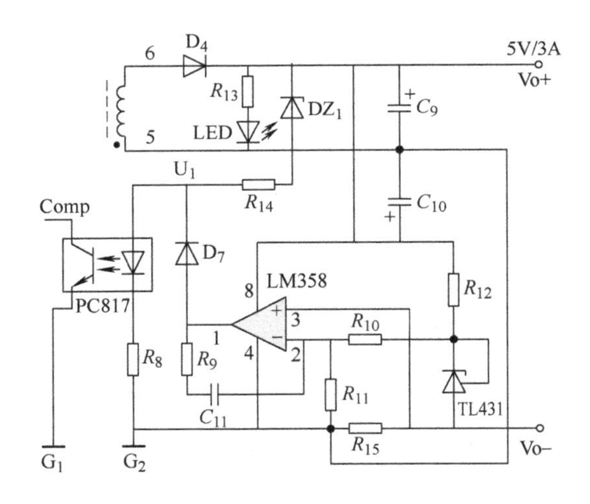

图 4-45　稳压与恒流控制电路

1. 确定 PC817 的工作点

根据 UC3842 数据手册的说明，误差放大器输出端最小拉出 0.5mA 电流才能使输出电压可控，因此从这个电流值出发开始考虑，首先可以明确若要使 UC3842 的 1 脚电平能被有效拉低，PC817 接收管最小必须产生 0.5mA 电流，根据 PC817 的电流传输曲线就可以确定 PC817 的输入端的红外发光二极管的电流大小，根据 PC817 数据手册，其电流传输特性如图 4-46 所示。

如图 4-46 所示，横坐标为 PC817 的输入端的红外发光二极管的正向电流，纵坐标为电流传输比，接收管导通电流等于输入电流乘以电流传输比。图中曲线为 25℃时的电流传输特性，随着温度变化会有所漂移，为了工作可靠，把 UC3842 的 1 脚拉出电流工作点设置大一点，取为 0.75mA，根据图 4-47，在红外发光二极管电流为 1mA 时，电流传输比约为 0.75，因此 PC817 的输入端红外发光二极管的电流应为

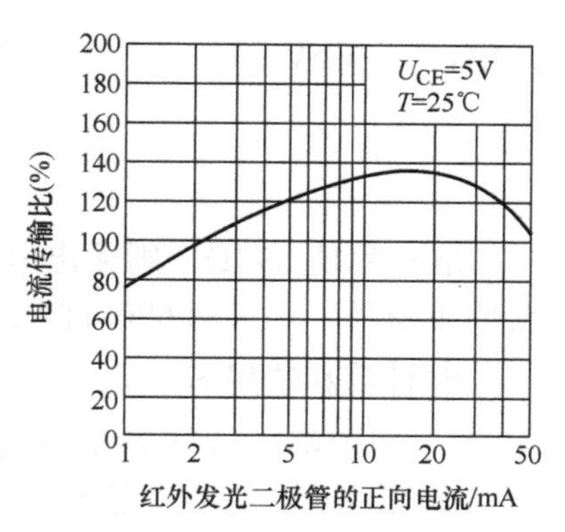

图 4-46　光电耦合器 PC817 的电流传输特性

$$I_{F(817)}=\frac{0.75\text{mA}}{0.75}=1\text{mA} \quad (4\text{-}61)$$

红外发光二极管的工作电压约为 1.2V，因此可以取定 PC817 输入端红外发光二极管的工作点为 $I_{F(817)}=1\text{mA}$ 和 $U_{F(817)}=1.2\text{V}$，也就是说只要满足这个条件，一次侧的开关管便截止。

2. 确定 LM358 的工作点

运算放大器 LM358 单电压供电时工作电压 Vcc 为 3 ～ 30V，输出电压摆幅为 0 ～ Vcc−1.5V，由电路图可知，LM358 的 Vcc 与开关电源的输出端相连，即 Vcc 取为 5V，此时输出电压最大值为 5−1.5=3.5V，由于 LM358 对于直流和低频信号而言是开环的（R_9 和 C_{11} 用来衰减高频干扰信号），放大倍数足够大，因此只要电流采样信号达到设定值，R_{15} 电压降便会大于 LM358 反相输入端的电压（参考电压），LM358 即输出高电平，且电平值将逼近其最大输出电压值（3.5V），再经 D_7 连接 PC817 的输入端，使 PC817 的红外发光二极管发光，控制一次侧的开关管截止。此时，PC817 的输入端相对于 G_2 参考地的电压值 U_1 为

$$U_1=\text{Vcc}_{(358)}-1.5-U_{D7} \quad (4\text{-}62)$$

若 U_{D7} 取 0.7V，则 $U_1=2.8\text{V}$。

3. 计算 R_8

R_8 与红外发光二极管同一支路，电流相等，因此 R_8 的阻值为

$$R_8=\frac{U_1-U_{F(817)}}{I_{F(817)}}=\frac{2.8\text{V}-1.2\text{V}}{1\text{mA}}=1.6\text{k}\Omega \quad (4\text{-}63)$$

取标称值 1.5kΩ，此时红外发光二极管的电流稍大，不影响正常工作。

4. 计算稳压控制支路

PC817 和 R_8 是稳压和恒流控制共用的，稳压控制支路包括 R_{14} 和 DZ_1 这两个元器件，R_{14} 是用来调节电流的，假设电路工作在稳压模式，此时 D_7 是截止的，PC817 红外发光二极管的电流完全由 DZ_1 和 R_{14} 支路提供，最小电流为 1mA，这也正好是 DZ_1 稳压二极管的最小稳压电流，那么，在这条支路上，输出电压满足

$$U_o=U_{DZ1}+U_{R14}+U_1 \quad (4\text{-}64)$$

式中，$U_o=5V$，$U_1=2.8V$，若 $U_{DZ1}=1.5V$，则 $U_{R14}=0.7V$，R_{14} 的阻值应为

$$R_{14}=\frac{0.7V}{1mA}=700\Omega \quad (4\text{-}65)$$

取标称值 690Ω，则输出电压约为 5.01V 时，一次侧开关管截止，稳压值略大于 5V，若要更精确，则可用 690Ω 固定电阻串联一个微调电阻进行调节。

5. 计算和选择 R_{12}

R_{12} 用于给 TL431 降压限流，TL431 是一款高精度的三端可调电压基准源，如图 4-46 所示的接法（参考端与输出端短路）相当于一个 2.5V 的基准电压，因此 R_{12} 的电压降等于开关电源输出电压减 2.5V，即为 2.5V，且 R_{12} 流过的电流必须满足 TL431 稳压所需的最小电流，该电流值为 1mA，但是为了可靠工作，工作电流取值会远大于此值，一般可取 10mA 以上，这个电流值不仅提供 TL431 工作需要，同时还包括 R_{10}、R_{11} 分流，因此 R_{12} 的阻值为

$$R_{12}=\frac{2.5V}{10mA}=250\Omega \quad (4\text{-}66)$$

取标称值 240Ω，此时 TL431 的工作电流会大一点，但不影响稳压值，R_{12} 的功率为

$$P_{R12}=\frac{2.5^2}{240}=0.026W \quad (4\text{-}67)$$

可见其功耗不大，取值合理（对于电压降和电流相对较大的支路应计算其功耗，以便选择合适的规格）。

6. 电流采样和参考电压设置

R_{15} 为电流采样电阻，它串联在输出回路，最大电流 3A，因此电阻值尽量取小，否则功耗太大发热会影响电路的可靠性和恒流控制精度，如果电流较大，则该电阻可选择专用于电流采样的康铜丝，其阻一般为 mΩ 级别，这里取两个 0.1Ω 的 1% 精度的直插电阻并联，则阻值为 0.05Ω，功耗为 0.45W，每只电阻功耗为 0.225W，这样 R_{15} 的采样电压为

$$U_{R15}=3A\times0.05=0.15V \quad (4\text{-}68)$$

R_{10} 和 R_{11} 应该从 2.5V 的基准电压里分压，使 R_{11} 的电压降为 0.15V，能实现这样的分压结果的组合有无限多种，这里必须考虑 R_{10} 和 R_{11} 的功耗，选取总电流值小于 9mA 的组合（R_{12} 提供的电流减去 TL431 的最小工作电流），即总阻值不大于

$$R_{10}+R_{11}\geqslant\frac{2.5V}{9mA}=278\Omega \quad (4\text{-}69)$$

一般情况下，为了减小损耗，阻值宜取大一些。根据分压关系，有

$$\frac{R_{11}}{R_{10}+R_{11}}=\frac{0.15}{2.5} \quad (4\text{-}70)$$

R_{11} 比 R_{10} 阻值小得多，先选择 R_{11}，例如这里 R_{11} 选 150Ω，则

$$R_{10}=\frac{2.5\times150\Omega}{0.15}-150\Omega=2350\Omega \tag{4-71}$$

若取 R_{10} 为标称值 2.4kΩ，则 R_{11} 的分压为

$$U_{R11}=\frac{150\Omega}{2400\Omega+150\Omega}\times2.5\text{A}=0.147\text{V} \tag{4-72}$$

即输出恒流为 0.147/0.05=2.94A，略小于 3A，当然，由于元件参数有一定的精度和分散性，最终可以根据实验结果进行微调。

根据上述计算，最后确定 R_{10} 取 2.4kΩ，R_{11} 取 150Ω，则 R_{10} 与 R_{11} 的总电流约为 1mA（LM358 的输入端电流很小忽略不计），能保证 TL431 有足够大的工作电流使其稳定工作。

7. 其他元器件参数

R_9 和 C_{11} 是频率补偿支路，可按经验或实验取值，这里分别为 5.1kΩ 和 0.1μF。R_{13} 和 LED 构成输出指示灯，LED 采用直径 3mm 的红色直插 LED，工作点按 2V/3mA 计算，则 R_{13} 阻值为 1kΩ 即可。

4.5.4　元器件清单

根据上述讨论，实验电路原理图和各元器件的具体规格型号如图 4-47 和表 4-4 所示。

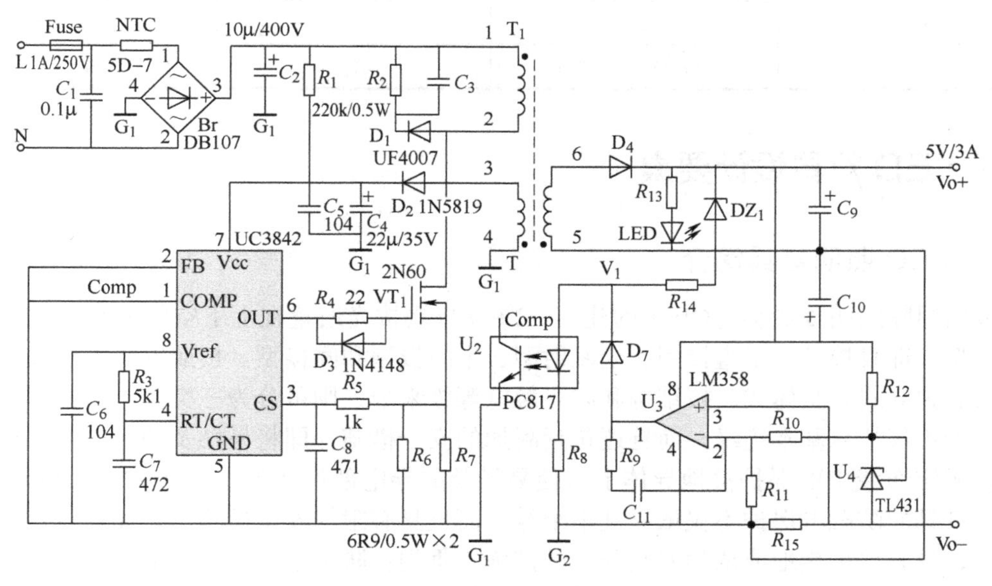

图 4-47　实验电路原理图

表中，D_1、R_2、C_3 为开关管漏极 RCD 吸收电路，其作用是吸收因变压器漏感产生的尖峰电压，以保护开关管不被高电压击穿，限于篇幅，这部分电路暂不展开讲解。

此外，这里仅对输出电压的负载调整率进行了优化设计，开关电源优化的内容十分丰富，其中包括效率的提高，采用的技术包括同步整流、软开关等，还有各种保护电路、电磁兼容设计、PFC 功率因数校正等，有需要的读者可参考其他文献资料。

表 4-4　元器件清单

名称	型号规格	名称	型号规格
Fuse	1A/AC 250V	C_5、C_6、C_{11}	104，瓷片 / 独石
NTC	5D-7	C_7	472，瓷片 / 独石
R_1	220kΩ，1/2W，直插	C_8	471，瓷片 / 独石
R_2	待定	C_9	470μF/25V，铝电解
R_3、R_9	5.1kΩ，1/4W，直插	C_{10}	220μF/16V，铝电解
R_4	22Ω，1/4W，直插	Br	DB107
R_5、R_{13}	1kΩ，1/4W，直插	D_1	UF4007
R_6、R_7	6.9Ω，1/4W，直插	D_2	1N5819
R_8	1.5kΩ，1/4W，直插	D_3、D_7	1N4148
R_{10}	150Ω，1/4W，直插	D_4	SR540
R_{11}	2.4kΩ，1/4W，直插	LED	3mm，红色，直插
R_{12}	240Ω，1/4W，直插	VT_1	2N60，TO220
R_{14}	690Ω，1/4W，直插	U_1	UC3842，DIP8
C_1	0.1μF/AC 250V，安规	U_2	PC817，DIP4
C_2	3.3μF/400V，铝电解	U_3	LM358，DIP8
C_3	待定	U_4	TL431，TO92
C_4	22μF/35V，铝电解	T_1	EE20

4.6 LED 灯具设计要素

4.6.1 LED 照明灯具简介

根据国际照明委员会（CIE）的建议，LED 灯具按光通量在上下空间分布的比例分为五种类型，即直接型、半直接型、全漫射型、半间接型和间接型。按照安装方法又可分为内装式、独立式和整体式。按结构和防止触电等级来分，则可分为三类。Ⅰ类：灯具的防触电保护不仅依靠基本绝缘，而且还包括附加的安全措施，即将易触及的导电部件连接到设施的固定布线中的保护接地导体上，使易触及的导电部件在基本绝缘失效时不致带电；Ⅱ类：灯具的防触电保护不仅依靠基本绝缘，而且具有附加安全措施，例如双重绝缘或加强绝缘，没有保护接地或依赖安装条件的措施；Ⅲ类：防触电保护依靠电源电压为安全特低电压（SELV），并且不会产生高于 SELV 的灯具。

照明灯具符合各种安全规范、电磁兼容、能效、功率因数和环保指标等相关规定。

此外，LED 灯具的电源需要根据当地的交流电压进行设计，世界各国和地区的交流电压有所不同，例如，日本、韩国为 110V；美国、加拿大、墨西哥、古巴等国为 110 ～ 130V；英国、德国、法国、意大利、荷兰、挪威、澳大利亚、印度、泰国等国为 220V 等。要使生产的 LED 灯具能适合全世界各地的电压，通常驱动电源允许的输入电压范围应在 AC 85 ～ 264V，即所谓的全电压输入。

LED 照明灯具根据不同的用途和外形结构可以分为射灯、球泡灯、日光管、面板灯、筒灯、路灯和各种装饰灯等。

1. LED 射灯

LED 射灯主要包括 MR16 射灯、PAR 灯和轨道灯。射灯发出的光线具有方向性，主要由透镜或反光杯、LED 灯珠、散热器、驱动电源、灯头和外壳组成。LED 射灯分为两类，一类为下照射灯，可装于棚顶、床头上方、橱柜内，还可以吊挂、落地、悬空，又分为全藏式和半藏式。下射式射灯的特点是光源自上而下做局部照射或自由散射。下照射灯一般功率不大，仅为照亮相关的物品或工艺品而已，不能有刺眼的强光。另一类射灯为轨道灯，这一类射灯所投射的光束可集中照射物体，也可以作为背景照明，能创造出丰富多彩、神韵奇异的光影效果，也可以用于客厅、门廊或卧室、书房等。

大部分的 LED 射灯都是自镇流式的，即 LED 驱动电源安装在灯体内部，工作时直接接交流电 220V 即可。只有 MR16 LED 射灯不能工作于 AC 220V，其工作电压为 AC/DC 12V。

（1）MR16 LED 射灯　MR16 LED 射灯采用与传统 MR16 卤素灯相同的尺寸规格，用于替换传统的卤素灯，功率较小，通常为 1W、3W 等，其光源一般采用 1W 大功率灯珠，每个灯珠配一个透镜，采用外置的开关电源（DC）或电子变压器（AC）供电。采用电子变压器供电时，由于电子变压器工作时需要连续的负载电流，而正弦波电压下 LED 的电流是不连续的，因此需要在驱动电路做相应的兼容性设计以满足电子变压器的供电条件。MR16 射灯的发光角度较小，通常有 15°、25° 和 35° 等，并有多种颜色可选。LED MR16 射灯的外形和内置电源如图 4-48 所示。

图 4-48　LED MR16 射灯的外形和内置电源

（2）PAR 灯　PAR 灯全称为碗碟状铝反射灯（Parabolic Aluminum Reflector），是指将金卤灯安装到反光杯中，这种灯已逐渐被 LED PAR 灯取代，规格一般有 PAR16、PAR20、PAR30 和 PAR38 等。PAR 灯将集中光线直接照射在物品上，起到重点突出的作用，既可对整体照明起主导作用，又可作为局部照明使用。通过配光设计，LED PAR 射灯透镜可以产生较强的光线，做出不同的投射效果。常见 LED PAR 射灯的外形和内置电源如图 4-49 所示。

图 4-49　LED PAR 射灯的外形和内置电源

LED PAR 灯的功率有 3W、5W、7W 和 12W 等，多为内置电源，可直接用于 220V，因此 PAR 灯在安全规范上要求比较高。

（3）轨道灯　顾名思义，轨道灯是安装在轨道上的射灯，主要用于商品展示照明，照射角度可调，其功率为 3 ～ 18W 不等，一般采用大功率 LED 灯珠或 COB 封装的 LED 作为光源，电源可内置或外置。LED 轨道灯对二次配光和外观的设计要求较高。常见轨道灯的外形和内置电源如图 4-50 所示。

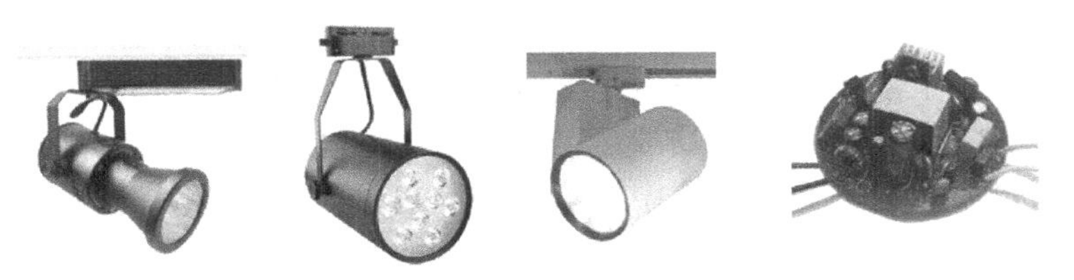

图 4-50　LED 轨道灯的外形和内置电源

2. LED 球泡灯

LED 球泡灯外形与白炽灯灯泡相似，主要用于家居照明。由于 LED 发光原理与白炽灯不同，故在灯具的结构设计上也有所不同，LED 球泡灯的外形如图 4-51 所示，主要由螺口灯头（E26、E27、E14）、驱动电源、散热器、LED 光源（灯板）、灯罩组成。

图 4-51　LED 球泡灯的外形

LED 球泡灯多为漫射型灯具，主要作为白炽灯泡的替代品，功率一般在 2W、3W、5W、7W 和 9W，光源多采用许多颗贴片封装的小功率 LED 均匀排布，通过 PC 罩形成漫射的光分布，驱动电源通常采用非隔离和隔离的 AC-DC 恒流电源，根据不同市场的准入标准，高端的驱动电源还需要在恒流精度、能效、功率因数、电磁兼容等方面有较高的要求，因此成本也随之上升。目前，我国市场上 3W 以下的 LED 球泡灯大量采用阻容降压限流电路作为驱动电源，这种电路无论在可靠性、安全性和功率因数等指标上都不能满足相关的规定，随着 LED 灯具的相关标准的制定和市场的逐步规范，这种电源终将被淘汰。

3. LED 日光管

LED 日光管是荧光灯管的替代光源，它在外形上与传统的日光灯管一致，长度规格一般有 0.6m、0.9m、1.2m 和 1.5m 等，粗细有 T4、T5 和 T8（周长 8cm）等规格。LED 日光管相比荧光灯管而言，具有环保节能、启动快、发热少、无频闪、寿命长等优点。LED 日光灯也属于漫射型，光源通常采用很多颗小功率的贴片封装 LED 均匀排列（单列或多列）在长形的铝基板上，灯管的外壳上半部多为铝制的空心半圆管，可兼作散热器，空心部分还可以用来放置电源。LED 日光管功率规格比较多，如 T4 灯管有 8W、12W、16W、20W、22W、24W、26W 和 28W，T5 灯管有 8W、14W、21W、28W 和 35W，T8

灯管有 20W、30W 和 40W，因此 LED 日光管的驱动电源规格也很多，通常采用宽电压输入的开关恒流电源，由于灯管内空间形状的原因，LED 日光管的驱动电源设计得较为狭长，LED 日光管的外形结构及其组件和电源如图 4-52 所示。

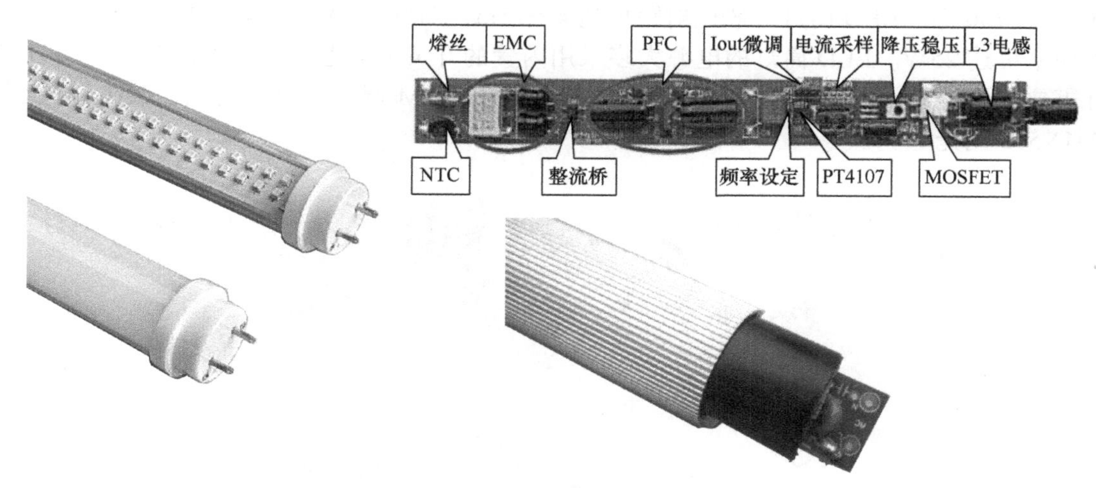

图 4-52　LED 日光管外形结构及其组件和电源

4. LED 面板灯

LED 面板灯多用于天花板和广告灯箱，主要替换传统的格栅灯盘。面板灯尺寸规格有 300mm × 300mm、600mm × 600mm、300mm × 600mm、300mm × 1200mm、600mm × 1200mm 等，光通量约 600 ～ 5000lm，其使用场景及其外形如图 4-53 所示。

图 4-53　LED 面板灯使用场景及其外形

LED 面板灯的外框通常用铝合金制成，面板灯为漫射光，光源为很多颗 LED 排列组成，可分为侧面发光和正面发光两种排列方式，侧面发光光源排列在两侧边框，光源向中间对射，通过扩散板和导光板把光线向前方反射，形成均匀的漫射面光源；正面发光 LED 光源均匀排列在铝背板上，光线经过扩散板向前方均匀漫射。LED 面板灯灯光柔和，外形纤薄时尚，整体性好，还可设计成多种色彩的变化和遥控调光等功能。

5. LED 筒灯

LED 筒灯是一种嵌入天花板内光线下射式的照明灯具，属于定向照明，光线较集中，明暗对比强烈，被照物体亮度高、光线柔和、视觉效果好。主要用于装饰、商业空间照明以及建筑照明等，一般可用于对装饰物的加强照明，嵌入吊顶或墙体内，相比而言，LED

射灯主要用于轨道式、点挂式和内嵌式等。常见 LED 筒灯的外形结构如图 4-54 所示。

LED 筒灯替代传统的筒灯，尺寸规格符合开孔标准，一般为 2 ～ 10in(51 ～ 254mm)。LED 筒灯的光源宜采用 COB 封装、大功率 1W 灯珠或小功率 3528、3014、2835、5050、6070、5730 等。LED 筒灯一般照射距离达 4 ～ 5m，功率有 3W、5W、7W 和 9W 等，最大功率可达 25W。LED 筒灯的电源大多采用内置的开关恒流电源，很多情况下，LED 筒灯需要调光控制，其调光方式有兼容可控硅调光、PWM 调光、模拟调光、DALI 调光和 DMX512 调光等。

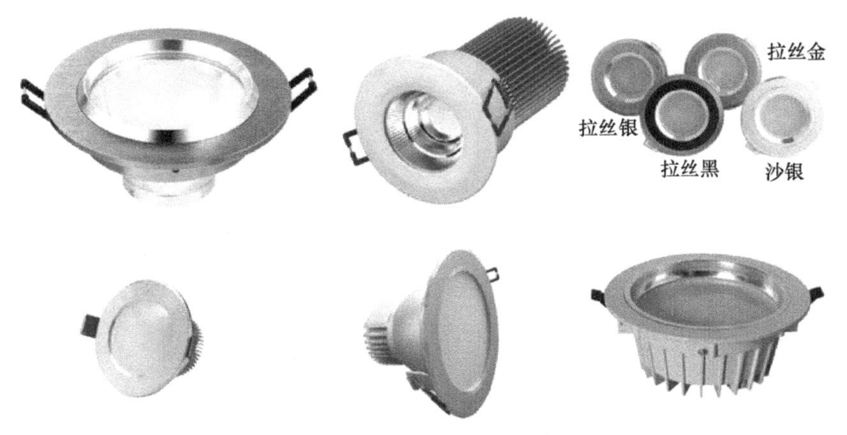

图 4-54　常见 LED 筒灯的外形

6. LED 路灯

户外路灯的工作环境恶劣，在光学性能、机械强度、防尘防水、耐腐蚀、耐热性能、电气绝缘性能、电源寿命，以及重量、风阻、安装维护、外形美观等方面要求都十分高。此外，由于路灯功率很大，因此在能效、功率因数、电磁兼容等方面要求也十分严格。

路灯离地面距离大，要有足够的照度，同时两灯之间不能有盲区，路灯的显色性应尽可能高，而且不能产生眩光，因此二次光学设计十分重要。由于功率很大，因此 LED 发热大，必须合理设计散热器，既要考虑有效散热，又要尽量减小风阻，并要尽可能美观。此外，由于 LED 路灯安装在高空，维护成本很高，因此要使用高性能高可靠性的驱动电源。

LED 路灯从几十 W 至几百 W 不等，采用的光源一般有两种，一种是大功率的 LED 灯珠，另一种是集成光源。

LED 路灯电源的基本要求举例：

输入电压：AC 85 ～ 305V；

最大功率：按设计要求（例如照度）；

典型效率：大于 92%；

功率因数：大于 0.96；

防雷：大于 4kV；

防水：IP67 级；

工作温度：–40 ～ +65℃；

要求通过 UL/CE/CQC 认证，符合 ROHS 环保标准；

要求工作寿命50000h，质保三年等。

几种典型的LED路灯和电源外形如图4-55所示。

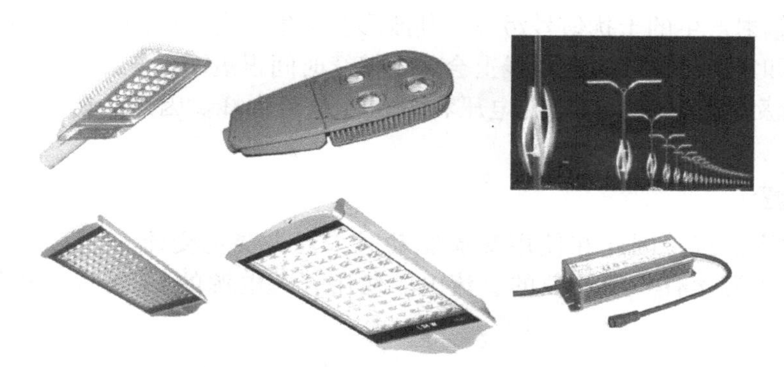

图4-55 几种典型的LED路灯和电源的外形

总之，LED照明应用十分广泛，除了上面介绍的几种类型之外，还包括如吸顶灯、舞台灯、隧道灯、各种节日彩灯和景观灯等，不同类型和用途的灯具对电源的选择和设计有着不同的要求，要根据实际情况具体分析。

4.6.2 交流市电LED驱动要点

LED是直流负载，在交流市电供电的条件下使用时需要进行交直流变换，作为用电器并进电网使用时，不仅受到网上其他电器和设备的影响，同时也会反过来影响电网上其他电器和设备的工作，因此要考虑的问题远比使用独立的直流电源供电时多得多。为了保证电网上的电器和设备能安全可靠地工作，相关国家和地区都制定了有关法规法令，对所有并网使用的电路和设备有详细具体的要求，本节对交流市电下使用的LED光源的电源设计要注意的一些要求做简单的介绍。

1. 安全

首先是人身安全，人体触及市电时若电流流过心脏，则会造成心肌不受控制的颤动，严重时心脏会停止跳动。经测试，当人体流过的电流达到5mA就会感到不适，达到20mA就会有生命危险。因此，在进行交流电路设计和实验时，一定要做足安全措施。例如，关断交流电力开关；正确使用漏电保护开关；使用隔离变压器；在电路中使用熔断器；正确使用绝缘材料。此外，反激式开关电源的漏极电压高达600V以上，虽然使用了隔离变压器，若此电压加到人体两手之间也足以使人体触电，因此测试时要单手操作，在电路板设计时也要在相应的位置做好高压危险的警示标注。

2. 交流电参数

不同国家和地区使用的市电电压有所不同，但电压波形均为正弦波，频率较低，一般为50Hz（除美国为60Hz外）。交流电瞬时电压是变化的，标称的交流电压指的是其有效值，例如标称220V的交流电，其物理意义是指用这个交流电压加在纯电阻负载上所产生的热与用220V直流电加在相同负载上产生的热相等，即交流电与220V直流电等效，220V就作为此交流电的有效值。按照正弦波的规律，220V的正弦波的电压峰值为$220\times\sqrt{2}\approx310\text{V}$，因此，220V的交流电的电压按照50Hz频率不断地在−310～310V之间变化。

纯净的市电电压波形为正弦波，但实际上由于电力线经常被线上的负载产生的干扰信号和周围空间辐射产生的干扰信号污染，其波形会发生一定程度的畸变。同时，由于大型电动机的启停和雷击等原因，电力线上会产生持续时间很短而电压或电流很大的尖峰，如雷击时可能会感应到高达6000V的电压和3000A电流尖峰。因此，在电路设计时要做好保护措施。

3. 整流和滤波

LED是直流负载，因此在使用交流驱动时，首先要把交流变为直流，整流的作用就是把交流电变为含有一定纹波的直流电。使用开关电源的LED驱动电路一般结构如图4-56所示。

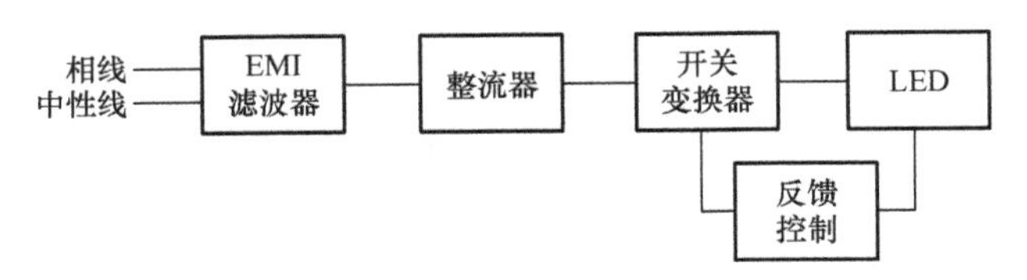

图4-56 开关电源LED驱动电路结构图

为了充分利用电力，整流电路一般采用桥式全波整流，如图4-57所示，经过四个二极管整流后，正弦波交流电变为脉动直流电，其波形按二倍工频波动。

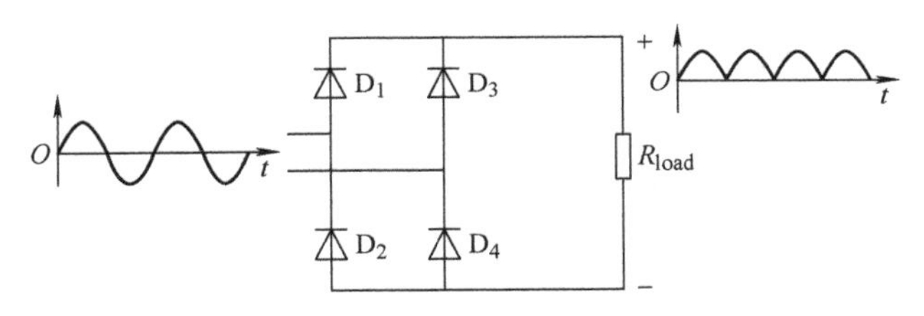

图4-57 桥式全波整流电路

频率较低的脉动直流电会造成LED产生人眼看得到的闪烁，因此要把脉动直流电的交流成分滤去，这就需要使用电容进行滤波，滤波电路如图4-58所示。

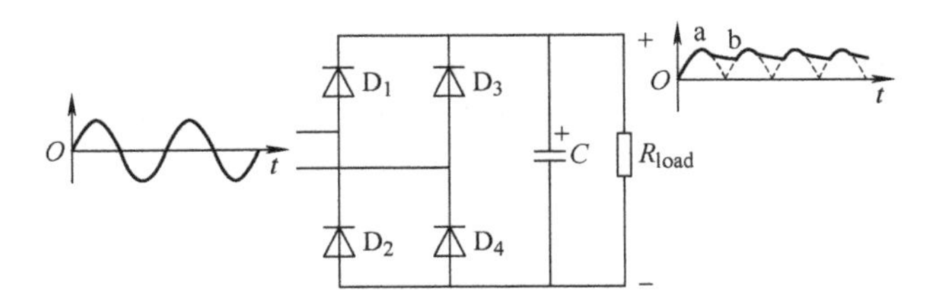

图4-58 桥式整流滤波电路

利用电容两端电压不能突变的延时特性，可以使输出电压的波动减小，波动的大小与电容的容量以及负载电流的大小有关，容量越大，负载电流越小，则波动越小，下面举例说明粗略计算电容的容量取值的思路和方法，这种方法并不精确，仅供实验取值参考。

电容是储能元件，充电后电容存储的能量为$\frac{1}{2}CU^2$。电容电压被充至工频电压的峰值大小（约 310V），若电容的容量 C 以 μF 为单位，则电容的储能为 48C，单位为 mJ。假设期望输出电压最小值不低于 310V 的 5%，即 294.5V，则电容电压最低时的储能为 43.4C（mJ）。而电容电压的下降是由于向负载供电所致，因此负载从电容上取出的能量为 48C−43.4C=4.6C。

为了维持输出稳定，交流电须在每半个周期内经整流桥向电容补充负载消耗的能量，假设输入功率为 4W（根据 LED 灯具所要求的功率确定），则在半个周期（即 1/100Hz=10ms）内补充的能量为 4W × 10ms=40mJ。因此有

$$\begin{aligned} 4.6C &= 40\text{mJ} \\ C &= 8.7\mu\text{F} \end{aligned} \tag{4-73}$$

考虑电容的容量存在一定的误差，可选取标称值大一些的电容，例如取值 10μF 或更大，此外还要确保电容的额定电压必须大于交流电的最大值，通常选 400V 的铝电解电容。

4. 开关变换器

交流电变为直流电之后，就可以根据实际情况采用各种 DC–DC 变换器设计 LED 驱动电路，这里需要考虑到很多因素，如输入直流电压很高、与交流电网没有电气隔离、干扰信号严重，以及能效、体积方面的要求等。

DC–DC 开关变换器具有多种结构形式，包括降压式、升压式、升－降压式等，这些都是非隔离的，这一类开关变换器通常有两种设计方案，一是利用通用的控制器外加功率开关，如第 3 章介绍的 TL494 设计的 BUCK 变换器，这种电路具有通用性，功能强大，灵活性强，但电路相对复杂；二是利用一些专用的单片开关变换器芯片，例如第 3 章介绍的 SM7302 设计的吸顶灯，这种电路功能固定，电路简单，适合固定结构的驱动应用。总体而言，非隔离的变换器具有电路结构简单，易于确定电路元器件（特别是磁性元件）参数的优点，但是由于电路与电网没有电气隔离，因此存在一定的安全隐患。

为了解决安全问题，使用隔离变压器将电路与市电隔离是经常采用的一种重要的安全措施。工频变压器的体积很大，成本太高，不适合用于 LED 驱动电路中，一个较好的办法就是把非隔离的 DC–DC 变换器中的电感换成高频变压器，例如上文介绍的反激式开关电源。使用高频变压器的情况下可选的 DC–DC 开关变换器（通常称开关电源）结构有很多选择，包括反激式、正激式、推挽式、半桥式、全桥式等，它们各有优缺点，应根据不同的应用场景选择合适的电路结构进行设计。

5. 电磁兼容

交流供电的驱动电路设计较直流供电要困难得多的一个重要原因是电磁干扰（EMI）。所谓电磁兼容是指驱动器一方面要能够承受由电力线和外界产生的干扰信号，不至于影响自身的正常工作；另一方面驱动器也不能向电力线和空间注入超过规定值的干扰信号。开关电源工作于高频开关状态，因此在功率开关器件如 MOSFET 和功率二极管上会产生大量的噪声，一方面要合理设计电路的布局和布线，尽量减小电路产生的噪声，另一方面要实现驱动电路与外界的噪声隔离，就要使用 EMI 滤波器。常用的 EMI 滤波器有两种，如图 4-59 和图 4-60 所示。滤波器的参数选择须根据实际情况和测试结果进行。

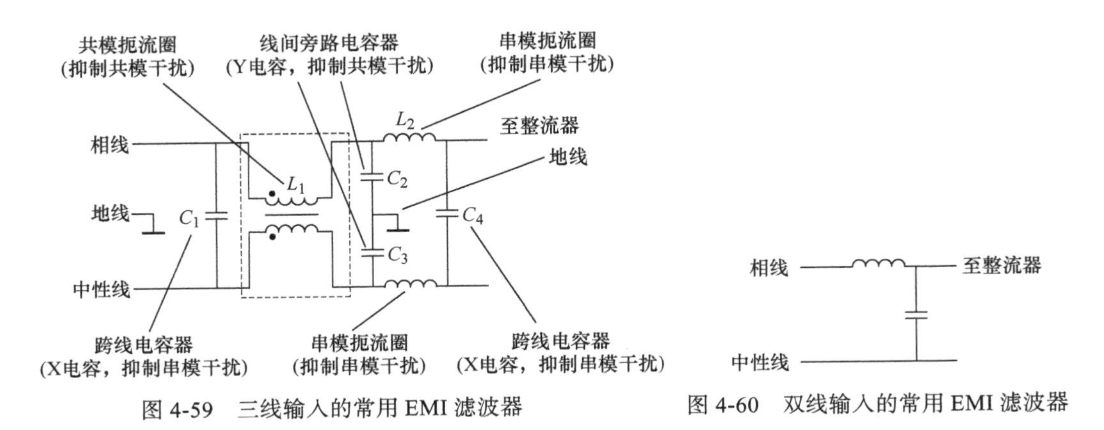

图 4-59　三线输入的常用 EMI 滤波器

图 4-60　双线输入的常用 EMI 滤波器

6. 功率因数校正

由图 4-61 可以看出，整流滤波电路中输入端的电流是断续的。这是由于滤波电容 C 的存在，因为在每个正弦电压周期内，只有输入电压高于电容电压时才会对电容进行充电（补充能量），因此只有在正弦电压峰值附近才会有输入电流，形成尖脉冲的电流波形，电流波形要比电压波形的相位落后。

功率因数反映的就是输入交流电的电压波形与电流波形的相位接近程度，电流的导通相位角越大，与电压的相位越接近，功率因数越高，当电流连续且波形与电压波形完全一致时，PF 值为 1。

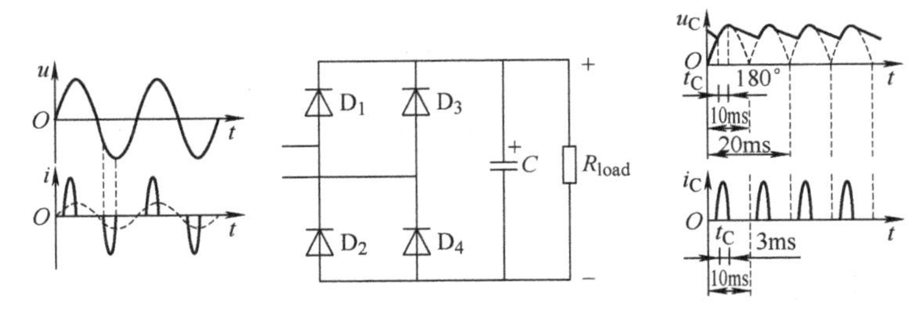

图 4-61　整流滤波电路的输入电压与电流波形

功率因数指标对于用户电路并不会造成太大损害，但对于供电部门却是一个大问题。当负载不是纯电阻特性（如白炽灯）时，它必然具有与电容或电感相似的特性，电容和电感都是储能元件，它们自身并不消耗能量，当电网提供的电流流过容性或感性负载时，在工频周期的某个阶段，这些电流又流回了电力线。供电部门向用户提供了电流，但用户又还回去了，这部分能量用户是不用付费的，供电部门为用户提供了额外的发电量，增加了输电线路的容量，这对于整个电力系统而言无疑造成了重大的损失。因此，应该设法提高用电器的功率因数，减小供电损失，随着用电量的不断增加，世界各国对于功率因数也有相应的规定，必须满足相关的指标才能投入使用。

功率因数校正（PFC）就是指设计电路，使输入端的电流导通角尽可能扩大，波形尽可能与输入电压相一致。实现功率因数校正一般有无源校正和有源校正两种，前者使用相应的电感电容进行校正，电路简单，但是所用的电感电容体积巨大，校正量有限，并不是一种很好的方法。还有一种称为填谷式的 PFC 电路，它使两个电容在充电时串联，放电时并联，以延长充电的时间，增加电流导通角，这种电路功率因数可以达到 0.7 左右，但输出电压纹波较大。性能较好的功率因数校正是有源 PFC，这种电路通过有源器件控制输入电流跟随输入电压波形的变化，可以实现功率因数高达 99% 以上。有源 PFC 可以分为两种，一种是两段式，前面一段用一个专门的 PFC 升压电路，实现功率因数校正的同时，把电压升至约 400V，后面再用 DC-DC 变换器将 400V 变为负载所需的电压。另一种则是单段式，即把 PFC 功能与 DC-DC 变换合为一体，这样可以使电路简化，节省成本，但这样做会使输出电流具有工频纹波。

7. 浪涌和雷击

如前所述，市电线路经常因为大负载的启停和雷击这样的突发事件产生很高的尖峰电压和很大的尖峰电流，此外，由于整流器后面的滤波电容容量较大，在电路启动瞬间，电容充电电流很大，从而形成了所谓的浪涌电流，浪涌电流过大会损坏整流二极管，因此，有必要采取有效的措施和限制浪涌电流和尖锋电压。

限制浪涌电流可以在输入端串联一个电阻，但这样就会在电阻上产生损耗，因此希望这个电阻的阻值是自动变化的，在启动时阻值较大，把启动电流限制下来，而启动后阻值变小，以减小损耗，这种电阻就是负温度系数的热敏电阻（NTC），它的阻值随温度升高而降低，启动时温度低阻值大，启动后有电流流过，NTC 消耗功率发热，阻值自动下降，从而达到既限制了浪涌电流，又不会致使损耗太大的目的。

为了防止雷击产生的高压损坏电路，可以在输入端相线与中性线之间并联一只金属氧化物压敏电阻（MOV），这种电阻类似于双向功率稳压二极管，当电压在正常工作范围时，阻值很大（相当于开路），而当电压超过其导通电压值（如 600V）时，其阻值迅速减小，可以在短时间内流过大量电流，从而吸收尖峰电压产生的能量，具有很好的电压钳位作用。

浪涌电流和高压保护电路如图 4-62 所示。

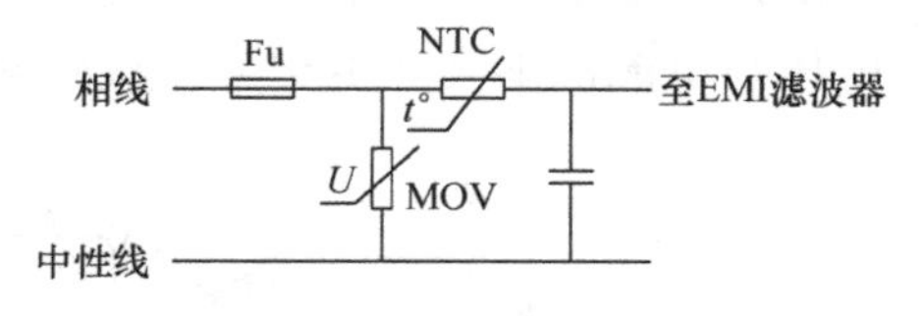

图 4-62 浪涌电流和高压保护电路

8. 电源的寿命

LED 具有长达 50000h 以上的寿命，大部分 LED 灯具的损坏是由于驱动电源失效而造成的，因此，驱动器的寿命成了 LED 照明产品的总体寿命的重要制约因素。浪涌、雷击以及外界的干扰是影响电源是否可靠工作的重要方面，上面已经介绍了相应的措施。影响电源寿命的因素还有其他方面，例如，元器件的质量、电路板的质量、环境温度和湿度等，应当选用质量合格的元件，采用质量保证的电路板材料和制作工艺，并且使驱动器工作在符合要求的环境条件下，以尽量延长驱动器的寿命。

值得注意的是，驱动器的元器件数量越多，出现故障的概率就越大，特点是一些功率器件（如 MOSFET、功率二极管）长期工作在高电压和大电流的冲击下更容易损坏。电解电容则是制约电路系统总体寿命的一个重要因素，电解电容的等效串联电阻（ESR）比其他类型电容的大，充放电电流流过 ESR 会使电容发热，电容温度升高，会造成体内的电解液汽化膨胀，久而久之会被挥发干涸，电容就失效了。因此，要尽可能选择 ESR 小的高频电解电容，并且使电容远离电路中的热源（功率器件），可以的情况下尽量使用其种类的电容（如钽电容、多层陶瓷电容等）。

9. 电源效率和软开关技术

开关电源与线性电源相比其中最大的优点之一是效率高，利用功率器件工作在高频开关状态下，很容易使用效果提高到 80% 以上，然而，大功率的应用场景下进一步提高效率，不仅能够节省能源，而且还可以因减小电源变换器自身发热而提高整体的可靠性，这对于一些工作环境恶劣的应用（如路灯等）降低维护成本有极其重要的意义，如何进一步提高效率成为开关电源技术发展的重要研究方向之一。近年来，在能效优化方面，人们提出了许多新的技术方案，总的来说，一方面设法减小功率级的直流电阻，以减小在开关器件导通时的损耗，包括合理选择低导通电阻的 MOSFET、低降压的肖特基二极管、低阻的变压器线材等；另一方面，针对功率 MOSFET 的开关损耗，提出了谐振和半谐振驱动方式，以达到零电压导通（ZVS）和零电流关断（ZCS）的软开关技术，设计得当的电源变换器效率可以高达 95% 以上，大功率的电源变换器更是可以高达 99%，限于篇幅，下面仅就软开关技术进行简单概述。

在上文介绍的反激式开关电源中，采用 MOSFET 作为功率开关，MOSFET 输入端 G–S 之间，以及输出端 D–S 之间存在输入和输出电容，这些电容使用开关管在导通和关断过程中都有一定的延时，也就是说 MOSFET 并不是一个理想开关，在导通过程和关断过程中均会出现电压和电流有交叠的情况，这部分产生的功率（电压与电流和乘积）被 MOSFET 自身消耗，造成损耗和发热，这就是所谓的开关损耗，如图 4-63 所示。

由于 MOSFET 的输入和输出电容基本不变，因此开关频率越高，开关损耗越大，这在高功率密度对开关频率尽可能高的要求下，开关损耗已超过开关器件的导通损耗（导通电阻引起）成为制约电源效率的主要因素。为了使开关管在导通和关断过程中电压与电流不产生交叠，可在开关管输出回路中加入电感和电容等元件，利用回路的谐振特性，使变压器一次电流尽量接近连续的正弦波，从而实现所谓的软开关技术。软开关的导通和关断过程如图 4-64 所示，前者在电压下降到零之后再导通，即所谓零电压导通（ZVS）；后者在电流下降到零之后再关断，即所谓零电流关断（ZCS），这样开关在开通和关断过程中电压与电流都不会产生交叠，从而消除开关损耗。

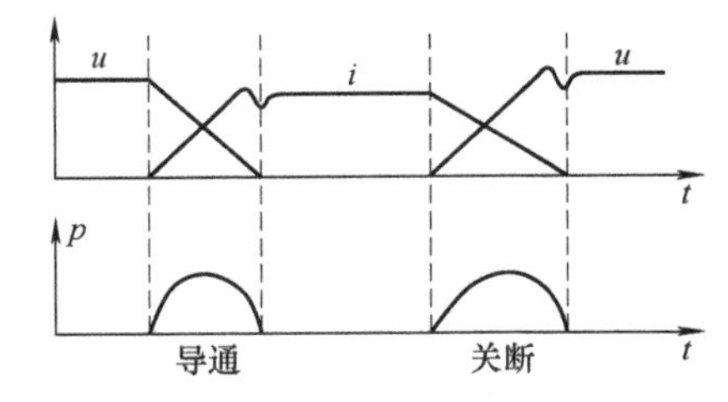

图 4-63　硬开关的导通和关断过程

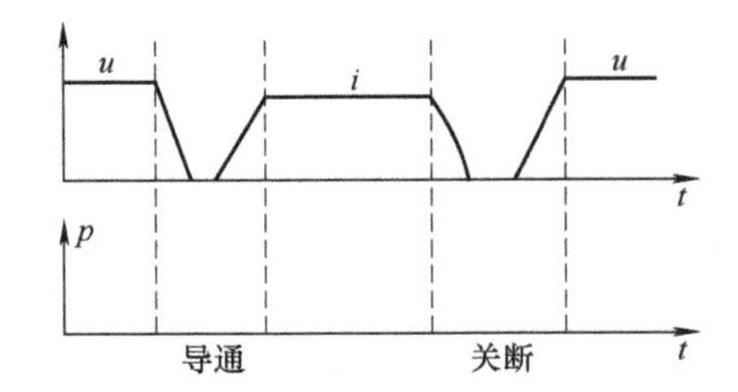

图 4-64　软开关的导通和关断过程

4.6.3　LED 灯具的相关标准与认证

LED 灯具作为一种新兴照明电器，与其他电器产品一样，必须遵循政府和行业制定的相关标准才能投入市场。世界范围内，每一个国家或地区为了保护当地的市场和消费者，都制定了适合自身的产品标准。这些标准涵盖安全、节能、环保、功率因数、电磁兼容等诸多方面，产品必须经过指定的认证机构严格检测，符合这些规定的指标才能进入当地的市场。

产品认证起源于 20 世纪初英国的一种制度，目前已经成为国际上通行的用于产品安全、质量等方面的评价和监管的有效手段。

世界上大多数国家和地区都设立了产品认证机构，使用不同的认证标志，以标明认证产品对相关标准的符合程度，如 UL、CE、VDE 和 CCC 认证等。

1. 国内 LED 产品的认证

（1）节能认证　在我国，产品节能认证是一种自愿性的认证，认证范围包括电器、办公设备、照明、机电、输变电设备、建筑等产品的节能水平。认证标志如图 4-65 所示。

LED 照明产品的节能认证产品有：反射型自镇流 LED、LED 筒灯、普通照明用非定向自镇流 LED、LED 路灯、LED 隧道灯等。其认证规则包括：

CQC31-465392—2010 LED 道路隧道照明产品节能认证规则。

CQC31-465137—2010 反射型自镇流 LED 灯节能认证规则。

CQC31-465315—2010 LED 筒灯节能认证规则。

CQC31-465192—2010 普通照明用非定向自镇流 LED 灯节能认证规则。

（2）CCC 认证　CCC（China Compulsory Certification）认证又称 3C 认证，是我国强制性产品认证制度，是国家对强制性产品认证使用的统一标志。作为国家安全认证（CCEE）、进口安全质量许可制度（CCIB）、中国电磁兼容认证（EMC）三合一的 CCC 权威认证，是中国质检总局和国家认监委与国际接轨的一个先进标志，有着不可替代的重要性。3C 认证标志如图 4-66 所示。

图 4-65　中国产品节能认证标志

图 4-66　3C 认证标志

目前的 3C 认证标志分为四类，如图 4-67 所示，分别为：

CCC+S 安全认证标志。

CCC+EMC 电磁兼容类认认证标志。

CCC+S&E 安全与电磁兼容认证标志。

CCC+F 消防认证标志。

图 4-67　四类 3C 认证标志

目前 LED 照明产品可以进行 3C 认证的产品有：

1）固定式通用 LED 灯具。悬挂、吊挂在天花板、天花板表面安装、墙面安装、地面安装、导轨安装的灯具，如 LED 吸顶灯、壁灯、草坪灯和导轨灯等。

2）可移动式通用 LED 灯具。在桌面上摆放、地面摆放、夹在垂直或水平表面或圆杆上的灯具，如 LED 台灯、落地灯、夹灯等。

3）嵌入式 LED 灯具。嵌入安装在天花板或墙面上的灯具，如 LED 格栅灯、筒灯、墙脚灯等。

4）LED 水族箱灯具。用于水族箱内部照明的灯具，灯具被放置在离水缸顶部很近的地方，或者放大水缸里或水缸上。

5）电源插座安装的 LED 夜灯，即“小夜灯”。

6）地面嵌入式 LED 灯具，即“埋地灯”。

（3）CQC 认证　CQC 标志是中国质量认证中心开展的自愿性产品认证，表明产品符合相关的质量、安全、性能、电磁兼容等论证要求，认证范围包括机械设备、电力设备、电器、电子产品、纺织品、建材等 500 多种产品。CQC 标志认证重点关注安全、电磁兼容、性能、有害物质限量（RoHS）等直接反映产品质量和影响消费者人身和财产安全的指标，旨在维护消费者利益，促进提高产品质量，增强国内企业的国际竞争力。CQC 标志如图 4-68 所示。

目前与 LED 相关的 CQC 认证范围有：

LED 灯具产品，如 LED 路灯、隧道灯、投光灯、灯串等。

普通照明用自镇流 LED 灯，如 PAR 灯、球泡灯等。

LED 模组用交流电子控制装置。

LED 杂类电子电路。

2. 欧盟认证简介

欧盟的产品认证主要有 CE、VDE、ROHS 等。

CE 是一种安全认证标志，被视为制造商打开欧洲市场大门的护照，凡获得 CE 认证的产品均可在欧盟成员国内销售，而无需符合每个成员国的要求。CE 认证标志如图 4-69 所示。

图 4-68　CQC 认证标志

图 4-69　CE 认证标志

VDE 是德国电气工程师协会所属的一个研究所，VDE 实验室依据用制造商的申请，按照德国 VDE 国家标准或欧洲 EN VDE 标准，或 IEC 国际电工委标准对电工产品进行检测和认证。其认证标志如图 4-70 所示。

ROHS 是由欧盟立法制定的一项强制性标准，全称是《关于限制在电子电器设备中使用某些有害成分的指令》，主要用于规范电子电气产品的材料及工艺标准，使之更加有利于人体健康及环境保护。其认证标志如图 4-71 所示。

图 4-70　VDE 认证标志

图 4-71　ROHS 认证标志

3. 其他认证简介

世界上主要国家和地区的认证标准还有如美国保险商实验所的UL认证，是美国最权威的安全认证；美国联邦通信委员会的FCC认证，主要针对通信方面制定的相关标准认证；日本的PSE强制性安全认证，它是日本市场的入场券；日本的TELEC认证和JQA认证；韩国的EK强制性认证；加拿大的CSA强制性认证；澳洲的C-TICK、SAA、RCM认证等。

思 考 题

1. 已知某反激式开关电源满负载输出时变压器一次绕组工作在CCM模式，纹波系数K=0.3，输出电流为20A，开关频率为50kHz，导通时间占空比D=0.45，试计算二次绕组的电流的峰值和有效值，并画出该电流的波形。

2. 设计一个反激式开关电源变压器，已知输入交流电压范围为85～265V，输出直流5V/10A，预期电源效率75%，开关频率设置为50kHz，试采用AP法计算和选择一款PC40材质的EI型磁心的规格。对照例4.2的结果，试分析本题输出功率比例4.2要小，为何所选的磁心反而更大，说明影响结果的关键因素包括哪些。

第 5 章

LED 数码管应用电路设计

LED 数码管由七个 LED 按照“8”字形布局排列，广泛应用于各种电子电气设备，可以用于显示十进制数字和简单的英文字母，本章将介绍数码管的内部结构特点、驱动方法、编码和显示方式等，最后通过一个数字电压表的设计案例详细说明用单片机控制多位一体的 LED 数码管实现动态显示的方法。

5.1 数码管的结构

扫一扫看视频

LED 数码管广泛应用于各种电子电气设备、仪表、家电等，可以用来显示时间、温湿度、电压电流等简单的数字和字母，LED 数码管由七段笔画按“8”字形排列而成，如图 5-1 所示。

图 5-1 LED 数码管的应用

根据不同应用场合，LED 数码管的大小规格、位数、颜色等有所不同，从大小尺寸上分一般有 0.28in[⊖]、0.36in、0.56in、1in、1.8in、2in、3in、4in、5in 等。位数有 1、2、3、4 位等，有时也会出现所谓半位的情况，例如，3.5 位（3 位半）表示最大显示数字为 1999，即最高位只能显示 1 或 0。图 5-2 给出了部分不同规格的 LED 数码管实物，图 5-3 所示为 0.36in 和 4in 的数码管，一般情况下小于 0.28in 时不宜使用 LED 数码管，使用液晶或 OLED 点阵显示更好。

LED 数码管的内部由八颗 LED 连接而成，其中七颗 LED 为“8”字形的七个笔画，还有一颗 LED 位于右下角作为小数点。八颗 LED 根据位置的不同分别用 a、b、c、d、e、f、g、h 八个字母表示，这些 LED 在内部的电路连接如图 5-4 所示，八颗 LED 其中一个引脚连接在一起构成公共端，用 com 表示，根据公共端极性不同可以区分为“共阴”和“共阳”两种连接方式。

⊖ 1in=2.54cm。

图 5-2　各种不同规格的 LED 数码管

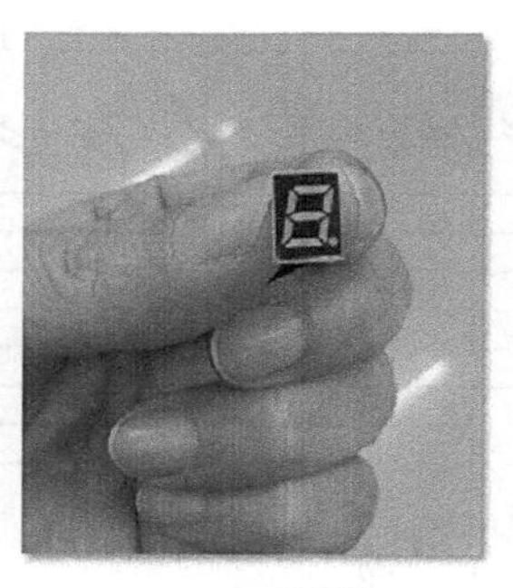

a) 0.36in数码管

b) 4in数码管

图 5-3　0.36in 数码管和 4in 数码管

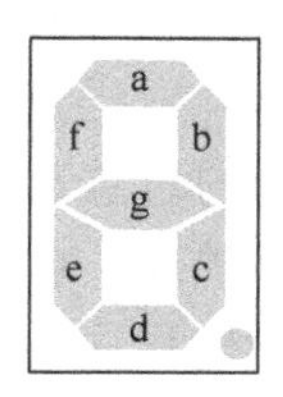

a) 位置和编号

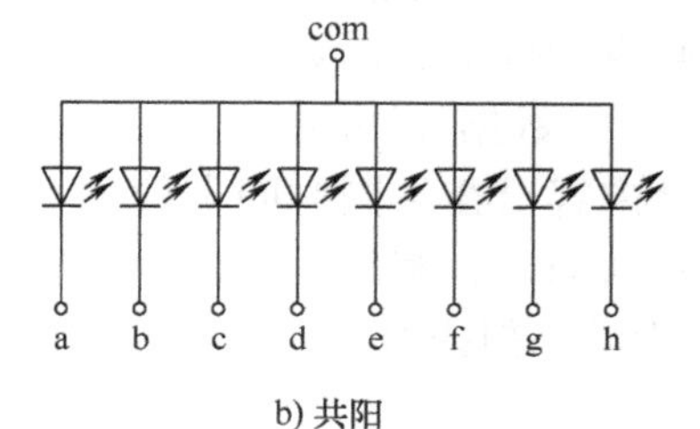

b) 共阳

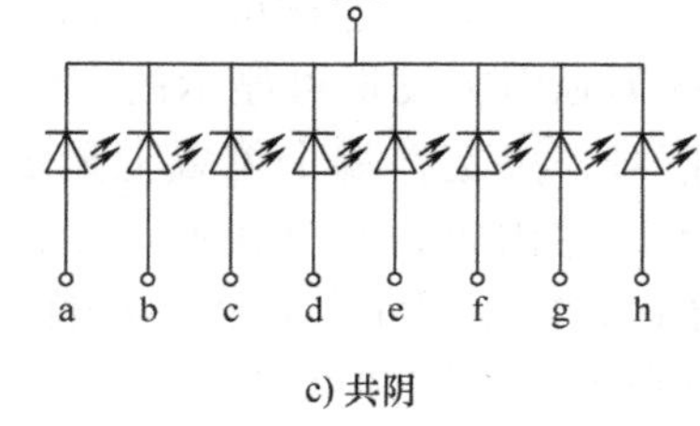

c) 共阴

图 5-4　LED 数码管的布局及内部电路

扫一扫看视频

对体积和功率较小的 LED 数码管而言，每个笔画仅用一颗 LED 就可以，虽然 LED 是点光源，但是通过封装材料可以使每个字段的发光变得比较均匀。但对于体积较大的数码管，笔画的长度较大，单颗 LED 无法提供足够的亮度和均匀性，通常每个笔画需要使用多颗 LED 串联而成，例如一个 4in 的共阳 LED 数码和的内部结构如图 5-5 所示。由图可知，“8”字形的每个笔画均由五颗 LED 串联而成，而小数点由于面积较小仍由一颗 LED 构成。

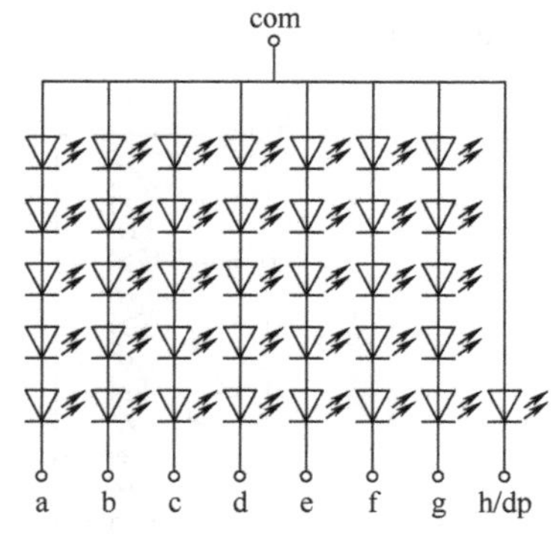

图 5-5　4in 共阳数码管内部电路

LED 数码管的发光颜色一般有红、黄、绿、蓝、白几种，发光颜色取决于所采用的芯片，不同的芯片的工作电压不同，红色 LED 最低，一般 2V 左右，黄色略高，依次类推，蓝色和白色需要 2.5 ～ 3V。此外，不同亮度的 LED 数码管要求的电流也不同，每个笔画的电流值一般分 5mA、20mA、150mA 等不同等级，因此，在使用时要注意满足电压和电流的需求。对于大尺寸的 LED 数码管，每个笔画串联的 LED 数量较多，因此工作电压也相应提高，但小数点与其他笔画不同，要注意区分，以免造成高压损坏。此外，大尺寸的 LED 数码管功耗也较大，使用时要考虑驱动器的带载能力。

为了便于显示一组数字，经常使用多位一体的 LED 数码管，图 5-6 所示为三位一体的 LED 共阳数码管的内部结构。

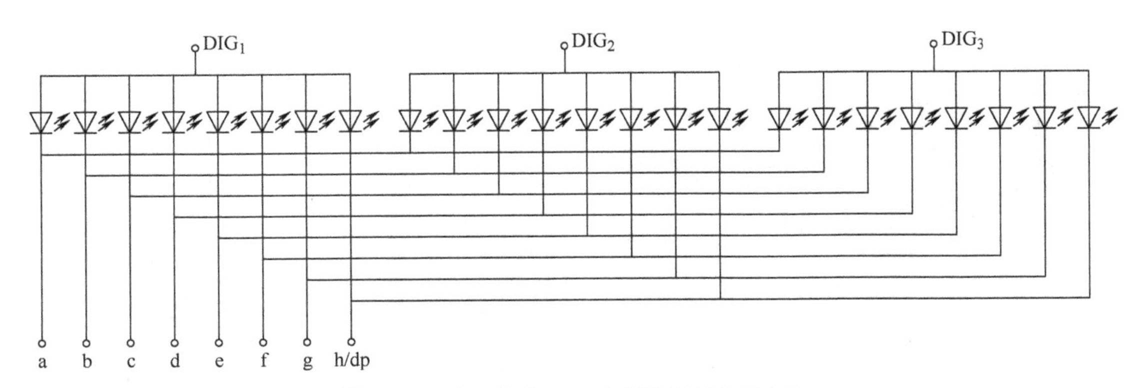

图 5-6 三位一体的 LED 共阳数码管内部电路

由图可知，三位一体的 LED 数码管每一位有一个独立的公共端，分别表示为 DIG_1、DIG_2、DIG_3；而每一位数码管的相应笔画控制端并联在一起，共用一个引脚，这样可以大幅度减少器件引脚的数量。在使用时，通过共用的笔画引脚发送可显示的字形信号（数据），再通过 $DIG_1 \sim DIG_3$ 发送选通信号，决定在哪个位置上显示该内容，在不同时间上使用不同的位置显示不同的内容，并且快速切换，不断循环，利用人眼的视觉暂留效应，就可以实现看起来静止的数据显示，这种方法称之为动态扫描显示，通常使用单片机程序配合，它最大的优点在于节省硬件资源。

5.2 LED 数码管的驱动

LED 数码管分为共阴和共阳两种，对共阴数码管而言，公共端接地，控制器（芯片或单片机等）输出高电平，驱动数码管显示相应的内容；反之，对于共阳数码管，公共端接电源正极，使用低电平驱动显示内容。两种数码管显示数字“2”的驱动电路接法如图 5-7 所示。

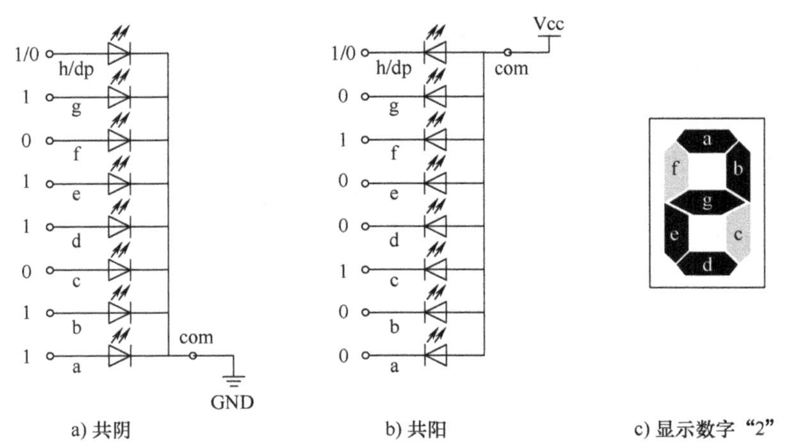

a) 共阴　b) 共阳　c) 显示数字“2”

图 5-7 数码管的驱动电路接法

LED 数码管实质上就是 8 路独立可控的 LED（包括小数点），为了确保显示笔画的亮度一致，每一路驱动电压和电流应该保持相同，下面以数码管其中一个笔画为例说明驱动方法和注意事项。通常情况下，数码管显示的内容是实时变化的，因此常常使用专用芯片进行控制，例如译码器、单片机等，但由于数码管的规格以及芯片的输出特性不一定完全匹配，故需要根据具体情况加以考虑。本节根据实际应用分以下几种情况进行讨论。

5.2.1　弱上拉输出

芯片或单片机 I/O 采用弱上拉输出方式可以提供完整的高低电平信号，但高低电平输出电流大小不等。高电平输出电流较小，驱动能力较弱；低电平输出电流较大，驱动能力较强。图 5-8a 所示为共阴数码管驱动方案，当输出高电平时，内部晶体管截止，共阴数码管与内部上拉电阻串联，电流的大小受内部上拉电阻的大小影响，为了提高驱动电流，可以采取外加上拉电阻，使之与内部上拉电阻并联，从而减小总阻值。图 5-8b 所示为共阳数码管驱动方案，当输出低电平时，内部晶体管导通，数码管与内部上拉电阻并联分流，但通常 LED 的导通电阻（几欧姆至几十欧姆）比内部的上拉电阻阻值要小得多，因此大部分电流流经数码管，芯片端口灌入的电流过大有可能损坏内部晶体管，因此必要时应在数码管公共端（com）串联一个合适的电阻进行降压限流。

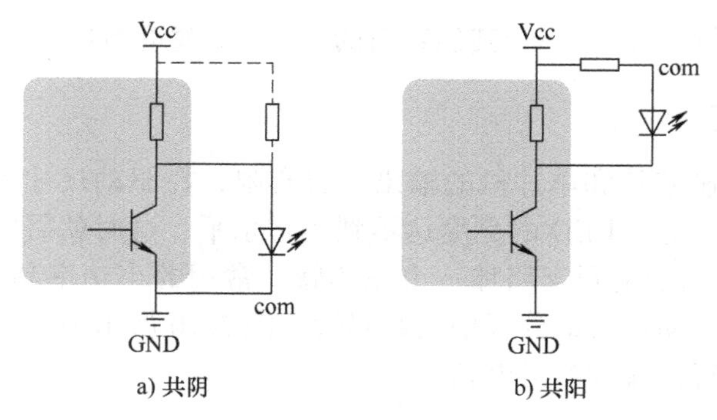

a) 共阴　　b) 共阳

图 5-8　弱上拉驱动数码管

假设端口输出额定电流为 20mA，低电平输出时晶体管的饱和电压降为 0.2V，LED 的额定电压为 1.8V（红色），额定电流为 5mA，输入电压为 5V，则该串联电阻为

$$R = \frac{5-1.8-0.2}{0.005}\Omega = 600\Omega \tag{5-1}$$

数码管每条支路的工作电流都不允许超过芯片端口额定输出电流，同时还要受芯片总电流的限制。由此可见，弱上拉输出适宜采用低电平输出驱动小功率共阳数码管；也可以通过外部并联上拉电阻增加高电平输出电流来驱动小功率共阴数码管。

5.2.2　集电极开路输出

集电极开路输出方式是指内部晶体管集电极悬空输出，当晶体管导通时能正常输出低电平，可以用于驱动共阳数码管；而晶体管截止时，引脚悬空，输出电平不确定，因此若要输出高电平驱动共阴数码管，就必须外加上拉电阻，如图 5-9 所示。

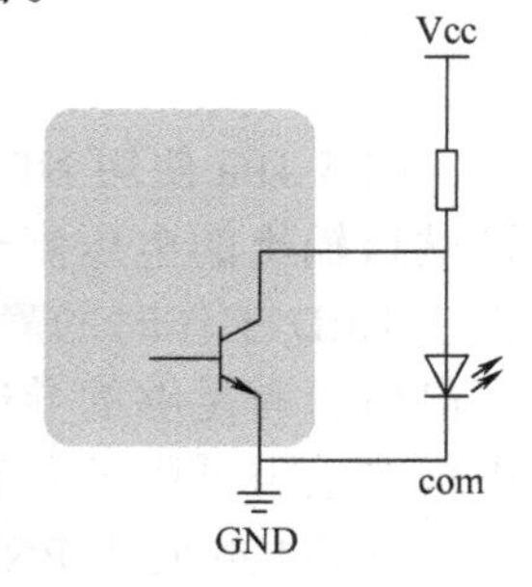

图 5-9　集电极开路输出方式驱动共阴数码管

上拉电阻的计算除了满足数码管驱动所需之外，还要考虑当晶体管导通（输出低电平）时电流不能超出其额定值。例如，假设某芯片数据手册给出端口输出电流值不允许大于 10mA，输入电压为

5V，晶体管导通时电压降为0.2V，则电阻值不能小于

$$R = \frac{5-0.2}{0.01}\Omega = 480\Omega \tag{5-2}$$

假设驱动共阴数码管的LED额定电压为1.8V（红色），额定电流为10mA，则理论上电阻值应为

$$R = \frac{5-1.8}{0.01}\Omega = 320\Omega \tag{5-3}$$

显然该芯片不能直接驱动该数码管，解决办法有两个，其一是以降低数码管的亮度为代价，降低数码管的工作电流，其二是采取扩流措施（后述）。方案一假设按照式（5-2）计算的结果选取上拉电阻，则LED的工作电流应为

$$I_{\text{LED}} = \frac{5-1.8}{480}\text{A} = 0.0067\text{A} \tag{5-4}$$

即LED电流降至6.7mA，小于其额定值的10mA，亮度有所下降。

5.2.3 晶体管扩流

实际应用中，控制芯片和单片机的输出电流有限，在驱动尺寸和功率较大的LED数码管时往往显得力不从心，LED的亮度达不到正常水平，这时就需要考虑使用扩流措施，简单的扩流方法是在每个笔画支路加一个晶体管，常用的小功率晶体管电流可提升至几十到几百毫安，足够驱动绝大部分规格的数码管。图5-10所示为分别使用NPN型和PNP型晶体管对共阴数码管扩流的参考电路。

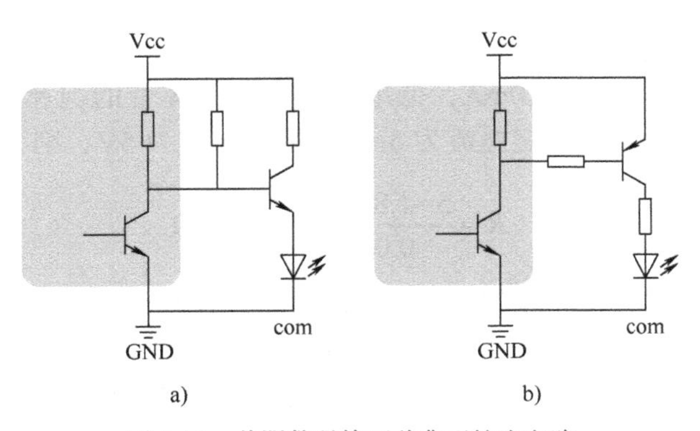

图5-10　共阴数码管两种典型扩流电路

图5-10a使用NPN型晶体管扩流，该方法采用晶体管射极同相输出，使用时必须保证端口输出的电压高于LED的开启电压。由于弱上拉输出时芯片内部的上拉电阻通常远大于LED工作时的静态电阻（如工作点为1.8V/5mA的LED电阻为360Ω），因此为了确保晶体管有足够的导通电压（U_{be}），需要在基极并联上拉电阻以提高基极电压，晶体管集电极的电阻可用于调节电流的大小。

图5-10b使用PNP型晶体管扩流，采用集电极反相输出，即端口输出低电平时驱动共阴数码管的LED显示，晶体管基极和集电极上的电阻用于调节电流的大小。

使用晶体管扩流电路选择元器件时要注意：①晶体管是否能导通，要考虑内部上拉电阻的影响；②内部晶体管导通时电流是否过大，要考虑适当增加限流电阻；③端口输出高电平还是低电平有效。此外，由于 LED 数码管内部有 8 条支路，外加扩流晶体管数量较多，为了简化电路，可以使用集成晶体管阵列代替分立的晶体管，例如 ULN2003 达林顿阵等，它相当于 7 路 NPN 型晶体管的功能，具有很强的驱动能力，使用十分方便。

需要指出的是，这里举的是弱上拉驱动共阴数码管例子，对于弱上拉驱动共阳，以及集电极开路驱动共阴、共阳的设计思路类似，不再一一赘述。

5.2.4　辅助电源供电

对于大尺寸的 LED 数码管，每条支路可能由多颗 LED 串联而成，例如上文提及的 4in LED 数码管每条支路由五颗 LED 串联而成（小数点除外），其工作电压是单颗 LED 构成的数码管的 5 倍，例如，小尺寸的红色 LED 数码管需要 1.8V，而 4in 的红色 LED 数码管则需要 9V 以上才能点亮，芯片或单片机端口输出的高电平电压达不到该数码管的工作电压，无法正常驱动，在这种情况下，就需要为数码管提供辅助供电电路，如图 5-11 所示。

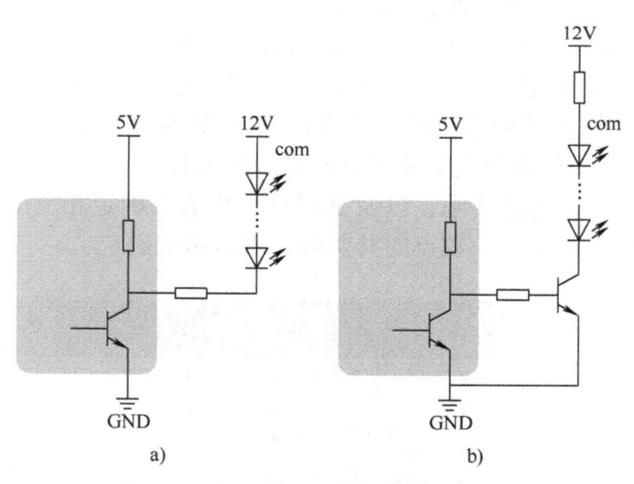

图 5-11　大尺寸 LED 数码管的驱动电路

图 5-11a 针对电流需求较小的数码管，图 5-11b 则针对电流需求较大的数码管，增加晶体管扩流时要注意相位关系（这里是集电要反相输出）。此外，使用辅助电源供电时，要注意两组电源必须共地。图中 5V 电源为芯片或单片机供电，输出控制信号，因此信号的高电平电压约为 5V。

图 5-11a 中端口输出高电平时，数码管的 LED 支路仍有一定的压差（约为 12V 减去 5V），要确保该压差之下 LED 串完全处于熄灭状态，假如这里的 12V 电源电压改为 15V，该压差即达到 10V，则芯片或单片机输出无论是高电平还是低电平 LED 串都处于点亮状态，因此要注意电源电压的选择。

图 5-11b 中使用了晶体管把输入的控制信号回路和输出的驱动回路分开，LED 串的电压降不会受两组电源电压影响，但为了减小损耗，辅助电源的电压宜略高于 LED 串所需电压。

需要指出的是，图 5-11a 的电路利用低电平可以驱动共阳数码管，但显然不能使用该电路输出高电平驱动共阴数码管，因为高电平输出电压不足；图 5-11b 的电路可以使用 PNP 型晶体管扩流驱动共阳数码管，此时 PNP 型晶体管射极应接辅助电源正极，LED 串和限流电阻接 PNP 型晶体管的集电极。

5.3 LED 数码管的编码

由于 LED 数码管的笔画位置是固定的，因此每次显示固定数字和字母时点亮的 LED 位置也是固定的，为了便于使用，可以对 LED 数码管显示的数字和字母进行编码。LED 数码管有八个笔画（包括小数点），若按 h、g、f、e、d、c、b、a 笔画编号由高位到低位顺序排列，用高低电平（1 和 0）表示相应笔画 LED 的亮和灭，则可以用一个 8 位的二进制数表示要显示的数字和字母。由于共阴和共阳数码管的驱动信号不同，同一数字或字母的编码也应该不同。图 5-12 举例说明数字“2”的共阴数码管和共阳数码管显示的编码。

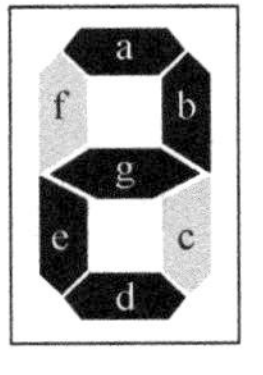

	h	g	f	e	d	c	b	a
共阴	1/0	1	0	1	1	0	1	1
共阳	1/0	0	1	0	0	1	0	0

图 5-12　数字“2”的编码

由图可知，当使用共阴数码管显“2”时，8 位的二进制编码为 01011011 或 11011011，前者为不带小数点显示，后者为带小数点显示。通常 8 位二进制数字被定义为一个字节（Byte），为了便于使用常常用十六进制数字表示，则上述两个“2”的共阴数码管显示编码为 0x5B 和 0xDB。如此类推，当使用共阳数码管显示“2”时，二进制编码为 00100100 或 10100100，即十六进制的 0x24 和 0xA4。因此要根据数码管是共阴还是共阳，以及是否显示小数点确定相应的编码。图 5-13 列出数字 0 ～ 9 和字母 A ～ F 不含小数点的共阴数码管显示编码。

显示内容	h	g	f	e	d	c	b	a	十六进制编码
0	-	0	1	1	1	1	1	1	0x3F
1	-	0	0	0	0	0	1	1	0x03
2	-	1	0	1	1	0	1	1	0x5B
3	-	1	0	0	1	1	1	1	0x4F
4	-	1	1	0	0	1	1	0	0x66
5	-	1	1	0	1	1	0	1	0x6D
6	-	1	1	1	1	1	0	1	0x7D
7	-	0	0	0	0	1	1	1	0x07
8	-	1	1	1	1	1	1	1	0x7F
9	-	1	1	0	1	1	1	1	0x6F
A	-	1	1	1	0	1	1	1	0x77
B	-	1	1	1	1	1	0	0	0x7C
C	-	0	1	1	1	0	0	1	0x39
D	-	1	0	1	1	1	1	0	0x5E
E	-	1	1	1	1	0	0	1	0x79
F	-	1	1	1	0	0	0	1	0x71

扫一扫看视频

图 5-13　共阴数码管显示编码

5.4　LED 数码管与单片机的连接

上文讨论了 LED 数码管每条支路的驱动方法，本节将结合编码概念一起讨论 LED 数码管与驱动芯片或单片机的接口电路，如图 5-14 所示。

由于 LED 数码管的显示码正好是一个字节，因此使用常规单片机的一个 8 位的 I/O 口就可以直接输出显示码，硬件设计上除了依次从高位到低位与数码管的 h、g、f、e、d、c、b、a 引脚相连之外，还要把公共端连上，要注意共阴还是共阳、是否需要上拉电阻（单片机的 P0 口通常设计为集电极开路输出），以及是否需要扩流和辅助电源等。若芯片或单片机的 I/O 不够用，则需要专用的译码器进行扩展（也可用锁存器等芯片设计），此时单片机输出的编码要做相应的修改。例如，图 5-15 所示电路为使用四根 I/O 线输出 BCD 码，再使用 CD4511 译码器把 BCD 码转换为共阴数码管显示码。

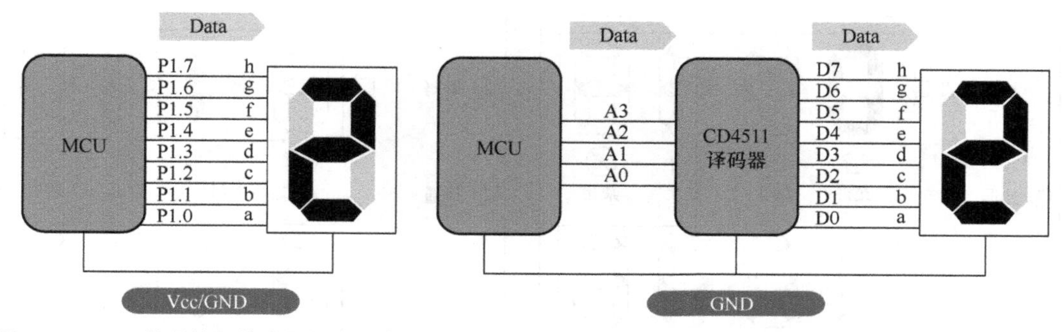

图 5-14　LED 数码管与单片机驱动的接口　　图 5-15　译码器接口电路的扩展

对于多位一体的 LED 数码管，与单片机的接口包括数据（显示内容）和位置选通信号两个部分，例如，四位一体的数码管与单片机的端口的连接方法如图 5-16 所示，使用 P1 口作为数码管的数据线，用于发送显示内容，而 P2 口低 4 位作为数码管的位置选择信号线。多位一体的 LED 数码管内部每个位置上的数码管相同的笔画共用一只外部引脚，因此每个位置上显示的内容必须通过同一组数据线发送，而显示位置则通过每个数码管的公共端进行选择。P1 口上数据准备好（输出字形编码）之后，向 P2 口相应的位置输出一个选通信号（该信号需要根据数码管的共阴、共阳及外部是否有晶体管扩流等具体要求确定是高电平还是低电平），数码管就完成在相应位置上把该数据显示出来，然后再依次执

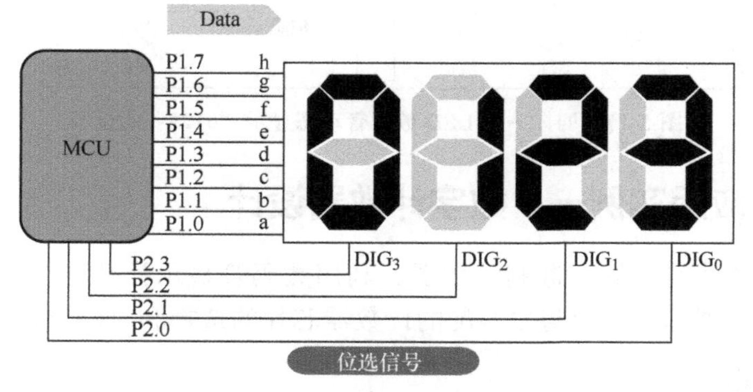

图 5-16　四位一体 LED 数码管与单片机的接口

行下一位置的数据准备和位置的选通，如此类推，不断循环切换，就可以实现不同时间在不同的位置显示不同的内容。如此在不同位置上快速循环切换，只要速度足够快，利用人眼的视觉暂留效应，就能实现在数码管不同位置上同时显示出不同的数据的效果，这种方法称为动态扫描显示，简称动态显示。

扫一扫看视频

例如，利用四位一体的 LED 数码管动态显示“0123”，在单片机程序上执行的时序如图 5-17 所示。具体步骤为：①②③④⑤⑥⑦⑧⑨⑩⑪⑫①循环，其中每显示完一位数据后，先送一个消隐信号（如步骤③、⑥、⑨、⑫），关闭所有位置的显示，待准备好下一位数据后再选通下一位置，切勿在没有消隐的情况下更新数据，否则会产生显示混乱。大部分情况下数码管显示的内容是实时更新的，按照上述步骤，在相应的位置选通之前更新该位置的数据即可。

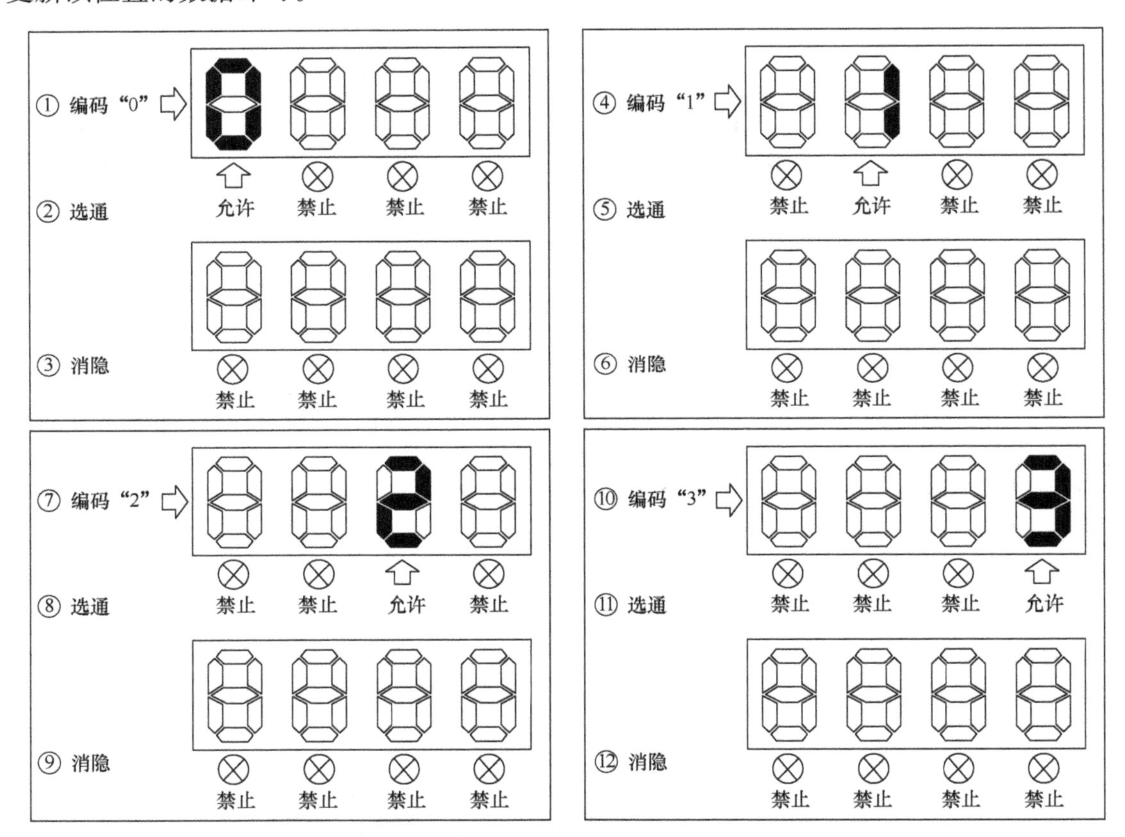

图 5-17 四体一体 LED 数码管动态显示“0123”的过程

5.5 数码管应用实例一：数字计数器设计

设计一个纯硬件实现的十进制计数器，利用数码管显示计数结果。本实例主要阐述 LED 数码管的译码器芯片以及与之匹配的计数器芯片的选择和电路设计。

5.5.1 设计思路

根据题意，利用手动按键产生计数脉冲，输入十进制计数器进行计数，计数结果通过译码器输出能使用数码管显示“0 ～ 9”的字形编码，驱动一位数码管显示出结果。画出简单的系统原理框图，如图 5-18 所示。

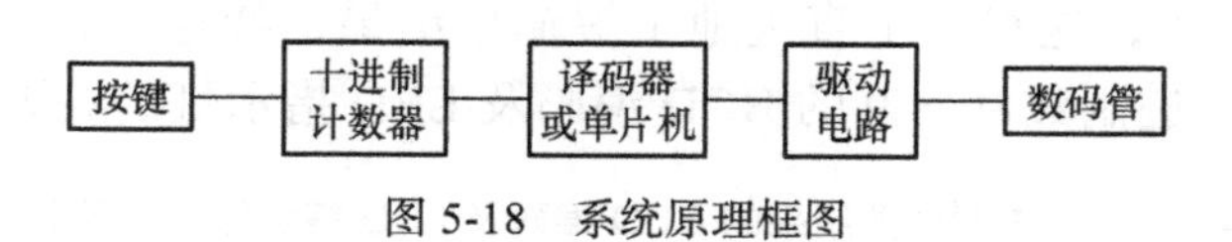

图 5-18　系统原理框图

5.5.2　电路选型

本实例的关键在于计数器和译码器的选择。许多读者都知道 CD4017 这款十进制计数器，该芯片可对输入的脉冲信号进行十进制循环计数，计数结果通过 Y0 ～ Y9 十根数据线输出，且任意时刻只有一个高电平输出，是否可以选择 CD4017 作为本实例的计数器还要考虑能不能把它输出的结果转换为数码管的显示码，事实上，难以找到一款能把 CD4017 输出的 10 位二进制数转换为 LED 数码管显示码的译码器，方案不可行。

考虑到要便于后面实现数码管的编码，可以把视线转向译码器，通过关键字搜索有关七段 LED 数码管（忽略小数点）可用芯片的资料，发现有一款 BCD 码转七段数码管显示码的译码器 CD4511，并且进一步找到了与之匹配的 BCD 码输出的十进制计数器 CD4518。CD4511 是共阴数码管译码驱动器，除了可以把 CD4518 输出的计数结果（BCD 码）译成七段共阴数码管的编码外，其输出电流足够强，也可以直接驱动共阴数码管，这样就省去了扩流驱动电路。CD4518 内部集成了两个独立的计数器，本实例只需要其中任意一个即可。至此电路方案即基本确定，画出其实施方案的原理框图，如图 5-19 所示。

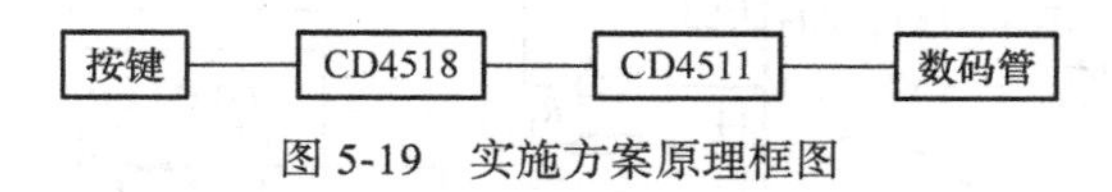

图 5-19　实施方案原理框图

5.5.3　电路原理图

根据上述方案，结合芯片手册的说明，即可画出实验电路原理图。

图 5-20 所示为使用 CD4518 设计的十进制计数器电路。其中 enA 接高电平（Vcc），

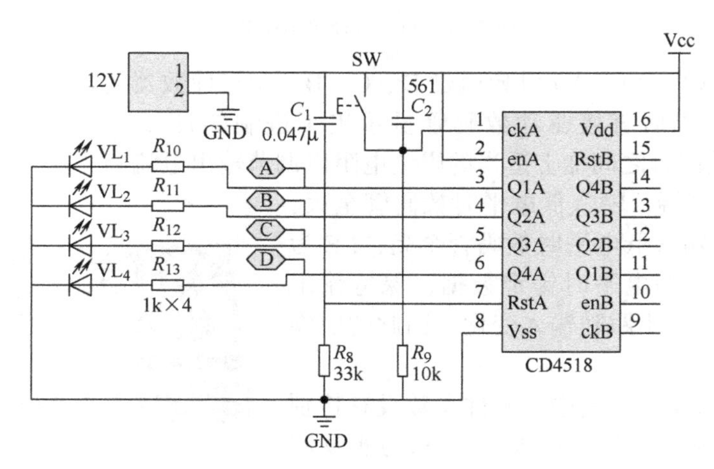

图 5-20　十进制计数电路

ckA 接按键输入对正脉冲进行计数；C_2、R_9 可消除按键抖动产生的杂波干扰，以避免误计数；C_1、R_8 为上电复位电路，使上电时初始计数值回零；计数结果以 BCD 码通过 Q4A、Q3A、Q2A、Q1A 输出，这里为了直观地了解输出结果，特意设计了四个 LED，输出高电平时 LED 点亮。十进制数 0 ～ 9 的 BCD 编码及 LED 指示灯的亮灭关系见表 5-1。

表 5-1　十进制计数结果的 BCD 编码及 LED 指示灯的亮灭关系

十进制数	Q4A	Q3A	Q2A	Q1A	VL_4	VL_3	VL_2	VL_1
0	0	0	0	0	灭	灭	灭	灭
1	0	0	0	1	灭	灭	灭	亮
2	0	0	1	0	灭	灭	亮	灭
3	0	0	1	1	灭	灭	亮	亮
4	0	1	0	0	灭	亮	灭	灭
5	0	1	0	1	灭	亮	灭	亮
6	0	1	1	0	灭	亮	亮	灭
7	0	1	1	1	灭	亮	亮	亮
8	1	0	0	0	亮	灭	灭	灭
9	1	0	0	1	亮	灭	灭	亮

图 5-21 所示为使用 CD4511 设计的 BCD 七段共阴数码管译码驱动电路。

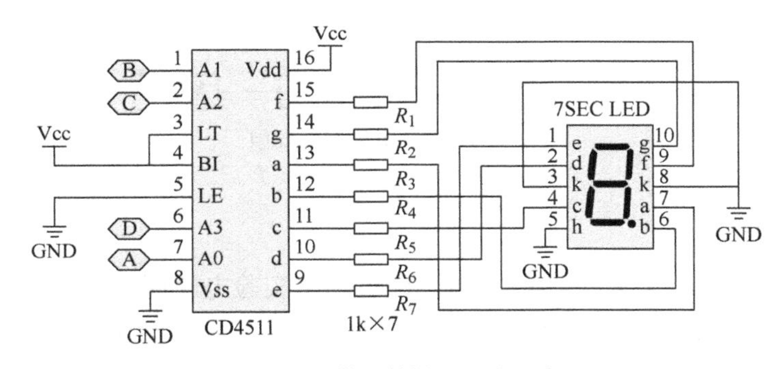

图 5-21　数码管译码驱动电路

其中，A3、A2、A1、A0 引脚通过 D、C、B、A 与计数器的输出相连，输入计数结果的 BCD 码，译码后直接驱动数码管显示出十进制的计数结果“0 ～ 9”，注意要在 CD4511 输出与数码管之间加上适当的限流电阻以调节输出电流和亮度。

BI 为消隐控制端，输入低电平时数码管全灭；LT 测试控制端，输入低电平时数码管全亮；LE 为数据锁定端，输入高电平时锁定数据，保持输出不变，这里需允许输出跟随输入变化，因此此引脚接地。

整体电路较为简单，其中的元件参数没有特别要求时可按图中标注选取，图 5-22 所示为实物测试效果。

图 5-22　实物测试效果

5.6　数码管应用实例二：数字电压表设计

本节以一个测量范围为 0 ～ 5V，分辨率为 0.02V 的数字电压表为例，说明多位一体 LED 数码管的应用电路设计，包括单片机动态显示程序的设计和 ADC0809 模数转换芯片的使用等。

5.6.1　设计思路

由于被测电压是连续变化的模拟量，而数字电压表显示的电压值是离散的数字量，因此必须使用 ADC 进行模数转换，通过单片机处理，最后利用 LED 数码管显示出来，系统原理框图如图 5-23 所示。

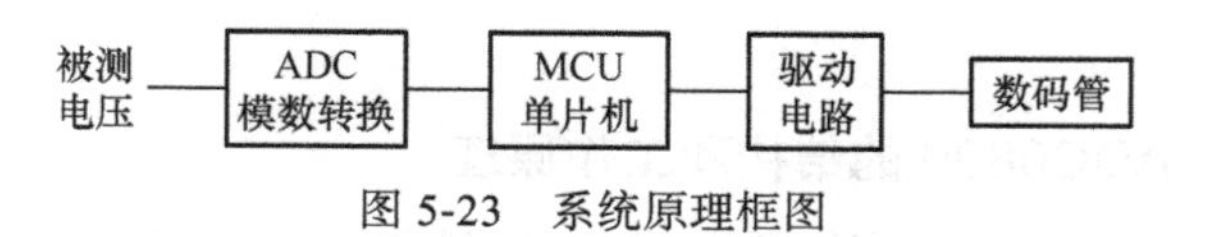

图 5-23　系统原理框图

5.6.2　电路选型

1. 数码管的选择

根据题目要求，LED 数码管要显示的数值包括一位整数和两位小数，有小数点，末尾显示电压单位（数码管不能直观显示字母“V”，通常用字母“U”代替），显示长度包括三位数字和一位字母，LED 数码管应选择四位一体的规格。对单片机而言，低电平灌入电流通常要比高电平拉出电流要大（内部有上拉电阻），为了尽可能利用单片机自身的驱动能力，简化外围电路，宜使用单片机输出低电平驱动数码管，因此这里首选共阳数码管。尺寸可以根据实际情况选择，要求不高时尽量选择小一点的规格以降低功耗。综上所述，这里可以选择 0.36in 四位一体共阳数码管。

2. 数模转换芯片

由于分辨率要求 0.02V，即显示测量电压值时最小变化量不能超过 0.02V，根据最大量程为 5V 可知，ADC 转换时最小量化级数为

$$\text{level} = \frac{5\text{V}}{0.02\text{V}} = 250 \tag{5-5}$$

而一个 8 位的 ADC 转换器的量化级数为 256 级（2^8），足以满足上述分辨率的要求，作为例子，这里可以选择简单易用的 ADC0809 芯片。

3. 单片机

选择单片机以能够满足当前应用所需为原则（够用原则），主要考虑以下几点：①内部资源，例如内存和程序存储器空间、定时器数量、中断数量等；②外部资源，主要是 I/O 引脚的数量及驱动能力；③其他特殊应用，例如 PWM、ADC、EEPROM，以及 CLK 时钟信号输出等；④体积和价格等。这里使用的 I/O 引脚较多，是重点考虑的因素，其中 LED 数码管需要八根数据线和四根位选信号线，ADC0809 也需要八根数据线和四根控制信号线，共需 24 个 I/O 引脚，作为样机设计（主要目的是验证方案的可行性）这里可

暂时选择 I/O 端口较多的 STC89C51 系列单片机，它包含 P0、P1、P2 和 P3 四个 8 位 I/O 端口，可以提供足够的端口满足 ADC0809 芯片和数码管接口所需，此外，STC89C51 单片机还可以通过 ALE/PROM 引脚输出时钟信号供 ADC0809 芯片使用，省去编程的麻烦。至此电路方案基本可以确定，画出其实施方案的原理框图，如图 5-24 所示。

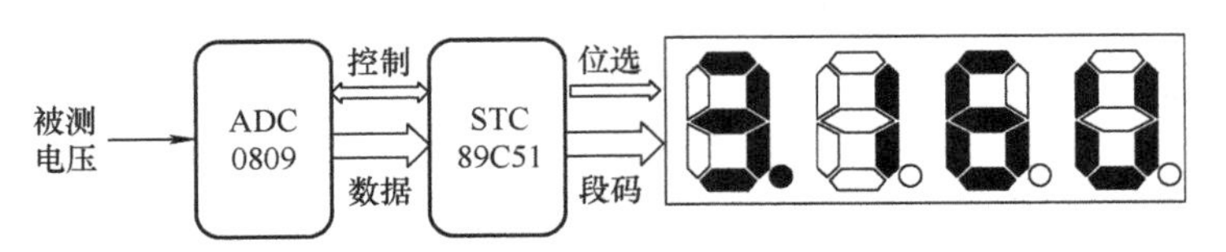

图 5-24 实施方案原理框图

5.6.3 电路原理图

1. ADC0809 的结构和工作原理

ADC0809 是逐次逼近式 A–D 转换器，由 8 路模拟开关、地址锁存与译码器、比较器、8 位开关树形 A–D 转换器、逐次逼近寄存器、逻辑控制和定时电路等组成，内部电路如图 5-25 所示。

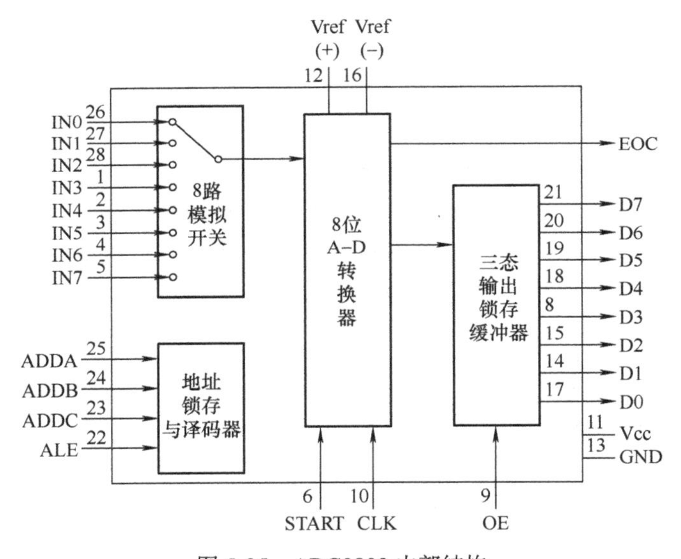

图 5-25 ADC0809 内部结构

该芯片可以“同时”对 8 路输入模拟电压进行采样、转换和输出，8 路模拟电压通过 IN0～IN7 输入，在任一时刻，通过地址锁存与译码器（3–8 译码器）指定其中一路作为当前的输入，通过模拟开关连接到 8 位 A–D 转换器。8 位 A–D 转换器把外部输入的两个参考电压［对应引脚为 Vref(+) 和 Vref(−)］之间的差值分为 256 级（2^8），然后把输入的模拟电压与这 256 级的电压进行逐次比较，比较过程大致如下：这里需要一个临时的 8 位寄存器用来记录转换后的数字量，转换前首先清零，转换开始首先在 8 位寄存器的最高位置 1，并通过内部 D–A 转换为相应等级的模拟电压值（记为 U_n），用该值与输入的模拟电压

（记为 U_{in}）进行比较，若 $U_n \leqslant U_{in}$ 则该位上的 1 保留，反之则该位应该置为 0。同理，从高向低依次修改寄存器的数值，进行逐次比较，直到最低位，比较完成，寄存器的结果即为 A–D 转换的结果。这个过程由单片机向 START 引脚发送信号开始，在时钟 CLK 控制下自动完成，完成后通过 EOC 引脚告诉单片机可以读取结果，单片机向 OE 引脚发送信号即可从数据线 D7～D0 读出结果。由此可见，转换的过程是需要一定时间的，在这个过程中单片机需要等待结果更新，但也利用 EOC 作为单片机的外部中断源，从而把单片机解放出来运行其他的程序。ADC0809 转换时间的长短与时钟 CLK 的频率有关，时钟为 640kHz 时转换时间为 100μs，时钟为 500kHz 时转换时间为 130μs。

扫一扫看视频

2. 电路原理

根据上述方案，画出总电路原理图如图 5-26 所示。

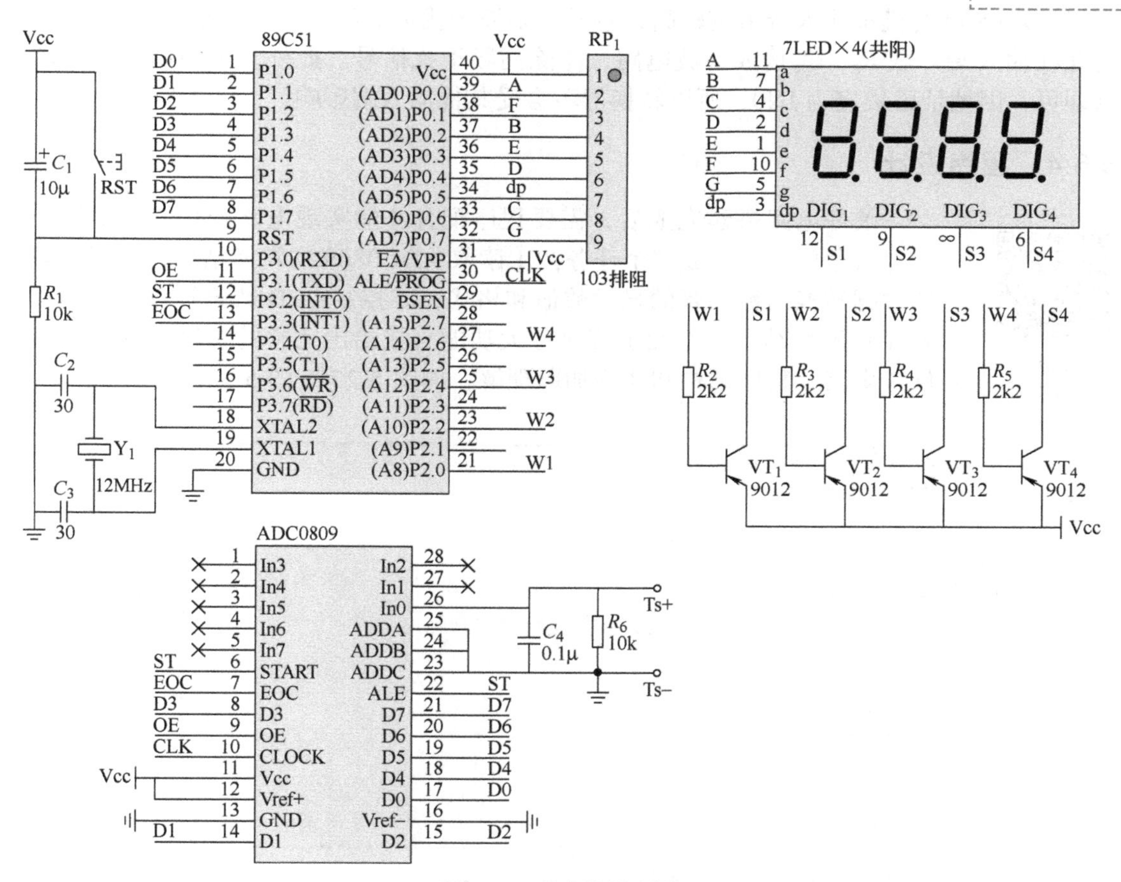

图 5-26　总电路原理图

图中，C_1、R_1 和 RST 按键为单片机的复位电路，晶振 Y_1、C_2、C_3 为单片机的时钟电路，这两部分构成单片机最小系统，使单片机能正常启动。P1 口与 ADC0809 的输出数据线相连，用于读取 ADC 转换结果；P3.2 为开始转换控制信号线 START，P3.3 为转换结束标志 EOC，该信号可作为外部中断 INT1 的中断源；P3.1 为读取转换结果控制信号线 OE；CLK 时钟信号由 ALE/PROM 引脚输出，其频率为系统时钟的 1/6。P0 口用作 LED 数码管显示的数据线，由于 P0 口为集电极开路输出，因此使用排阻 RP_1 上拉，避免引脚悬空产生不确定电平导致显示不稳定，位选信号由 P2 口的其中 4 位来充当，这里虽然可以直接使用低电平驱动的共阳数码管，但为了调节 LED 的亮度，加了一级 PNP 型晶体管，调节基极电阻控制晶体管的导通程度即可控制数码管的电流大小，由于 PNP 型晶体管基极为低电平时导通，因此单片机输出仍为低电平驱动数码管显示。

由 ADC0809 芯片的结构可知，单片机可以通过修改地址实现对不同的输入电压进行转换，但本例中仅使用 IN0 一路固定的输入，地址固定为 000 无需更改，因此三根地址线可以直接在电路上接地。

ADC0809 的参考电压范围由 Vref(+) 和 Vref(−) 引脚设置，为了保证 A–D 转换结果的准确，参考电压必须十分稳定，本例中 A–D 转换的电压范围为 0 ～ 5V，可以使用与 Vcc 引脚一致的电压作为 Vref(+)，而 Vref(−) 接地即可。

ADC0809 的模拟输入端阻抗较高，容易受杂波干扰造成测量结果不稳定和产生误差，为此在输入端并联 R_6、C_4 构成滤波电路，滤除高频干扰信号。此外，不使用的输入端悬空即可，因地址已锁定为 IN0，所以转换器不会受其他输入端影响。

5.6.4 程序设计

扫一扫看视频

硬件电路搭建完成后，需要程序配合才能实现电路的功能。本例中的单片机程序主要完成三个任务：①读取 ADC0809 的转换结果；②把采集到的数据转换为数码管的显示数值和格式；③控制 LED 数码管以动态扫描方式显示测量结果。下面围绕这三大功能直接给出完整的程序，读者可结合硬件电路、程序结构和注释加以理解，如图 5-27 ～图 5-31 所示。

```
// 程序头函数
#include <reg52.h>

// 宏定义
#define uint unsigned int
#define uchar unsigned char
#define Data_ADC0809 P1 // 定义 P1 端口接收 ADC 转换结果

//ADC0809
sbit ST=P3^2;       // 启动转换
sbit EOC=P3^3;      // 转换结束标志
sbit OE=P3^1;       // 读取转换结果信号

sbit DIAN = P0^5;  // 小数点
/*******************************定义全局变量*******************************/
unsigned char dis[3];  // 显示数值，共 3 位（显示小数点后 2 位）
unsigned int sum=0;
unsigned int temp=0;
unsigned int dat=0;
/*******************************共阴 LED 段码表*******************************/
unsigned char code tab[]={0x5F,0x44,0x9D,0xD5,0xC6,0xD3,0xDB,0x47,0xDF,0xD7,0x5e};
 // 数码管的字形编码（按 gc.debfa 编码，有利于硬件布线），最后一个是电压单位“V”
```

图 5-27　端口和变量定义

```
/************************************************************************
A-D 转换子程序
************************************************************************/
//ADC0809 读取信息
uchar ADC0809()
{
    uchar temp_=0x00;
    // 临时变量用于保存数据
    OE=0;
    // 初始化，设置输出缓冲器为高阻态（相当于与数据总线断开）
    ST=0;
    // 开始转换
    ST=1; // 上升沿设置模拟电压的输入通道，这里为通道 0
    ST=0; // 紧接着下降沿启动 A-D 转换
    // 外部中断等待 A-D 转换结束
    while(EOC==0)  // 转换未完成，EOC 标志为 0，转换完成 EOC=1，跳出循环
    // 读取转换的 AD 值
    OE=1;  // 输出缓冲器接通数据线
    temp_=Data_ADC0809;  // 通过 P1 口读取数据保存到临时变量中
    OE=0;  // 断开数据线（输出缓冲器置为高阻，以便下一次转换）
    return temp_;  // 返回转换结果
```

图 5-28　A-D 转换子程序

```
}
/************************************************************************
延时子程序
************************************************************************/
void delay(unsigned int x)
{
    unsigned int i,j;
    for(i=0;i<x;i++)
    for(j=0;j<121;j++);
}

/************************************************************************
显示电压换算子程序（将 0-255 级的数值换算成 0.00-5.00 的电压数值）
************************************************************************/
void convdata(unsigned char dat1)
{
    unsigned int Vo;
    Vo=dat1*1.96;  // 255*1.96=500，把数值扩大 100 倍，便于数据处理
    dis[0] = Vo/100;          //个位
    dis[1] = Vo%100/10;       //十分位
    dis[2] = Vo%100%10;       //百分位
}
```

图 5-29　延时子程序和数据处理子程序

这里需要指出的是，数码管的字形编码并不是唯一的，从本质上看，需要根据硬件电路连接来决定，有时为了电路布局和布线方便，不一定按字节的高位到低位与数码管的 h、g、f、e、d、c、b、a 顺序对应排列，如本例中 P0.7 ～ P0.0 字节在硬件电路上对应数码管的 g、c、g、d、e、b、f、a 顺序，因此，字形编码要按这个对应关系来设计。举例来说，数字“2”在共阴数码管上各管脚的电平为：h=0，g=1，f=0，e=1，d=1，c=0，b=1，a=1，若按此顺序排列的编码为 01011011（0x5B），但在这里代入 P0.7 ～ P0.0 字节

顺序为 g=1，c=0，h=0，d=1，e=1，b=1，f=0，a=1，即 P0 字节编码为 10011101（0x9D），可见不同的电路连接方式编码结果也有所不同，需要根据实际情况灵活运用。同理可得出数字 0 ～ 9 的编码分别为 0x5F，0x44，0x9D，0xD5，0xC6，0xD3，0xDB，0x47，0xDF，0xD7，而末尾的电压单位“U”的字形编码为 0x5E。相应地，若要获得共阳数码管的编码，只要对上述共阴数码管的编码取反即可。

```
/************************************************************************
函数功能:数码管显示子程序
************************************************************************/
void display(void)
{
    P0=~tab[dis[0]];    // 将个位数的显示码放到 P0 口
    P2=0xfe;            // 点亮数码管左边第一位 0xfe=11111110，即 P2.0=0
    DIAN=0;             // 第一个数码管带小数点
    delay(1);           // 适当延时，满足人眼视觉暂留所需的时间
    P2=0xff;            // 消隐

    P0=~tab[dis[1]];    // 十分位显示
    P2=0xfb;            //11111011，即 P2.2=0
    delay(1);
    P2=0xff;

    P0=~tab[dis[2]];    // 百分位显示
    P2=0xef;            //11101111，即 P2.4=0
    delay(1);
    P2=0xff;

    P0=~tab[10];        // 在数码管末位显示“V”
    P2=0xbf;            //10111111，即 P2.6=0
    delay(1);
    P2=0xff;
}
```

图 5-30 数码管动态扫描显示子程序

```
/************************************************************************
主程序
************************************************************************/
void main(void)
{
    unsigned char p=0;
    while(1)        // 主循环
    {
        for(p=0;p<20;p++) // 对输入的电压进行 20 次转换，这段时间原来显示的电压不变
        {
            sum=sum+ADC0809();
            display();  // 数据未更新，显示旧值（插入这句是为了避免闪烁）
        }
// 最后显示 20 次转换的平均值作为最终结果
        dat=sum/20;
        convdata(dat);      //数据转换
        sum=0;
        display();      //显示数值
    }
}
```

图 5-31 主程序

A–D 转换的执行过程如下：单片机读取了上一次转换结果后，发出 OE=0 指令挂起数据线，避免接下来转换过程中产生的数据扰乱 LED 的显示；START 引脚发送一个上升沿读取选择输入通道地址，这里虽然输入通道固定为 IN0，但每次执行转换前必须明确告知内部转换器当前要使用的通道是哪一条，然后 START 引脚发送一个下降沿即启动 A–D 转换。此时，ADC0809 内部的转换器开始对输入电压进行逐次逼近比较，在未完成转换之前，ADC0809 的 EOC 引脚为低电平，while（EOC==0）控制单片机等待直到转换结束，EOC 被置 1 后退出等待状态，接下来执行 OE=1 指令，读出转换结果，返回主程序，就可以执行更新显示了。

延时子程序主要用于在后面的动态扫描显示过程中调节扫描速度。单片机从 ADC0809 读得的数据是一个 8 位的二进制数（一个字节），需要把它转换为实际要显示的电压值，由于最大检测电压为 5V，对应的 ADC0809 输出的结果为 255（二进制数 11111111），转换比为

$$\text{rate} = \frac{5}{255} = 0.0196 \tag{5-6}$$

假设实际电压值为 U_A，ADC0809 输出的转换结果为 U_D，则有

$$U_\text{A} = U_\text{D} \times 0.0196 \tag{5-7}$$

在动态扫描显示的控制过程中，每一位数字和末尾的单位“U”都是分时显示的，因此需要把上述要显示的电压值 U_A 每一位的数字分离出来，这里由于小数点的位置是固定的（因为只有一位整数位，小数点固定在其后），因此，为了方便处理，暂且忽略小数点，即把 U_A 扩大 100 倍（程序中用 Vo 表示），然后用除法取整、求余运算把要显示的个位、十分位和百分位的数字分离出来，保存到显示缓冲区（dis[ ] 数组）中备用。

动态扫描显示子程序从数码管左边第一位起依次从缓冲区中将要显示的数字放到 LED 数码管的数据线上，并使能该位置上的数码管，如此不断循环即可实现动态显示。这里有几点要注意：①每一位的显示间隔之间必须加入一个消隐指令，避免显示内容混叠；②加入延时调节扫描速度达到稳定显示的效果；③显示内容随 A–D 转换结果变化；④小数点固定不变。

由于 A–D 转换速度很快，这里使用 STC89C51 的 ALE/PROM 引脚输出作为转换过程的控制时钟，其频率为系统频率的 1/6，即 2MHz，因此完成一次转换的时间只有数十微秒左右，而输入电压或多或少会有一点轻微的波动，为了减少显示结果变化过于频繁的问题，这里人为地降低敏感度，即每转换 20 次取一次平均值作为最后显示的结果，实际上这也是一种利用软件（程序）实现滤波的方法。

5.6.5　测试结果与分析

程序编写、编译成功后，通过 STC 的 USB 下载器下载到单片机，就可以上电测试，实物测试效果如图 5-32 所示。

扫一扫看视频

1. 测试结果

使用 5V 输出的 USB 手机充电器作为供电电源，对连续变化的直流输

入电压进行测试，结果如下：

本实例设计的数字电压表显示结果稳定，测试中百分位偶有0.01V的波动，这是在A–D转换数字化过程中有效数字的舍入造成的正常现象，但假如出现波动范围很大的情况，则表明被测电压不稳定，可以通过强化ADC0809输入端的滤波（包括硬件和软件滤波）加以改善。

图5-32 实物测试效果

通过微调被测电压实测分辨率小于等于0.02V，达到设计指标的要求。百分位有时出现奇数，有时出现偶数，属于正常现象，这是因为量程为5V，8位A–D转换时被分为255等份（每一份约为0.0196V），而不是256等份（每一份为0.02V），故数字化时按0.0196V的倍数变化，四舍五入后百分位就有可能是奇数或偶数。

使用手持式数字万用表进行对照测试，测试结果一致。

2. 改进和优化建议

1）ADC0809是多通道的ADC器件，功能未被充分利用，为节省成本和减小体积，可选用ADC0832（8位串行输出的ADC芯片），这样还可以大幅度减少对单片机端口数量的需求。

2）可以选择内置ADC功能单片机，从而省去外部ADC芯片，简化外围电路，节约硬件成本。有的单片机还提供10位ADC的功能，这样更可以进一步提高测量精度。

3）实测中发现LED数码管的亮度偏高，通过晶体管基极电阻调节效果不明显（晶体管具有很大的放大倍数，容易饱和），因此可在集电极串联电阻直接调节数码管的电流。

4）参考电压范围不一定取为5V，选择适当的参考电压可以提高测量精度。例如，对于8位ADC，当参考电压范围为2.55V时，划分255级则每一级电压精确到0.01V；而对于10位ADC，若参考电压范围为10.24V，划分1024级则每一级也精确到0.01V。由此可见，分辨率不仅取决于ADC芯片的位数，还跟参考电压有关。此外，为了扩大测量范围，可以对输入的被测电压进行比例采样，例如，如果对输入被测电压进行1/2分压，则量程可扩大2倍，但要注意此时分辨率也相应降低了一半。

思 考 题

1. LED数码管的引脚数量通常是偶数，假如拿到的一只一位的数码管有10只引脚，请问这些引脚除了八只LED的控制端之外，还有两只引脚有什么作用？

2. 如果数码管只有八只引脚，那么这个数码管最有可能少了哪一个位置的LED？

3. 对于未知型号的LED数码管，能否通过万用表测试判别它是共阴还是共阳，应该如何操作？

4. 如何通过万用表测试判别LED数码管各个LED控制引脚的位置？

5. 为什么有些 LED 数码管需要扩流？

6. 尺寸一样、段电流相同，颜色分别为红色、绿色和白色的 LED 数码管的功耗是否一样？为什么？

7. 请写出下图电路中单片机 P2 端口输出的编码（十六进制表示），请问 LED 数码管的字形编码与什么有关？图 a 和图 c，以及图 b 和图 d 的编码有什么关系？

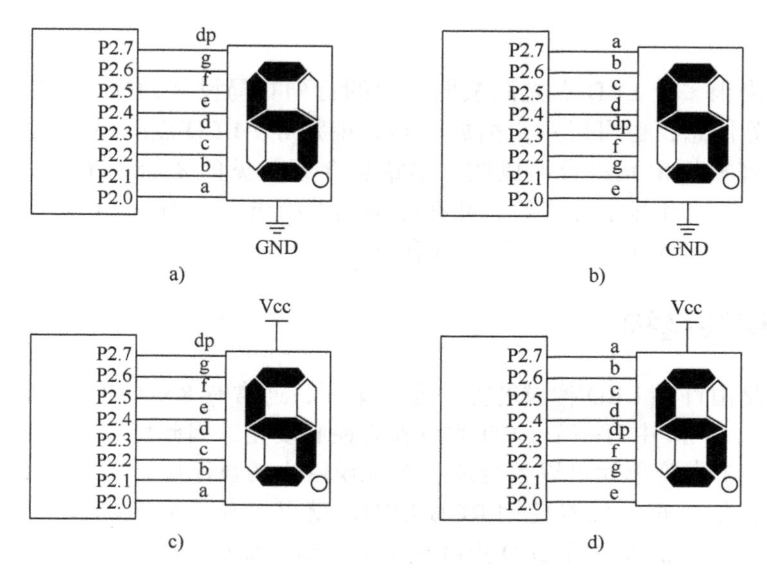

8. 四位一体的 LED 数码管内部的 LED 数量是单个一位 LED 数码管的 4 倍，但引脚数量并没有成倍增加（仅仅多出两只），这是为什么？

9. 四只的 LED 数码管采用动态扫描方式显示，扫描频率分别为 20Hz 和 200Hz 时显示效果有何区别？

10. CD4511 仅能驱动共阴数码管中的 a ～ g 共七段 LED，如果需要显示 dp 小数点应用如何处理？

11. 进行数字电压表设计时，若采用 10 位的 ADC 芯片，参考电压为 0 ～ 10.23V，请问 ADC 转换的分辨率是多少？若输入电压为 5V，ADC 转换输出的数值是多大（用十六进制数表示）？

第 6 章

LED 点阵应用电路设计

LED 点阵由很多个 LED 点光源按照一定的行列布局设计而成，可以用于显示数字、中英文、图形等信息，也可以用于播放动画、视频等。LED 点阵显示屏无论大小，都是由最基本的点阵模块单元组合而成的。本章将介绍常见的 8×8 点阵模块的内部结构特点、驱动方法、编码和显示方式等，并在此基础上给出一个 16×64 点阵显示屏的设计实例，说明汉字编码、屏幕滚动显示的原理和方法。

6.1 点阵模块结构

LED 点阵是由许多 LED 构成的方块显示单元，通常有 8×8 和 16×16 点阵等，其外形如图 6-1 所示，点阵中每一个 LED 均可独立控制发光，因此可以用于显示文字和图案，通过扩展，许多个点阵单元可以组合成一个规模巨大的显示屏，每一个 LED 就是显示屏上的一个像素，如果每个像素使用 RGB LED，就可以显示彩色图像，许多户外的大型 LED 广告屏就是由数量众多的 LED 点阵显示单元组合而成的。

图 6-1 LED 点阵及其构成的显示屏

下面以 8×8 点阵为例介绍 LED 点阵的内部电路结构，1088A 型为共阴极的 LED 点阵模块，其引脚和内部连接如图 6-2 所示。

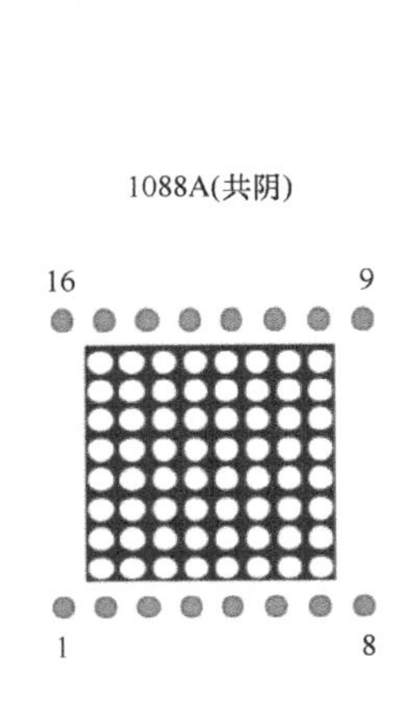

图 6-2 8×8 LED 点阵内部电路结构

8×8 点阵由 64 个 LED 按 8 行 8 列方式排列，每一行所有 LED 的阴极连在一起构成 8 根行线，每一列所有 LED 的阳极连接在一起构成 8 根列线，因此 8×8 点阵外部共有 16 根引线，要注意的是引线并不是按行列顺序编排的。8×8 点阵等效于八位一体的数码管，每一行视作一位，列线即为显示内容控制线（数据线），行线视为每一位的公共端（com），以行线的性质区分共阴和共阳。

6.2　点阵模块的驱动

LED 点阵的驱动与数码管的驱动并没有本质的差别，但由于要控制的点数较多，所以通常使用芯片驱动较为方便，下面介绍一款串行接口的 8 位 LED 数码管驱动器 MAX7219，并举例说明用 MAX7129 驱动点阵模块的电路设计和程序设计方法。

6.2.1　MAX7219 驱动器

MAX7219 是一种集成化的串行输入 / 输出共阴极显示驱动器，它用于驱动 8 位 LED 数码管，也可以用于 64 个独立的 LED（包括 8×8 点阵）驱动。MAX7219 芯片内部包括一个片上的 BCD 编码器、多路扫描回路、段字驱动器，以及一个 8×8 的静态 RAM 用来存储数据，还有一个外部寄存器可用来设置各个 LED 的段电流，以调节亮度。MAX7219 具有 150μA 的低功耗停机模式、模拟和数字亮度控制及较强的抗电磁干扰能力。

1. 引脚功能

MAX7219 具有 24 只引脚，其功能见表 6-1。

表 6-1　MAX7219 引脚功能

引脚	名称	功能
1	DIN	串行数据输入端，在时钟上升沿时数据载入内部 16 位移位寄存器
2，3，5～8，10，11	DIG 0～DIG 7	8 路位选信号，输出低电平有效（共阴），关闭时输出高电平
4，9	GND	地线（4 脚与 9 脚必须同时接地）
12	LOAD	输入数据，连续数据的后 16 位在 LOAD 端上升沿锁定
13	CLK	时钟输入端，最大速率 10MHz，上升沿时数据移入内部寄存器，下降沿时数据从 DOUT 端输出（至下一级）
14～17，20～23	SEG A～SEG G，DP	七段和小数点驱动，为 LED 提供电流（高电平有效）
18	ISET	通过一个外部电阻接到 V+ 来提高驱动电流
19	V+	工作电压正极，+5V
24	DOUT	串行数据输出端，从 DIN 输入的数据在第 16.5 个时钟周期（下降沿）后在此端有效，方便多个 MAX7219 级联

MAX7219 为 24 脚双列直插 DIP 或贴片 SOP 封装，引脚分布如图 6-3 所示。图 6-4 所示为 MAX7219 典型应用电路。

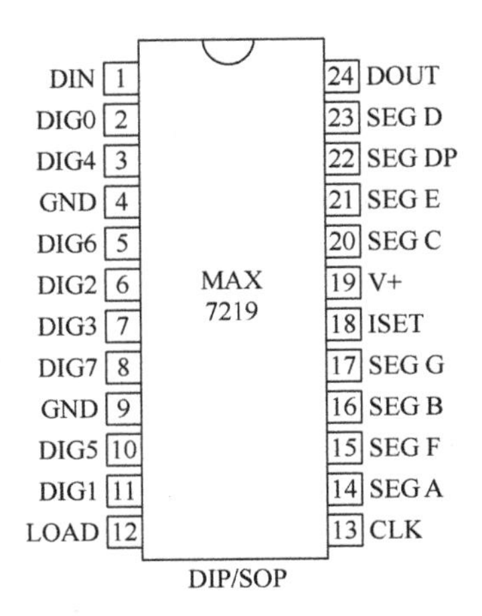

图 6-3 MAX7219 的引脚分布

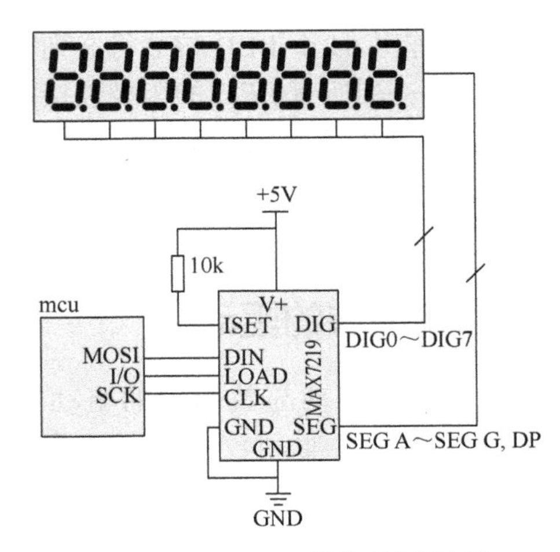

图 6-4 MAX7219 的典型应用电路

2. 工作原理

MAX7219 内部原理如图 6-5 所示。

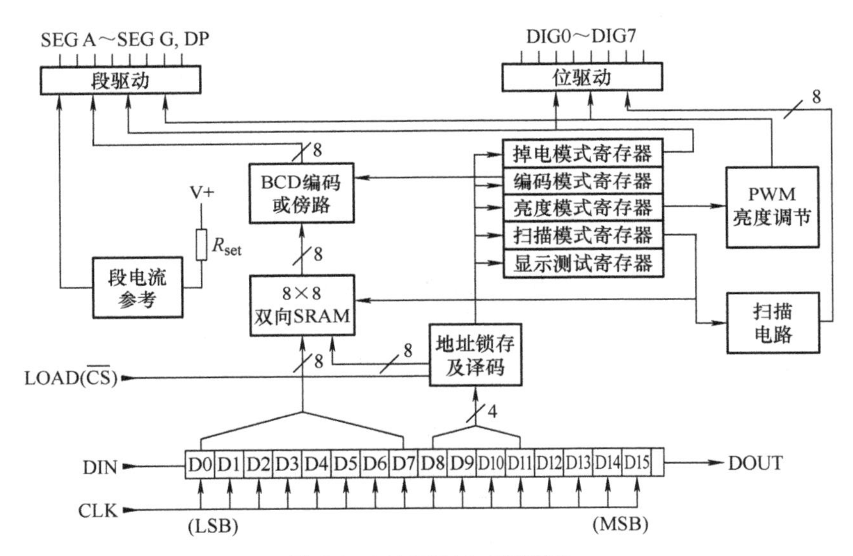

图 6-5 MAX7219 内部原理

MAX7219 所有数据均从 DIN 端在外部时钟 CLK 控制下以串行方式移入，完整的 16 位数据包含的信息见表 6-2。

表 6-2 串行数据格式

D15	D14	D13	D12	D11	D10	D9	D8	D7	D6	D5	D4	D3	D2	D1	D0
×	×	×	×	地址				MSB			数据				LSB

16 位的数据中包含 12 位有效数据，其中 D11 ～ D8 为目标寄存器的地址，D7 ～ D0 为写入该地址指定的寄存器的数据。MAX7219 内部有 14 个可寻址的数据寄存器和控制寄存器，见表 6-3。

表 6-3 寄存器的功能和地址

寄存器	地址码					十六进制表示
	D15 ~ D12	D11	D10	D9	D8	
无操作	×	0	0	0	0	0x0
DIG 0	×	0	0	0	1	0x1
DIG 1	×	0	0	1	0	0x2
DIG 2	×	0	0	1	1	0x3
DIG 3	×	0	1	0	0	0x4
DIG 4	×	0	1	0	1	0x5
DIG 5	×	0	1	1	0	0x6
DIG 6	×	0	1	1	1	0x7
DIG 7	×	1	0	0	0	0x8
编码模式	×	1	0	0	1	0x9
亮度模式	×	1	0	1	0	0xA
扫描模式	×	1	0	1	1	0xB
掉电模式	×	1	1	0	0	0xC
显示测试	×	1	1	1	1	0xF

地址 0x1 ~ 0x8 的寄存器为位数据寄存器，每个寄存器对应一位，向某个寄存器赋予 D7 ~ D0 中所包含的数据，即实现在该位显示 D7 ~ D0 指定的内容。

0x9 为编码模式控制寄存器，对于输入到 DIG0 ~ DIG7 对应寄存器的数据，有两种可选格式，其一是完整 8 位的二进制数据，也就是直接控制数码管的各个字段或者 8 × 8 点阵中该行各个点的亮灭的高低电平数据；其二是以 BCD 码的方式输入的数据，此时该数据只有低 4 位是有效的 BCD 码，它不能直接驱动数码管或点阵显示，而需要经内部 BCD 译码器译码后变成 8 位二进制数据，再驱动数码管各字段或点阵一行中的点。0x9 寄存器中每一位分别用于设置 DIG7 ~ DIG0 的数据格式，置为高电平时该位对应的寄存器中的数据被视为 BCD 码，置为低电平时该位对应的寄存器中的数据被视为 8 位二进制显示码。例如，对 0x9 寄存器写入数据 0001 0001，则表示其后输入至 0x1 和 0x5 数据寄存器（对应位 DIG0 和 DIG4）的内容被视作 BCD 码，而其他位寄存器的内容则为 8 位二进制的显示码，DIG0 和 DIG4 的数据（BCD 码）自动经内部译码送到相应的数码管或点阵中正确显示。需要注意的是，如果设置了 BCD 码格式，则传输数据时就要按 BCD 码格式进行，否则显示结果就会发生错误。

LED 段电流可以通过加在 ISET 引脚与 V+ 脚之间的电阻来设定，段电流一般为流入 ISET 脚电流的 100 倍。这个电阻可以是固定的，也可以是可变电阻，最小值为 9.53kΩ，设定的最大段电流为 40mA。除了外部设定之外，MAX7219 还可以通过 0xA 控制寄存器实现 PWM 方式的亮度调节。写入 0xA 寄存器的数据 D7 ~ D0 的低 4 位（即 D3 ~ D0）实现 16 级的 PWM 调光。

0xB 扫描控制寄存器用来设定扫描数码管的位数（或点阵的行数），可以选择选择 1 ~ 8 位（行），但必须是从 DIG 0 开始的连续几位或几行，不能任意选取。它们以

800Hz的频率自动进行多路动态扫描显示。

0xC掉电模式控制寄存器的内容若为1，则MAX7219工作在正常状态，若为0，则MAX7219设置为掉电模式，此时若MAX7219掉电，则扫描振荡器关闭，所有段电流源接地，显示熄灭，但数据寄存器和控制寄存器的内容不变，也就是保持数据但不显示，掉电模式下可以节省电源。当有一个指令使LED发光时，MAX7219就会退出掉电模式。

0xF显示测试寄存器分为正常（D7～D0数据为0000 0000）和显示测试（D7～D0数据为0000 0001）两种工作状态。显示测试状态在不改变所有其他控制和数据寄存器的情况下将所有LED都点亮，以测试所有的LED灯有没有死灯现象。

6.2.2 MAX7219驱动LED点阵

8×8共阴极的LED点阵相当于一个八位一体的LED数码管，每一行相当于一位，而列线则为共用的数据总线，因此，可以用MAX7219驱动一个8×8点阵单元（模块），电路如图6-6所示。

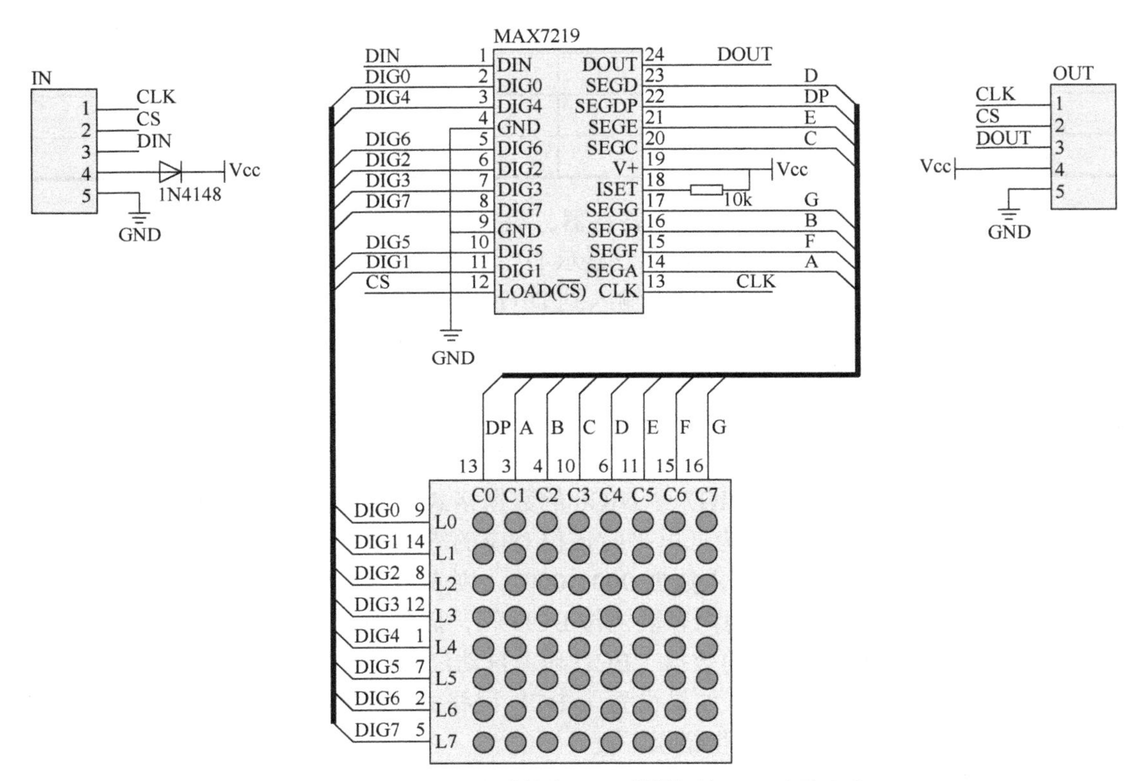

图6-6 MAX7219驱动单个8×8共阴极的LED点阵电路

图中，接线端子IN为输入接口；5脚为电源地线；4脚为输入电压的正极，二极管1N4148的作用是防止输入极性接反；3脚为串行数据输入端，可来自微处理器（单片机），也可来自上一级显示单元；2脚为载入数据的使能信号；1脚为时钟信号；2脚和1脚的信号可通过总线传递至所有显示单元。接线端子OUT为输出接口，串行数据从DOUT输出，向后级联。DIG0～DIG7为行线选择信号，可看作是地址总线，低电平选通；A～G，DP为列数据总线，由MAX7219内部的数据寄存器通过数据总线发送相应行的显示内容。

由此可见，使用了 MAX7219 后，仅需要占用微处理器（单片机）三根 I/O 线，大幅度节省了硬件资源，同时也简化了 PCB 的布线。

下面以显示数字“4”为例，说明对数据寄存器（地址 0x1 ～ 0x8）的赋值设计（字模设计）方法。

MAX7219 采用动态扫描的方式逐行扫描显示的数字“4”的规划如图 6-7 所示。对于不同的显示内容，都需要对 8 个位（行）数据寄存器进行相应的赋值。首先根据显示内容把点阵中要点亮的 LED 标出来，如图中的黑点所示的“4”字。要注意点阵的摆放方向不同赋值内容也不相同，本例点阵的 1 脚放于左上角位置，这样的放置使从右到左每一列为一位（DIG0 ～ DIG7），依次对应 0x1 ～ 0x8 寄存器，而从上到下每一行构成显示数据（SEG），高位在上，低位在下，如图中 D7 ～ D0 所示，以二进制数标出 D7 ～ D0 的高低电平（高电平为亮，低电平为灭），于是有：0x1 寄存器的数据为 0000 0000，0x2 数据为 0000 0100，0x3 数据为 0111 1111，如此类推；为了方便编程，把二进制数转换为十六进制数表示，即 0x1 ～ 0x8 数据寄存器的内容依次为 {0x0，0x4，0x7F，0x24，0xC，0x0，0x0}。

根据上述方法，可以设计其他数字的赋值（字模），数字“0 ～ 9”的点阵显示图形如图 6-8 所示。8×8 点阵适用于数字和英文字母的显示，设计时要注意美观，应在边缘留出足够的空间，图中采用了 7 行 5 列进行布局（每个数字大小为 7 点 ×5 点），当然，具体的布局设计还可以根据个人的喜好和字体而定，不能一概而论。除此之外，值得注意的是，赋值内容还与电路的硬件连接方式有关，需要结合电路设计与 PCB 布线一并考虑。

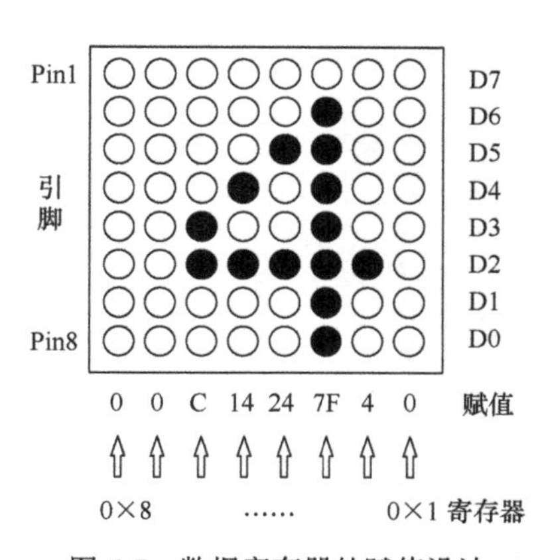

图 6-7　数据寄存器的赋值设计

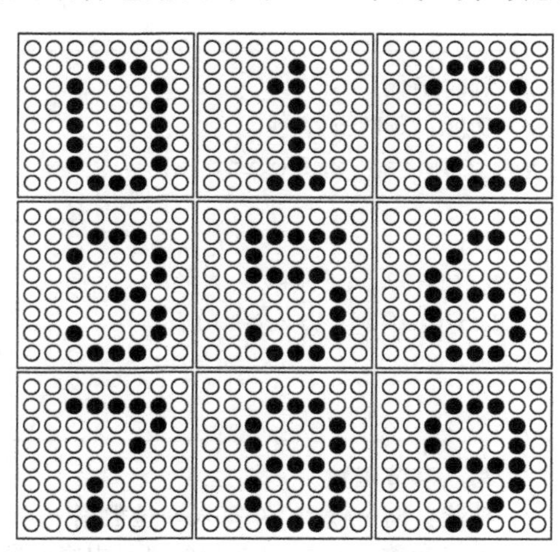

图 6-8　数字“0 ～ 9”的点阵显示图形

下面以一个循环显示“0 ～ 9”和“A ～ F”的小程序为例，说明单片机控制点阵显示的过程。

```
#include <reg52.h>
#include <intrins.h>
#define uchar unsigned char
#define uint  unsigned int

//定义单片机与 MAX7219 的接口
sbit Max7219_pinCLK = P2^2; //时钟信号输出，连接 IN 端子的 1 脚
sbit Max7219_pinCS  = P2^1; //数据输入使能信号输出，连接 IN 端子的 2 脚
```

```
sbit Max7219_pinDIN = P2^0; // 串行数据输出，连接 IN 端子的 3 脚

// 数字“0 ~ 9”和字母“A ~ F”各寄存器赋值内容（共 16 个 8 字节的字模）
uchar code disp1[16][8]={
{0x0,0x3e,0x41,0x41,0x41,0x3e,0x0,0x0},  //0
{0x0,0x0,0x1,0x7f,0x21,0x0,0x0,0x0},     //1
{0x0,0x31,0x49,0x45,0x43,0x21,0x0,0x0},  //2
{0x0,0x36,0x49,0x49,0x49,0x22,0x0,0x0},  //3
{0x0,0x4,0x7f,0x24,0x14,0xc,0x0,0x0},    //4
{0x0,0x4e,0x51,0x51,0x51,0x72,0x0,0x0},  //5
{0x0,0x6,0x49,0x49,0x29,0x1e,0x0,0x0},   //6
{0x0,0x60,0x50,0x48,0x47,0x40,0x0,0x0},  //7
{0x0,0x36,0x49,0x49,0x49,0x36,0x0,0x0},  //8
{0x0,0x3c,0x4a,0x49,0x49,0x30,0x0,0x0},  //9
{0x0,0x1f,0x24,0x44,0x24,0x1f,0x0,0x0},  //A
{0x0,0x36,0x49,0x49,0x41,0x7f,0x0,0x0},  //B
{0x0,0x22,0x41,0x41,0x41,0x3e,0x0,0x0},  //C
{0x0,0x3e,0x41,0x41,0x41,0x7f,0x0,0x0},  //D
{0x0,0x41,0x49,0x49,0x49,0x7f,0x0,0x0},  //E
{0x0,0x40,0x48,0x48,0x48,0x7f,0x0,0x0},  //F
};

//----------------------------------------
// 延时函数
// 功能：延时 x 毫秒
void Delay_xms(uint x)
{
 uint i,j;
 for(i=0;i<x;i++)
  for(j=0;j<112;j++);
}

//-----------------------------------------
// 写入字节函数
// 功能：向 MAX7219 写入 8 位数据
// 入口参数：DATA（8 位的显示内容的数据或地址码）
// 出口参数：无
void Write_Max7219_byte(uchar DATA)
{
      uchar i;
      Max7219_pinCS=0;                        // 允许数据更新（不锁存）
      for(i=8;i>=1;i--)                       // 只送 8 位数据
         {
           Max7219_pinCLK=0;
           Max7219_pinDIN=DATA&0x80;          // 从最高位开始逐位移入
           DATA=DATA<<1;                      // 左移一位
           Max7219_pinCLK=1;                  // 送出一位至 MAX7219 的 16 位寄存器
```

```
        }
}
//-----------------------------------------------
//载入地址和数据函数
//功能：向MAX7219写入数据（完整的16位）
//入口参数：address、dat
//出口参数：无
//说明：
void Write_Max7219(uchar address,uchar dat)
{
     Max7219_pinCS=0;
     Write_Max7219_byte(address);  //写入地址（高8位）
     Write_Max7219_byte(dat);      //写入数据（低8位）
     Max7219_pinCS=1;              //载入
}

//-----------------------------------------------
//MAX7219初始化
//功能：对MAX7219的工作模式进行初始化（向相应的地址写控制码）
//入口参数：无
//出口参数：无
void Init_MAX7219(void)
{
 Write_Max7219(0x09, 0x00);        //译码方式：不需要译码
 Write_Max7219(0x0a, 0x03);        //亮度
 Write_Max7219(0x0b, 0x07);        //扫描界限；全部扫描显示
 Write_Max7219(0x0c, 0x01);        //掉电模式：0，普通模式：1
 Write_Max7219(0x0f, 0x00);        //显示测试：1；正常显示：0
}

//==============================
//主程序
void main(void)
{
 uchar i,j;
 Delay_xms(50);
 Init_MAX7219(); //初始化
 while(1)        //主循环的作用是更改显示内容，动态扫描显示由MAX7219自动完成
 {
  for(j=0;j<16;j++)
  {
   for(i=1;i<9;i++)
    Write_Max7219(i,disp1[j][i-1]); //地址i=0x1~0x8，内容为每个数字或字母的赋值
   Delay_xms(1000);                 //每个数字或字母显示1s
  }
 }
}
```

6.3 点阵模块的级联

多个 LED 点阵排列组合起来就构成了 LED 点阵显示屏，MAX7219 具有级联功能，这为点阵模块的组合扩展提供了极大的方便。MAX7219 点阵显示模块级联如图 6-9 所示，其中第 1 级输入端接微处理器（单片机），输出端接第 2 级的输入端；第 2 级的输出端接第 3 级的输入端，如此类推一直级联下去。所谓级联，是指 MAX7219 构成的 LED 点阵模块具有数据向下传递的功能，当 MAX7219 的 LOAD（CS）引脚电平为低时，数据在 CLK 时钟信号控制下由微处理器的串行输出口逐位向 MAX7219 传送，一个完整的数据包含 16 位（双字节），每个点阵模块需要 14 个双字节（包括 5 个控制字和 8 个显示内容），每 16 位数据传送结束时，并不马上自动执行显示，而当所有数据传送完成后，给 LOAD（CS）引脚一个高电平，才能完成执行显示。若对相同地址传送超过 16 位的数据，则在第 16 个时钟的下降沿时将第 1 级的数据锁存，并将其向下一级传递，新的数据则移入第 1 级点阵同一地址的寄存器替换原来的数据。因此，假设有 N 个 MAX7219 点阵单元模块级联，对于每个模块中相同地址的寄存器就要送出 $16 \times N$ 位的数据，以级联的方式一级一级地传送，先送出的数据将被传到最远离微处理器的末级，最后送出的数据则送到靠近微处理器的第 1 级。所有数据传送完成后，向 LOAD 引脚送一个高电平，则数据就会被放到各个模块的对应寄存器，更新的内容在各个模块中同时执行显示。

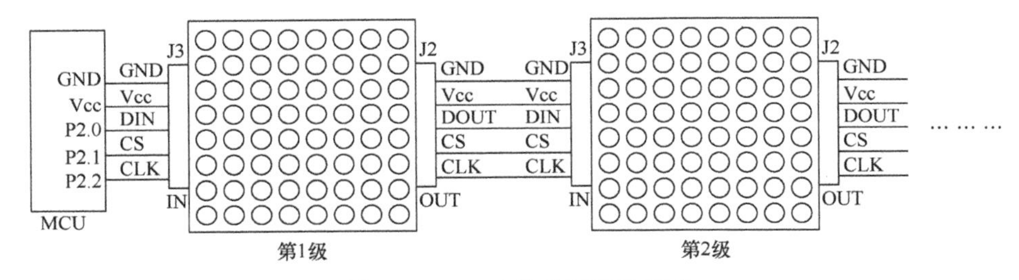

图 6-9 LED 点阵的级联示意图

在硬件电路设计时，为了方便 LED 点阵模块之间的连接，本例中令点阵显示方向顺时针旋转 90°，这样字模的方向也要进行重新设计，图 6-10 所示为显示“4”字的方向和寄存器的赋值（注意与图 6-7 中的赋值不同）。三个点阵模块级联显示数字“123”的例子如图 6-11 所示。

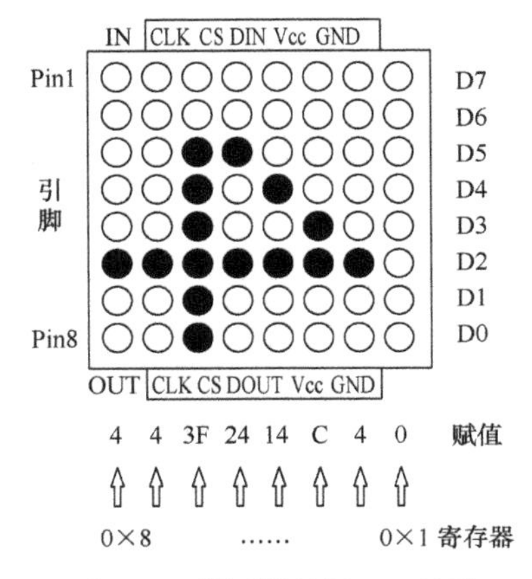

图 6-10 顺时针旋转 90° 显示

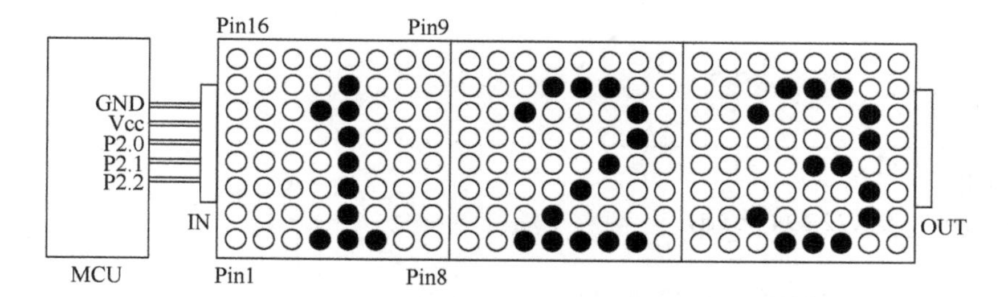

图 6-11　由三个点阵模块级联同时显示数字“123”

三个点阵模块级联，显示数字“123”的程序代码如下：

```
#include <reg52.h>
#include <intrins.h>
#define uchar unsigned char
#define uint  unsigned int

// 定义 MAX7219 端口
sbit Max7219_pinCLK = P2^2;
sbit Max7219_pinCS  = P2^1;
sbit Max7219_pinDIN = P2^0;

// 定义显示内容（顺时针转 90° 显示）
uchar code disp1[3][8]=
{
  {0x0,0x8,0x18,0x8,0x8,0x8,0x8,0x1c},    //1
  {0x0,0x1c,0x22,0x2,0x4,0x8,0x10,0x3e}, //2
  {0x0,0x1c,0x22,0x2,0xc,0x2,0x22,0x1c}, //3
};
// 函数原型
void Delay_xms(uint x);                      // 延时 xms
void Write_Max7219_byte(uchar DATA);         // 写入一字节
void Write_Max7219(uchar address1,uchar dat1,uchar address2,uchar dat2,
                   uchar address3,uchar dat3); // 载入三个点阵的数据
void Init_MAX7219(void);                     //MAX7219 工作模式初始化

//==========================
// 主程序
void main(void)
{
 uchar i;
 Delay_xms(50);
 Init_MAX7219();
 while(1)
 {
  for(i=1;i<9;i++)
  Write_Max7219(i,disp1[2][i-1],i,disp1[1][i-1],i,disp1[0][i-1]); //末级数据先入
  Delay_xms(1000);
```

```
  }
}

//---------------------------
//初始化
void Init_MAX7219(void)
{
  Write_Max7219(0x09, 0x00,0x09, 0x00,0x09, 0x00);   //译码方式：不用译码
  Write_Max7219(0x0a, 0x03,0x0a, 0x03,0x0a, 0x03);   //亮度调节：16级中的第3级
  Write_Max7219(0x0b, 0x07,0x0b, 0x07,0x0b, 0x07);   //扫描界限：全部扫描显示
  Write_Max7219(0x0c, 0x01,0x0c, 0x01,0x0c, 0x01);   //掉电模式：0，普通模式：1
  Write_Max7219(0x0f, 0x00,0x0f, 0x00,0x0f, 0x00);   //显示测试：1，正常显示：0
}

//---------------------------
//写入三个字符的数据
void Write_Max7219(uchar address1,uchar dat1,uchar address2,uchar
dat2,uchar address3,uchar dat3)
{
    Max7219_pinCS=0;
    Write_Max7219_byte(address1);                   //写入地址
    Write_Max7219_byte(dat1);                       //写入数据（末级）
    Write_Max7219_byte(address2);                   //写入地址
    Write_Max7219_byte(dat2);                       //写入数据（中间）
    Write_Max7219_byte(address3);                   //写入地址
    Write_Max7219_byte(dat3);                       //写入数据（第一级）
          _nop_();
        Max7219_pinCS=1;                            //载入数据
}

//-----------------------------
//写入一个字节
void Write_Max7219_byte(uchar DATA)
{
        uchar i;
        for(i=8;i>=1;i--)
            {
              Max7219_pinCLK=0;
              Max7219_pinDIN=DATA&0x80;
              DATA=DATA<<1;
              Max7219_pinCLK=1;
            }
}

//------------------------------
//延时xms
void Delay_xms(uint x)
```

```
{
 uint i,j;
 for(i=0;i<x;i++)
  for(j=0;j<112;j++);
}
```

上面的例子每个 LED 点阵模块只显示一个字符，因此每一个字符的数据赋值是确定的，可以用 8 字节的数组把它们一一列出（即字模），在程序中根据实际需要调用相应的字模即可改变显示的内容，给 LED 点阵的使用带来极大的方便。但是，从图 6-11 中可以看出，有些字符的点数和占用的空间较少，例如数字“1”，这样就会造成字符之间的间隔不够紧凑，有时为了追求显示效果更好，在显示内容相对固定的情况下，可以以图形的形式对显示内容进行逐点定义（每个 LED 可以看作一个像素），例如，图 6-12 和图 6-13 所示为设计采用三个 LED 点阵模块显示了四个数字，由于每一个点阵模块不是正好完整显示一个数字，因此不能调用上面程序中设计的字模数据，而需要根据每个点具体的位置重新确定赋值。这种设计方案工作量较大，适合个性化的图形图案设计，复杂的内容需要设计相应的软件来自动完成像素的分析和点阵数据赋值的功能。

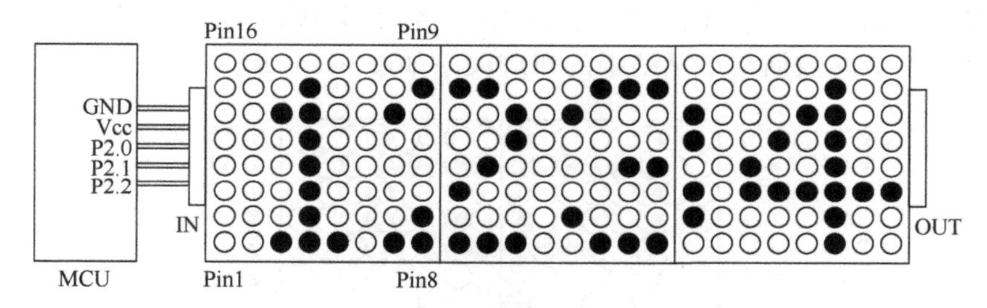

图 6-12　由三个 LED 点阵模块级联显示 4 位数字（图案）

图 6-13　由三个 LED 点阵模块级联显示 3 位和 4 位数字效果

6.4　汉字点阵

8 × 8 点阵用于显示数字和字母时区分度是足够的，但对汉字而言，由于字形相对复杂笔画较多，一般来说，至少需要 16 × 16 点阵才能达到比较好的区分度（分辨率），本节将讨论汉字字模结构、字库的组织、区位码，以及用点阵显示汉字的硬件设计和程序设计方法。

6.4.1　汉字字库

一个 16 × 16 点阵共有 256 个点，8 个点为一个字节，可以用 32 个字节的数据块来定义汉字的字模，排列顺序为从左到右，从上到下，如图 6-14 所示。汉字的字模数据被标准化后存放在相应的二进制字库文件中，根据不同的字体设计的字模不同，常用的 16×16 点阵字库有 HZK16S（宋体）、HZK16F（仿宋）、HZK16H（黑体）、HZK16K（楷体）、HZK16Y（幼圆）、HZK16L（隶书）等。除此之外还有 24×24，32×32 和 48×48 点阵的字库，点数越多，分辨率越高，显示的汉字笔画就越光滑美观，但同时处理每个汉字使用的内存也就越多，对普通 LED 显示屏而言，16×16 点阵最常用。

HZK16 字库是符合 GB 2312—1980 标准的 16×16 点阵字库，GB 2312—1980 支持的汉字有 6763 个，符号有 682 个。其中一级汉字有 3755 个，按声序排列，二级汉字有 3008 个，按偏旁部首排列。

有许多商家把多种汉字字库集成到 IC 中，供使用频繁的场合直接从硬件中调用，这样做会加快程序的运行速度，提高显示效率。但在大部分应用场合用不到这么多汉字字模，为了节省成本，没有必要使用专用的字库集成 IC，而是在应用时通过软件从字库文件中提取所需的个别字模。

GB2312 中的汉字字模数据是按区和位索引的，共分为 94 个区，每个区有 94 个位，每个位为一个汉字的字模数据，对 16×16 点阵而言，每个位就是一个 32 字节的数据块。因此，只要找到汉字的区码和位码，就可以确定该汉字字模数据的首地址。例如，汉字“周”的区码为 54，位码为 60，即在 HZK16 字库文件中第 54 区 60 位为该汉字字模数据，该处 32 个字节的数据与显示结果的对应关系如图 6-14 所示。

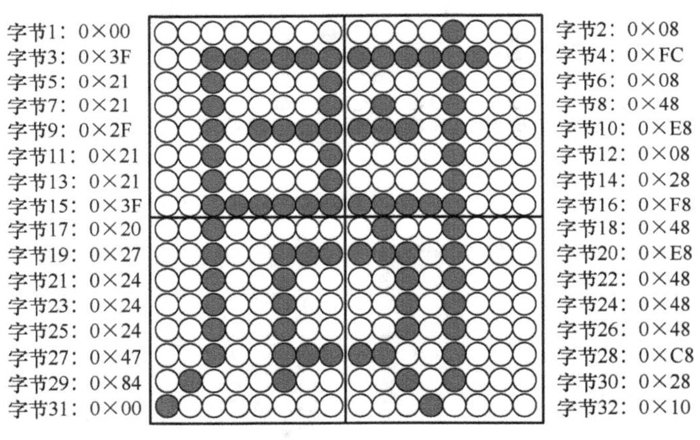

图 6-14　16×16 字模数据及显示效果

需要指出的是，每个汉字的区码和位码是确定的，但根据字体和大小的不同，具体的字模数据有所不同。

6.4.2　汉字的编码

上面已经说明了在字库文件中找到汉字字模数据的关键是确定其区码和位码。为了可以通过键盘输入字符，必须为每一个字符指定一个唯一的编码，标准键盘是为输入英文、数字，以及一些特定字符而设计的，每一个按键对应有一个 ASCII 码，而使用标准键盘是无法直接输入汉字的，这就需要用编码的方式，即用若干按键对汉字进行编码，例如“拼音码”“五笔字形码”等，这就是输入码（外码）。输入法的程序根据输入码（外码）翻译成唯一的机器识别码（内码），再把内码翻译成汉字的国标码和区位码，就可以在字库中找到汉字的字模数据。这个过程要比英文输入复杂一些，但这些工作主要通过程序和文字处理软件自动完成。理解了汉字的编码原理和字模提取的方法，可以为设计个性化的 LED 点阵汉字显示应用提供更高的灵活性。

汉字输入的过程如图 6-15 所示。

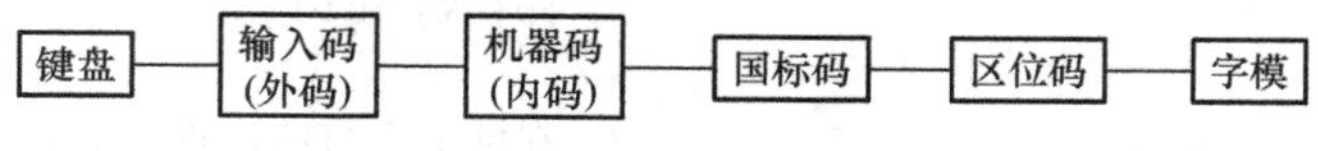

图 6-15 汉字输入的过程

汉字处理系统要保证中西文的兼容，当系统中同时存在 ASCII 码和汉字国标码时，将会产生二义性。例如，有两个字节的内容为 0x30 和 0x21（组成双字节用十六进制表示为 3021H)，它既可表示一个汉字“啊”的国标码，又可表示两个西文“0”和“!”的 ASCII 码。为此，汉字机内码对应国标码需要加以适当处理和变换。

汉字国标码对应的机内码为双字节的代码，它是在相应国标码的每个字节最高位上加“1”得到，即汉字机内码 = 汉字国标码 +8080H。例如，上述“啊”字的国标码是 3021H，其汉字机内码则是 B0A1H。这样既解决了汉字机内码与西文机内码之间的二义性，又使汉字机内码与国标码之间具有极简单的对应关系。

汉字机内码、国标码和区位码三者之间的关系为：区位码（十进制）的两个字节分别转换为十六进制后加 2020H 得到对应的国标码，国标码的两个字节加 8080H 得到对应的机内码，即区位码（十进制）的两个字节分别转换为十六进制后加 A0A0H 得到对应的机内码，区位码（十六进制）= 国标码 −2020H = 机内码 −A0A0H。

汉字字模在 HZK16 字库中的绝对偏移位置可用以下公式计算：

$$\text{Offset}=[94\times(\text{区码}-1)+(\text{位码}-1)]\times 32 \tag{6-1}$$

其中，区码减 1 是因为数组是以 0 下标开始而区号位号是以 1 为开始的；[94×(区码 −1)+(位码 −1)] 是一个汉字字模数据块单位；32 是 16×16 点阵汉字字模的字节数。由式（6-1）就可以根据区位码定位和提取字库中的字模数据。

下面给出通过汉字内码计算字模数据在字库文件中的偏移量及提取字模的 C 语言程序示例。

```
#include <stdio.h>
int main(void)
{
    FILE* fphzk = NULL;
    int i, j, k, offset;
    int flag;
    unsigned char buffer[32];        // 用于存放 32 个字节的字模数据
    unsigned char word[3] = "我"; // 在程序中赋值相当于给出了该汉字的机器码（内码)
    unsigned char key[8] = {
        0x80,0x40,0x20,0x10,0x08,0x04,0x02,0x01
    };
    fphzk = fopen("hzk16", "rb"); // 打开二进制字库文件
    if(fphzk == NULL){
         fprintf(stderr, "error hzk16\n");
         return 1;
```

```
    }
offset=(94*(unsigned int)(word[0]-0xa0-1)+(word[1]-0xa0-1))*32;
                                          //利用机内码计算偏移量
fseek(fphzk, offset, SEEK_SET);           //把指针指到offset处
fread(buffer, 1, 32, fphzk);              //把offset起后面连续32个字节数据读出
                                          //保存到buffer

for(k=0; k<32; k++){                      //在屏幕上打印出点阵的效果
         printf("%02X", buffer[k]);
    }
    for(k=0; k<16; k++){
         for(j=0; j<2; j++){
              for(i=0; i<8; i++){
                   flag = buffer[k*2+j]&key[i];
                   printf("%s", flag?"●":"○");
              }
         }
        printf("\n");
    }
    fclose(fphzk);
    fphzk = NULL;
    return 0;
}
```

6.5 汉字点阵驱动电路

汉字点阵仍然是动态扫描的显示方式，由于行数和列数较多，为了便于扩展，本节将介绍采用通用的数字电路芯片对行（地址）和列（数据）进管理的实施方案，供读者参考。

6.5.1 行线的驱动

动态扫描从上到下（或从下到上）逐行使能点阵的行线，并不断重复循环，因此需要一个扫描控制信号，该信号可以由单片机的两个 I/O 口（共 16 根 I/O 线）来直接输出，但这样做占用 I/O 线太多，通过 4–16 译码器可以使占用的 I/O 线减少到只有四根，而通过串并转换的方式，则可以进一步减减少 IO 线，例如使用一块 8 位的串入并出移位寄存器 74LS164 可以实现一根串行数据线和一根控制线变输入八根移位数据线输出，两块 74LS164 级联则可以实现两根输入变成 16 根移位输出，实现对单片机 I/O 线的最少数量需求。

74LS164 的功能引脚如图 6-16 所示。

DSA 和 DSB 其中一根用作数据输入，另一根用作使能信号，如果不需要使能，则两根并联在一起作为数据的输入端。CP 为移位时钟脉冲，在其上升沿到来时，数据向高端移一位，即从 Q0 开始向 Q7 方向移位，MR 为复位信号。行扫描时，任一时刻只有一行有效，因此 8 位数据中只有一位是有效位，利用移位时钟脉冲控制该数据位循环移动，就可以实现对不同的行进行扫描。

16×16 点阵需要驱动 16 根行线，因此行扫描控制电路需要两个 74LS164 级联，如图 6-17 所示。

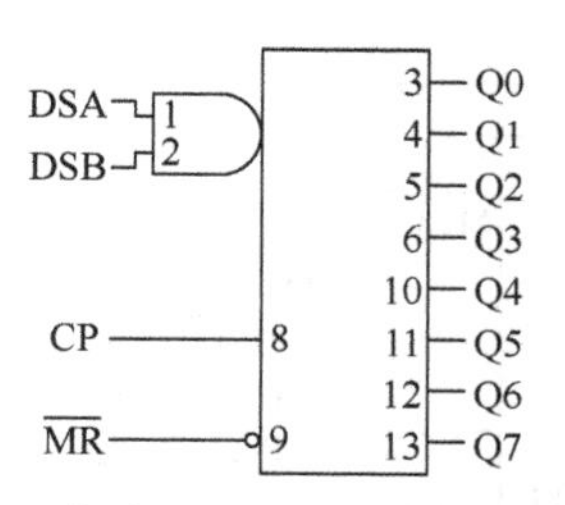

图 6-16　8 位串入并出移位寄存器 74LS164

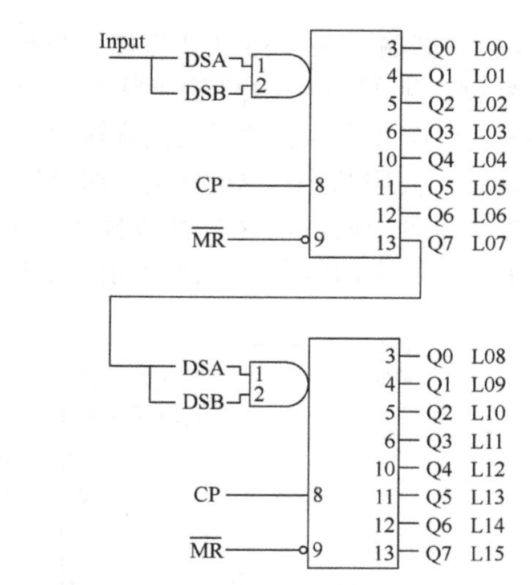

图 6-17　两块 74LS164 构成 16 行扫描控制电路

扫描信号从第一块 74LS164 输入端输入，在 CP 时钟的控制下向高位移动，直到 Q7，再通过 Q7 级联至第二块 74LS164 的输入端，继续向第二块 74LS164 的 Q7 方向移动，从而实现了 16 行扫描。

由于每一行包含 16 个 LED，全部点亮时 74LS164 的驱动电流不足，因此实际使用时可在其输出端与点阵的行线之间加一级晶体管驱动，如图 6-18 所示。

74LS164 输出端连接 PNP 型晶体管 S8550 基极的输入端，集电极连接点阵的行线，L00 与 Q0 是反相关系，故 74LS164 的输入信号为低电平，L00 上才能获得高电平扫描信号（本例采用的 1088B 为共阳点阵）。

6.5.2　列线的驱动

列线的信号必须在行驱动信号到来之前准备好，同样道理，应该尽可能减小对 I/O 线的需求，因此，一个串入并出的缓冲器 74HC595 是合适的选择，与 74LS164 不同的是，74HC595 带有输入缓冲器，这样可以在上一行显示内容的同时，先把数据移入缓冲器，为下一行显示做好准备，使每一行之间的切换更加平稳，不会产生闪烁。

74HC595 的功能引脚如图 6-19 所示。

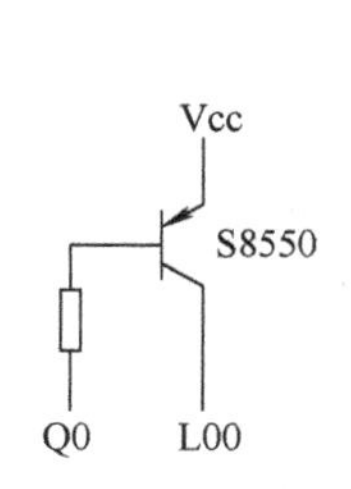

图 6-18　行线的驱动电路

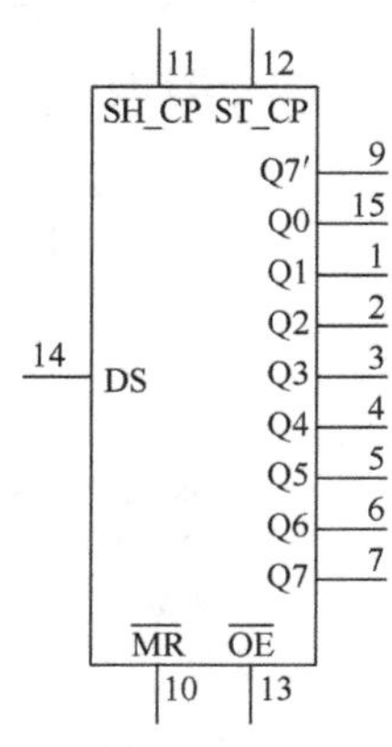

图 6-19　74HC595 功能引脚

DS 为数据输入端，ST_CP 为移入数据的时钟信号，每当上升沿到来时，向缓冲器移入一位数据，期间 Q0 ～ Q7 输出状态不变，当 8 位数据全部移入后，给 SH_CP 脚一个上升沿，Q0 ～ Q7 才变为缓冲器的内容输出；OE 为输出使能信号，低电平有效，若为高电平，则输出始终为高阻状态；MR 低电平时清除缓冲器；Q7′ 为串行数据输出端，当从 DS 端移入的数据多于 8 位时就从这个引脚输出，可以级联到下一个 74HC595 的缓冲器里，这样就可以扩展并行输出的位数。本例使用两块 74HC595 实现 16 列数据的缓冲，如图 6-20 所示。

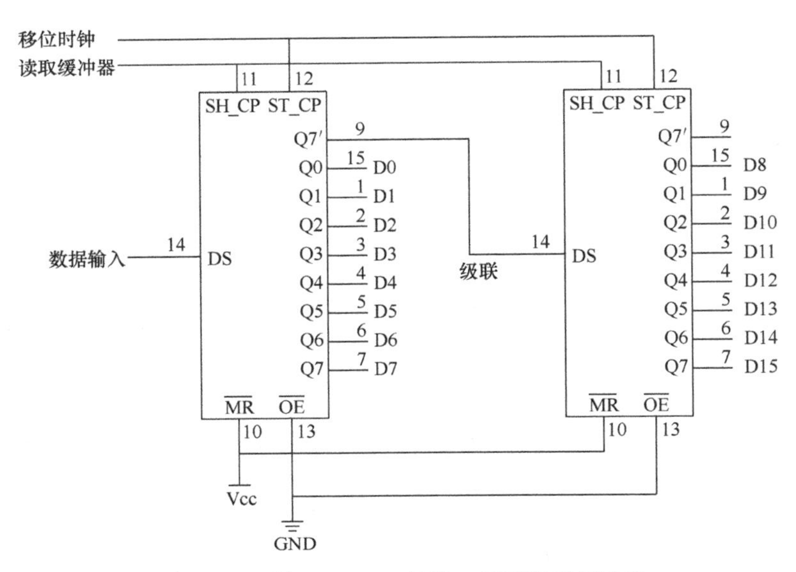

图 6-20 两块 74HC595 实现 16 列的数据缓冲器

由于每一列最多只有一只 LED 点亮（动态扫描每次只点亮一行），而 74HC595 输出端电流高达 35mA，所以无需再另外附加列驱动电路。

综上所述，两块 74LS164 的输出端经晶体管驱动后与 16 × 16 点阵的 16 根行线相连，两块 74HC595 的输出与 16 根列线直接相连，前者行扫描控制需要两根信号线，后者列数据需要三根信号线。16 × 16 点阵的硬件结构如图 6-21 所示。

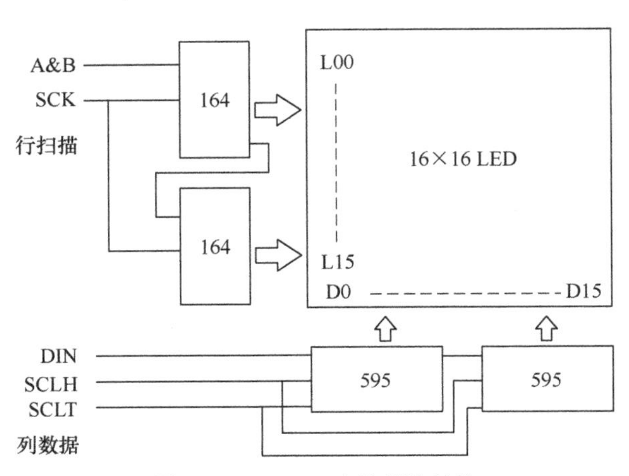

图 6-21 16 × 16 点阵模块结构

具体电路如图 6-22 所示。

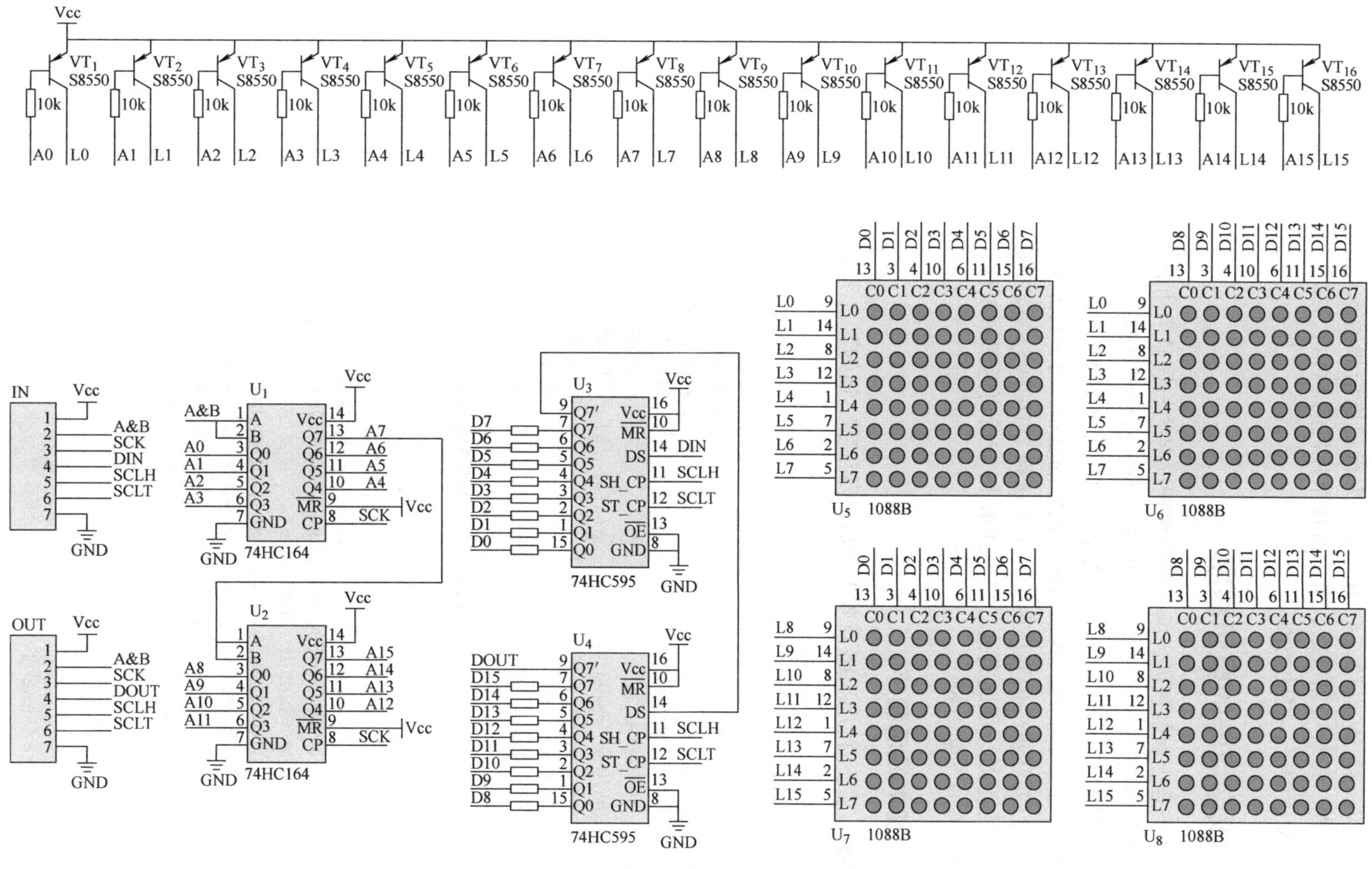

图 6-22　16×16 点阵模块的电路原理图

模块 Vcc 接 5V 电源，A&B、SCK 为行扫描信号输入端，DIN、SCLH、SCLT 为列数据输入端。模块可以级联，第 1 级接单片机的 I/O 口，第 2 级的 IN 输入端子接第 1 级的 OUT 输出端子，以此类推。

6.6 汉字点阵的显示程序

本节配合上面的硬件，编写程序实现汉字的扫描显示功能。首先为显示模块建立一个 32 字节的显示缓冲区，把要显示的汉字的字模数据复制到该内存缓冲区中，先发送行扫描信号，使能某一行 LED，然后把该行要显示的内容（两个字节）传送到 74HC595 内部的缓冲器中，锁存生效，即实现该行内容的显示。每一行显示将持续一定的时间，在此期间把下一行要显示的内容（两个字节）送到 74HC595 的缓冲器做准备，待行扫描信号换行后再锁存生效，如此类推。扫描到第 16 行后再返回第 1 行，不断循环，就可以动态地显示出所需的汉字内容。

6.6.1 基本显示程序

示例 在一个 16 × 16 点阵上先后显示汉字“通知”二字的单片机 C 语言程序。

```
#include <reg52.h>
#include <intrins.h>
#define DATAOUT  P2                     // 指定 P2 口作为输出
sbit DATA=DATAOUT^0;                    // 列数据输出位
sbit SCLH=DATAOUT^1;                    // 列扫描时钟位
sbit SCLT=DATAOUT^2;                    // 列数据锁存位
sbit AB=DATAOUT^4;                      // 行数据输出位
sbit SCK=DATAOUT^5;                     // 行扫描时钟位
unsigned char buffer[32];               //32 字节 RAM 作为 16×16 点阵屏显示缓存
void display();                         // 点阵扫描函数，将显示缓存的数据输出到点阵屏
void displayS(unsigned int xs);         // 按指定时间（s）扫描显示
//-----------------------------------------------------------
// 汉字点阵字模数据（可利用上一节的程序在字库中查找得到）
code unsigned char tong[32]={                        // “通”
0x03,0xf8,0x40,0x10,0x30,0xa0,0x10,0x48,
0x03,0xfc,0x02,0x48,0xf2,0x48,0x13,0xf8,
0x12,0x48,0x12,0x48,0x13,0xf8,0x12,0x48,
0x12,0x68,0x2a,0x50,0x44,0x06,0x03,0xfc};
code unsigned char zhi[32]={                         // “知”
0x20,0x00,0x20,0x00,0x22,0x04,0x3f,0x7e,
0x28,0x44,0x48,0x44,0x88,0x44,0x09,0x44,
0xff,0xc4,0x08,0x44,0x08,0x44,0x14,0x44,
0x12,0x44,0x22,0x7c,0x40,0x44,0x80,0x00};
//=====================================================
// 主程序
void main(void)
{
  unsigned char i=0,j=0;
        unsigned char s1;
```

```
        while(1)      //循环显示
                {
               //依次显示“通知”二字，每个字显示时间为 1s
               s1=1;  //显示速度为每个字 1s
               for(i=0;i<32;i++)buffer[i]=tong[i];displayS(s1);
               for(i=0;i<32;i++)buffer[i]=zhi[i];displayS(s1);
                }
}
//=====================================================================
//扫描显示子程序：把显示缓冲区中的 32 个字节的字模数据显示在一个 16×16 点阵的模块上
//调用一次 display()，将会在点阵模块上扫描一次（16 行）
void display()                    //扫描显示子程序
{
  unsigned char i,ia,j,col;  //定义变量
DATAOUT=0XFF;                     //数据线置高电平，为传送数据到点阵模块做准备
AB=0;                             //行数据位置 0，准备从第一行开始扫描（这个 0 将
                                  //一直移到最后一行）
for(i=0;i<16;i++)                 //循环使能 16 行（使能每一行的时候，将显示该行 16 列
                                  //（两个字节）
{
     SCK=0;                       //为行扫描（使能）做准备［164 芯片 SCK 信号上升沿生效，
                                  //每次移一位（一行）］
    SCLT=0;                       //为列锁存做准备（595 芯片 SCLT 信号上升沿生效，每次
                                  //锁存一个字节）
   for(ia=2;ia>0;)
   {                              //每行 16 个点，循环位移两个字节
   ia--;                          //循环两次
   col=~buffer[i*2+ia];           //读取点阵数据做输出，这里用到 ia 目的是先读取点阵数
                                  //据的第二字节（右边的点阵数据先移入）
                                  //电路中的第二个级联的 595 芯片最后一位对应点阵
                                  //右边最后一列，所以要先输出一行中的第二个字节数据
   for(j=0;j<8;j++)               //向 595 芯片移入一个字节数据（低位先入）
       {
        SCLH=0;                   //为 595 芯片移入数据做准备
        DATA=col&0x01;            //将数据低位做输出，由电路图可知，移位寄存器 595 的
                                  //最后一位对应最后一列，因此先移最后一位
        col>>=1;                  //将缓冲区的数据右移一位，为下一位的输出做准备
        SCLH=1;                   //将 DATA 上的数据移入寄存器
      }                           //移入一个字节结束
     }                            //移入两个字节结束（先右后左）
    DATAOUT|=0X24;                //此句可以用以下两句来理解，如果不将两句合为一句，将
                                  //出现拖影现象
    //SCK=1;                      //SCK 拉高，行数据移位，相应行拉低，晶体管导通输出电
                                  //量到相应行点阵管阳极（共阳）
    //SCLT=1;                     //SCLT 拉高，将数据锁存输出到相应列的点阵发光管显示，
                                  //显示一行后将保持到下一行显示开始
    AB=1;                         //164 芯片输出数据始终只有一个 0，所以后面移入的都是 1
  }
```

```
  j=64;
  while(j--);                  // 每一行的显示保持的时间为向 595 芯片移入两个字节的时
                               // 间，因此，最后一行的显示，也要加入保持时间，补偿显
                               // 示的亮度

  SCK=0;
  SCK=1;                       // 关闭最后一行显示
}
//==================================================================
// 按指定时间显示缓冲区的内容，每秒约扫描 130 次
void displayS(unsigned int xs)  // 指定时间扫描显示
{
  unsigned char i;
  while(xs--)                  // 当 xs=1 时，大约 1s 时间
      {
       i=130;
       while(i--)
       display();              // 扫描 130 次，时间长短与系统时钟有关
 }
}
```

6.6.2 滚动显示效果设计

上面程序显示的两个汉字是静止的，在此基础上可以实现一些动态变化的效果，例如左右移动和上下滚动等，其原理关键是适时地改变显示缓冲区的内容。

1. 向左移动

实现向左移动的关键是把显示缓冲区分为左右两半，左半区对应每行的第一个字节，右半区对应第二个字节，在右半区后面再附加半个区的备用缓冲区，存放准备移入的汉字的字节数据，这样，当显示缓冲区第一列向左移出屏幕后，左半区剩余的列全部向左移一列补上，而左半区最后一列则由右半区最左面的一列补上，右半区整体向左移一列，右半区最后一列则由备用缓冲区补上，以此类推，每左移半个汉字完成后，在备用区再补入半个汉字的数据，即实现多个汉字的左移。

```
void MoveLeft(unsigned char *lp,unsigned char num,unsigned char speed)
//*lp 显示内容的首地址，num 显示汉字的个数，speed 左移的速度
{
unsigned char i=0,j=0,ia=0;
unsigned int LR=0,col=0,sp=0;
unsigned char buf[16];          // 准备移入显示缓冲区的半个字的备用缓冲区
num*=2;                         // 一个汉字字模含 32 字节数据，移位显示分开左右两半处理，
                                // 因此这里乘以 2
for(i=0;i<16;i++)buf[i]=0;      // 将准备移入显示缓冲区的半个字的备用缓冲区清零
if(lp!=0)                       // 指针不为空
        {                       // 循环处理
    while(num)
      {                         // 当 lp 指向的地址为 0 时，表示已没有新的内容要移入，
                                // 直接用 0 补上，效果是将当前显示的内容全部移出
      LR=num%2;                 // 用来判断当前处理汉字的左半部分还是右半部分，LR=0 为左
```

```
    // 以下把第二个汉字的左半部分放到备用缓冲区（如此类推）
    for(i=0;i<16;i++)         // 半个汉字字模有 16 个字节数据，i 为行号（16 行）
        {
    buf[i]=lp[i*2+LR];        //LR 为 0 时为左半字，LR 为 1 时为右半字，取半个汉字点
                              // 阵数据备用，16 字节
   }
   if(LR)                     // 当 LR 为 1 时，右半字处理完，即一个汉字处理完，将
                              // 地址转到下一个汉字
   lp+=32;

  // 上面准备好显存和备用缓冲区的数据，下面实施半个汉字的移位
  // 第一个汉字的左半字向左移出，第一个汉字的右半字向左移到点阵的左半屏，第二个汉字
 // 的左半字移入点阵的右半屏
 // 如此类推
 col=8;                       // 半个汉字左移 8 列才能全部完成
 while(col)
     {                        // 循环 8 次，是将下一个字的前半部份的字节数据移入显示缓冲
 ia=0;                        // 显示缓冲区 buffer 的数组下标
 for(i=0;i<16;i++)   //16 行，每行都要完成三个部分的左移
       {
        buffer[ia]<<=1;       // 当前左半屏向左移一列（buffer 数组下标 ia 从 0~31
                              // 递增，双数对应不同的行左半屏）
        if(buffer[ia+1]&0x80)buffer[ia]++;
                              // 判断后半行字节的高位是否为 1，是则移入前半行字节
                              // 低位，若为 0 则不用处理
        ia++;buffer[ia]<<=1;             //ia++ 变成单数，把显示缓冲区切换到
                                         // 右半屏，当前右半屏向左移一列
        if(buf[i]&0x80)buffer[ia]++;     // 判断备用缓冲区 buf 的高位是否为 1，
                                         // 是则移入到右半行字节的低位，若为
                                         //0 否则不用处理
        buf[i]<<=1;           // 备用缓冲区字节向左移一位
        ia++;                 //ia++ 变为双数，准备下一行数据处理（直到 16 行完成，
                              //i=31,ia=32 退出循环）
    }                         //End of for(i)，完成 16 行左移一列
   col--;                     // 准备移下一列，半个屏一共移 8 列
   sp=speed;                  //16 行全部移一列后的显示缓冲区 buffer 数据更新后，
                              // 调用显示函数显示出来
   while(sp--)display();      // 循环显示次数即控制每一列移位的速度
  }                           //End of wihle(col) 完成半屏 8 列的移位和显示

   num--;                     // 完成了半个汉字的移位显示，num-1
   }                          //End of while(num) 直到所有内容全部移位一次。
 }                            //End of if(lp!=0) 直到指针为空（再没有要显示的
                              // 内容为止）
}
```

2. 上下滚动

```
void UpAndDown(unsigned char direction,unsigned char *lp,unsigned char
speed)
```

```
// direction: 1 为向下, 0 为向上, lp 指向要移入的内容, speed 为移动速度
{
  unsigned char i=0,j=0,ia=0;
  unsigned int sp=0;
  // 向下滚动 ----------------------------
  if(direction)                  // 移动方向向下 (direction=1)
       {
  ia=32;                         // 要移入的下一个汉字的数组元素下标(从最下面行开始)
  i=16;                          // 行索引,完成一个汉字整体下移共 16 行
  while(i--)                     // 整体下移一行,一共移 16 次
         {
        j=30;
        while(j)
            {
          j--;
          buffer[j+2]=buffer[j];   // 从最下面开始,将显示缓冲区上一行的内容复
                                   // 制到下一行,共 15 行
         }
        if(lp==0)                  // 最上面一行的处理,如果后面没有移入的内容,
                                   // 用 0 补入,即清屏
            {
         buffer[0]=0;
         buffer[1]=0;
        }
        else                       // 否则,在字模数组中取下一个汉字的下面行开
                                   // 始取(依次类推)
            {
         ia--;
        buffer[1]=lp[ia];
        ia--;
       buffer[0]=lp[ia];
      }
     sp=speed;                   // 整个汉字下移一行的数据处理完成,调用 display()
                                 // 显示当前缓冲区
    while(sp--)display();        // 循环次数控制移位速度
  }
}
   // 向上滚动 ------------------------
   else                          // 即 direction=0 时
     {                           // 移动方向,向上
      ia=0;                      // 向上移动,移入汉字从第一行开始向上移入缓冲区
      for(i=0;i<16;i++)          //16 行依次向上移一行
            {
             for(j=0;j<30;j++)// 将下一行的内容复制到上一行,每两行内容相隔四个
                              // 字节,复制 15 行
            buffer[j]=buffer[j+2];
            if(lp==0)            // 最下面一行的处理,判断移入的内容是否为空,是用 0 移入
               {
```

```
            buffer[30]=0;
            buffer[31]=0;
             }
             else              // 否则，在字模数组中取下一个汉字的数据（从上到下依
                               // 次取）移入缓冲区的最上面一行
             {
           buffer[30]=lp[ia];
           buffer[31]=lp[ia+1];
           ia+=2;
              }
           sp=speed;           // 处理完16行，调用display()显示当前缓冲区的内容
           while(sp—)display();// 循环作为处理的速度，即移动的速度
           }
         }
}
```

6.6.3 汉字显示屏的级联

两个以上的16×16单元的前后相连，就可以组成一个可以显示更多内容的屏幕，本节将给出两个单元显示屏的完整程序，可实现两个汉字的静态和左移的显示效果。

```
#include <reg52.h>
#include <intrins.h>
#define DATAOUT P2                      // 指定P2口作为输出
sbit DATA=DATAOUT^0;                    // 列数据输出位
sbit SCLH=DATAOUT^1;                    // 列扫描时钟位
sbit SCLT=DATAOUT^2;                    // 列数据锁存位
sbit AB=DATAOUT^4;                      // 行数据输出位
sbit SCK=DATAOUT^5;                     // 行扫描时钟位
unsigned char buffer[64];               //64字节RAM作为两个16×16点阵屏显示缓存
void get2Hanzi(unsigned char *hanziA,unsigned char *hanziB);
void display();                         // 点阵扫描函数，将显示缓存的数据输出到点阵屏
void displayS(unsigned int xs);         // 按指定时间(s)扫描显示
void FastClear(unsigned char speed);// 快速左移清屏
void MoveLeft(unsigned char *lp,unsigned char num,unsigned char speed);
                                        // 显示汉字左移动效果
// 以下为显示内容，每个汉字32字节的字模数据
code unsigned char tong[32]={                           // “通”
0x03,0xf8,0x40,0x10,0x30,0xa0,0x10,0x48,
0x03,0xfc,0x02,0x48,0xf2,0x48,0x13,0xf8,
0x12,0x48,0x12,0x48,0x13,0xf8,0x12,0x48,
0x12,0x68,0x2a,0x50,0x44,0x06,0x03,0xfc};
code unsigned char zhi[32]={                            // “知”
0x20,0x00,0x20,0x00,0x22,0x04,0x3f,0x7e,
0x28,0x44,0x48,0x44,0x88,0x44,0x09,0x44,
0xff,0xc4,0x08,0x44,0x08,0x44,0x14,0x44,
0x12,0x44,0x22,0x7c,0x40,0x44,0x80,0x00};
code unsigned char chi[32]={                            // “吃”
0x00,0x80,0x08,0x80,0x7c,0x88,0x48,0xfc,
0x49,0x00,0x4a,0x00,0x4d,0xf8,0x48,0x10,
```

```
0x48,0x20,0x48,0x40,0x48,0x80,0x79,0x00,
0x4a,0x02,0x02,0x02,0x01,0xfe,0x00,0x00};
code unsigned char fan[32]={                          // "饭"
0x20,0x08,0x20,0x1c,0x21,0xe0,0x3d,0x00,
0x25,0x00,0x49,0xfc,0x41,0x04,0xa1,0x48,
0x21,0x48,0x21,0x50,0x21,0x30,0x25,0x20,
0x29,0x50,0x32,0x48,0x24,0x8e,0x09,0x04};
//=====================================================
// 主程序
void main(void)
{
unsigned char i=0,j=0;
     unsigned char s1;
    unsigned char n=11;
      // 将要显示的数据复制到显示缓存
      while(1)
            {
      // 示例 1：以每屏两个字，静态地依次显示所有汉字
          s1=1;                      // 显示速度为每个字 1s
          get2Hanzi(tong,zhi);displayS(s1);
          get2Hanzi(chi,fan);displayS(s1);

      // 示例 2：对连续存放在一起的一组汉字实施全屏左移
          FastClear(3);              // 以左移的方式快速清屏
          MoveLeft(tong,4,10);
             }
}
//=====================================================================
// 取两个汉字的字模数据放到显示缓冲区 buffer 中，每一行四个字节数据，共 16 行，每行排
列顺序为：
hanziA 的第一字节，hanziA 的第二字节，hanziB 的第一字节，hanziB 的第二字节
void get2Hanzi(unsigned char *hanziA,unsigned char *hanziB)   // 加载字模子程序
{
  unsigned char i;
  for(i=0;i<16;i++){          //16 行，每行四个字节，前两字节为第一个汉字数据，
                              // 后两个为第二个汉字数据
  buffer[i*4]=hanziA[i*2];
  buffer[i*4+1]=hanziA[i*2+1];
  buffer[i*4+2]=hanziB[i*2];
  buffer[i*4+3]=hanziB[i*2+1];
  }
}
//=====================================================================
// 扫描显示子程序：把显示缓冲区中的 64 个字节的字模数据显示在两个 16×16 点阵构成的显示屏上
// 调用一次 display()，将会在点阵显示屏上扫描一次（16 行）
void display()
{
 unsigned char i,ia,j,col;   // 定义变量
```

```
DATAOUT=0XFF;                  // 数据线置高电平，为传送数据到点阵模块做准备
AB=0;                          // 将行数据位清 0，即所有行都不选，准备从第一行开始
                               // 向下扫描
 for(i=0;i<16;i++)
        {                      // 循环使能 16 行（使能每一行的时候，将显示该行 16 列
                               //（两个字节）对应的数据，（0 为灭，1 为亮）
       SCK=0;                  // 为行扫描（使能）做准备（164 芯片 SCK 信号上升沿
                               // 生效，每次移一位（一行））
       SCLT=0;                 // 为列锁存做准备（595 芯片 SCLT 信号上升沿生效，
                               // 每次锁存一个字节）
       for(ia=4;ia>0;)         //ia 的数值代表每行的字节数，一个汉字为两个字节，
                               // 根据显示屏的宽度不同，须修改 ia 的值（为汉字个数的
                               // 两倍）
          {                    // 每行 32 个点，循环位移四个字节
       ia--;                   // 循环四次
       col=~buffer[i*4+ia];// 读取点阵数据做输出，这里用到 ia 目的是先读取点
                               // 阵数据的第二字节（右边的点阵数据先移入）
                               // 电路中的第二个级联的 595 芯片最后一位对应点阵右边
                               // 最后一列，所以要先输出一行中的第二个字节数据
       for(j=0;j<8;j++)        // 向 595 芯片移入一个字节数据（低位先入）
          {
           SCLH=0;             // 为 595 芯片移入数据做准备
           DATA=col&0x01;// 将数据低位做输出，由电路图可知，移位寄存器 595 的
                               // 最后一位对应最后一列，因此先移最后一位
           col>>=1;            // 将缓冲区的数据右移一位，为下一位的输出做准备
           SCLH=1;             // 将 DATA 上的数据移入寄存器
        }                      // 移入一个字节结束
       }                       // 移入四个字节结束（先右后左）
       DATAOUT|=0X24;          // 此句可以用以下两句来理解，如果不将两句合为一句，
                               // 则将出现拖影现象
       //SCK=1;                //SCK 拉高，行数据移位，相应行拉低，晶体管导通输出
                               // 电量到相应行点阵管阳极（共阳）
       //SCLT=1;               //SCLT 拉高，将数据锁存输出到相应列的点阵发光管显
                               // 示，显示一行后将保持到下一行显示开始
       AB=1;                   // 行数据位只在第一行为 0，其他时候都为 1，当将这个
                               //0 移入寄存器后，从第一位开始一直移位最后一位
                               // 移位的过程，AB 就必须是 1，因为不能同时有两个或以
                               // 上 0 的出现，否则显示出乱（AB=0 移到对应行，该行点亮）
  }
 j=64;
 while(j--);                   // 每一行的显示保持的时间为向 595 芯片移入四个字
                               // 节的时间，因此，最后一行的显示，也要加入保持时间，
                               // 补偿显示的亮度
 SCK=0;
 SCK=1;                        // 将最后一行数据移出

}
//===================================================================
```

```
======
//按指定时间显示缓冲区的内容，每秒约扫描 130 次
void displayS(unsigned int xs) //指定时间扫描显示
{
 unsigned char i;
 while(xs--)                //当 xs=1 时，大约 1s 时间
    {
        i=130;
     while(i--)
        display();          //扫描 130 次，时间长短与系统时钟有关
  }
}
//=================================================================
//左移子程序
void MoveLeft(unsigned char *lp,unsigned char num,unsigned char speed)
{
 unsigned char i=0,j=0,ia=0;
 unsigned int LR=0,col=0,sp=0;
 unsigned char buf[16];      //准备移入显示缓冲区的半个字的备用缓冲区
 num*=2;                     //一个汉字字模含 32 字节数据，移位显示分开左右两半
                             //处理，因此这里乘以 2
 for(i=0;i<16;i++)buf[i]=0; //将准备移入显示缓冲区的半个字的备用缓冲区清零
 if(lp!=0)                   //指针不为空
      {                      //循环处理

    while(num)
       {                     //当 lp 指向地址为 0 时，直接用组缓冲 0 补上，效果是
                             //将当前显示的内容移出
      LR=num%2;              //目的是为了判断当前处理汉字的左半部分还是右半部分，
                             //LR=0 为左

       //以下把第二个汉字的左半部分放到备用缓冲区(以此类推)
      for(i=0;i<16;i++) //半个汉字字模有 16 个字节数据，i 为行号(16 行)
          {
          buf[i]=lp[i*2+LR];    //LR 为 0 时为左半字，LR 为 1 为右半字，取半
                                //个汉字点阵数据备用，16 字节
          }

      if(LR)                    //当 LR 为 1 时，右半字处理完，即一个汉字处
                                //理完成，将地址转到下一个汉字
      lp+=32;

     //以下实施半个汉字的移位
     //第一个汉字的左半字向左移出，第一个汉字的右半字向左移到点阵的左半屏，第二
     //个汉字的左半字移入点阵的右半屏
     //如此类推
     col=8;                   //半个汉字左移 8 列才能全部完成
     while(col)
```

```
    {                   //循环8次，是将下一个字的前半部份的字节数据移入
                        //显示缓冲
    ia=0;               //显示缓冲区buffer的数组下标
    for(i=0;i<16;i++)   //16行，每行都要完成五个部分的左移（半个汉字为一部分）
    {                   //即一屏容纳的汉字个数*2+半个汉字的缓冲区移入部分
                        //=五个部分
    // part 1
    buffer[ia]<<=1;     //当前左半屏向左移一列（buffer数组下标ia从0~31
                        //递增，双数对应不同的行左半屏）
    if(buffer[ia+1]&0x80)buffer[ia]++;      //判断后半行字节的高位是否
                                            //为1，是则移入前半行字节
                                            //低位，若为0则不用处理
    // part 2
    ia++;buffer[ia]<<=1;
    if(buffer[ia+1]&0x80)buffer[ia]++;
    //part 3
    ia++;buffer[ia]<<=1;
    if(buffer[ia+1]&0x80)buffer[ia]++;
    //part 4
    ia++;buffer[ia]<<=1;
    if(buf[i]&0x80)buffer[ia]++;        //判断备用缓冲区buf的高位是否为1，
                                        //是则移入到右半行字节的低位，若为
                                        //0否则不用处理
    //part 5
    buf[i]<<=1;                 //备用缓冲区字节向左移一位
    ia++;                       //ia++变为双数，准备下一行数据处理（直到
                                //16行完成，i=15,ia=64退出循环）
     }                          //End of for()，完成16行左移一列
    col--;                      //准备移下一列，半个屏一共移8列
    sp=speed;                   //16行全部移一列后的显示缓冲区buffer数据
                                //更新后，调用显示函数显示出来
    while(sp--)display();       //循环次数控制每一列移位的速度
    }                           //End of wihle(col) 完成半屏8列的移位和显示

    num--;                      //完成了半个汉字的移位显示，num-1
    }                           //End of while(num) 直到所有内容全部移位一次
  }                             //End of if(lp!=0) 直到指针为空（再没有
                                //要显示的内容）
}
//==================================================================
//以下实现快速左移清屏动作，此程序改写自MoveLeft()
void FastClear(unsigned char speed)
// speed 清屏速度
{
 unsigned char i=0,j=0,ia=0,num;
 unsigned char LR=0,col=0,sp=0;
 unsigned char buf[16];
 num=4;
```

```
for(i=0;i<16;i++)buf[i]=0; //将准备移入显示缓冲区的半个字的备用缓冲区清零
    while(num)
           {
         LR=num%2;
           for(i=0;i<16;i++)
                {
                buf[i]=0;
                }
         col=8;
         while(col)
           {
         ia=0;
         for(i=0;i<16;i++)
           {
            buffer[ia]<<=1;
            if(buffer[ia+1]&0x80)buffer[ia]++;
            ia++;buffer[ia]<<=1;
            if(buffer[ia+1]&0x80)buffer[ia]++;
            ia++;buffer[ia]<<=1;
            if(buffer[ia+1]&0x80)buffer[ia]++;
            ia++;buffer[ia]<<=1;
            if(buf[i]&0x80)buffer[ia]++; buf[i]<<=1;
            ia++;
          }//End of for()
         col--;
         sp=speed;
         while(sp--)display();
     }//End of wihle(col)
         num--;
     }        //End of while(num)
}
```

思 考 题

1. 为什么说 8×8 点阵相当于八位一体的数码管?

2. MAX7219 串行输入的 16 位移位寄存器的数据格式是怎样的? 试解释其中的地址位和数据位的含义。其中，高四位 D15 ～ D12 的取值对后续的操作有何影响?

3. 执行下面程序，确定数据 1 被传送至移位寄存器的哪个位置:

```
CS=0;CLK=0;DIN=1;CLK=1;
```

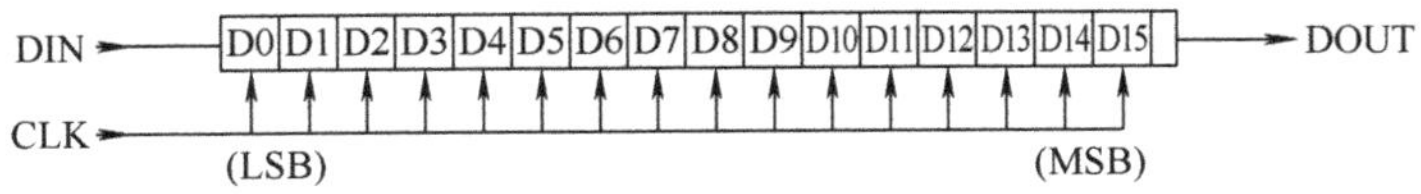

DIN → D0 D1 D2 D3 D4 D5 D6 D7 D8 D9 D10 D11 D12 D13 D14 D15 → DOUT

CLK (LSB) (MSB)

若接着执行下面程序，刚才那个数据 1 被移到哪里，新的数据 0 又被移到哪里?

```
CLK=0;DIN=0;CLK=1;
```

当所有 16 位数据都被移入之后，怎样才能把这些数据载入到指定的寄存器内?

4. 两个 MAX7219 级联时，数据如何传入各自相应的寄存器?

第 7 章

LED 景观灯应用电路设计

LED 景观灯主要包括用于景观照明和装饰的灯带、灯条、LED 模组、流星灯、护栏管等。有单色、彩色、七彩变化等多种色彩和动态变化效果，用于衬托各种各样的情境，起到照明和美化景观的效果。景观灯通常由电源、控制器和光源三部分组成，根据光源的尺寸规格和功率大小，电源通常采用相应功率级别的开关稳压电源，有时几组光源可以共用一个大功率的开关电源。控制器主要用于控制光源色彩变化效果，可分为内控和外控式两种，内控式一般集成到光源模组单元电路的控制 IC 里，如常见的 LED 流星灯；外控式是采用独立的控制器，通常带有遥控功能，变化花式多样，控制的光源数量较多，并且可多可少，功能强大。LED 光源通常由点光源组成，可以是单色或 RGB 的 LED，每个 LED 可以独立控制发光。本章将以 LED 流星灯和护栏管为例介绍 LED 景观灯的电路设计方法。

7.1　LED 流星灯

LED 流星灯是一种模仿流星划过天空产生拖尾景象的灯管，通常悬挂在户外绿化树上，产生流星雨般的梦幻景象，如图 7-1 所示。

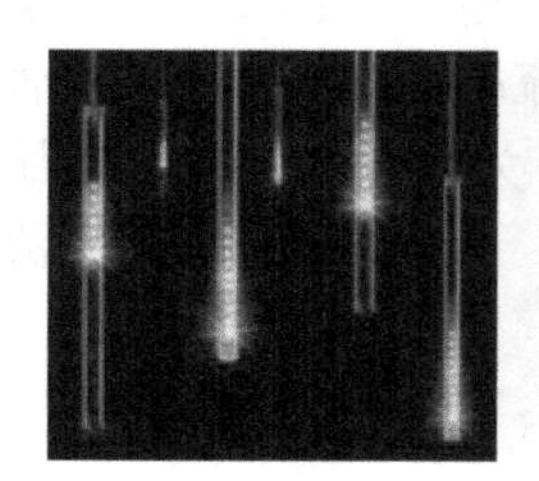

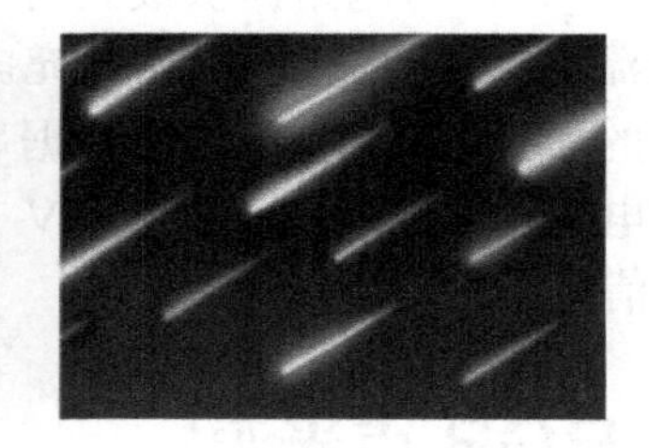

图 7-1　LED 流星灯

LED 流星灯由一列或两列（双面）LED 组成，每颗 LED 或每三颗 LED 并联作为一个发光单元，在电路的控制下，发光单元自上而下依次从最大亮度快速变暗（PWM 调光），从而产生自上而下的拖尾或水滴状的动态效果，如此循环不断，就产生了规模庞大的流星雨景象。因此，LED 流星灯控制器实际上是一种有序的多路 PWM 调光控制电路，这种控制器一般有两种，一种是每一支流星灯的发光完全独立，从接通电源开始按照固有频率不断循环扫描，通常采用内控式；另一种是很多支流星灯同步工作，扫描的起始和结束时间完全一致，通常需要使用外控方式。

流星灯有专用的控制 IC，下面以 TM1827 为例说明内控式 LED 流星灯的工作原理。TM1827 是一款具有 12 通道的 LED 恒流驱动 IC，自带振荡器，12 个通道输出 PWM 控制 LED 的辉度渐变，芯片具有同步输入和输出端，具有 AC 同步或多个芯片自同步两种选择。芯片上电复位后，即输出 PWM 波形，进行 12 通道的 LED 依次循环控制，实现流星和水滴效果。芯片内部自带5V稳压管，输出端口为16mA恒流驱动，外围电路十分简单，由于单只流星灯的功率很小，所以早期的流星灯常采用成本低廉的阻容降压供电，如图7-2所示。但由于阻容降压电路的各方面性能较差，因此现在这种灯管基本上都换成直流供电，通常是多只灯管一组，共用一个开关电源供电。

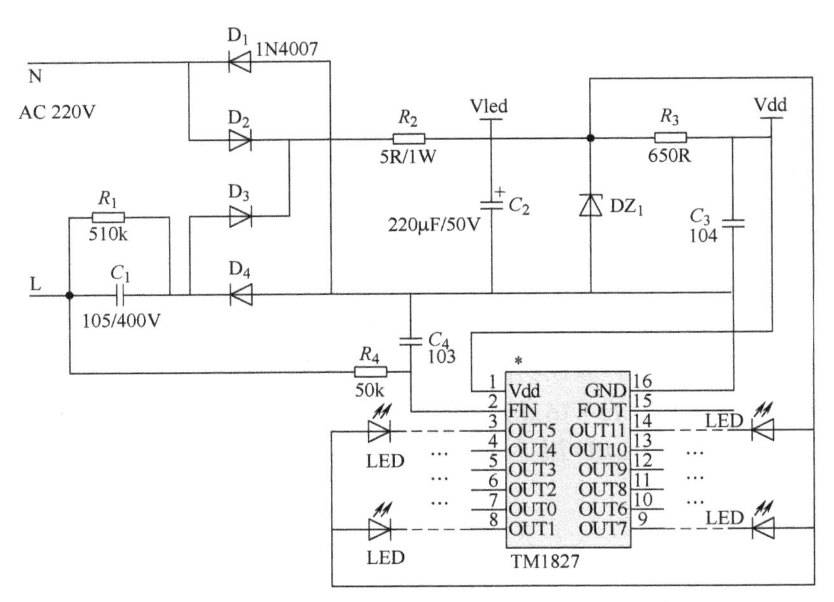

图7-2 阻容降压供电的TM1827 LED流星灯电路

图中，C_1可为电路提供最大约70mA的电流，R_1为C_1的放电电阻；D_1 ～ D_7为整流桥；R_2为限流电阻，可防止C_2初始充电产生的浪涌电流损坏整流桥；DZ_1稳压二极管为每一个通道的LED提供电压，要根据串联的LED颗数而定；R_3为TM1827内部稳压管的降压限流电阻；Vdd引脚电压为5V；FIN为同步信号输入端，图中采用50Hz交流信号作为同步信号。

7.2 RGB点光源

LED点光源是一种新型的装饰光源，通过控制器可以对点光源进行逐点控制，实现跑马灯、流水、追逐、扫描、呼吸、七彩渐变等效果。LED点光源可组成条状、带状、块状以及其他固定形状的模块，可用于节日彩灯、建筑物外墙轮廓、游乐场、广告牌、街道、舞台等场合的装饰，甚至还可以组成点阵且于图形图像的显示，如图7-3所示。

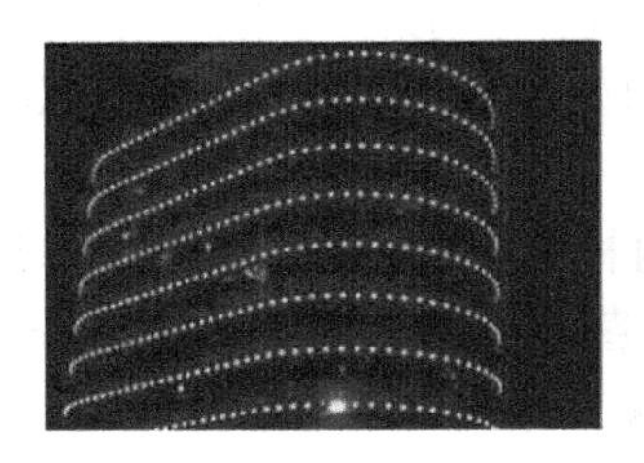

图7-3 LED点光源

LED 点光源可以是单色，也可采用 RGB 的 LED，RGB 的 LED 把红、绿、蓝三种颜色的 LED 封装在一个支架上，三种颜色按照不同亮度发光可以组合出成千上万种颜色。由于三种颜色的芯片十分靠近，加上封装材料的扩散效果，人眼基本上区分不出三颗 LED 的单独发光。RGB 光源的尺寸越小，显示分辨率就越高，小尺寸的 RGB 光源通常用于高清的大型显示屏，一般的灯饰则不需要分辨率太高，常用的 5050 贴片封装的 RGB 点光源实物和内部电路结构如图 7-4 所示。

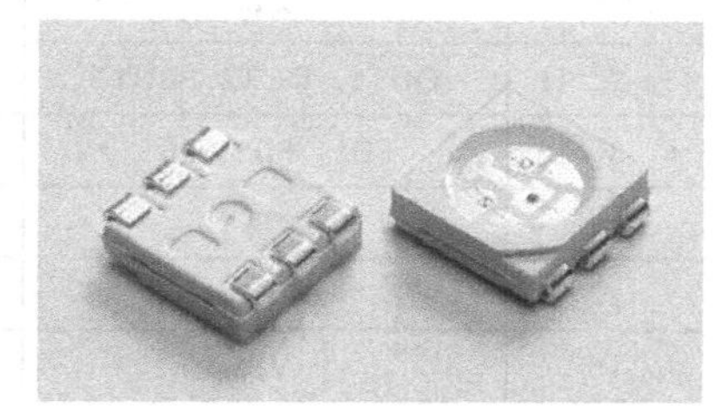

图 7-4　5050 贴片封装的 RGB 点光源实物和内部电路结构

7.3　LED 彩灯驱动

7.3.1　LPD6803 工作原理

LED 彩灯由 RGB 点光源构成，每个 RGB 点光源可以发出全彩色，通过控制每个点的色彩、亮度的变化，可以实现色彩丰富、动感十足的效果，为了方便对每个点进行独立控制，需要使用专门的集成电路。LPD6803 是一种具有三个通道的恒流驱动和灰度调光输出功能的点光源控制芯片，适合驱动 RGB 点光源，实现全彩控制。

1. 主要特点

1）3 路恒流输出，最大电流 45mA，3 路输出电流值可通过外接电阻分别设定；LPD6803 还可以设置成恒压输出，最大电压为 12V；LPD6803 的驱动能力还可以通过外置开关管扩展。

2）内置 5V 线性稳压器，输入电压范围 4.5 ～ 8V。

3）内置非线性灰度校正，可校正到 256 级灰度输出。

4）内置灰度扫描时钟（用于 PWM 调光），也可选择与数据传输时钟一致，最高频率为 24MHz。

5）串行数据输入 / 输出，仅需要两根控制线，具有级联功能。

2. 引脚功能

LPD6803 的封装及引脚功能如图 7-5 和表 7-1 所示。

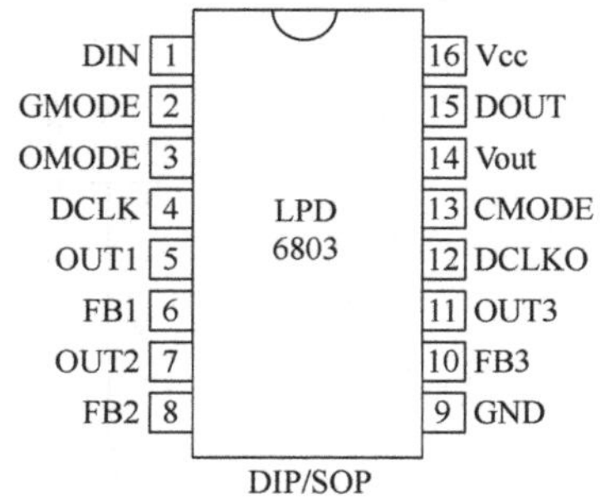

图 7-5　LPD6803 的封装及引脚功能

表 7-1　LPD6803 的引脚功能

引脚	名称	功能
1	DIN	串行数据输入端，内置上拉
2	GMODE	灰度校正模式，高电平为线性调制，低电平非线性校正到 256 级灰度输出；内置上拉（高电平）
3	OMODE	输出模式，高电平为内置恒流 / 恒压输出，低电平为外部驱动；内置上拉（高电平）
13	CMODE	灰度扫描时钟选择，高电平为内置时钟，低电平与数据传输时钟一致；内置上拉（高电平）
4	DCLK	串行数据传输时钟输入端。内置上拉

（续）

引脚	名称	功能
5，7，11	OUT1，OUT2，OUT3	3 路输出
6，8，10	FB1，FB2，FB3	3 路内部恒流设定端，通过电阻接地
15	DOUT	串行数据输出，用于级联
12	DCLKO	串行时钟输出，用于级联
16	Vcc	电源正极，4.5 ~ 8V
14	Vout	5V 稳压输出
9	GND	地线

3. 工作原理

LPD6803 的内部原理框图和典型应用电路如图 7-6 和图 7-7 所示。

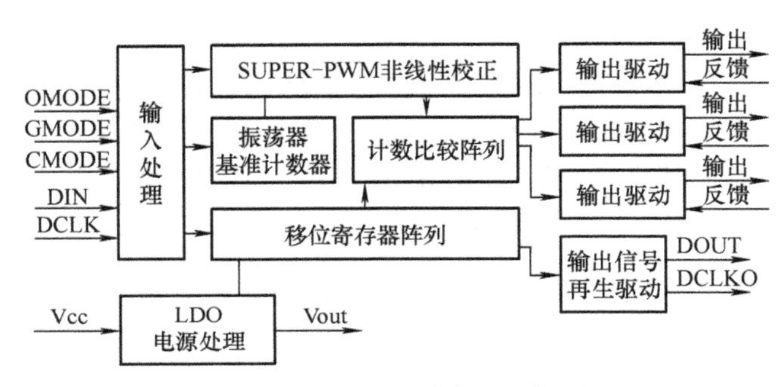

图 7-6　LPD6803 内部原理框图

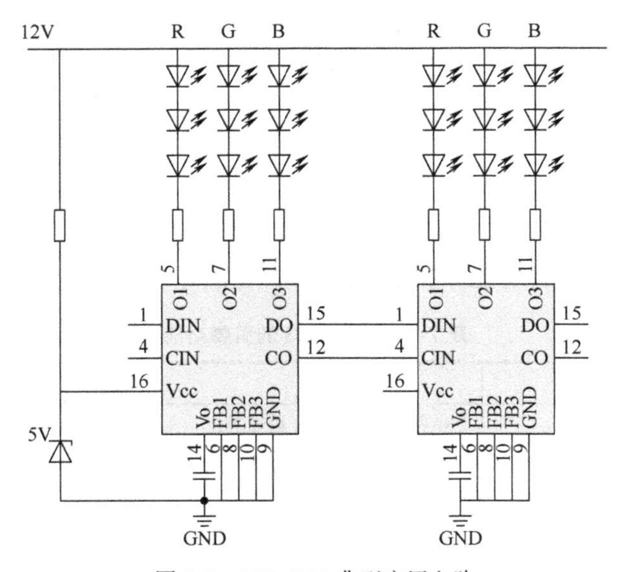

图 7-7　LPD6803 典型应用电路

图中为两个 RGB 像素点级联，每个像素由三颗 RGB LED 串联构成，灰度校正模式 GMODE、输出模式 OMODE 和灰度扫描时钟 CMODE 引脚未画出，表示引脚悬空，由芯片内部上拉设置为高电平，即采用线性灰度级（无校正）、内部恒压输出（三个恒流设定引脚 FB1 ～ FB3 直接接地）和内部自带的灰度扫描时钟。12V 电压为 LED 提供电源，并通过 5V 稳压管为芯片供电（不超过 8V）。第 1 级数据 DIN 和时钟 CIN 输入端连接微处理器（未画出），第 1 级的数据 DO 和时钟 CO 输出端连接第 2 级的输入端，实现双线的数据级联传输。

LPD6803 的数据格式如图 7-8 所示。

起始帧	第1个RGB点的16位灰度数据				…
32位0	1位1起始位	5位灰度数据	5位灰度数据	5位灰度数据	…

图 7-8　LPD6803 的数据格式

由图可知，LPD6803 的数据中包含 32 位“0”起始帧，然后是每个点的 16 位数据。每个点的 16 位数据中包含 1 位“1”作为起始位，然后是三种颜色的 LED 各自的灰度数据，每种颜色灰度为 5 位（32 级），组合的颜色数量为 32768 种，若经过非线性校正，则每种颜色可达 256 级，组合的颜色数量为 16.7M 种。每个点的数据紧跟上一个点的数据，并以“1”开头作标志。

LPD6803 为串行数据传输，通过外部时钟 DCLK 控制，在每个时钟的上升沿逐位移入内部寄存器，每个点的数据从高位开始移入。若移入数据满一个点，则新移入的数据级联至下一个点。与 MAX7219 不同的是，先移入的数据离处理器最近，后移入的数据则向远端传送。

数据传输过程中，LED 彩灯并不马上产生变化，必须在所有数据传输完成后，补上若干时钟才能生效，传送的点数有多少个就要补多少个时钟。

7.3.2　LPD6803 彩灯驱动

LPD6803 点光源控制 IC 使用非常方便，可用于多种彩灯带、护栏管中，为了使用方便，这种彩灯已经规格化为通用配件，只要配上相应的控制器就可以使用，而控制器通常内置了多种功能和花式，一般带有遥控功能以方便切换，用户也可以自行设计个性化的控制器。常见的 LPD6803 彩灯带如图 7-9 所示。

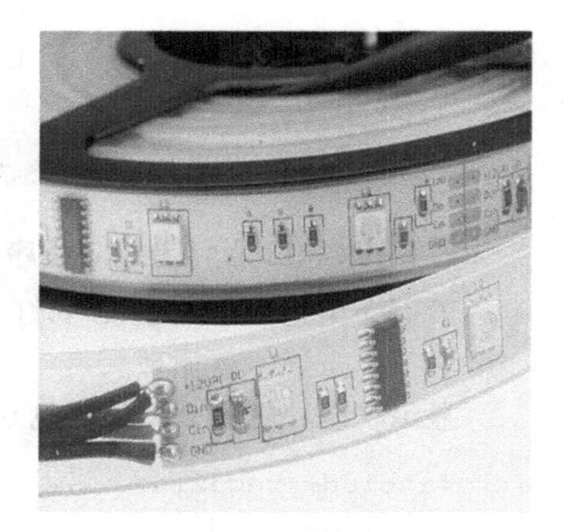

图 7-9　常见的 LPD6803 彩灯带

1. LPD6803 彩灯带单元电路

LPD6803 彩灯带包含 LPD6803 和外围元器件构成的驱动电路，每一个点的电路原理如图 7-10 所示。图中采用图 7-7 所示的典型应用电路模式，采用三颗 RGB LED 串联构成一个点，OUT1 输出为蓝（B），OUT2 输出为红（R），OUT3 输出为绿（G），三种颜色的排列次序与 16 位的数据格式有依次对应关系，了解它们的次序对编程有好处。由于采用恒压输出模式，因此每种颜色的 LED 须串联一只限流电阻，其阻值可以用式（7-1）近似计算

$$R_{\text{led}} = \frac{\text{Vcc} - 3 \times U_{\text{Fled}}}{I_{\text{Fled}}} \tag{7-1}$$

假设 LED 的电流为 20mA，红色 LED 的电压降为 2V，则 R_2 为 300Ω；蓝色 LED 的电压降为 3.2V，则 R_3 为 120Ω；绿色 LED 的电压降为 3V，则 R_1 为 150Ω。

R_6 为稳压二极管的降压限流电阻，根据 LPD6803 的 Datasheet，芯片的功耗一般设为 25mW，则有

$$I_{\text{ic}} = \frac{P_{\text{ic}}}{\text{Vcc}} = \frac{25\text{mW}}{5\text{V}} = 5\text{mA} \tag{7-2}$$

稳压二极管的最小工作电流为 1mA，故 R6 的电流为 6mA，即

$$R_6 = \frac{\text{Vdd} - \text{Vcc}}{I_{\text{R6}}} = \frac{12\text{V} - 5\text{V}}{6\text{mA}} \approx 1.2\text{k}\Omega \tag{7-3}$$

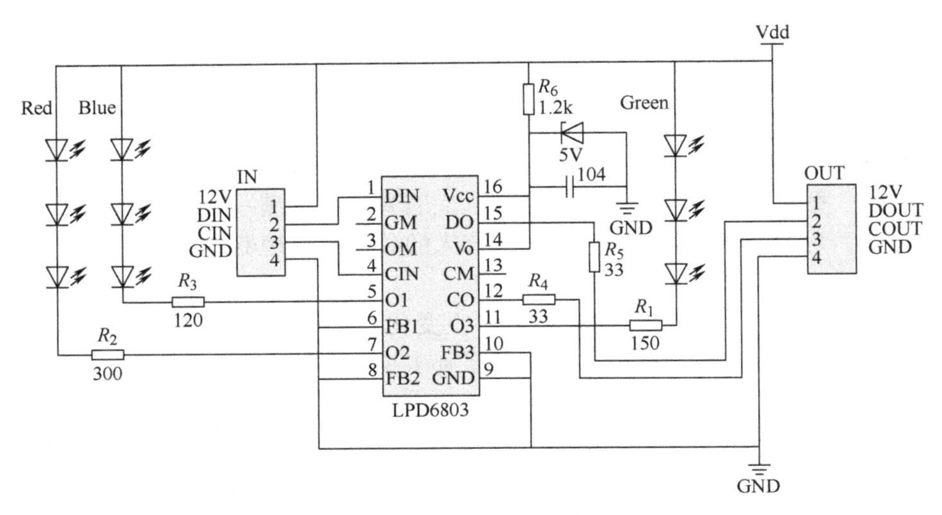

图 7-10　LPD6803 彩灯带单元电路

2. LPD6803 彩灯带控制程序

下面介绍几个 LPD6803 彩灯带的控制程序。编程和运行环境：STC89S52，12MHz。

（1）单点红绿蓝循环。

显示状态：红色 0.5s，绿色 0.5s，蓝色 0.5s 循环。

```
#include<reg52.h>
#include <stdio.h>
typedef unsigned char BYTE;
#define uint  unsigned int
//-------------------------------------------
//数据口定义
sbit SDO=P1^0;                    //P1.0 为数据输出口
sbit SCLK=P1^1;                   //P1.1 为位移输出口
//-------------------------------------------
```

```
//延时子函数,单位:ms
void Delay_xms(uint x)
{
uint i,j;
for(i=0;i<x;i++)
for(j=0;j<112;j++);
}
//-----------------------------------------------------------------
//传输1个点的数据,包括1位"1"起始位,5位B,5位R,5位G(RGB顺序根据硬件安排决定)
void LED_Senddata(BYTE db,BYTE dr,BYTE dg)
{
BYTE j,mask;
//输出1个1起始位
SDO=1;SCLK=1;SCLK=0;                //送起始位'1'
//输出5位蓝色灰度值
mask=0x10;                          //数据从高位开始移入(bit5)
for(j=0;j<5;j++)
{ if(mask&db)SDO =1;
else SDO=0;
SCLK=1;SCLK=0;
mask>>=1;
}
//输出5位红色灰度值
mask=0x10;
for(j=0;j<5;j++)
{ if(mask&dr)SDO =1;
else SDO=0;
SCLK=1;SCLK=0;
mask>>=1;
}
//输出5位绿色灰度值
mask=0x10;
for(j=0;j<5;j++)
{ if(mask&dg)SDO =1;
else SDO=0;
SCLK=1;SCLK=0;
mask>>=1;
}
}
//=================================================================
//主函数
//把所要的花式分解为状态
//每个状态首先送32位"0"作起始帧
//然后根据每个点的颜色依次传送点数据(16位,调用LED_Senddata()完成)
//数据传送完成后输入点数脉冲(有多少个点就要输入多少个脉冲)启动电路
main()
{
```

```
    BYTE i;
    while(1)
    {
    // 状态 1: 显示一个红色点
       SCLK = 0;
       SDO = 0;
       for(i=0;i<32;i++) {SCLK=1;SCLK=0;}       // 送起始 32bits 0 起始帧
       LED_Senddata(0,10,0);
       SDO=0;
       SCLK=1;SCLK=0;                // 补 1 个 CLOCK, 如果一次送出了 n 个点的数据，则
                                     // 需要补 n 个 Clock
       Delay_xms(500);               // 显示 0.5s
    // 状态 2: 显示一个绿色点
       SCLK = 0;
       SDO = 0;
       for(i=0;i<32;i++) {SCLK=1;SCLK=0;}       // 送起始 32bits 0 起始帧
       LED_Senddata(0,0,10);
       SDO=0;
       SCLK=1;SCLK=0;                // 补 1 个 CLOCK, 如果一次送出了 n 个点的数据，则
                                     // 需要补 n 个 Clock
       Delay_xms(500);               // 显示 0.5s
    // 状态 3: 显示一个蓝色点
       SCLK = 0;
       SDO = 0;
       for(i=0;i<32;i++) {SCLK=1;SCLK=0;}       // 送起始 32bits 0 起始帧
       LED_Senddata(10,0,0);
       SDO=0;
       SCLK=1;SCLK=0;                // 补 1 个 CLOCK, 如果一次送出了 n 个点的数据，则
                                     // 需要补 n 个 Clock
       Delay_xms(500);               // 显示 0.5s
    }
}
```

（2）单点呼吸。

显示状态：红色渐亮渐灭。

由于子程序没有改变，下面只给出主函数部分。

```
//=================================================================
// 主函数
// 把所要的花式分解为状态
// 每个状态首先送 32 位“0”作起始帧
// 然后根据每个点的颜色依次传送点数据（16 位，调用 LED_Senddata() 完成）
// 数据传送完成后输入点数脉冲（有多少个点就要输入多少个脉冲）启动电路
main()
{
    BYTE i,j;
    while(1)
    {
```

```
    // 状态 1：亮度加
        for(j=0;j<20;j++)
        {
        SCLK = 0;
        SDO = 0;
        for(i=0;i<32;i++) {SCLK=1;SCLK=0;}          // 送起始 32bits  0 起始帧
        LED_Senddata(0,j,0);
        SDO=0;
        SCLK=1;SCLK=0;                              // 补 1 个 CLOCK
        Delay_xms(60);                              // 显示 0.1s
        }
    // 状态 2：亮度减
        for(j=20;j>0;j--)
        {
        SCLK = 0;
        SDO = 0;
        for(i=0;i<32;i++) {SCLK=1;SCLK=0;}          // 送起始 32bits  0 起始帧
        LED_Senddata(0,j,0);
        SDO=0;
        SCLK=1;SCLK=0;                              // 补 1 个 CLOCK
        Delay_xms(60);                              // 显示 0.1s
        }
    }
}
```

（3）四个点同时点亮。

显示状态：四个点分别显示红、绿、蓝和粉红色。

```
//============================================================
// 主函数
// 把所要的花式分解为状态
// 每个状态首先送 32 位“0”作起始帧
// 然后根据每个点的颜色依次传送点数据（16 位，调用 LED_Senddata() 完成）
// 数据传送完成后输入点数脉冲（有多少个点就要输入多少个脉冲）启动电路
main()
{
    BYTE i;
    // 状态 1：显示一个红色点
        SCLK = 0;
        SDO = 0;
        for(i=0;i<32;i++) {SCLK=1;SCLK=0;}          // 送起始 32bits  0 起始帧
        LED_Senddata(0,10,0);
        LED_Senddata(0,0,10);
        LED_Senddata(10,0,0);
        LED_Senddata(10,10,0);
    SDO=0;
        SCLK=1;SCLK=0;                      // 补 1 个 CLOCK，如果一次送出了 n 个点
                                            // 的数据，则需要补 n 个 Clock.
```

```
        SCLK=1;SCLK=0;
        SCLK=1;SCLK=0;
        SCLK=1;SCLK=0;
        Delay_xms(500);                    // 显示 0.5s
}
```

（4）四点循环移位。

显示状态：四点依次为红、绿、蓝、紫，循环移位（首尾相接）

```
//==========================================================
// 主函数
// 把所要的花式分解为状态
// 每个状态首先送 32 位“0”作起始帧
// 然后根据每个点的颜色依次传送点数据（16 位，调用 LED_Senddata() 完成）
// 数据传送完成后输入点数脉冲（有多少个点就要输入多少个脉冲）启动电路
main()
{
    BYTE i;

    while(1)
{
    // 状态 1：红绿蓝紫
        SCLK = 0;
        SDO = 0;
        for(i=0;i<32;i++) {SCLK=1;SCLK=0;}        // 送起始 32bits 0 起始帧
        LED_Senddata(0,10,0);
        LED_Senddata(0,0,10);
        LED_Senddata(10,0,0);
        LED_Senddata(10,10,0);
        SDO=0;
        SCLK=1;SCLK=0;                 // 补 1 个 CLOCK，如果一次送出了 n 个点的数据，则
                                       // 需要补 n 个 Clock
        SCLK=1;SCLK=0;
        SCLK=1;SCLK=0;
        SCLK=1;SCLK=0;
        Delay_xms(500);                // 显示 0.5s
    // 状态 2：紫红绿蓝
        SCLK = 0;
        SDO = 0;
        for(i=0;i<32;i++) {SCLK=1;SCLK=0;}        // 送起始 32bits 0 起始帧
        LED_Senddata(10,10,0);
        LED_Senddata(0,10,0);
        LED_Senddata(0,0,10);
        LED_Senddata(10,0,0);
        SDO=0;
        SCLK=1;SCLK=0;                 // 补 1 个 CLOCK，如果一次送出了 n 个点的数据，则
                                       // 需要补 n 个 Clock.
        SCLK=1;SCLK=0;
```

```
        SCLK=1;SCLK=0;
        SCLK=1;SCLK=0;
        Delay_xms(500);            //显示0.5s
    //状态3:蓝紫红绿
        SCLK = 0;
        SDO = 0;
        for(i=0;i<32;i++) {SCLK=1;SCLK=0;}        //送起始32bits 0起始帧
        LED_Senddata(10,0,0);
        LED_Senddata(10,10,0);
        LED_Senddata(0,10,0);
        LED_Senddata(0,0,10);
        SDO=0;
        SCLK=1;SCLK=0;             //补1个CLOCK,如果一次送出了n个点的数据,则
                                   //需要补n个Clock.
        SCLK=1;SCLK=0;
        SCLK=1;SCLK=0;
        SCLK=1;SCLK=0;
        Delay_xms(500);            //显示0.5s
    //状态4:绿蓝紫红
        SCLK = 0;
        SDO = 0;
        for(i=0;i<32;i++) {SCLK=1;SCLK=0;}        //送起始32bits 0起始帧
        LED_Senddata(0,0,10);
        LED_Senddata(10,0,0);
        LED_Senddata(10,10,0);
        LED_Senddata(0,10,0);
        SDO=0;
        SCLK=1;SCLK=0;             //补1个CLOCK,如果一次送出了n个点的数据,则
                                   //需要补n个Clock.
        SCLK=1;SCLK=0;
        SCLK=1;SCLK=0;
        SCLK=1;SCLK=0;
        Delay_xms(500);            //显示0.5s
        }
}
```

（5）四点堆叠。

显示状态：以紫色为底色，从第4级开始堆叠红色，直到堆满红色为止。

```
//=========================================================
//主函数
//把所要的花式分解为状态
//每个状态首先送32位"0"作起始帧,
//然后根据每个点的颜色依次传送点数据(16位,调用LED_Senddata()完成)
//数据传送完成后输入点数脉冲(有多少个点就要输入多少个脉冲)启动电路
main()
{
    BYTE i;
```

```
    while(1)
  {
    //第一点堆叠
    //状态 1-1:背景紫色
       SCLK = 0;
       SDO = 0;
       for(i=0;i<32;i++) {SCLK=1;SCLK=0;}        //送起始 32bits 0 起始帧
       LED_Senddata(10,10,0);
       LED_Senddata(10,10,0);
       LED_Senddata(10,10,0);
       LED_Senddata(10,10,0);
       SDO=0;
       SCLK=1;SCLK=0;                  //补 1 个 CLOCK,如果一次送出了 n 个点的数据,则
                                       //需要补 n 个 Clock
       SCLK=1;SCLK=0;
       SCLK=1;SCLK=0;
       SCLK=1;SCLK=0;
       Delay_xms(500);                 //显示 0.5s
    //状态 1-2:红紫紫紫
       SCLK = 0;
       SDO = 0;
       for(i=0;i<32;i++) {SCLK=1;SCLK=0;}        //送起始 32bits 0 起始帧
          LED_Senddata(0,10,0);
       LED_Senddata(10,10,0);
       LED_Senddata(10,10,0);
       LED_Senddata(10,10,0);
       SDO=0;
       SCLK=1;SCLK=0;                  //补 1 个 CLOCK,如果一次送出了 n 个点的数据,则
                                       //需要补 n 个 Clock
       SCLK=1;SCLK=0;
       SCLK=1;SCLK=0;
       SCLK=1;SCLK=0;
       Delay_xms(500);                 //显示 0.5s
    //状态 1-3:紫红紫紫
       SCLK = 0;
       SDO = 0;
       for(i=0;i<32;i++) {SCLK=1;SCLK=0;}        //送起始 32bits 0 起始帧
       LED_Senddata(10,10,0);
       LED_Senddata(0,10,0);
       LED_Senddata(10,10,0);
       LED_Senddata(10,10,0);
       SDO=0;
       SCLK=1;SCLK=0;                  //补 1 个 CLOCK,如果一次送出了 n 个点的数据,则
                                       //需要补 n 个 Clock
       SCLK=1;SCLK=0;
       SCLK=1;SCLK=0;
       SCLK=1;SCLK=0;
```

```
    Delay_xms(500);                 //显示 0.5s
//状态 1-4：紫紫红紫
    SCLK = 0;
    SDO = 0;
    for(i=0;i<32;i++) {SCLK=1;SCLK=0;}          //送起始 32bits 0 起始帧
    LED_Senddata(10,10,0);
    LED_Senddata(10,10,0);
    LED_Senddata(0,10,0);
    LED_Senddata(10,10,0);
    SDO=0;
    SCLK=1;SCLK=0;                  //补 1 个 CLOCK，如果一次送出了 n 个点的数据，则
                                    //需要补 n 个 Clock
    SCLK=1;SCLK=0;
    SCLK=1;SCLK=0;
    SCLK=1;SCLK=0;
    Delay_xms(500);                 //显示 0.5s
//状态 1-5：紫紫紫红
    SCLK = 0;
    SDO = 0;
    for(i=0;i<32;i++) {SCLK=1;SCLK=0;}          //送起始 32bits 0 起始帧
    LED_Senddata(10,10,0);
    LED_Senddata(10,10,0);
    LED_Senddata(10,10,0);
    LED_Senddata(0,10,0);
    SDO=0;
    SCLK=1;SCLK=0;                  //补 1 个 CLOCK，如果一次送出了 n 个点的数据，则
                                    //需要补 n 个 Clock
    SCLK=1;SCLK=0;
    SCLK=1;SCLK=0;
    SCLK=1;SCLK=0;
    Delay_xms(500);                 //显示 0.5s
//第二点堆叠
//状态 2-1：红紫紫红
    SCLK = 0;
    SDO = 0;
    for(i=0;i<32;i++) {SCLK=1;SCLK=0;}          //送起始 32bits 0 起始帧
    LED_Senddata(0,10,0);
    LED_Senddata(10,10,0);
    LED_Senddata(10,10,0);
    LED_Senddata(0,10,0);
    SDO=0;
    SCLK=1;SCLK=0;                  //补 1 个 CLOCK，如果一次送出了 n 个点的数据，则
                                    //需要补 n 个 Clock
    SCLK=1;SCLK=0;
    SCLK=1;SCLK=0;
    SCLK=1;SCLK=0;
    Delay_xms(500);                 //显示 0.5s
```

```
//状态 2-2：紫红紫红
    SCLK = 0;
    SDO = 0;
    for(i=0;i<32;i++) {SCLK=1;SCLK=0;}        //送起始 32bits 0 起始帧
        LED_Senddata(10,10,0);
    LED_Senddata(0,10,0);
    LED_Senddata(10,10,0);
    LED_Senddata(0,10,0);
    SDO=0;
    SCLK=1;SCLK=0;             //补 1 个 CLOCK，如果一次送出了 n 个点的数据，则
                               //需要补 n 个 Clock
    SCLK=1;SCLK=0;
    SCLK=1;SCLK=0;
    SCLK=1;SCLK=0;
    Delay_xms(500);            //显示 0.5s
//状态 2-3：紫紫红红
    SCLK = 0;
    SDO = 0;
    for(i=0;i<32;i++) {SCLK=1;SCLK=0;}        //送起始 32bits 0 起始帧
    LED_Senddata(10,10,0);
    LED_Senddata(10,10,0);
    LED_Senddata(0,10,0);
    LED_Senddata(0,10,0);
    SDO=0;
    SCLK=1;SCLK=0;             //补 1 个 CLOCK，如果一次送出了 n 个点的数据，则
                               //需要补 n 个 Clock
    SCLK=1;SCLK=0;
    SCLK=1;SCLK=0;
    SCLK=1;SCLK=0;
    Delay_xms(500);            //显示 0.5s
//第三点堆叠
//状态 3-1：红紫红红
    SCLK = 0;
    SDO = 0;
    for(i=0;i<32;i++) {SCLK=1;SCLK=0;}        //送起始 32bits 0 起始帧
    LED_Senddata(0,10,0);
    LED_Senddata(10,10,0);
    LED_Senddata(0,10,0);
    LED_Senddata(0,10,0);
    SDO=0;
    SCLK=1;SCLK=0;             //补 1 个 CLOCK，如果一次送出了 n 个点的数据，则
                               //需要补 n 个 Clock
    SCLK=1;SCLK=0;
    SCLK=1;SCLK=0;
    SCLK=1;SCLK=0;
    Delay_xms(500);            //显示 0.5s
//状态 3-2：紫红红红
```

```
        SCLK = 0;
        SDO = 0;
        for(i=0;i<32;i++) {SCLK=1;SCLK=0;}        //送起始 32bits 0 起始帧
        LED_Senddata(10,10,0);
        LED_Senddata(0,10,0);
        LED_Senddata(0,10,0);
        LED_Senddata(0,10,0);
        SDO=0;
        SCLK=1;SCLK=0;                 //补 1 个 CLOCK，如果一次送出了 n 个点的数据，则
                                       //需要补 n 个 Clock
        SCLK=1;SCLK=0;
        SCLK=1;SCLK=0;
        SCLK=1;SCLK=0;
        Delay_xms(500);                //显示 0.5s
    //第四点堆叠
    //状态 4-1：红红红红
        SCLK = 0;
        SDO = 0;
        for(i=0;i<32;i++) {SCLK=1;SCLK=0;}        //送起始 32bits 0 起始帧
        LED_Senddata(0,10,0);
        LED_Senddata(0,10,0);
        LED_Senddata(0,10,0);
        LED_Senddata(0,10,0);
        SDO=0;
        SCLK=1;SCLK=0;                 //补 1 个 CLOCK，如果一次送出了 n 个点的数据，则
                                       //需要补 n 个 Clock
        SCLK=1;SCLK=0;
        SCLK=1;SCLK=0;
        SCLK=1;SCLK=0;
        Delay_xms(2000);               //显示 2s
        }
}
```

彩灯的控制要素主要包括：花式、前景背景、速度和亮度等方面。常见的花式通常用模式来表示，主要有：

模式 0）点亮指定颜色；

模式 1）按指定颜色渐变；

模式 2）按指定颜色，单点数据从头跑到尾；

模式 3）按指定颜色，单点数据从尾跑到头；

模式 4）按指定两种颜色，数据从头到尾追逐；

模式 5）按指定两种颜色，数据从尾到头追逐；

模式 6）按指定两种颜色，数据从中间向两边追逐；

模式 7）按指定两种颜色，数据从两边向中间追逐；

模式 8）七种颜色跑马，数据从头向尾方向跑；

模式 9）七种颜色跑马，数据从尾向头方向跑；

模式10）七种颜色追逐，数据从头向尾方向跑；
模式11）七种颜色追逐，数据从尾向头方向跑；
模式12）七种颜色追逐，数据从中间向两边；
模式13）七种颜色追逐，数据从两边向中间；
模式14）七种颜色跳变；
模式15）七种颜色渐变；
模式16）七种颜色进行渐变追逐，数据从头向尾方向跑；
模式17）七种颜色进行渐变追逐，数据从尾向头方向跑；
模式18）七种颜色进行渐暗追逐，数据从头向尾方向跑；
模式19）七种颜色进行渐暗追逐，数据从尾向头方向跑。

前景是指跑动的灯色，背景是指静止的灯色，如上面介绍的四点堆叠就是一种有前景和背景的花式。花式需要根据实际的场景精心设计，既要达到一定的动感效果，又要适合场景的主题气氛，使人感觉舒适新颖。在编写程序代码时要注意把花式对应的状态按时序分解，分步实施和调试。

思考题

1. LED实现成千上万种的色彩和变化的主要技术是PWM调光，试解释流星灯的工作原理。
2. LPD6803是三通道的调光控制芯片，请问每个通道的PWM调光级数是多少？该芯片控制RGB LED可以实现的颜色有多少种？
3. LPD6803的数据传输与MAX7219有何不同？

第 8 章

LED 驱动与应用电路的设计思路和方法

对初学者而言，面对一个陌生的设计任务时，由于缺乏经验，往往会感到不知从何处着手。针对这种情况，本章首先将概括介绍一种指导性的设计思路和步骤，帮助同学们明确开展研究工作的内容，做好路线规划，从而克服无从下手的恐惧心理。在此基础上再详细介绍四个查找资料的实用方法，最后通过一个实例具体讲解方案设计的思维模式和思考过程。本章将为后续进行设计性的实验以及自主完成设计任务奠定基础。

8.1 思路与步骤

1）明确设计目标（从输出端开始）；
2）方案设计（画出系统原理框图）举例说明（在第 9 章实验中进行验证）；
3）确定电路结构（画出电路原理图）；
4）计算和选择元器件参数；
5）设计 PCB，制作样机；
6）测试、改进、优化；
7）撰写设计报告（说明书）（规范的格式）。

8.2 资料查找的方法

本书具有方法论和实践指导性质的专业特色，并非系统的理论教程，学生必须具备一定的基础，并根据实际需要学会查阅资料补充知识，才能有效完成后续课程设计任务。

8.2.1 借助工具书

适用于基础知识，理论公式的查找。

在模电和数电等基础课的学习过程中，通常使用一些经典的教程，这些教程的特点是比较全面系统地介绍该领域的基础知识，其中包括大量的理论讲解和例题。当面对一个具体的电路设计任务时，很多细节都是依靠这些基础的电路理论知识来帮助理解和解决的，例如，在考虑如何限制 LED 的电流时采用了串联电阻电路，电阻值的计算就要用到元件约束（欧姆定律）和电路约束（KVL）这些基本电路原理；又例如，设计一个最简单的 LED 线性恒流电路，就必须了解晶体管的特性和基本放大电路，还要了解稳压二极管的特性和用法；还有如学习 BUCK 开关恒流驱动电路时要理解误差放大器和比较器的作用，这些都是在模电的教程中学习过的内容。对于软件编程方面更是如此，参考教程中的典型例程都是经过前人智慧的结晶，是不可多得的财富。

8.2.2 网络搜索

适用于查找元器件的数据手册、应用实例，以及经验教训借鉴等。

如今是信息爆炸的时代，仅仅依靠背熟几本工具书已经无法打天下了，况且再强的大脑也记不下海量的知识，实际上无需什么东西都要记忆，因为需要的信息都在互联网上，而我们要做的就是学会如何查找和运用这些知识。虽然网络上许多信息看似杂乱无章，但是掌握了方法，它就会成为你的私人图书馆，为你所用。首先为要查找的目标资料选择一个关键词，这个关键词一开始可以粗糙一点，然后慢慢精细化。例如，要查找一个合适的LED 驱动 IC，可以输入“LED 驱动 IC”粗查，先看一下有哪些感兴趣的链接，点进去浏览一下，通过其中的描述对照自己的需要再细化，例如，可进一步改为输入“LED 恒流驱动”“低压 LED 恒流”“LED 恒流 调光”等。

互联网上的资料有许多并不一定很完整，有的甚至是错误的，这就需要我们多看一些，认真进行对照验证。因为每个人的认识水平、角度、表达能力和方式都有所不同，对于难懂的、明显错误的资料可以直接跳过；有些资料可能整篇就一句话有用，那也是有价值的；对于那些比较完整、思路清晰的可以认真多看几遍，甚至摘录下来，自己对着做一做实验，验证一下。通过别人的经验和教训汲取有用的东西，可以让自己少走弯路，提高效率。

学会利用网络搜索工具对关键词进行搜索，可以获得十分有参考价值的资料，比如芯片的型号、数据手册、应用实例，以及一些专业用语、概念的介绍、工具、程序等，通过一些专业的论坛、网站等，甚至可以对某个领域进行深入的学习，提高专业水平。通过这些碎片化的学习，可以大大丰富我们的视野，往往很多关键问题的解决就是从这些看似杂乱无章的碎片中找到借鉴，受到启发而获得解决的，这些都是工具书所无法提供的宝贵资源。

8.2.3 专业数据库

适用于综述、论文、关键技术、理论计算、研究热点和新技术等。

通过网络搜索获得的知识毕竟不够全面和严谨，在条件允许的情况下，可以借助正式的权威数据库查找所需资料，也可以对照验证网上所获取的某个信息的正确性。这些数据库是要付费使用的，一般高校图书馆都会长期订购，以供老师和学生科研和学习使用，因此要充分利用好这些资源。对学生来说，特别是英语水平不高的学生，可以从中文期刊库起步。首先通过这些数据库查阅所研究领域的综述性文献，了解该领域的发展和现状，然后再针对感兴趣的课题进行关键词检索，因为这些文章全部来源于国家允许正式出版的刊物，内容经过专家审核，对于所提出的方案基本上是经过实验验证且结果是真实正确的。数据库中的论文通常分为期刊上发表、硕博论文、会议论文等，其中期刊上发表的论文有字数和页面的限制，一般只有数千字，重点描述所提方案的思路、实现方法和结果，而其中的细节可能省去，例如，通常只有关键部分的电路而没有提供完整的电路图、元器件的具体参数等信息，如果希望按照其方法进行实验验证，那么在领会其所描述的方法和原理之后，还需要查找一些补充资料。硕博论文则是十分完整的毕业论文，通常有详细具体的设计步骤，包括元器件参数的计算和选择，页数很多，可以整本下载学习，不但可以系统地学习其中的知识点，包括所提的方案和方法，也可以学习设计报告的撰写思路和规范，因此可以作为精读的资料。会议论文与期刊上发表的论文差不多，除此之外，还有一些专利库、国外的论文库等，也可以选择阅读。

8.2.4　电商平台

适用于了解市场现状、技术热点，寻找创作灵感、元器件及模块的供应等。

现如今，网购已成为人们生活中不可或缺的一部分。改革开放以来，中国经济活力得到了激发，国民生产各领域全面发展，近 20 年来在高新科技领域的长足进步尤为突出，网络科技更是弯道超车，移动支付和电商网络的发展极大促进了人们的消费，同时也促进了国内生产制造行业不断丰富完善。2010 年中国轻松超越日本成为全球第二大经济体，中国也成为世界上门类最全的制造业大国，换言之，中国可以生产世界上几乎所有的商品，与此同时也成了全球最具创新能力的国家之一，新产品不断被创造，并通过发达的电商平台正是推向市场。

通过电商平台，可以快速了解各个领域的市场现状、新技术热点，从中找到设计的目标和灵感。例如，可以通过电商平台了解各种不同功能的灯具，有简单调光的、触摸调光的、遥控的、感应的、语音识别的、人体检测的、远程控制的、自动调光的、护眼功能的、人脸识别的等，还有各种各样的 LED 应用的产品、模块，以及各式各样的传感器模块、AI 智能元素的应用等，各式产品琳琅满目，从中我们可以了解现实生活中人们对 LED 产品的真正需求，掌握市场的动向。同时，也能了解这些产品使用了哪些技术，有哪些功能模块可以为我所用，为学习和创作新的功能提供灵感和素材。另一方面，通过电商平台，还可以了解自己的设计方案中所需要的元器件是否有货源及其价格，这将决定下一步是否可以制作样机进行实验验证，以及核算成本等。

总之，利用电商平台可以帮助同学们快速了解市场现状，分析市场需求，了解技术热点，寻找创作灵感；了解模块和元器件的供应情况，进而为下一步进行方案的设计和实施可行性分析奠定基础。

8.3　方案设计的思路与方法

扫一扫看视频

举例说明一个 LED 应用产品的电路方案设计的思路、方法和步骤。

例如，设计一个具有多种方式控制的 LED 调光灯，具体要求和功能如下：

1）输入电压：5V；

2）输出光通量：200lm；

3）调光范围：0 ～ 100%；

4）调光控制方式：电位器连续调光、按键式分段调光、感应式分段调光、吹灭功能；

5）要求全硬件实现（不使用单片机）。

上述要求对具有模电、数电基础的学生而言，应该是可以胜任的，以下设计思路和方法供参考。

8.3.1　分析课题，找出关键问题

因为作品的所有功能最终是通过输出端体现的，因此可以考虑从输出端出发，一步一步向前推进。

（1）灯板的考虑　根据输出光通量的要求，初步明确灯板的要求，即总光通量为180lm，根据第1章的经验可知，一颗0.2W的SMD2835的LED输出光通量约为21～23lm，可以大概了解180lm所需要的功率约为1.8W，至于灯珠的型号、数量和连接方式可暂时忽略，因为通过第1章的学习，这些知识已经掌握，不是问题的关键。

扫一扫看视频

（2）驱动电路　由于LED需要调光控制，因此驱动电路需要具有调光信号的输入接口。首先要了解LED调光有哪些方法，通过网络了解有关LED调光的应用实例，结合第1章例1.3可以了解到，PT4115这个芯片不仅可以实现恒流驱动，而且还有调光控制功能，因此可以暂定采用该芯片作为驱动电路的核心。对于电路方案的选择，通常可以从熟悉的电路出发。

（3）调光信号的产生　首先了解PT4115的调光控制信号的形式和要求。根据PT4115的数据手册可以了解到，它具有两种调光控制方式，即所谓模拟调光和PWM调光。如果对这两种调光方式不是很熟悉，则要通过文献查阅学习了解它们的原理和特点。模拟调光是通过模拟信号改变LED电流的大小，PWM调光是通过PWM信号的占空比改变LED的平均电流的大小。相比而言，PWM调光是更为常用的方法，具有不同亮度时保持LED光色不变的优点。如何确定选择PWM调光方式，则需要明确调光信号的要求，例如，高低电平的电压范围，这在PT4115手册中有详细的说明。在了解这些要求之后，就要确定用什么方法来产生这个占空比可控的PWM信号，如果没有这方面的知识积累和经验，就又得查阅资料了。通过网络搜索能产生PWM信号的电路，并且了解其占空比是否可控，如何控制，从中找到一个比较容易控制的方案。比如，能实现PWM（或产生方波）的电路有分立元器件的（参考3.1节的例子）、基于时基芯片555的、基于门电路的、基于运算放大器的、基于单片机的、基于PWM控制器芯片的等。通过对照分析，在这些方案中，前四种是基于模拟和数字电路，电路稍微复杂，最为关键的是占空比的调节比较复杂，基于单片机的方案硬件最为简单，但是对于没有单片机基础的同学有难度（本例要求全硬件的目的就是为这些同学而设），对于符合硬件实现的要求，采用专用的PWM控制器芯片产生PWM信号且调节占空比是最为简单可行，因此可以确定采用最后这个方案。在查阅上述资料的同时，我们也了解一些具体的芯片型号，有了型号就可以查阅其数据手册进行深入学习，通过数据手册学习芯片的用法是最简单，也是最准确有效的方法。例如，本例选择一款经典的PWM控制器芯片TL494进行深入学习，了解其输入电压范围、输出信号的方式、PWM信号的频率设置、改变占空比的方法等，了解这些问题，做到心中有数，才能进入下一步。

（4）连续调光的控制方式　在上一步骤里，我们可能花了很多时间在调光方式和调光信号产生电路的调研、选型上面，实际上在选型的过程中，也要考虑到输入信号的因素，比如，这里要求用电位器进行连续调光，我们想到用电位器调节的直接物理量是电压（即通过串联电阻分压），因此TL494应该能接受通过改变电压来调节PWM占空比的信号，通过阅读数据手册找到了这个接口，也就是TL494的死区时间控制电压（第4脚），输入一个0～3V的电压，即可产生占空比为0～96%可调的PWM信号。因此可以确定用电位器产生连续调光的方案可行。

（5）按键式分段调光的实现　前面已明确了通过改变死区时间控制电压来改变占空比的调光控制方式，这是整个调光方案的核心思想（核心技术），确定这一点很关键，后面所有调光都可以围绕如何改变这个电压来进行设计。比如，我们思考分段调光的实质是什么？实际上就是通过按键来选择几个预先设定的电压，有了这个想法，那么下一步就要想如何把按键产生的信号转化为对不同电压档位的选择，这无形中就是要设计一个选择开关电路，可以利用数电里学习过的一些有关知识，结合网上资料，开动脑筋加以分析思考，总是可以设计出实现这个功能的模块电路的。

（6）感应式分段调光控制　感应式分段调光无非就是在分段调光的基础上，利用感应的方式代替按键产生输入信号，因此问题的关键就是感应传感器的实现，这需要了解目前有哪些这方面的案例可供参考学习，实际上在生活中的经验可以帮助我们思考这个问题，因为现在有很多感应式的水龙头产品，所以对于这种控制方式我们是有亲身感受的，是有概念的，这对于我们明确该功能实现的目标和开展设计工作都很有帮助，至少我们清楚这个功能一定可以实现。那么下一步就是要研究学习这种红外感应的原理、实现的方法、具体的电路等。

（7）吹灭功能　首先要了解吹灭的实质是什么？其实就通过吹的动作产生一个信号，利用这个信号使调光信号 PWM 的占空比归零。然后可以进一步学习了解利用什么元器件和电路产生这个信号，想象一下生活中通过吹产生信号的方法，比如，能不能设计一个轻质的开关，用吹的方式就可以产生开关动作？有没有这种现成的元器件可以利用？我们还可能会想到麦克风能拾取人说话的声音，是否也可以借鉴利用设计成适合我们方案里的吹信号的检测呢？

通过上述思路，从输出端开始出发，逐步明确每个环节的基本要求，了解关键环节及其解决方案。

8.3.2　画出系统框图，拟定技术路线

对上面的分析进行总结归纳，划分功能模块，画出系统的原理框图，如图 8-1 所示。

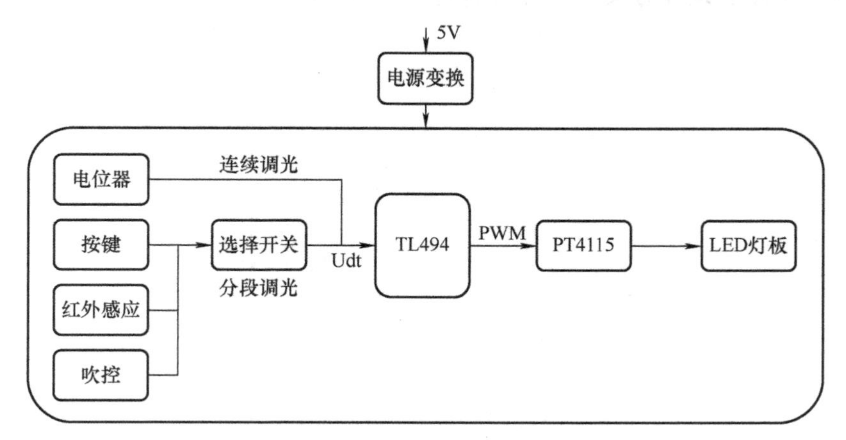

图 8-1　系统原理框图

系统框图能帮助我们对整个方案的实施进行合理规划，制定开展设计工作的路线和步骤，框图中需要把关键信息写下来，比如有些确定的芯片型号可以明确写出，而有些电路还需要进一步研究则可以只写功能。

接下来就可以根据系统框图，对每个功能模块进行深入的研究、设计和实验，通过实

验结果验证方案的可行性，并解决设计中出现的各种问题。这里建议方案实施的步骤按照从输出端开始向前推进的思路顺序进行（从右向左），因为这样有利于通过输出结果直接反映输入方案是否可行。这种积木式的设计方法对新手而言是一种踏实的、循序渐进式的、按部就班的高效方法，可以每完成一步就能直观看到结果，对于模块之间问题的发现、分析和解决，以及工作的顺利推进是非常有好处的。当然，对于有一定经验积累的技术人员，也可以针对关键问题和难点重点突破，比如红外感应模块、吹控模块等，然后再结合其他模块进行整体设计、调试；而对于需要由多人参与的复杂的工程，则可以采取分工合作，几个模块同时进行，最后进行联合调试的方式。

可见，要完成一件作品的设计，首先要明确作品的各项功能和指标要求，通过查阅大量资料研究、选择和制定具有可行性的实施方案，画出系统框图，进而对每个模块进行具体的电路设计（画原理图、计算和选择元器件参数、仿真、设计 PCB 等）、实验验证，最后进行整体样机的制作、测试等工作。整个过程需要有合理的计划才能顺利完成。

思 考 题

设计一个色温可调的 LED 灯，输出最大光通量 600LM，输入采用通用的充电器（5V/2A）供电，采用触摸调光方式。思考以下几个问题，查阅资料，构思你的设计方案。

（1）什么叫作色温可调？用什么方法可以实现？

（2）如何选择 LED 灯珠，如何布局？（提示：输入电压为 5V）

（3）PT4115 还可以用来驱动这个灯板吗？（提示：根据 PT4115 的工作电压范围）

（4）触摸控制如何实现，有什么芯片可以用？工作原理是什么？

具体要求如下：

1）画出系统原理框图；（30 分）

2）具体描述你的设计方案（越详细越好）。（70 分）

第 9 章

设计性实验训练

本章将针对第 8 章提出的例子进行深入的模块化设计实验，通过实验具体学习电路设计中的细节，并结合实际问题的发现、分析和解决的过程逐步养成有效的思维习惯，自觉把理论知识与工程实践相结合，积累经验，为下一步自主完成设计任务打下坚实的基础。

本章面向具有模电和数电理论基础的同学而设，第一个实验为工具和焊接技能训练，后面七个实验为模块化的实验，即每个实验相对独立，实现一项具体的功能，但实验之间又互相关联，即每完成一个模块，必须连接前一模块才能测试结果。这是一种积木式的设计方法，要求学生既要实现模块的功能，还要解决模块之间的兼容问题，每完成一个模块即实现一个阶段性的成果，循序渐进，层层推进，有利于问题的分解和逐个解决，也能帮助同学们累积信心。

实验环节分三个阶段进行（预习、课堂实验、报告），为了帮助同学们能顺利完成实验任务，达到训练目的，每个实验除了明确陈述实验目的、原理和步骤之外，还以提问方式引导学生完成预习报告、整理实验数据、分析实验结果，并完成一定量的设计性任务。

为了方便对学习成效的考核评价，本章给出了三个课程目标供参考，分别以 F1、F2、F3 在相应位置标注，具体内容如下：

目标一（F1）：理解 LED 的光电特性，能根据 LED 应用进行需求分析，制定设计目标，明确相关约束条件。

目标二（F2）：能够针对设计目标，考虑满足工艺、性能及应用等需要的因素，设计并画出电路原理图，计算和选择元器件的参数，并进行实验调试，验证设计的电路是否达到设计目标。

目标三（F3）：能够站在环境保护和社会可持续发展角度，评价 LED 产品设计在能耗、重金属污染、光污染、噪声等对环境和社会可持续发展的影响。

9.1 焊接与测试训练

本实验将通过对一个简单的 LED 闪光灯电路的制作和测试，初步熟悉使用万用表对元器件进行测试，判断元器件的好坏，测量其主要参数；学会使用电烙铁等工具完成电路的焊接和组装；初步学会使用示波器对电路工作波形进行观测。初步养成关注电路中各元器件的作用，以及修改元器件参数对实验结果的影响等设计性思维。

9.1.1 实验目的

1）理解 LED 的电致发光特性，LED 的应用领域。（F1）

2）能画出电路原理图，标明元器件符号和参数，并理解其含义。（F2）

3）能使用万用表测量电路中所用元器件的参数，判别元器件的好坏。（F2）

4）能正确使用电烙铁完成电路焊接，并能辨认元器件的封装及元器件在电路图中的对应位置。（F2）

5）能使用示波器观测电路工作点的波形，测量其电压和频率。（F2）

6）了解焊接材料（焊锡、助焊剂）的成分及其污染特性和使用注意事项。（F3）

扫一扫看视频

9.1.2 实验材料、仪器用具

元器件、印制电路板（PCB）、焊锡丝、导线、电烙铁、直流稳压电源、数字万用表、数字示波器。实验电路和电路板布局如图 9-1 所示。

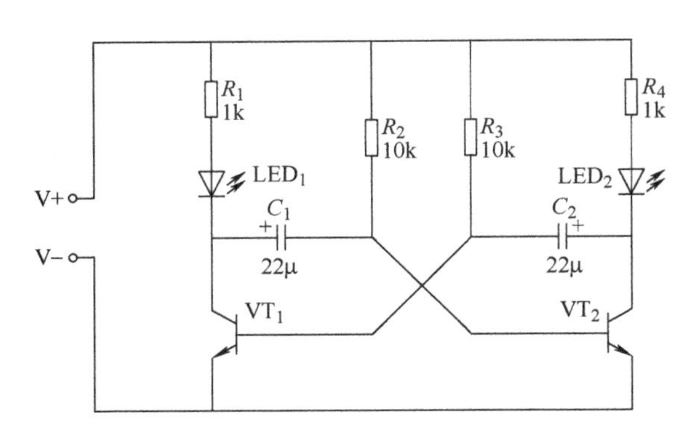

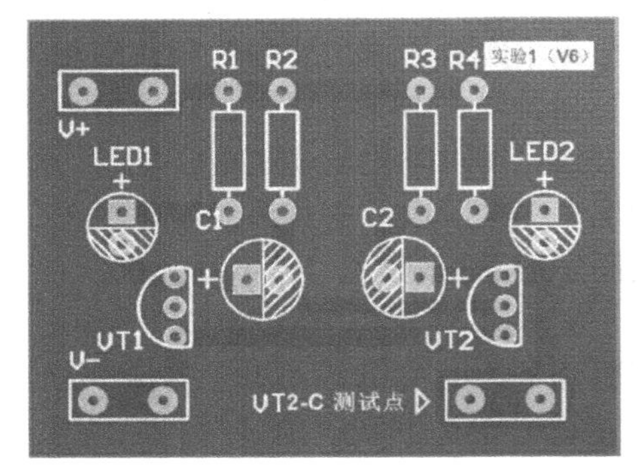

图 9-1　实验电路原理图及 PCB 布局

实验中使用的材料清单见表 9-1。

表 9-1　材料清单

标号	规格	用途描述
R_1，R_4	1k，1/4W 直插电阻	LED 限流
R_2，R_3	10k，1/4W 直插电阻	基极偏置及 C1、C2 放电回路
C_1，C_2	22μF/25V 铝电解电容	RC 振荡
VT_1，VT_2	2N3904/TO92	电流放大、开关
LED_1，LED_2	3mm 直插 LED	指示灯

9.1.3 实验原理

实验电路如图 9-1 所示，这是一个自激振荡电路。由于晶体管的参数不完全一致（哪怕是很小的差异），将会导致其中一只晶体管先于另一只晶体管导通。接通电源后，R_2 给 VT_2 提供基极电流，R_3 给 VT_1 提供基极电流，假设 VT_1 先于 VT_2 导通，VT_1 集电极电流较大，R_1 和 LED_1 电压降较大，导致 VT_1 集电极电压迅速下降。由于 C_1 两端电压不能突变（电容特性），因此 C_1 负极电压也跟随正极（即 VT_1 的集电极）电压下降，这样 VT_2 基极电压就会被拉低，VT_2 截止，此时 LED_1 亮，而 LED_2 不亮。此时，C_1 通过 VT_1、R_2 向电源放电（反向充电），C_1 负极的电压缓慢上升，达到 VT_2 开启电压时 VT_2 迅速导通，

VT_2 集电极电压下降，通过 C_2 使 VT_1 截止，LED_1 灭，LED_2 点亮，这个过程不断重复，就形成了自激振荡。VT_1 和 VT_2 的集电极输出波形近似于方波，振荡频率和占空比取决于 C_1、C_2 和 R_2、R_3 的数值。实验电路焊接后的实物效果如图 9-2 所示。

9.1.4　实验内容

1. 手持式数字万用表的使用

（1）数字万用表的功能简介　手持式数字万用表可用于测试电阻、二极管、晶体管等元器件的好坏，判断元器件引脚极性，及其基本参数，还可以用于测量电路工作点的电压、电流，有些万用表还可以测量电容、电感元件，以及电路中元器件的温度。通过对本实验中使用的元器件和工作点电压测试，学会手持式数字万用表的基本使用方法。本实验使用的手持式数字万用表如图 9-3 所示，型号为 VICTOR VC8900。

图 9-2　实物效果

图 9-3　常用的手持式数字万用表

使用万用表时，要根据不同的功能选择正确的测试端（插孔），该型号有四个测试端子，其中黑色 COM 端子为公共端（参考地），接黑色表笔；测量电阻、电容和电压时，红色表笔接右侧的红色测试端；测量电流时，红色表笔接左侧的 mA（毫安）或 20A 大电流测试端。转动中间的测试旋钮到相应的档位，就可以进行测量。按逆时针转动方向依次对该型号的测试功能进行简介如下（详细的说明请参考产品说明书）：

1）OFF（关闭）档。养成每次使用完万用表之后把旋钮转回 OFF 位置的习惯，以节省电量（虽然有些万用表具有超时自动关闭的功能），同时可避免表笔误触发生不必要的事故。

2）电容档。由于常用的铝电解电容容量误差较大，而且对电路工作点影响不大，故一般只需要一档量程，大致了解电容的容量即可，例如本例电容测试档的测量范围为 2000μF。注意：对于精度要求较高的电容测量需要使用专用的 LCR 电桥测量。

3）电阻档。量程档位较多，应根据元器件的阻值范围选择合适的档位进行测量，以获得尽可能高的读数精度，当屏幕上显示 0L 时表示被测元器件的阻值超出量程，应切换到更高量程进行测量。

4）蜂鸣档。主要用于测量电路中的短路情况，可以用来判断某两点是否连接在一起，实际上这个档位是一个小阻值的测量档，当电阻阻值很小时，用这个档位测量将发出蜂鸣声音，同时显示阻值。

5）二极管档。测量二极管、晶体管、MOS 管等具有 PN 结的半导体器件，当正向偏置时，将显示 PN 结当前的偏置电压，若用于测试 LED 灯珠，则 LED 将发光。要注意不同颜色 LED 的偏置电压不同，而且由于万用表提供的电流有限，通常达不到 LED 的额定工作电流，因此所显示的电压也低于其额定工作电压。

6）电流测量。注意电流表要串联在被测回路中，要区分直流电流和交流电流，直流电流测量结果是电流的平均值，交流电流测量结果是电流的有效值，还要注意使用合适的量程，超量程有可能会烧毁内部熔丝。

7）电压测量。电压测量也要区分直流和交流，要选择合适的量程和档位进行测量。

（2）测量　使用该型号的数字万用表，对实验中的元器件和电路进行测试，数据记录于表 9-2 中。

表 9-2　用数字万用表测量元器件参数及电路工作点电压

R_1	阻值：	档位：	
R_2	阻值：	档位：	
R_3	阻值：	档位：	
R_4	阻值：	档位：	
LED_1	VF 值：	LED_2	VF 值：
VT_1	Vbe：	VT_2	Vbe：
VT_2	hFE：	VT_1	hFE：
VT_1 集电极输出电压		直流：	交流：

1）电阻测试。用适当的量程档位测量 1/4W 金属膜电阻的阻值，记录阻值。

2）LED 测试。用二极管档测试直径 3mm 的直插式 LED，观察 LED 的发光情况，判断 LED 的好坏和极性，记录 LED 的正向工作电压（VF）测试值。

3）晶体管测试。首先用二极管档找出晶体管的两个 PN 结，标出公共端引脚（即基极 B），根据公共端的极性（P 或 N）判断晶体管是 NPN 型还是 PNP 型，再使用 hFE 档测量晶体管的放大倍数，画出晶体管的实物示意图，标明引脚符号（b、c、e），记录 b–e 极的 PN 结正向电压降，以及晶体管的放大倍数。

4）电容测试。用电容档测量电容的容量，记录测量值。

5）电压测量。分别用直流电压（20V）和交流电压（20V）档测量并记录 VT_1 集电极电压，观察读数的变化，若无法正常读数，请注明实验现象。

2. 电烙铁的使用

扫一扫看视频

电烙铁是焊接电路板的必备工具，正确使用电烙铁，才能保证焊接可靠，避免出现虚焊、短路，以及因焊接时间过长而造成元器件和电路板温度过高而损坏。下面就电烙铁使用过程中的一些注意事项进行简单说明。

1）烙铁的清洁和保养。保持烙铁头光亮清洁，暂时不焊接时要放到烙铁架上，利用烙铁架适当散热，保持恒温，焊接完成后要关闭电源，以免烙铁头长时间干烧过热氧化，无法正常挂锡，使用过程中经常用高温海绵对烙铁头进行清洁。使用完的电焊铁在烙铁头上挂上少量焊锡，断电保存在干燥环境中。长期不用的电烙铁如果生锈了，可以用砂纸小心打磨一下，但注意有些烙铁头有一层保护层，不要用砂纸磨去，也可以在加热的条件下使用专用的清洁剂清洗。

2）高温海绵使用前要用适量清水泡软，使用时将烙铁头在其上轻擦即可。

3）烙铁架高温，应小心烫伤，烙铁不用时即插入烙铁架内，保持恒温，同时避免伤及人身以及其他物品（如电线外皮等）。

4）焊接时要根据焊接元器件的引脚粗细适当选择烙铁的部位，引脚细的可使用近烙铁尖的部位焊接，引脚粗的则需要使用离烙铁尖远一点的部位焊接，因为这时需要较多的热量才能达到足够的温度把焊锡熔化。焊接时，烙铁要同时接触引脚和焊盘，切记焊锡永远是朝热的地方流动，这样才能把引脚和焊盘可靠地焊在一起。

5）根据所焊接元器件的封装特点调节适当的温度，并控制接触时间，时间过短焊锡熔化不充分可能造成虚焊，时间过长可能损坏元器件的封装（特别是如贴片 LED 等器件那样的塑料外壳）。

6）焊接效果判断。焊点光滑证明焊锡充分熔化，元器件引脚和焊盘充分浸润，焊接牢靠。如果焊点粗糙则表明温度不够，焊锡没有充分熔化，极有可能产生虚焊而引起接触不良。焊点呈锥形小山状，表明焊锡的量适当，如果呈鼓起的球形，则说明焊锡过多，容易造成短路。

实验中常用的电烙铁、烙铁架和高温海绵如图 9-4 所示。

3. 电源的使用

在电路实验中，通常需要一个稳定性良好的直流电源为电路提供不同的电压和电流，实验室常用直流稳压电源如图 9-5 所示。这种直流电源设有电压和电流调节旋钮，有一些还有微调功能。

图 9-4 电烙铁、烙铁架和高温海绵

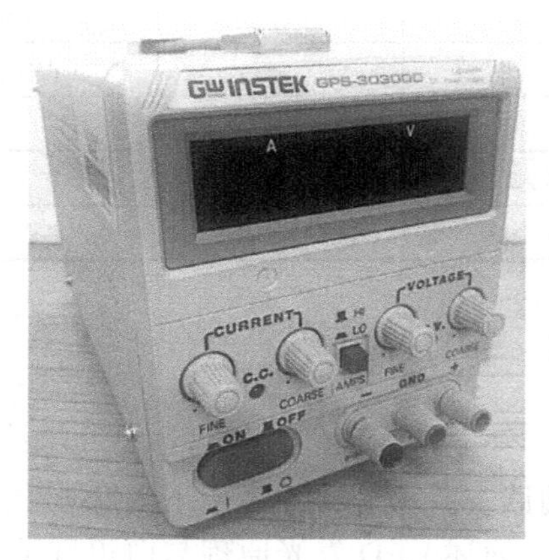

图 9-5 实验室常用直流稳压电源

实验室常用的直流电源通常具有稳压和限流功能，输出电压和限流值可以连续可调，本实验采用的直流电源输出范围为 0 ～ 30V，0 ～ 3A 可调。在测试电路时，要了解电路对电压和电流的需求，适当调节电压和限流值，尤其是合理使用限流功能，限流功能设置之后，输出功率就会受限，当负载增加超过设定值时，输出电压将自动降低。在测试对电压敏感的电路（如 LED）时，必须设置限流值，以免不小心过电流造成损坏。

接线方法：正负极为输出端，地线（即电源外壳）接大地，主要用于电源漏电时起保护作用。

使用方法：接入电路之前要先调好电压，必要时还要设置好限流值，切勿接入电路后再打开电源开关调节电压，以防开机时电压过高损坏电路。

扫一扫看视频

4. 示波器的使用

示波器主要用于观测实验电路的工作波形，测量频率、周期、相位、占空比、响应时间、各种电压值（包括最大值、最小值、平均值、有效值等），详细的使用方法请参考相关教程、说明书和视频录像。常用的双通道数字示波器如图 9-6 所示，本实验使用的数字示波器型号为 TBS1072C。

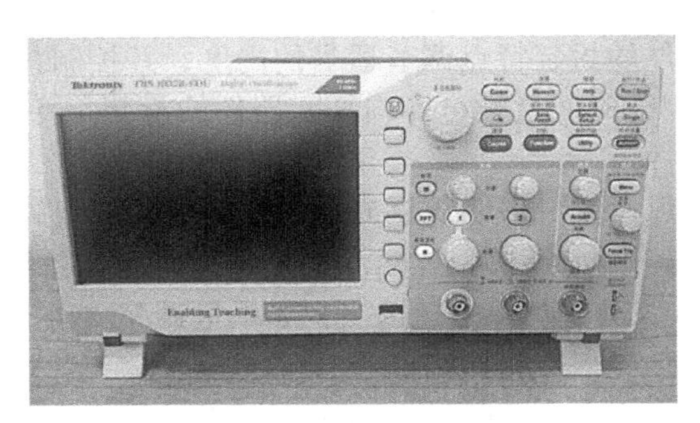

图 9-6　常见双通道数字示波器

本实验要求使用示波器观测 VT_1 集电极输出电压的波形，测量并记录表 9-3 所列的参数。

表 9-3　VT_1 集电极输出电压波形测试

频率		正频宽		负频宽	
周期		正占空比		负占空比	
电压测量					
最大值			平均值		
最小值			有效值		

9.1.5　学习评价

1. 预习（35 分）

阅读实验原理，回答以下问题。

1）简述 LED 发光原理与白炽灯（普通灯泡）有何不同?（F1：10 分）

2）查阅资料，简述 LED 有哪些应用领域（F1：10 分）

3）请问要完成一个 LED 电路设计、制作和测试，需要哪些工具和仪器?（F1：5 分）

4）画出实验电路的原理图，注意元器件符号、电气节点、极性、标注的规范性。（F2：10 分）

2. 实验过程（15 分）

1）焊点光滑，焊接正确可靠，电路能正常工作。（F2：5 分）

2）数据合理，单位准确。（F2：5 分）

3）表格规范，书写工整。（F2：5 分）

3. 实验报告（50 分）

参照以下问题提示，按照实验报告的格式规范和要求，撰写实验报告。

1）如何使用万用表识别晶体管的基极，以及晶体管是 NPN 型还是 PNP 型。（F2：10 分）

2）实验中如果 R_2 与 R_3 的阻值不同，比如 R_2=10kΩ，R_3=20kΩ，其他元件参数不变，请问该电路是否还能正常工作，请结合实验结果进行分析。（F1：10 分）

3）实验电路参数中，若 R_3=20kΩ，C_2=10μF，其他元件参数不变，请问 VT_1、VT_2 集电极输出电压频率是否相等（或接近），请结合实验结果进行分析。（F1：10 分）

4）通过网络查阅，说明焊锡丝的种类、含铅量的多少、助焊剂成分、作用，以及比例及其对环境的影响。（F3：20 分）

9.2　LED 光源选择与灯板设计

本实验将设计一块 LED 灯板，输出光通量约为 200lm（适合小台灯）。熟悉贴片 LED 灯珠的外观结构，掌握贴片 LED 灯珠的测试和焊接方法，理解 LED 串并联连接的工作电压和电流需求，学会用稳压电源测试灯板时的限流保护措施，学会对 LED 灯板的故障进行分析，加深对 LED 特性的理解。通过本实验的训练，达成以下目标。

9.2.1　实验目的

1）认识 2835 贴片封装的 LED 灯珠的外观规格，了解其主要电参数。（F1）

2）能使用该型号灯珠设计 LED 灯板，画出电路原理图。（F1）

3）学会使用万用表测试、判断 LED 的好坏和极性，并能对灯板的故障进行分析。（F2）

4）学会贴片式 LED 的手工焊接方法。（F2）

5）学会用直流稳压限流电源对 LED 灯板的工作电流、电压、功率进行测量计算，加深对 LED 伏安特性的理解。（F2）

6）理解 LED 的温漂特性和可靠工作的条件，了解 LED 的能耗特性，了解国家对 LED 照明方面的相关政策。（F3）

9.2.2　实验材料、仪器用具

LED 灯珠、PCB、焊锡丝、导线、电烙铁、镊子、直流稳压限流电源、数字万用表。实验电路和电路板布局如图 9-7 所示。

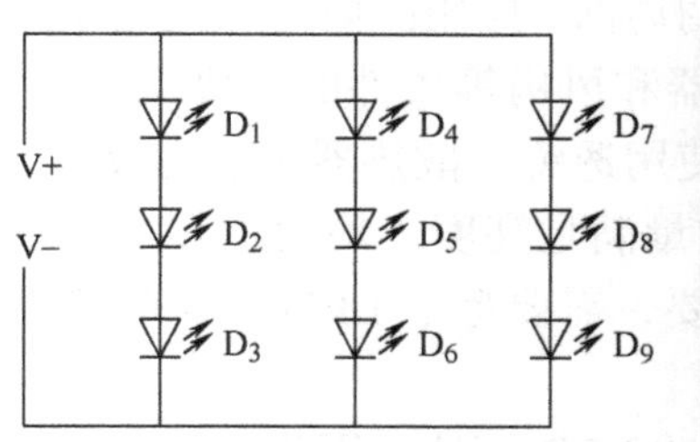

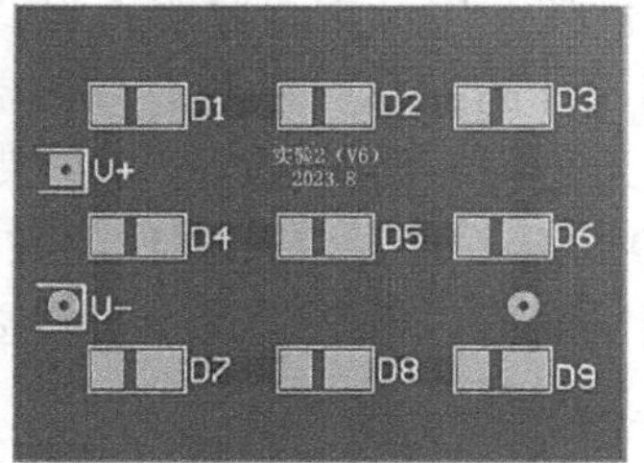

图 9-7　LED 灯板电路图及 PCB 布局

实验中采用的LED灯珠型号为SD2835WN，电流等级为60mA，光通量为21～23lm，额定电压VF为3～3.2V；色温CCT为2750～8250K（本实验选择低色温，即暖色调的灯珠）。

9.2.3 实验原理

1. LED 灯珠的选择

LED 的伏安特性曲线如图 9-8a 所示。根据曲线的特征，LED 可以用图 9-8b 所示的简化模型表示。

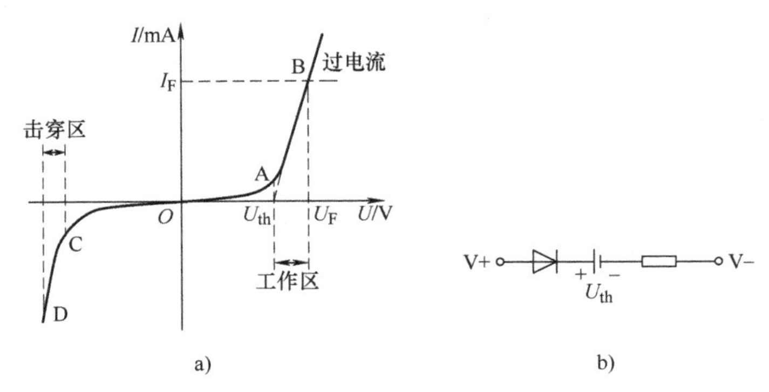

图 9-8 LED 的伏安特性曲线及其电路模型

从图 9-8b 中可以看出，LED 可以看作由理想二极管（代表单向导电性，不考虑电压降）、电压源（代表开启电压），以及动态电阻（代表工作区的斜率）三部分构成。在选择 LED 灯珠时要考虑以下几点：

1）正向额定电流与光通量。正向电流的大小基本可代表 LED 的功率，与 LED 的光通量相对应，例如对于白光 LED，50～60mA 的 LED 灯珠约 0.2W（因为白光 LED 的正向工作电压约为 3.2V 左右），而光通量则为 21～23lm。

2）色温。白光 LED 按色温一般可分为正白、冷白和暖白，相同功率色温不同的 LED 灯珠的光通量不同，通常色温越大（冷白）亮度越大，反之则亮度越小。因此在设计不同色温的灯板时，亮度要求一样时有可能所需的 LED 灯珠颗数不同。

3）相同封装的 LED 灯珠有可能亮度不同。例如，同是 SMD2835 贴片封装的 LED，有可能是 0.2W 的（60mA），也有可能是 0.5W 的（150mA），要注意散热设计应有所不同。

4）根据不同光输出的特点选取不同规格的 LED 灯珠。可根据应用场合是要求聚光还是散光来区分，例如，用于重点照明（强调局部）应用的射灯和大功率灯具，需要用光学透镜进行光分布设计的光源，以及有散热器和风扇等条件的一般可使用大功率的 LED 灯珠；对于要求出光均匀、面积较大、不能使用透镜、散热器（节省成本）的应用则尽量选用小功率的 LED 灯珠，通过增加灯珠的数量满足亮度、均匀性和良好散热等要求。对大功率灯灯珠的使用而言，散热设计十分重要，需要考虑 LED 灯珠的热阻等参数，对于空间较小的应用尤其突出。

5）作为照明用途应尽量选用贴片封装的 LED 灯珠，因为其出光面积和支架面积都较大，有利于获得较好的照度和散热条件，而用于点阵屏、显示屏、指示灯、景观灯等则可根据空间尺寸、亮度和色彩、作品的整体特色等选择直插或贴片封装。

6）关于 LED 的质量要求。LED 看起来很简单，但实际上生产流程十分复杂，每个环节都会对 LED 最终的参数和质量产生影响。不仅不同厂商生产的灯珠质量有差别，就算是同一厂商在批量生产时也很难确保每一个 LED 灯珠的参数和质量完全一致，因此同一批次的 LED 灯珠生产出来都要经过检测和分档。通常可以按 LED 的正向电压降分档，因为相同亮度输出时，电流基本一致，电压越低则功耗越低，发热越小，可靠性越高，所以可以认为质量较好，但售价也相对较高。对一般的照明应用而言，要求不高时选择价位和质量中等的灯珠即可。

本实验设计的 LED 灯板光通量约为 180lm，适用于小型阅读灯，出于成本考虑，通常不使用导光板和透镜，而是使用普通 PC 罩作为匀光部件，因此宜使用多颗小功率的 LED 灯珠进行均匀布局设计，此外用于书写和阅读照明的 LED 灯宜使用具有护眼效果的暖色调灯珠。可选择 2835 贴片封装的 LED 灯珠，电流等级为 60mA，21 ～ 23lm，VF 为 3 ～ 3.2V，CCT 为 3000K 左右，其外观结构和极限参数如图 9-9 所示。

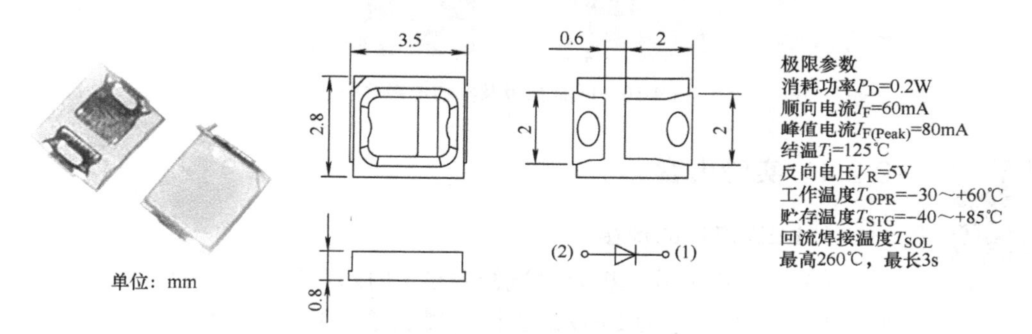

图 9-9　2835 贴片 LED 的外形尺寸与极限参数

2. LED 灯板的设计

确定了 LED 灯珠的型号后，接下来就是计算 LED 的数量和进行灯板布局设计。

1）数量计算。根据输出总光通量和单颗 LED 灯珠的光通量可知，LED 灯珠的数量为

$$n=\frac{180}{21}\approx 8.6 \tag{9-1}$$

这里 LED 灯珠取最小光通量计算，并且为了可靠，考虑留有 20% 裕量，即工作电流选为 50mA，输出光通量还有可能进一步下降，故应适当增加数量，这里可向上取整为 9 颗。

2）选择连接方式。LED 灯板的工作电压和电流须符合整体方案的要求，因此在正式设计灯板之前，需要把这两个条件加入到整个方案的设计中进行统一考虑，根据第 2 章的分析结果，本实验输入电压为 5V，但为了满足其他模块的工作电压要求，整体方案供电确定为 12V，9.8 节将设计一个 BOOST 升压变换器将 5V 直流电压升至 12V。因此，LED 灯板的工作电压小于 12V 即可，LED 灯珠的正向电压降约为 3.2V，采用 3 颗串联为宜，也就是说可以采用 3 串 3 并（3S3P）的连接方式。

3）布局与布线。灯板布局时首先根据实际情况确定尺寸大小和形状，其次要根据散热情况选择合适的基板。本例没有这方面的参数要求，但以节省材料为出发点，选择采用玻璃纤维板作为基板，板厚 1.6mm（板材越厚热容量越大，有利于散热），利用 PCB 连线

的宽度帮助散热，经实验测试，在最大亮度时保持LED的温度不会过高即可。如果要求导热和散热效果更好可考虑使用铝基板，但由于其散热过快，在使用电烙铁焊接LED时会导致温度不够而无法正常焊接（焊点不光滑表示温度不够，可能产生虚焊），必要时需要使用专门的回流焊机或贴片焊台来完成。

本实验设计的LED连接如图9-7所示，LED灯板PCB及实物焊接效果如图9-10所示，PCB设计中线宽可尽量宽一点，以减小电阻，降低损耗，同时有利于LED散热，必要时可增加覆铜的面积以进一步改善散热效果，PCB四角设计了用于固定的通孔备用。

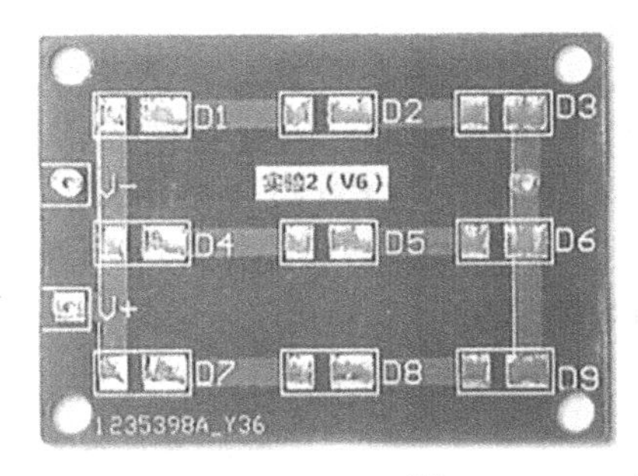

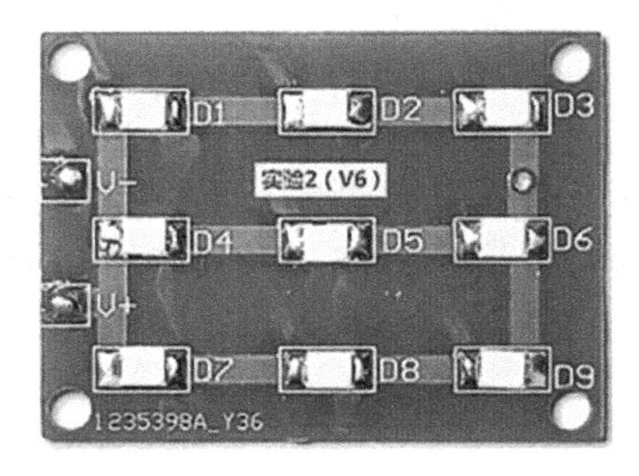

图9-10　PCB裸板及实物焊接效果

扫一扫看视频

9.2.4　实验内容

1. LED灯板的焊接

1）用万用表的二极管测试档测试LED灯珠，当LED发光时表明LED灯珠良好，红表笔为LED的正极，黑表笔为LED的负极。

2）接通电烙铁电源，待温度足够高（约300℃）时给烙铁头上锡，必要时要先清理烙铁头，务必使烙铁头能充分上锡（不能挂上焊锡则热量无法导出）。

3）在LED灯板上D_1～D_9的正极焊盘上焊上少许的焊锡。

4）用镊子夹住LED灯珠，烙铁一边加热焊盘，使焊锡熔化，一边把LED灯珠从贴着PCB平整地送到焊盘位置上，停留约1s后撤走烙铁，再停留约1s将镊子撤离。注意LED的极性不要焊反，注意焊盘上的焊锡要充分熔化，焊点光滑。焊接时间不能过长，以免损坏LED外壳，待焊点冷却后再松开镊子。

5）所有正极焊完后，为了确保焊接良好，用万用表全部检测一次，避免极性焊反，然后焊接D_1～D_9的负极，最后在灯板的正负极上焊上导线，红线为正，黑线为负。

2. LED灯板的测试

扫一扫看视频

1）LED的电流对电压的变化敏感，测试LED时需要设置限流值，本实验可设置限流值为150mA。首先把直流稳压电源的电压调至12V，电流调节旋钮调至0，然后把正负极短接，调节电流旋钮，将短路电流（限流值）调高至约150mA即可。

2）LED灯板正负极导线接到直流稳压电源的输出端，观察LED是否全部能点亮，如果不是则需排除故障再进行后面的测试。由小到大调节电源电压，观察LED灯板的亮度变化（为了避免炫光伤眼可以把LED灯板面向桌面），在表9-4中记录电源上显示的电压和电流示值。

表 9-4　LED 灯板的伏安特性测试数据

U_{LED} / V	6	7	7.5	7.6	7.7	7.8	7.9	8	…	9.x
I_{LED} / mA										150
P_{LED} / W										

3）计算 LED 灯板的功率，计算结果填写在表 9-4 中。其中

$$P_{LED} = U_{LED} \times I_{LED} \tag{9-2}$$

9.2.5 学习评价

1. 预习（35 分）

阅读实验原理，回答以下问题。

1）画出 LED 的伏安特性曲线示意图。(F1：4 分)

2）LED 的亮度与电流有什么关系？(F1：3 分)

3）为什么输入电压达到开启电压值 U_{th}，LED 才能正常工作？(F1：3 分)

4）为什么说 LED 的电流变化相对于电压变化很敏感？(F1：4 分)

5）LED 正向电流过高会产生什么后果？(F1：4 分)

6）LED 反向电压过高会产生什么后果？(F1：4 分)

7）LED 结温升高对其伏安特性曲线有何影响？(F1：3 分)

8）画出实验 LED 灯板的电路原理图，注意元器件符号、电气节点、极性、标注的规范性。(F2：4 分)

9）若单颗 LED 工作电压和电流分别为 3.1V/50mA，试计算该 LED 灯板的输入电压和电流。(F2：3 分)

10）若正常工作时单颗 LED 的光通量为 21LM，试计算该 LED 灯板的总光通量。(F2：3 分)

2. 实验过程（15 分）

1）焊点光滑，焊接正确可靠，电路能正常工作。(F2：5 分)

2）数据合理，单位准确。(F2：5 分)

3）表格规范，书写工整。(F2：5 分)

3. 实验报告（50 分）

参照以下问题提示，按照实验报告的格式规范和要求，撰写实验报告。

1）根据表 9-4 中数据画出 LED 灯板的伏安特性曲线，标出开启电压 U_{th}，计算工作区动态电阻 $r = \Delta U / \Delta I$。(F2：5 分)

2）根据实验结果，简要说明 LED 灯板的伏安特性。(F2：5 分)

3）实验中的 LED 灯板采用的是 3 串 3 并连接方式，假设其中某一颗 LED 在焊接过程中不小心短路了，请问接通电源瞬间，LED 灯板中有多少颗 LED 能点亮？为什么？(F1：10 分)

4）如果去掉灯板中短路的那一颗 LED，再接通电源，能点亮的 LED 有多少颗？它们是否能正常工作？（提示：输入电流 150mA）（F1：10 分）

5）通过网络查阅，举例说明近年来我国在 LED 照明方面有哪些相关的政策？（F3：20 分）

9.3 LED 恒流驱动电路设计

本实验将设计一个 3S3P（3 串 3 并）LED 灯板的恒流驱动电路，需考虑电路的输入电压和输出电压的关系（降压还是升压）、输出电流恒定、输出电流的大小设置等因素，对电路结构（线性 / 开关）进行选择，理解电路工作原理，掌握电路中各元器件参数的计算和具体型号规格的选择方法。通过本实验达成以下目标。

9.3.1 实验目的

1）理解 LED 的恒流驱动特性，能明确输入和输出的电压电流关系，选择和设计驱动电路方案。（F1）

2）能画出 PT4115 恒流驱动电路的原理图，标明元器件符号和参数；能理解电路中元器件参数的计算和选择的依据，能根据实际需要修改元器件参数。（F2）

3）能正确理解元器件焊接的顺序和技巧，能发现焊接不良造成的故障并能找到解决问题的方法。（F2）

4）能使用仪器仪表对电路的输入输出电压和电流进行测量，通过数据理解电路的恒流特性，并计算电路的效率。（F2）

5）能使用示波器对 LED 的工作电压波形进行观测，间接了解 LED 的工作电流波形，计算 LED 的动态电阻。（F2）

6）通过对电路效率的实验结果的分析，理解电路在节能环保方面的影响。（F3）

9.3.2 实验材料、仪器用具

PCB 板、元器件、焊锡丝、导线、电烙铁、镊子、稳压限流直流电源、VC890C+ 数字万用表（测试元器件）、台式数字万用表（测量电流）、指针式电压表、LED 灯板。实验电路原理图和电路板布局如图 9-11 所示。

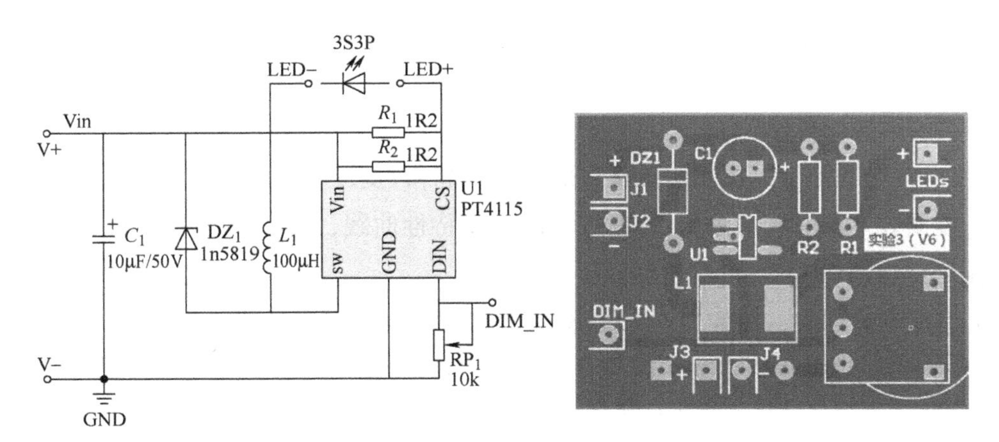

图 9-11　实验电路原理图及 PCB 布局

实验中使用的材料清单见表 9-5。

表 9-5　材料清单

标号	规格	用途描述
R_1，R_2	1R2，1/4W 直插电阻	电流采样
RP_1	10kΩ，电位器	调光信号电位调节
C_1	10μF/50V 铝电解电容	电源滤波（退耦）
DZ_1	1N5819 直插，肖特基	BUCK 变换器续流
L_1	100μH/500mA 贴片功率电感	BUCK 变换器储能
U_1	PT4115/ 贴片 SOT89-5	控制器

9.3.3　实验原理

1. 方案的选择

LED 的电流对电压变化敏感，为了使 LED 能稳定可靠地工作，必须要对 LED 的电流进行限制，在条件允许时尽可能选择恒流驱动，以保证亮度的稳定性。LED 恒流驱动电路大致可分为线性恒流和开关恒流两大类。线性恒流主要利用串联恒流二极管或晶体管等器件，通过调节其等效电阻来实现恒流控制，器件工作在线性区，电流是连续的，调节器件损耗大，而且要求输入电压必须高于输出电压，但其电路简单，一般可用于输入电压稳定且与输出电压相差不大的小功率应用。开关恒流主要利用开关变换器，通过反馈控制调节占空比来实现恒流控制，器件工作在开关状态，自身损耗小，效率高，通过选择不同的电路结构可实现降压也可实现升压，应用范围广，且可以通过开关的使能（启停）控制轻松实现对 LED 的 PWM 调光，使用方便。目前，已经有很多厂商开发出不同规格型号的 LED 恒流驱动芯片，这使得 LED 驱动电路方案设计变得十分简便。

根据设计任务的要求，选择一款可调光、降压型、开关型的恒流 LED 驱动芯片 PT4115 作为核心，并通过阅读其数据手册，对驱动电路进行设计。

2. PT4115 芯片简介及电路设计

扫一扫看视频

PT4115 是一款连续电感电流模式（CCM）的降压恒流驱动芯片，用于驱动一颗或多颗串联 LED。其输入电压范围为 6 ～ 30V，输出电流可调，最大可达 1.2A。PT4115 为 BUCK 结构的 DC-DC 变换器，内置功率开关，采用高端电流采样设置 LED 平均电流，输出电流精度可达 5%。通过 DIM 引脚可以接受模拟调光和很宽范围的 PWM 调光控制。当 DIM 的电压低于 0.3V 时，内部功率开关关断，进入极低工作电流的待机状态。PT4115 的效率可高达 97%，适合低压直流供电的 LED 驱动应用场合。

PT4115 的内部结构如图 9-12 所示。

PT4115 仅有 5 只外部引脚，各引脚的功能见表 9-6，采用 SOT89-5 贴片式封装，如图 9-13 所示。

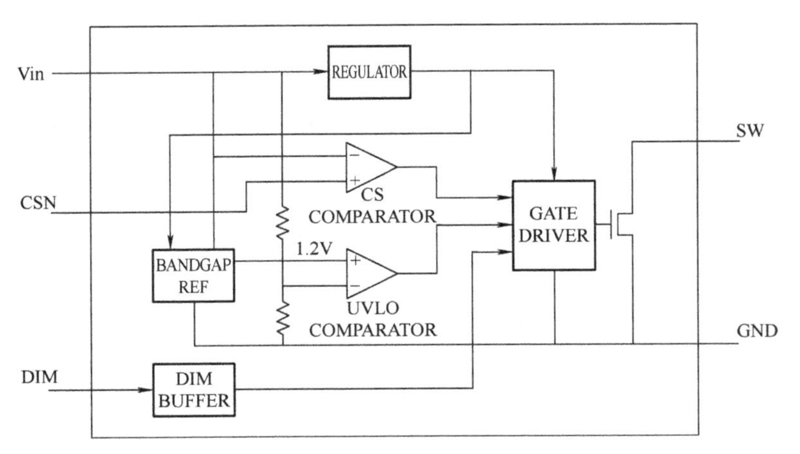

图 9-12 PT4115 内部结构

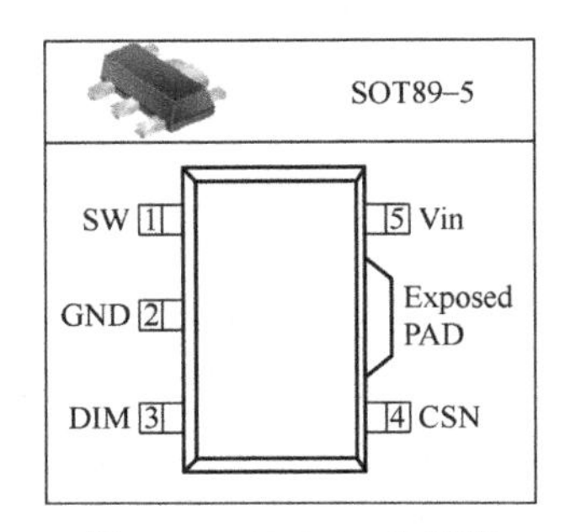

图 9-13 PT4115 的封装

表 9-6 PT4115 引脚功能

序号	符号	功能描述
1	SW	功率开关管漏极
2	GND	信号地和功率地
3	DIM	开关使能、模拟和 PWM 调光控制
4	CSN	电流采样端，采样电阻接在 CSN 和 VIN 端之间
5	Vin	电源输入端，必须就近接旁路电容
—	Exposed PAD	散热端，内部接地，贴在 PCB 板上减小热阻

PT4115 的典型应用电路如图 9-14 所示。

PT4115 和电感（L）、电流采样电阻（R_S）形成一个自振荡的连续电感电流模式的降压型恒流 LED 驱动器。Vin 上电时，L 和 R_S 的初始电流为零。LED 输出电流也为零。这时，CS 比较器的输出为高电平，内部功率开关导通，SW 电位为低。电流通过 L、R_S、LED 和内部功率开关从 Vin 流到 GND，电流上升的斜率由 Vin、L 和 LED 电压降决定，在 R_S 上产生一个压差 Vcsn。如图 9-15 所示，当（Vin−Vcsn）>115mV 时，CS 比较器输

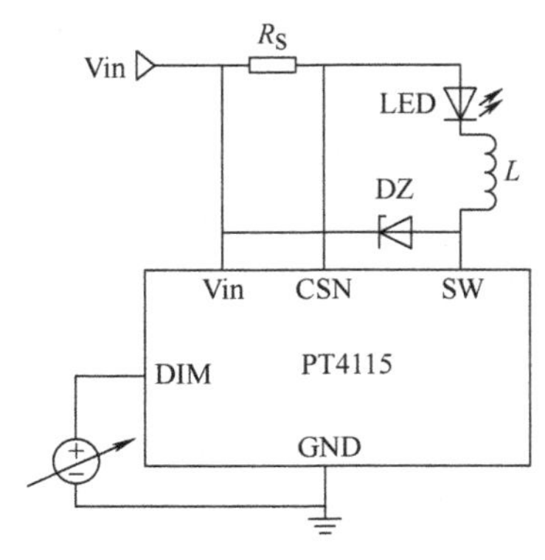

图 9-14 PT4115 典型应用电路

出变为低，内部功率开关关断，电流以另一种斜率（下降）流过 L、R_S、LED 和肖特基二极管（DZ）。当（Vin–Vcsn）<85mV 时，功率开关重新打开，这样使得 LED 上的平均电流为

$$I_{OUT} = \frac{0.085\text{V} + 0.115\text{V}}{2 \times R_S} = \frac{0.1\text{V}}{R_S} \tag{9-3}$$

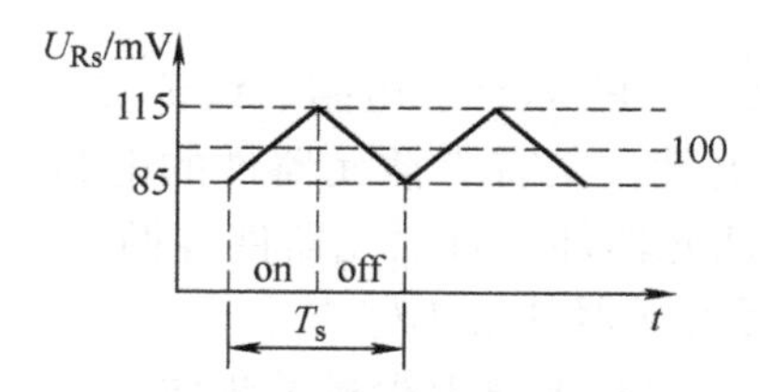

图 9-15　采样电阻电压降与开关管状态关系

高端电流采样结构使得外部元器件数量很少，采用 1% 精度的采样电阻，LED 输出电流控制在 ±5% 的精度。本实验设计的 LED 灯为可以 PWM 调光的类型，电流采样电阻采用两只 1.2Ω 的电阻并联（总阻值 0.6Ω），因此恒流值被设置为 167mA，PCB 裸板及实物焊接完成的实物效果如图 9-16 所示。

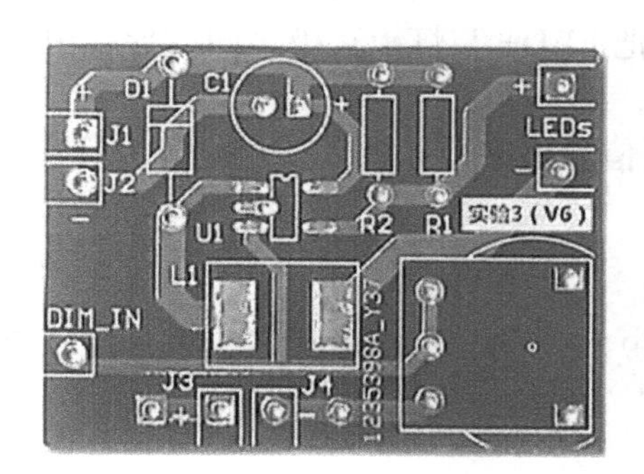

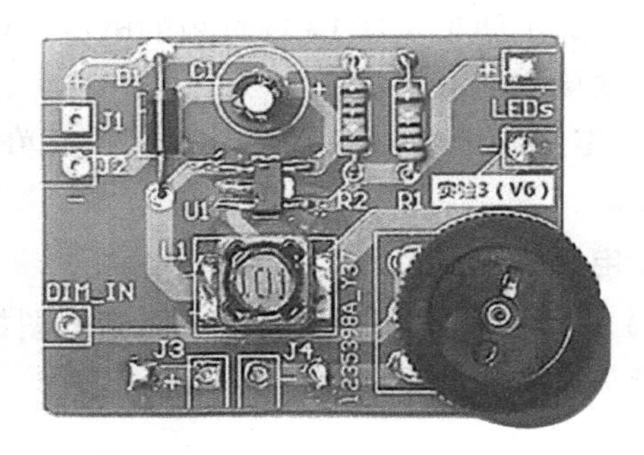

图 9-16　PCB 裸板及实物焊接效果

使用 PT4115 时，在电源输入端必须就近接一个低等效串联电阻（ESR）的旁路电容，ESR 越大，能耗越大。旁路电容要能承受较大的峰值电流，其作用是滤除电路中高频开关产生的纹波电流对输入端电压的影响，使电源的输入电流变得平滑，从而使输入端电压比较稳定，保证芯片的正常工作。直流输入时，该旁路电容的最小值为 4.7μF，在交流输入或低电压输入时，旁路电容需要更大一些。旁路电容应尽可能靠近芯片的 Vin 输入引脚，使用铝电解电容时，要注意额定电压和区分正负极，为了实验需要，额定电压选择 50V。

PT4115 推荐使用的电感参数范围为 27 ～ 100μH。电感的饱和电流必须比输出电流高 30% ～ 50%。LED 输出电流越小，建议采用电感值越大。在电流能力满足要求的前提下，希望电感取得大一些，这样恒流的效果会更好。电感在 PCB 布局时要尽量靠近 Vin 和 SW，以避免寄生电阻所造成的效率损失。此外，由于流过主回路的电流较大，因此要注意 PCB 设计时这部分的线宽要尽量宽，以减小电路的电阻。

9.3.4 实验内容

1. 电路的焊接与安装

1）按照物料清单清点元器件，用万用表检测元器件，判别二极管好坏和极性，用蜂鸣档测试电感是否断路、测试电阻的阻值。

2）认识 PT4115 的外观封装，找出 5 只引脚的位置顺序，一般不需要测试。

3）焊接次序：PT4115、电阻、续流二极管、电感、电解电容。对于这种既有贴片元器件，又有直插元器件的电路的焊接顺序一般先焊接贴片元器件再焊接直插元器件，直插元器件遵循从矮到高、从小到大的顺序焊接，因为如果先焊高的元器件，矮的元器件就不好焊了。

焊接 PT4115 时，先在一个焊盘上镀上少量的焊锡，把 PT4115 按照正确的方向放置，先焊上其中一只脚以固定芯片，检查一下其他引脚是否与焊盘平整对齐，正确无误后再把其他引脚逐只焊好。焊接时要特别注意 PT4115 底面的散热片不能与旁边的引脚短路，也要注意防止焊锡太少造成虚焊。

4）所有元器件焊好后，再次认真检查各元器件的位置和极性是否正确，然后焊上电源线。

5）最后把 LED+ 和 LED− 输出端用导线与上一个实验制作的 LED 灯板的正负极连接在一起。为了便于测试 LED 灯板的电流，可以把 LED+ 与灯板正极之间的导线中间切开，以便串联接入电流表。

6）本实验中电位器 RP_1 用于调节调光控制信号电平，暂时不安装，留待下一个实验再焊上。

2. 电路的测试

1）连接测试电路。电路测试原理框图如图 9-17 所示（注：单线箭头表示信号流方向，双线箭头表示电源方向，下同）。

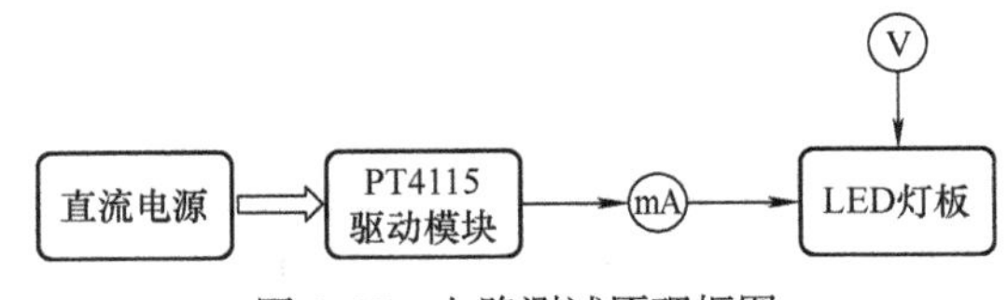

图 9-17　电路测试原理框图

先将稳压限流直流电源电压调至 12V（PT4115 是降压芯片），限流旋钮转到最大（即不需要限制输入电流），按图 9-17 的关系连接好测试电路，注意 LED 灯板向下发光，避免炫光伤眼。用台式数字万用表的直流 200mA 档测量输出电流，用指针电压表 15V 档测量输出电压。注意：由于输出电压和电流中包含高频纹波，用手持式万用表测量会造成较大的误差。

2）观察电路的恒流特性。接通直流电源，点亮 LED 灯板，观察亮度，并注意电流表的读数。逐步增加输入电压，观察 LED 亮度的变化，并注意电流表的读数变化，输入电压最大值 27V 为止。由于 PT4115 的极限工作电压为 30V，保险起见，实验中只测试到 27V。

3）测试在不同输入电压下该恒流驱动电路的效率。

按照表 9-7 记录数据，并计算不同输入电压下的输入输出功率和效率。

表 9-7　不同输入电压下的测试数据记录表

U_{in} / V	I_{in} / A	P_{in} / W	U_{LED} / V	I_{LED} / A	P_{LED} / W	η(%)
9						
12						
15						
18						
21						
24						
27						

其中，U_{in} 和 I_{in} 直接从直流电源的示数读取，且

$$P_{in} = U_{in} \times I_{in} \tag{9-4}$$

$$P_{LED} = U_{LED} \times I_{LED} \tag{9-5}$$

$$\eta = \frac{P_{LED}}{P_{in}} \times 100\% \tag{9-6}$$

9.3.5　学习评价

1. 预习（35 分）

阅读实验原理，回答以下问题。

1）PT4115 芯片主要用途是什么？(F1：3 分)

2）请写出 PT4115 输入电压范围。(F1：3 分)

3）正常工作时，当输入电压变化时，PT4115 输出电流是否保持不变？(F1：3 分)

4）PT4115 最高效率有多高？(F1：3 分)

5）PT4115 外围元器件有哪些？(F1：3 分)

6）PT4115 输出电流可以调节吗？如何调节？(F1：5 分)

7）PT4115 有多少引脚？除了电源正负极，另外几个引脚有什么功能？(F1：5 分)

8）画出实验中的电路原理图，注意元器件符号、电气节点、极性、标注的规范性。(F2：5 分)

9）图 9-14 所示 PT4115 典型应用电路中，若 R_S 阻值取为 0.1Ω，试计算 LED 灯板电流波形的最大值、最小值和平均值。(F2：5 分)

2. 实验过程（15 分）

1）焊点光滑，焊接正确可靠，电路能正常工作。(F2：5 分)

2）数据合理，单位准确。(F2：5 分)

3）表格规范，书写工整。(F2：5 分)

3. 实验报告（50 分）

参照以下问题提示，按照实验报告的格式规范和要求，撰写实验报告。

1）根据表 9-7 的数据，以 U_{in} 为自变量，做出 $U_{\text{in}}-P_{in}$、$U_{\text{in}}-I_{LED}$、$U_{\text{in}}-\eta$ 曲线，说明输出功率、输出电流和电路效率随输入电压变化的趋势。（F2：5 分）

2）根据实验结果，说明 PT4115 驱动电路的特点。（F2：5 分）

3）实验中的 LED 灯板采用的是 3 串 3 并连接方式，若单颗 LED 的额定电流为 50mA，则整个灯板的额定电流为 150mA，若 PT4115 恒流驱动电路中的电流采样电阻 R_S 取值为 0.1Ω，请问该电路能点亮 LED 灯板吗？ LED 灯板是否工作在正常状态？长期使用会有什么影响？（F1：10 分）

4）请问 LED 灯板改为 12 只 LED 串联（灯珠型号不变），实验中的 PT4115 驱动电路还可以使用吗？为什么？如果不能，请问 12 只 LED 应该怎样连接才可以，此时 R_S 的阻值应如何选择。（F1：10 分）

5）通过互联网查找一款 LED 恒流驱动芯片，代替 PT4115 芯片实现本实验的功能，简要说明该芯片的优缺点，画出电路原理图，标明元器件参数。（F3：20 分）

9.4 PWM 调光电路设计

本实验主要练习 TL494 PWM 控制器的应用。在 PT4115 恒流驱动电路基础上，设计一个可用电位器实现对 LED 亮度进行连续调节的电路，理解 PT4115 调光控制方式，理解 PWM 调光和模拟调光的原理和优缺点，PWM 调光信号的产生原理、方法，占空比的概念和调节控制方法，注意模块之间信号的兼容。通过本实验的训练，达成以下目标。

9.4.1 实验目的

1）了解 LED 的调光方式，熟悉 PWM 调光的原理和优缺点。（F1）

2）了解 TL494 的基本特性，并能利用该芯片设计 PWM 调光控制电路方案。（F1）

3）能画出用 TL494 产生 PWM 信号的电路原理图，标明元器件符号和参数。（F2）

4）能理解电路中元器件参数的计算和选择依据，并能根据实际需要修改元器件参数。（F2）

5）能够通过实验发现 LED 调光控制电路方案中存在的问题，能分析产生该现象的原因，找到解决问题的方法。（F2）

6）能利用示波器观察 PWM 信号、锯齿波等波形，测量占空比、死区时间控制电压等。（F2）

7）能通过死区时间控制电压和锯齿波的比较计算 PWM 的理论占空比，并与实验结果进行对照，加深对 TL494 产生 PWM 信号原理的理解。（F2）

8）理解 PWM 信号的频率选择造成的频闪现象对人眼健康的影响。（F3）

9.4.2 实验材料、仪器用具

PCB 板、元器件、焊锡丝、导线、电烙铁、镊子、稳压限流直流电源、VC890C+ 数字万用表、示波器、PT4115 恒流驱动模块、LED 灯板。实验电路和电路板布局如图 9-18 所示。

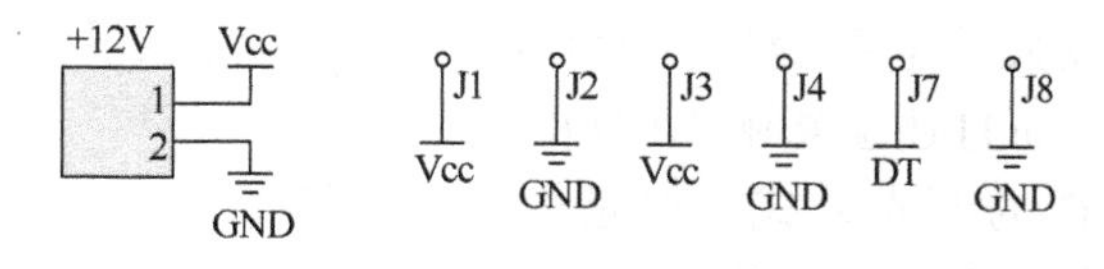

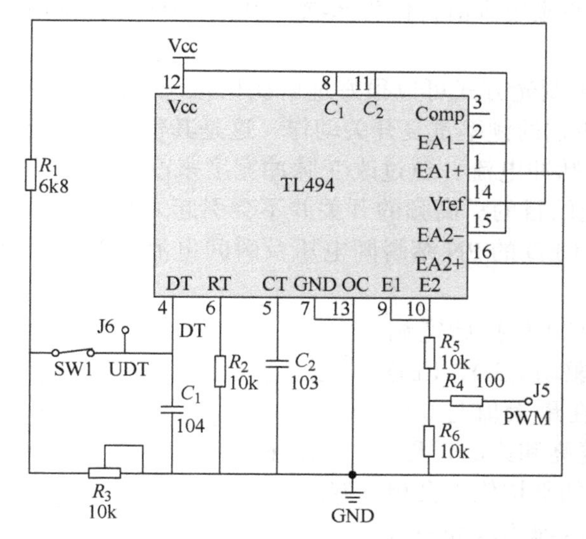

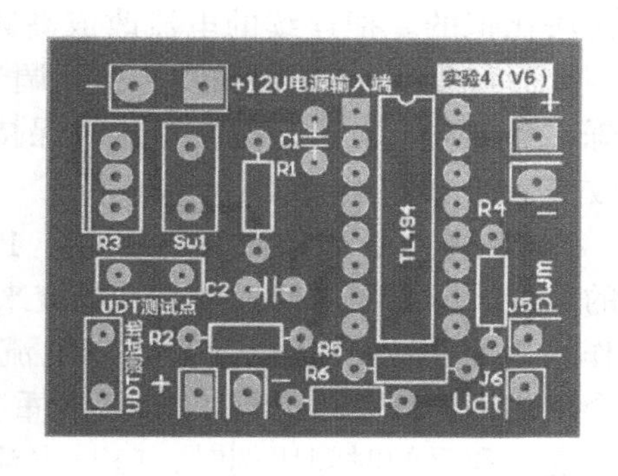

图 9-18　电路原理及 PCB 布局

实验中使用的材料清单见表 9-8。

表 9-8　材料清单

标号	规格	用途描述
R_1	6k8，1/4W 直插电阻	死区时间控制电压（上分压）
R_2	10kΩ，1/4W 直插电阻	振荡频率设置
R_3	10kΩ，带开关的电位器	死区时间控制电压（下分压）
R_4	100，1/4W 直插电阻	输出限流和电位调节
R_5，R_6	10kΩ，1/4W 直插电阻	输出降压
C_1	104 瓷片 / 独石电容	电位器防抖
C_2	103 瓷片 / 独石电容	振荡频率设置
U_1	TL494，DIP16	PWM 控制器

9.4.3　实验原理

1. 方案的选择

PT4115 可接受模拟调光和 PWM 调光两种控制方式，两种调光方案各有优缺点，我们期望 LED 的调光象白炽灯调光器一样易于控制，且稳定可靠。

（1）模拟调光　所谓模拟调光，是指 LED 工作电压和电流是连续的（模拟量），改变 LED 的电压或电流的大小即达到调光的目的。LED 的伏安特性是非线性的，这使得单纯通过调节 LED 的电压或电流的大小来进行调光变得十分困难。当调节 LED 的电压时，LED 的电流对电压的变化十分敏感，不易控制；而调节 LED 的电流时，

LED 的电压也会相应地变化，当调节比例较大（电流变化较大）时，电压变化也很明显，这样不仅使 LED 的功率（亮度）不易控制，而且还会影响 LED 的光色。

模拟调光虽然不是一种十分优越的 LED 的调光方式，但是由于其电路简单，易于实现，因此在要求不太高的场合仍有一定的应用价值，作为选项，很多 LED 驱动器仍提供模拟调光控制功能。

（2）PWM 调光　PWM（脉宽调制）调光方式可以很好地解决模拟调光的上述问题，LED 本质上是二极管，允许高达 MHz 级别的频率重复开关动作，这是其他类型发光器件所无法比拟的。把连续的电流改成高频脉冲电流，通过改变脉冲宽度来改变电流的平均值，从而可改变 LED 的亮度，达到调光的目的。高频的开关并不会引起人眼所能感觉的闪烁，而 PWM 调光方式在导通时保持 LED 的 PN 结瞬间电压及瞬间电流不变，因此不会改变 LED 的光色。

PWM 调光原理如图 9-19 所示，PWM 是指脉宽调制的意思，即采用周期性的脉冲电流来驱动 LED，LED 工作在重复开关的状态下，LED 电流在最大值与 0 这两个值之间不断切换，即 LED 不断重复亮和灭的过程。当改变亮和灭的时间比例时，LED 电流的平均值也会相应改变。图 9-19 中，纵坐标为 LED 的电流（或亮度），横坐标为时间轴，PWM 的占空比表示 LED 亮的时间与开关周期的比值，可见，占空比越大，LED 亮度越高。

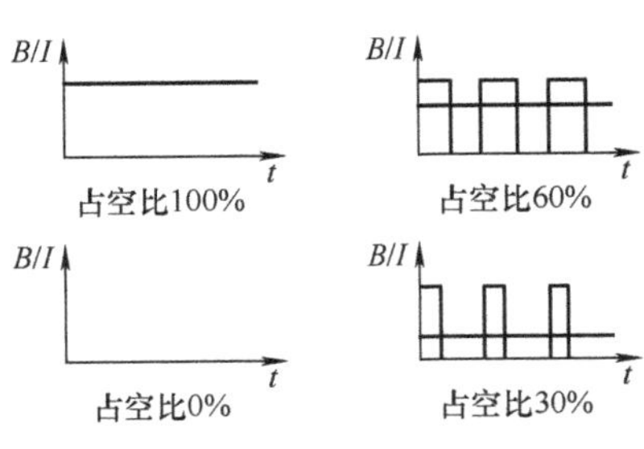

图 9-19　PWM 调光原理

PWM 调光方式还有以下的优点：

1）光色不会因亮度而改变，因为 LED 电流始终在最大值和 0 这两个值之间切换，亮度的改变只是电流的平均值发生了变化。

2）调光精度高，由于开关器件（如晶体管和 MOSFET 等）的允许工作频率很高，因此脉冲波形的占空比很容易实现 0 ～ 100% 之间精确的控制。

3）只要频率足够高，就不会发生闪烁现象。

4）便于数字化和智能控制。

另一方面，虽然 PWM 调光方式有很多优点，但是需要注意以下两个问题：

1）脉冲频率的选择。LED 处于快速开关状态，假如工作频率很低，人眼就会感到闪烁。为了充分利用人眼的视觉暂留的特征，开关频率应当高于 100Hz，最好在 200Hz 以上。

2）消除调光引起的啸叫噪声。虽然 200Hz 以上人眼无法察觉，可是 20 ～ 200kHz 这个频率范围仍属于音频范围，容易为人耳听觉感受到，有可能会听到丝丝的声音。解决这个问题有两种方法，一是把开关频率提高到 20kHz 以上，跳出人耳听觉的范围；另一种方法是找出发声的器件而加以处理。相比之下，第一种方法更容易实现，成本更低。

PWM 调光技术非常适合 LED 调光控制，许多 LED 驱动器都集成了 PWM 调光控制功能，如本实验使用的 PT4115 等。PWM 调光控制需要一个外加的占空比可调的 PWM 信号，产生 PWM 信号的可选电路非常多，例如，用 NE555 或简单的非门电路搭建的方波发生器，也可用数字电路 IC 或单片机来产生。

数字信号很容易变换成为 PWM 信号，结合 PWM 调光技术就可以轻松构建 LED 网络的调光控制系统，控制网络中每一个 LED 的调光。在照明的数字控制信号中，DALI（数字可寻址的照明接口）有着其他照明数字控制信号无可比拟的优越性，是目前数字控制信号应用在照明行业的主流。PWM 调光技术解决了单个 LED 光源的亮度与光色控制，DALI 技术解决了每个 LED 灯具的控制、反馈及组网方案。

2. PWM 控制器 TL494 简介及调光控制电路设计

PT4115 内置调光控制功能，可接受模拟调光和 PWM 调光两种方式的调光信号，调光信号由 DIM 脚引入。当 DIM 脚的电压低于 0.3V 时，PT4115 关断 LED 电流（电流为 0）；当 DIM 脚电压高于 2.5V 时，LED 电流达到最大值；而电压在 0.5 ～ 2.5V 之间变化时，LED 电流线性变化，实现模拟调光。DIM 引脚内部有一个上拉电阻（典型值 200k）接到了 5V 的内部稳压电源上，在 DIM 引脚和地之间接一个分压电阻就可以调节 DIM 脚的电压。

当 DIM 脚的电压高于 2.5V（小于 5V）时，LED 电流保持恒定（由 R_S 设定），此时，若在 DIM 脚输入占空比可调的 PWM 信号（2.5V< 峰值 <5V），则可以实现 PWM 调光。

本实验的任务是设计一个满足 PT4115 调光控制要求的占空比连续可调的 PWM 信号发生器，根据前文的讨论，选择简单可行的 PWM 控制器实现方案，即利用常用的 PWM 控制芯片 TL494 作为核心进行设计，其封装、引脚功能及内部框图如图 9-20 所示。

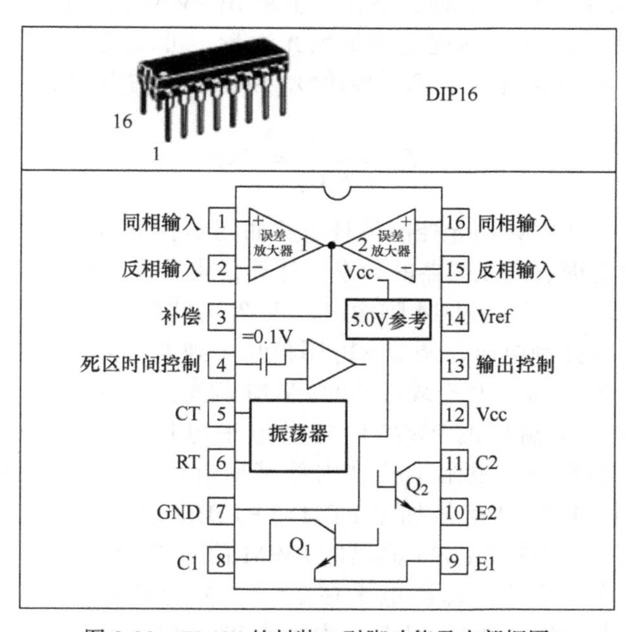

图 9-20　TL494 的封装、引脚功能及内部框图

实际上，本实验是利用 TL494 死区时间可调的特性产生 PWM 调光信号。由 TL494 的规格书可知，当 TL494 工作在单端输出模式时，死区时间的占空比从 4% ～ 100% 可调，即输出 PWM 信号占空比最高可达 96%。当死区时间控制电压为 3V（典型值）时，输出 PWM 信号占空比为 0，而死区时间控制电压为 0V 时，输出 PWM 信号占空比为 96%，且 TL494 死区时间控制电压与占空比的关系几乎呈线性，因此，使用线性电位器调节死区时间控制电压线性地变化，即可实现 LED 的亮度从 0 ～ 96% 范围的无级 PWM 调光。

TL494的PWM信号是通过内部PWM比较器产生的，如图9-21所示，在比较器反相端输入一个电压（死区时间控制电压），与同相端输入的锯齿波进行比较，就可以从输出端得到PWM信号，当改变反相端输入的电压值时，PWM信号的占空比就会相应改变。

由于TL494内部振荡器产生的锯齿波峰值为3V，且死区时间控制电压输入端与比较器之间有一个约0.12V的偏置电压，因此，理论上当输入电压为0时，输出PWM信号有4%的最小死区（用于保证开关管能有一个起码的关断时间），而当输入电压为2.88V时，输出PWM信号占空比为0。因此,PWM占空比与死区时间控制电压的关系如图9-22所示。

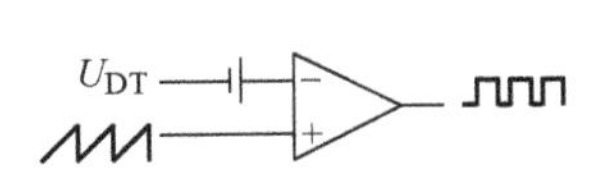

图9-21 PWM信号的产生原理

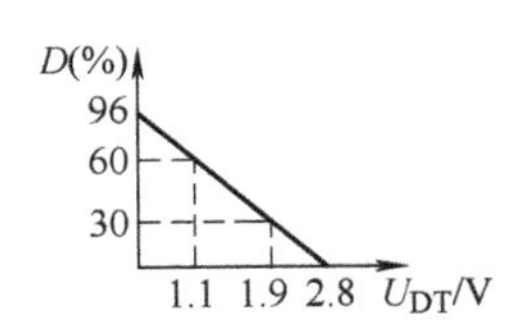

图9-22 PWM占空比与死区时间控制电压的关系

扫一扫看视频

基于TL494的PWM调光信号电路可以产生线性调节的无级调光信号，电路简单，易于实现，但由于其输出PWM信号的最大占空比只有96%，因此为了达到指标规定的最大光通量，可以适当调大PT4115恒流值（通过减小电流采样电阻R_S的阻值），以补偿因占空比不足而损失的4%。

$$f_{osc}=\frac{1.1}{R_T C_T}=11\text{kHz} \tag{9-7}$$

利用TL494设计的PWM调光控制信号电路如图9-18所示。图中，C_2和R_2为TL494的定时电阻，用于设置锯齿波振荡器的频率，计算公式见式（9-7）。

TL494内部5V基准电压通过14脚输出，由R_1与线性电位器RP_1构成分压电路，获取4脚所需的死区时间控制电压，调节RP_1阻值从小到大变化，使4脚电压从0～3V变化，即可获得占空比从96%～0连续可调的PWM调光信号输出。

要注意的是，TL494输出的PWM信号高电平电压接近于Vcc，即约为12V，而PT4115的DIM脚内部有一个电阻上拉到内部基准电压源5V，两种电平差别很大，如果直接把TL494产生的PWM信号加至PT4115的DIM引脚，则会造成内部电路混乱，PWM信号波形不稳。必须把TL494输出的PWM信号进行降压，使其高电平基本符合PT4115的DIM引脚电平要求（即高电平在2.5～5V之间）。与此同时，TL494输出的PWM信号的低电平也应降至0.3V以下，才能使PT4115完全关断LED亮度。R_5、R_6首先把12V的输出降到6V，再通过R_4以及PT4115模块电路中的电位器进一步把DIM引脚电压调整至合适位置。

C_1的作用是为了滤除电位器在调节过程中触点接触不良产生的抖动干扰信号，要注意当电位器开关断开时，C_1没有放电回路，TL494的4脚电压将保持不变，这将引起后续控制信号对死区时间控制电压的控制，如何解决C_1放电的问题留给同学们思考，并通过实验调试尝试解决。

图9-23所示为PCB裸板及焊接完成的实物效果。12V电源从左上角电源输入端接入，PCB右侧和下方各有一对电极用于与其他模块电源端相连，J5端子输出PWM信号，连

接 PT4115 的 DIM 脚，J8 为 DT 脚，用于接受后续实验模块的分段调光信号，此外，PCB 上还留有用于测试死区时间控制电压的测试接线端子。

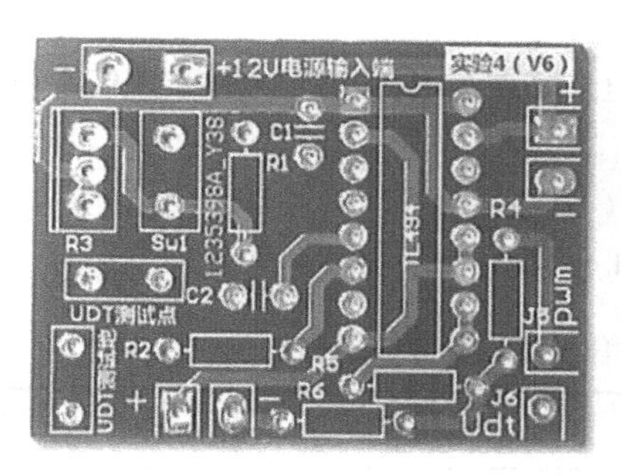

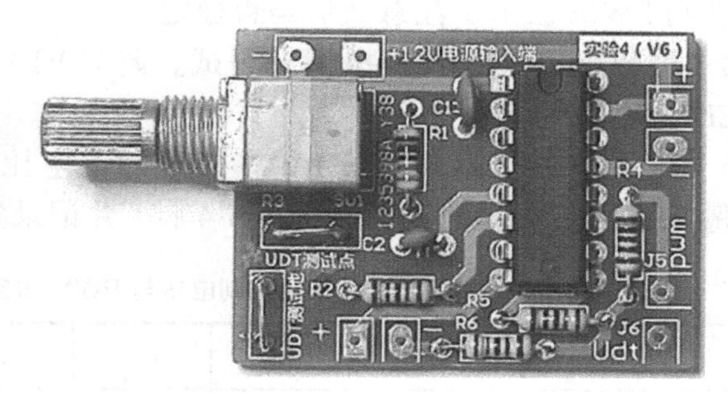

图 9-23　PCB 裸板及焊接效果

9.4.4　实验内容

扫一扫看视频

1. 电路的焊接与安装

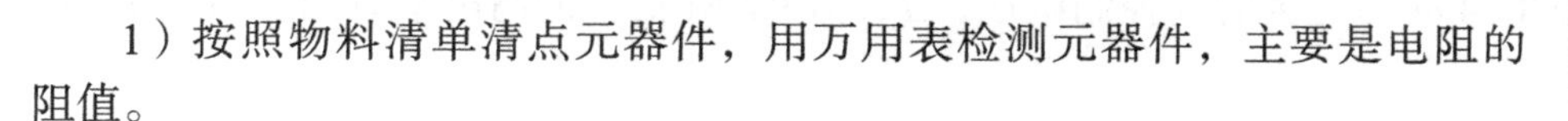

1）按照物料清单清点元器件，用万用表检测元器件，主要是电阻的阻值。

2）认识 TL494 的封装（DIP16），注意 U 形缺口的位置，正确判断 16 只引脚的顺序，一般不需要测试。

3）焊接次序：电阻、TL494、电容、电位器。注意集成电路的引脚顺序和方向不要搞错，还要注意电位器的安装要尽可能整齐到位，焊接的要点是要保证温度，使焊锡熔化充分，焊点光滑，焊接才可靠，焊接较粗的引脚时烙铁加热焊盘和引脚的时间要长一些，为了避免烙铁的温度通过引脚散失太快，必要时可先将较长较粗的引脚（如大功率的二极管等）剪短一些再焊接。

4）元器件焊好后，再次认真检查各元器件的位置和极性是否正确，然后焊上电源线。

5）把上一个实验 PT4115 模块中未焊接的电位器焊上。

6）最后把 PWM 输出信号线连接到前面已完成的 PT4115 模块的 DIM 脚，同时把 +、– 电源输出端连接到 PT4115 模块的电源输入端。

2. 电路测试

1）连接测试电路。电路测试原理框图如 9-24 所示。

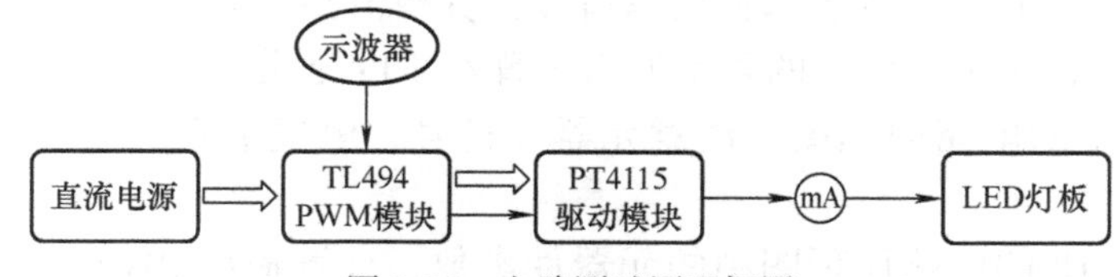

图 9-24　电路测试原理框图

先把限流稳压直流电源电压调至 12V，限流旋钮转到最大（即不需要限制输入电流），按图 9-24 连接好测试电路，注意 LED 灯板向下发光，避免刺伤人眼；用台式数字万用表的直流档测量输出电流，示波器探针接到 PWM 端子，夹子夹在输入电源负极（地）上。

2）观察电路的调光特性。接通直流电源，点亮 LED 灯板，观察亮度，并注意电流表的读数；调节 RP_1 电位器，观察 LED 亮度的变化，并注意电流表的读数变化。

3）观测 PWM 调光信号的波形和占空比变化。转动电位器使 LED 亮度最低，通过示波器观测 PWM 波形，注意波形是否稳定。

4）输出电平调节及模拟调光测试。调节 PT4115 模块的电位器，观察 PWM 波形以及 LED 亮度的变化。

5）用示波器观察并测量 PWM 信号的占空比（正频宽 / 周期），用手持式数字万用表测量 TL494 的死区时间控制电压（4 脚）并记录到表 9-9 中。

表 9-9　死区时间控制电压与 PWM 占空比关系测试数据记录表

U_{DT} / V	0	0.5	1	1.5	2	2.5	3
T_{ON} / ms							
D							
LED 电流 /mA							

其中，U_{DT} 为 TL494 的死区时间控制电压；T_{ON} 为 PWM 信号的高电平时间，D 为 PWM 信号的正占空比

$$D = \frac{T_{ON}}{T} \tag{9-8}$$

9.4.5　学习评价

1. 预习（36 分）

阅读实验原理，回答以下问题。

1）什么是 PWM 调光？（F1：3 分）

2）什么是 PWM 信号的占空比？（F1：3 分）

3）若 PWM 信号的高电平电压为 12V，低电平电压为 0V，占空比为 30%，请问该 PWM 信号的平均电压为多大？在直角坐标系画出该 PWM 信号的波形。（F1：5 分）

4）TL494 芯片主要用途是什么？（F1：3 分）

5）TL494 在 5V 输入电压下能正常工作吗？正常工作电压范围是多少？（F1：3 分）

6）正常工作时，TL494 的 14 脚电压多大？它会随输入电压变化吗？（F1：3 分）

7）正常工作时，TL494 的 5 脚输出锯齿波，其峰值约为多大？（F1：3 分）

8）TL494 输出的 PWM 信号的频率如何设置？（F1：3 分）

9）画出实验中的电路原理图，注意元器件符号、电气节点、极性、标注的规范性。（F2：5 分）

10）根据图 9-18 的电路原理图中的元器件参数，计算输出 PWM 信号的频率。（F2：5 分）

2. 实验过程（15 分）

1）焊点光滑，焊接正确可靠，电位器连续调光功能正常（含关灭）。（F2：5 分）

2）数据合理，单位准确。（F2：5 分）

3）表格规范，书写工整。（F2：5 分）

3. 实验报告（50 分）

参照以下问题提示，按照实验报告的格式规范和要求，撰写实验报告。

1）根据表 9-9 的数据，以 U_{DT}(V) 为自变量，做出 $U_{DT}-D$ 曲线，写出该直线方程。（F2：5 分）

2）做出 LED 电流随占空比 D 变化的曲线，说明 LED 亮度与占空比的关系。（F2：5 分）

3）图 9-18 的电路原理图中，若 R_2 阻值取为 5kΩ，若要保持 PWM 频率仍为 11kHz，试计算 C_2 的容量。（F1：10 分）

4）根据实验得出的 $U_{DT}-D$ 直线方程，LED 灯板若要得到 70% 的亮度，则 TL494 的 4 脚电压应调节到多少伏？（F1：10 分）

5）试解释如何解决 TL494 输出 PWM 信号与 P4115 输入调光信号之间的一致性（兼容）问题？（F3：10 分）

6）通过互联网查阅有关 LED 灯频闪方面的资料，说明产生频闪的原因及其危害性，列举解决频闪问题的常用方法。（F3：10 分）

9.5　分段调光电路设计

本实验将练习使用 CD4017 设计一个四选一的电子选择开关，用于分段式调光控制。通过一个按键实现四档亮度的调节。学会借助 TL494 输出 PWM 占空比与死区时间控制电压关系（已知条件），运用已有知识（如数字电路中的计数器），设计一个与之相适应的功能电路（四选一的电子选择开关）的方法。通过本实验训练，达成以下目标。

9.5.1　实验目的

1）理解 LED 的分段调光的方法，能选择和设计电路实施方案。（F1）

2）能画出用 CD4017 十进制计数器设计四段电子选择开关的电路原理图，理解电路工作原理。（F2）

3）理解元器件参数的计算和选择依据，并能根据实验需要修改电路结构和元器件参数（例如改成五段或更多段的调光）。（F2）

4）理解选择 CD4017 设计该电路的原因（如何配合 TL494 的需要）。（F2）

5）能够正确焊接电路和测量四段输出电压与 PWM 占空比的关系。（F2）

6）理解机械按键产生接触噪声的危害性（如电磁干扰、接触火花等），并了解其解决方法。（F3）

9.5.2　实验材料、仪器用具

PCB 板、元器件、焊锡丝、导线、电烙铁、镊子、稳压限流直流电源、VC890C+ 数字万用表、示波器、TL494 调光信号模块、PT4115 恒流驱动模块、LED 灯板。实验电路和电路板布局如图 9-25 所示。

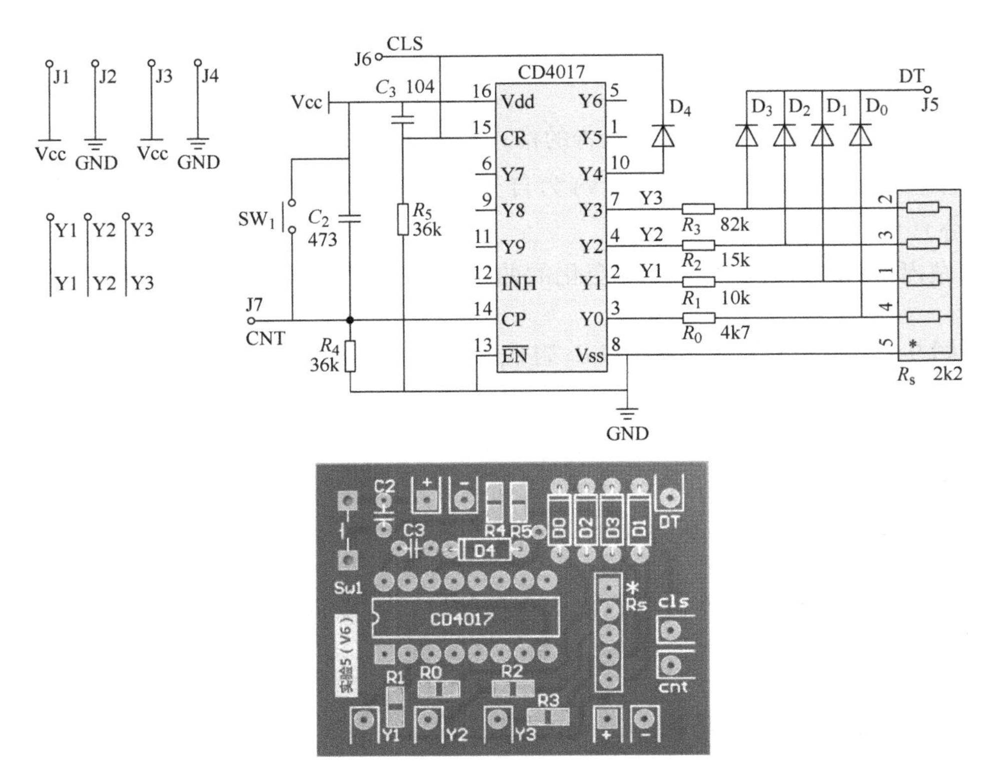

图 9-25 CD4017 分段 PWM 调光电路原理图及 PCB 布局

实验中使用的材料清单见表 9-10 所示。

表 9-10 物料清单

标号	规格	用途描述
R_0	4k7，0805 帖片电阻	输出上分压电阻（0 段）
R_1	10kΩ，0805 帖片电阻	输出上分压电阻（1 段）
R_2	15kΩ，0805 帖片电阻	输出上分压电阻（2 段）
R_3	82kΩ，0805 帖片电阻	输出上分压电阻（3 段）
R_4	36kΩ，0805 帖片电阻	按键计数端下拉低电平
R_5	36kΩ，0805 帖片电阻	复位端下拉低电平
R_S	2k2，5 脚排阻	输出端固定下分压电阻
$D_0 \sim D_3$	1N4148 开关二极管	输出端互相隔离
D_4	1N4148 开关二极管	循环复位
C_2	473 瓷片电容	按键防抖
C_3	104 瓷片电容	上电复位
SW_1	4×6 轻触按钮	按键，计数脉冲输入
U_1	CD4017，DIP16	十进制计数器

9.5.3 实验原理

扫一扫看视频

扫一扫看视频

利用 TL494 死区时间控制电压的连续调节可以实现 LED 的无级 PWM 调光，若死区时间控制电压被设置成若干可选的固定值，则无级调光就变成了分档式的分段调光。这样，就可以用按键的方式来选择不同的亮度。根据电阻分压原理，把 TL494 模块中的电位器 RP_1 换成阻值的固定电阻，就获得固定的死区时间控制电压和相应占空比的 PWM 信号，使用一个单刀多掷的选择开关来选择不同阻值的电阻，就可以获得不同占空比的 PWM 调光信号，选择不同的亮度输出，即构成分段式的调光控制。单刀多掷开关依靠机械接触实现切换选项功能，触点容易随时间老化失效、可靠性降低，而且元器件体积大、操作笨拙、不够时尚。实现多路选择的方法还可以通过电路实现，本实验利用十进制计数器 CD4017 设计一个电子选择开关，实现从多种电阻串联组合选择其中之一的功能，电路只需要一个轻触式的按键就可以进行操作。

图 9-25 所示实际上是一个对按键动作的处理电路，该模块由十进制计数器 CD4017 及其外围电路构成，CD4017 的引脚和功能如图 9-26 所示。

引脚	功能	功能	引脚
1	Y5	Vdd	16
2	Y1	Reset	15
3	Y0	Cp	14
4	Y2	EN	13
5	Y6	Co	12
6	Y7	Y9	11
7	Y3	Y4	10
8	Vss	Y8	9

图 9-26　CD4017 引脚图

CD4017 与 TL494 一样具有 16 只引脚，其封装也有 DIP 和 SOP 两种，引脚中 Vdd 和 Vss 分别为电源的正负极，工作电压 3 ～ 15V；Reset 为复位端，高电平复位；Cp 为计数脉冲输入端，上升沿有效；EN 为使能端，低电平允许计数脉冲生效；Co 为进位信号，当计数至第 10 个脉冲时此引脚输出一个脉冲，为下一级提供进位信号；Y0 ～ Y9 为计数结果输出端，当 CD4017 复位或计数到第 10 个脉冲时，Y0 输出高电平，其余引脚输出低电平，以后每输入一个计数脉冲，则 Y1 ～ Y9 依次输出高电平，其余引脚为低电平，因此通过 Cp 脚的计数脉冲，可以选择 Y0 ～ Y9 引脚之一输出高电平，实现选择开关的功能。

图 9-25 中，C_3、R_5 构成 CD4017 的上电复位电路，上电时向 15 脚（Reset）输入一个正脉冲，CD4017 复位，Y0 端输出高电平。SW_1、C_2 和 R_4 构成计数脉冲输入电路，每按一次按键（SW_1），向 14 脚输入一个正脉冲，CD4017 依次使 Y0 ～ Y9 端输出高电平，并且每次只有其中一个输出端为高电平，其余均为低电平，周而复此。输出高电平电压接近电源电压 Vcc，因此在不同的输出端用不同的电阻与下分压电阻（固定阻值）串联分压，就可以获得不同的电压值，作为 TL494 的 DT 引脚（第 4 脚）的输入，从而改变死区时间得到不同占空比的 PWM 调光信号。

电路中的排阻 R_S 是一个内部具有四个相同阻值的电阻通过一个公共端连在一起，另一端独立引出的电阻，如图 9-27 所示。

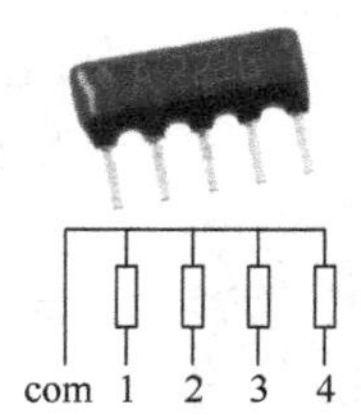

图 9-27　排阻的结构及内部电路

图 9-25 所示的电路原理图中，排阻 R_S 的公共端接地，四个独立引脚则与四个不同阻值的电阻相连，构成四组串联分压电路，每一组分压电路的中点获得不同的电压输入到 TL494 的死区时间控制端（4 脚）。由于调光的段数只需要四段（Y0 ～ Y3），当计数至 Y4 时 CD4017 要复位到 Y0，通过 D_1 把 Y4（第 10 脚）输出接到 CD4017 的复位端（15 脚）即可。

此外，4 路输出电压最终都是连接到 TL494 的 DT 端，即每一路串联分压输出连接在一起，可以想象，如果不采用隔离措施，则无论选择哪一路输出，由于所有电阻都连在一起，其他输出电路上的电阻都会影响最终输出的电压，这就使得输出电压计算变得异常复杂，在图 9-25 所示的电路原理图中，四个 1N4148 二极管的作用就是对每个输出进行隔离，这样才能使每一路输出相互分开，互不影响。DT 端输出的电压可用式（9-9）计算

$$U_{DT} \approx V_{CC} \times \frac{R_S}{R_X + R_S} \tag{9-9}$$

R_S 为固定阻值的排阻，R_X 的阻值可根据相应档位的亮度进行计算、选择和调试，只要使 Y0 ～ Y3 获得的电压从 3V（典型值，须根据具体情况调整）开始向下递减，则每按一次按键 LED 亮度逐渐调高，实现分段调光的功能。图 9-28 所示为 PCB 及焊接完成的实物效果，PCB 留有与后续模块接口的 CNT 和 CLS（计数和复位）端子，以及为数码管显示设计预留的 Y1、Y2、Y3 计数器输出信号端子。

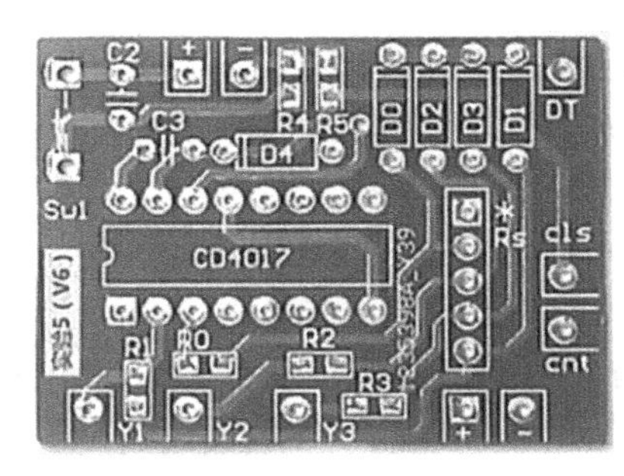

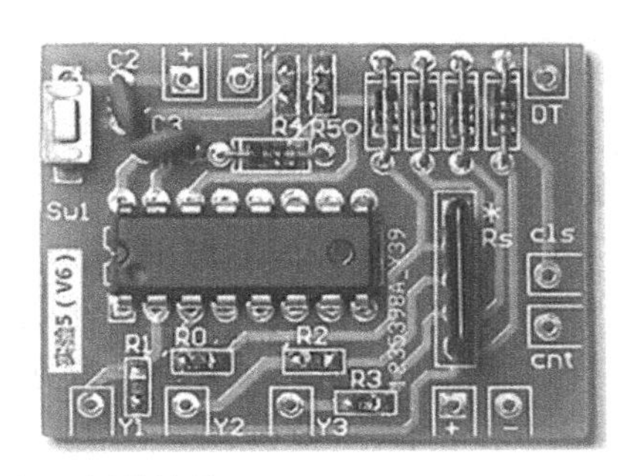

图 9-28　PCB 裸板及焊接效果

9.5.4　实验内容

1. 电路安装焊接

1）按照物料清单清点元器件，用万用表检测元器件，主要是电阻的阻值，二极管的极性。

扫一扫看视频

2）认识 CD4017 的封装，找出 16 只引脚的位置顺序，一般不需要测试；认识排阻的封装，找出公共端，注意阻值的大小。

3）焊接次序：贴片电阻、二极管、CD4017、电容、排阻、按键。0805 封装的贴片电阻尺寸比较小，要注意阻值不要搞错，焊接时与贴片式 LED 焊接方法一样，先焊一端，检测阻值，再焊另一端，电阻虚焊将会出现按键失灵等现象。注意排阻公共端的位置。

扫一扫看视频

4）元器件焊好后，再次认真检查各元器件的位置和极性是否正确，然后焊上电源线。

5）不要忘记用 U 形针把 DT 端子与 TL494 模块的 DT 端子连接起来。

2. 电路测试

连接测试电路。电路测试原理框图如 9–29 所示。

1）先把限流稳压直流电源电压调至 12V（CD4017 输入电压不能高于 15V），限流旋

钮转到最大（即不需要限制输入电流），按图 9-29 连接好测试电路，注意 LED 灯板向下发光，避免刺伤人眼；用数字万用表的直流 200mA 档测量输出电流。

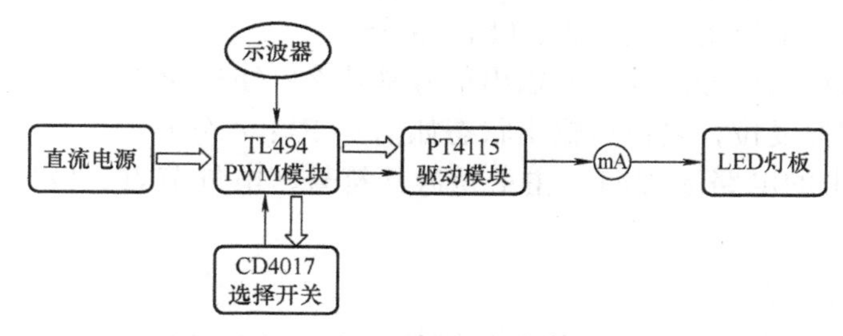

图 9-29　电路测试原理框图

2）用示波器探针接到 TL494 模块的 PWM 输出端子，夹子夹到电源负极（参考地），准备观测 PWM 信号波形。

3）观察电路的调光特性。接通直流电源，点亮 LED 灯板，把 TL494 模块的电位器转到关断位置（能听到“滴”一声表示已关断），此时 LED 应处于熄灭状态，按下轻触开关 SW_1，观察 LED 亮度的变化，并注意电流表的读数变化。

4）观测 PWM 调光信号的波形和占空比变化。按下按键 SW_1，使 LED 的亮度依次从暗到亮变化，通过示波器观测 PWM 波形，测量出信号的占空比，用万用表测量 TL494 的死区时间控制电压，记录到表 9-11 中。

表 9-11　不同档位测试数据记录表

调光段位	0	1	2	3
U_{DT} / V				
T_{ON} / μs				
D				
I_{LED} / mA				

其中，U_{DT} 为 TL494 的死区时间控制电压；T_{ON} 为 PWM 信号的高电平时间（正频宽）；占空比为

$$D=\frac{T_{ON}}{T} \tag{9-10}$$

5）在上一模块的 $U_{DT}-D$ 曲线中标出表 9-11 的四个坐标点。

9.5.5　学习评价

1. 预习（35 分）

阅读实验原理，回答以下问题。

1）分段调光的含义是什么？（F1：3 分）

2）在上一个实验模块中，连续调光是通过控制 PWM 占空比连续变化实现的，在此基础上，如何实现亮度的分段？（F1：3 分）

3）根据 TL494 的 $U_{DT}-D$ 曲线（输出 PWM 占空比与死区时间控制电压的关系曲

线)，若要获得占空比为 30% 的 PWM 信号，U_{DT} 应为多大？（F1：5 分）

4）CD4017 芯片主要用途是什么？（F1：3 分）

5）CD4017 工作电压范围是多少？（F1：3 分）

6）CD4017 的输入信号是什么？输出信号是什么？（F1：4 分）

7）CD4017 如何复位，复位后输出状态如何？（F1：4 分）

8）画出实验中的电路原理图，注意元器件符号、电气节点、极性、标注的规范性。（F2：10 分）

2. 实验过程（15 分）

1）焊点光滑，焊接正确可靠，按下按键能实现正确的分段调光。（F2：5 分）

2）数据合理，单位准确。（F2：5 分）

3）表格规范，书写工整。（F2：5 分）

3. 实验报告（50 分）

参照以下问题提示，按照实验报告的格式规范和要求，撰写实验报告。

1）根据表 9-11 的数据，以 D 为自变量，做出 $D-I_{LED}$ 曲线，拟合曲线方程，定性说明 LED 亮度与 PWM 的占空比之间的关系。（F2：5 分）

2）图 9-25 所示的电路原理图中，假设 CD4017（Y0 ～ Y9）输出高电平时电压均为理想的 12V，当把 R_3 阻值改为 68k，其他参数不变时，请问最大输出亮度是否有明显变化？为什么？（提示：比较修改参数前后 U_{DT} 及对应的 PWM 占空比）（F2：5 分）

3）查阅资料，设计一个触摸式的计数脉冲输入电路（代替按键），画出电路原理图（注意工作电压和输出信号是否与 CD4017 兼容），简要说明该脉冲产生的原理。（F1：20 分）

4）通过互联网查阅资料，举例说明机械按键产生接触噪声及其危害性，了解常见解决方法。（F3：20 分）

9.6 非接触式控制电路设计

本实验将设计一个可以利用红外感应方式实现非接触的分段调光控制，以及利用吹控技术实现吹灭 LED 灯的电路。掌握红外 LED 和红外接收管的工作原理，传感器的构成电路，设计方案的优缺点；掌握吹控电路的设计思路，关键元器件（驻极体电容咪）的内部结构和工作原理。通过本实验，达成以下目标。

9.6.1 实验目的

1）理解红外 LED 的光电特性（发光波长和工作电压等）。（F1）

2）理解红外接收管的功能和特性。（F1）

3）能根据实际应用对反射式和直射式红外传感器方案进行选择和设计。（F1）

4）能理解驻极体电容咪的结构和原理。（F1）

5）理解吹控电路原理，包括晶体管的作用和工作状态。（F1）

6）能画出电路原理图，理解电路工作原理。（F2）

7）能理解电路元器件参数的计算和选择依据。（F2）

8）能正确焊接电路，完成对电路功能的测试。（F2）

9）理解电路中所采用的红外传感器设计方案干扰和抗干扰的特性（局限性），探索解决问题的方案。（F3）

9.6.2　实验材料、仪器用具

PCB 板、元器件、焊锡丝、电烙铁、镊子、稳压限流直流电源、VC890C+ 数字万用表、CD4017 分段调光控制模块、TL494 模拟调光控制模块、PT4115 恒流驱动模块、LED 灯板。实验电路和电路板布局如图 9-30 所示。

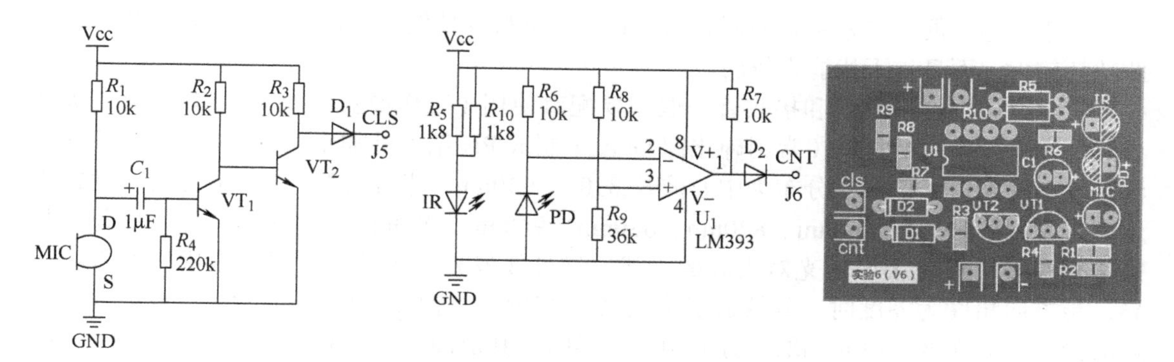

图 9-30　电路原理图及 PCB 布局

实验中使用的材料清单见表 9-12。

表 9-12　物料清单

标号	规格	用途
R_1，R_2，R_3，R_6，R_7，R_8	10kΩ，0805 帖片电阻	上拉电阻（上分压）
R_4	220kΩ，0805 帖片电阻	为 C_1 充电提供通路（VT_1 未导通时）
R_5，R_{10}	1.8kΩ，1/4W 直插电阻	红外发光二极管的限流电阻
R_9	36kΩ，0805 帖片电阻	比较器参考电压设置
MIC	驻极体电容咪（小号）	吹信号检测
C_1	1μF 电解电容	吹信号输入（到晶体管）
D_1，D_2	1N4148 开关二极管	单向隔离
VT_1，VT_2	2N3904，TO92 直插	信号放大
IR	3mm 或 5mm 红外发光管	发射红外线
PD/PT	3mm 或 5mm 红外接收管	接收红外线（光电二极管或晶体管）
U_1	LM393 电压比较器，DIP8	信号放大、整形

9.6.3　实验原理

按键式调光控制采用机械接触产生计数脉冲，容易产生抖动干扰。本实验将介绍两种感应式的控制电路，避免了人体直接接触，使操作更加方便和安全。

1. 红外感应分段调光

（1）红外发射　常用红外发光二极管的外形和可见光发光二极管相似，但由于红外光波长超出人眼视觉范围，因此肉眼无法观察发光现象。红外发光二极管的正向电压降为 1.1 ～ 1.4V，工作电流一般小于 20mA。家电遥控器中常使用红外发光二极作为信号发射器，工作时通常以一定频率的脉冲作为载波，对每个按键进行编码和调制，再以红外光方式发送到电器的接收端，由红外接收光电二极管或光电晶体管接收并解码，从而控制电路相应的操作。红外发光二极管的工作脉冲占空比为 1/10 ～ 1/3。减小脉冲占空比可以使小功率红外发光二极管的发射距离大大增加，还可以节省电能。由于本实验所需的功能单一，出于实验方便，未采用脉冲调制的方式，而是将红外发光管设置为连续发光状态，因此功耗较大，而且抗干扰能力较弱。

扫一扫看视频

实际应用中红外发射和接收管一般需要配对使用（工作波长一致）。红外发光二极管由红外辐射效率高的材料（常用砷化镓 GaAs）制成 PN 结，外加正向偏压向 PN 结注入电流激发红外光。光谱功率分布为中心波长 830 ～ 950nm，半峰带宽约 40nm 左右。通常应用红外发射管波长为 850nm、870nm、880nm、940nm、980nm 等。使用红外发射与接收来传输信号可以免去可见光对人眼的干扰。红外线发光二极管的发射强度因发射方向而异，当方向角度为零度时，其放射强度定义为 100%，当方向角度越大时，其放射强度相对减少，发射强度如由光轴取其方向角度一半时，其值即为峰值的一半，此角度称为方向半值角，此角度越小即代表元器件之指向性越灵敏。一般使用红外线发光二极管均附有透镜，使其指向性更灵敏。

（2）红外接收　红外接收光电二极管反向偏置时反向电流与接收的光功率成正比，利用它可以接收红外发光二极管发出的红外线并转换为电流信号，从而可以构成红外感应式的传感器。从光线路径上看，红外线发射与接收的方式有两种，即直射式和反射式。直射式指发光管发射的红外线直接射到接收管的受光面，通常用于设计光电门；反射式指发光管发光方向与接收管的接收面并列一起，朝向一致，平时接收管并无接收到红外线，只有在发光管发出的红外光线遇到反射物时，接收管才接收到反射回来的红外光线，如图 9-31 所示。

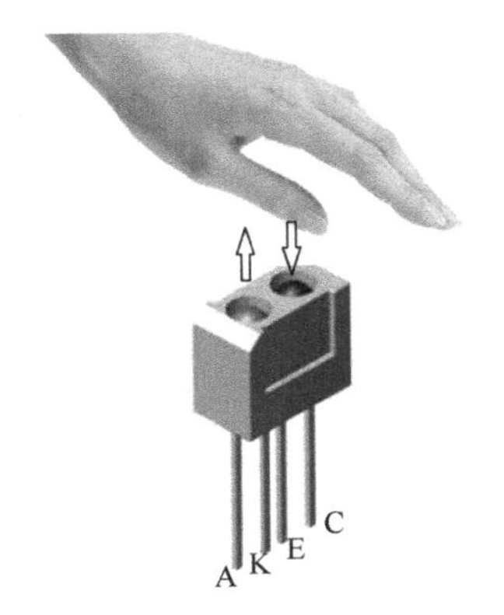

图 9-31　反射式红外发射与接收

红外感应调光控制电路如图 9-30 所示。红外感应调光控制电路主要由红外发光二极管 IR 和红外接收管 PD 及其偏置电路和比较器 LM393 电路构成。红外发光二极管和接收管构成反射式的光电传感器，安装时红外发光二极管和接收管的透镜朝同一方向，如图 9-31 所示。红外发光二极管发出的红外光（940nm）并不直接射到红外接收管上，当用手掌靠近两管透镜的上方时，通过手掌把发光管发出的红外光反射到接收管，接收管的基极注入光电流，集电极和发射极导通，将 LM393 的 2 脚（反相输入端）的电平拉低，当此电平低于 3 脚（同相输入端）的电平时，1 脚输出高电平，产生一个上升沿，通过 D_2 加至 CD4017 的 14 脚进行计数，从而实现改变 LED 亮度档位。R_8 与 R_9 为 LM393 的 3 脚建立一个固定的参考电压，用于与 2 脚的输入信号进行比较。当手掌离开时，接收管 PD

恢复截止，LM393 的 2 脚通过 R_6 连接 Vcc，电压高于 3 脚电压，LM393 输出低电平，进入等待状态。R_7 为上拉电阻，LM393 采用集电极开路输出方式，必须加上拉才能输出高电平。R_5 和 R_{10} 为红外发光二极管的限流电阻。每当手掌在传感器上方遮挡一次，就相当于给 CD4017 的 14 脚一个计数脉冲，从而实现红外感应式的分段调光控制。

2. 吹灭 LED

扫一扫看视频

事实上，火焰照明的时代离我们古老而并不遥远，那时候灯是可以“吹”灭的，重温这个经典的动作或许能勾起我们某种久违的心情。

若 LED 分段调光的第 Y0 段（复位）设置为完全熄灯状态，则在任何时候只要向 CD4017 的复位端（15 脚）输入一个脉冲就可以使 LED 灯熄灭，那么利用“吹”的方式产生复位脉冲就可以实现吹熄 LED 灯的功能。吹熄 LED 灯控制电路如图 9-30 所示。图中，MIC 为驻极体电容咪，其实物及内部工作原理如图 9-32 所示。

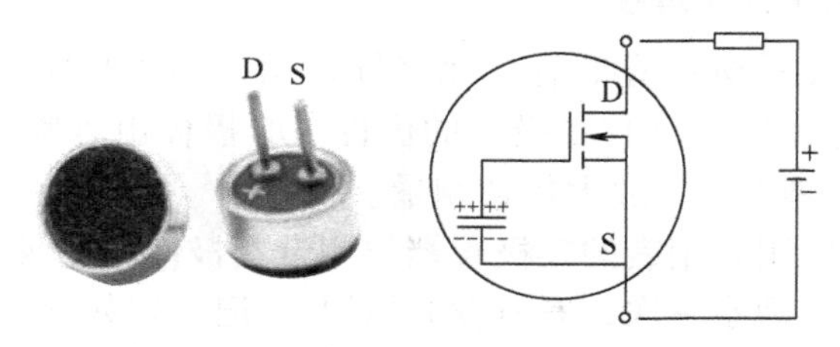

图 9-32 驻极体电容咪的外形及工作原理

驻极体电容咪由一个驻极体电容和一个绝缘栅型场效应管构成。

驻极体电容由一个固定极板和一个薄膜极板构成，固定极板的硬度很高不会发生变形，薄膜极板会因为声压的变化而发生相应的变形。驻极体电容有一个独特的功能，就是会在电容两极板之间自动产生电荷的堆积，从而自动具有一定的电压。当薄膜极板因为声压发生变形时，改变了两极板之间的距离，导致电容量发生变化，从而引起电容两端的电压发生变化。电容两端随着声压而变化的电压加在绝缘栅型场效应管的栅极与源极之间，从而引起场效应管漏极电流发生变化，变化的漏极电流在漏极电阻上产生变化的电压，进而实现声压变化向电压变化的转变。

如图 9-30 所示，当驻极体电容咪 MIC 没有接收到“吹”的信号时，电路处于稳态，C_1 没有电流流过，VT_1 截止，VT_2 导通，通过 D_1 连接的 CD4017 的 Reset 端（15 脚）处于低电平状态。当对着 MIC 迅速吹一口气时，由于气压作用，MIC 驻极体电容极板间距产生变化，电容容量发生变化，使得电容两端电压变化，MIC 漏极电流和电压变化，引起 C_1 正极电压迅速变化，根据电容电压的滞后特性，C_1 两端的电压不可能产生突变，因此，C_1 的负极电位也跟随正极电位迅速上升（C_1 充电，负极电流流过 R_4 到地，R_4 电压降上升），若 C_1 负极电压上升到一定高度，就会使 VT_1 导通，VT_1 集电极电位被拉低，VT_2 基极电位随即被拉低而截止，VT_2 集电极电压升高，通过 D_1 加到 CD4017 的 Reset 端，CD4017 随即复位，LED 即被“吹”灭了。当吹气动作完成后，VT_1 恢复截止，VT_2 导通，CD4017 又可以接收计数脉冲，重新切换 LED 的亮度档位了。这样，无论当前 LED 处于何种状态，只要对着 MIC 吹一下，即给 CD4017 送出一个复位脉冲，实现吹熄 LED 灯的控制功能。图 9-33 所示为 PCB 裸板及焊接完成的实物效果，其中 CLS 和 CNT 分别为与 CD4017 相连的复位和计数信号接口。

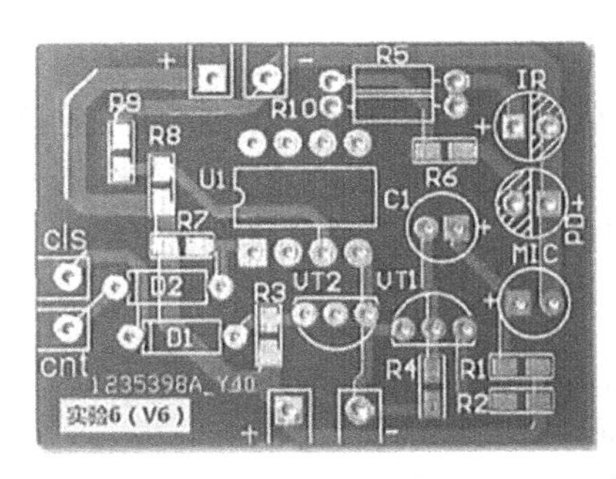

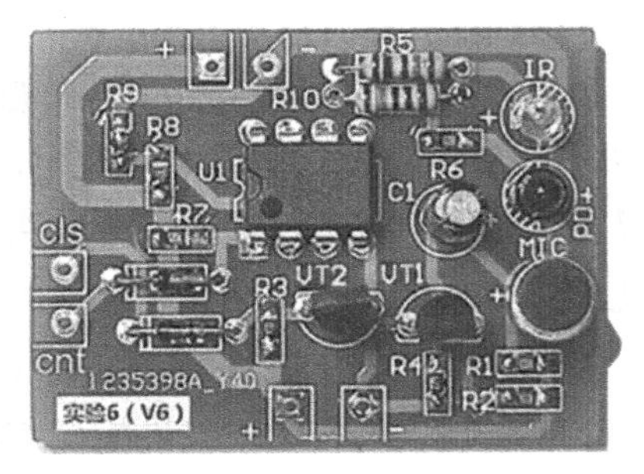

图 9-33 PCB 裸板及焊接效果

9.6.4 实验内容

扫一扫看视频

1. 电路安装焊接

1）按照物料清单清点元器件，用万用表检测元器件。包括电阻的阻值、红外发射和接收二极管的极性、驻极体电容咪的极性，以及晶体管的类型、引脚识别，放大倍数测量。

红外发射二极管可以用万用表的二极管档位测量其极性，记录正向电压降，注意观察是否发光（用手机镜头再观察一次，看看发光情况），记录到数据记录表 9-13 中。

表 9-13 元器件测试数据记录表

红外发光管	长脚极性 P/N		正向电压降		
	短脚极性 P/N		发光情况	肉眼看：	手机看：
红外接收管	长－短脚间电压降		短－长脚间电压降		
驻极体电容咪	D–S 间电压降		S–D 间电压降		
晶体管 VT_1	PN 结电压降		类型（NPN/PNP）		
	放大倍数		引脚（平面向上，左到右）		
晶体管 Q2	PN 结电压降		类型（NPN/PNP）		
	放大倍数		引脚（平面向上，左到右）		
二极管 1N4148	黑环标记一侧的极性 P/N			正向电压降	

同理，用二极管档测试红外接收管两只引脚，记录相关读数。

用万用表合适的档位测试驻极体电容咪，记录数据，并判断 D 极和 S 极的位置（提示：通常 S 极与外壳相连，内部 MOS 管 S 极与 D 极之间有一个体二极管）。

测试 2N3904 晶体管时，用二极管档测试三只引脚两两组合，找出两个 PN 结（红笔为 P，黑笔为 N），根据公共脚是 P 还是 N 可判别晶体管是 PNP 型还是 NPN 型，同时确定基极（公共脚），据此再用万用表的 hFE 档位来测试晶体管的放大倍数，当测得放大倍数较大时表明 E、C 极的插入位置正确。

测试 1N4148 的极性与正向电压降。

2）焊接次序：电阻、1N4148 二极管、LM393、晶体管、MIC、红外发射与接收管、电容，注意各元器件的极性。

3）元器件焊好后，再次认真检查各元器件的位置和极性是否正确，注意红外发射管与接收管的高度保持一致，然后焊上电源线。

4）用 U 形针把 CLS、CNT 端子与 CD4017 模块连接起来。

2. 电路测试

1）连接测试电路。测试电路连接如图 9-34 所示。

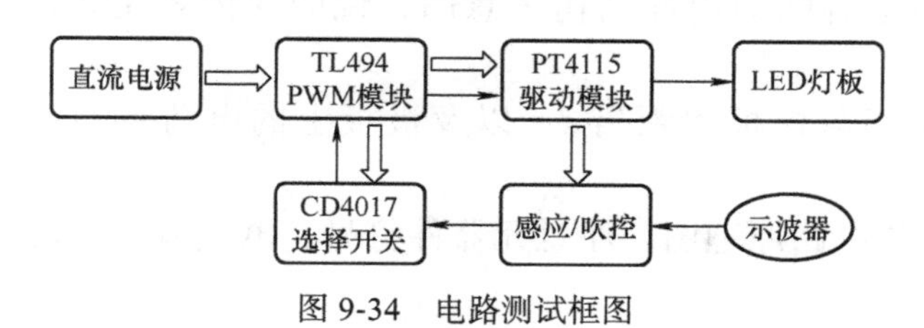

图 9-34　电路测试框图

2）测试红外感应分段调光控制功能。接通电源，用手指靠近红外发射和接收二极管的上方划动，观察 LED 亮度的变化。

3）测试吹熄 LED 功能。在 LED 处于不同亮度时，对 MIC 吹一下，观察 LED 是否被吹熄。

4）用万用表测试电压比较器的参考电压（LM393 的 3 脚）、感应信号电压（LM393 的 2 脚），以及比较器输出电压（LM393 的 1 脚），记录到表 9-14 中。

表 9-14　红外感应电压比较器的工作状态数据记录

工况状态	参考电压 /V	感应信号电压 /V	输出电压 /V
无感应时			
有感应时			

用手触摸 R_5 电阻，直觉感受其温度的高低。

用示波器观测 MIC 漏极（D）或 C_1 的正极电压波形，触发方式设置为“单次触发”，触发电平调节至略高于 0 电位处，对 MIC 用力吹气，通过示波器捕捉波形，画出波形示意图。同理，使用单次触发方式捕捉 VT_2 集电极或 D_1 输出（CLS 端）的电压波形，画出示意图，记录在表 9-15 中。

表 9-15　吹控信号测试波形

工况状态	输入信号波形（MIC 漏极）	输出信号波形（VT_2 集电极）
稳态（静止）		
动态（吹）		

9.6.5　学习评价

1. 预习（35 分）

阅读实验原理，回答以下问题。

1）红外发光二极管的正向电压约多少伏，与红色发光二极管比较，哪个高？（F1：5 分）

2）红外发光二极管发的光是什么颜色的？肉眼能看到吗？如何才能看到它发光？（F1：5 分）

3）红外接收管的外形与红外发光二极管外形相似，它们在工作原理上有何区别？（F1：5 分）

4）画出驻极体电容咪的内部结构示意图，说明它内容主要由哪些元器件构成？（F1：5 分）

5）电容的容量 C 与极板间距离 d，以及极板上的电荷量 Q 三者之间有何关系？（F1：5 分）

6）画出实验中的电路原理图，注意元器件符号、电气节点、极性、标注的规范性。（F2：10 分）

2. 实验过程（15 分）

1）焊点光滑，焊接正确可靠，能否正常实现感应分段调光和吹灭功能。（F2：5 分）

2）数据合理，单位正确。（含波形）、表格规范（F2：5 分）

3）表格规范，书写工整。（F2：5 分）

3. 实验报告（50 分）

参照以下问题提示，按照实验报告的格式规范和要求，撰写实验报告。

1）根据电路原理图，结合表 9-13 的数据，试解释为什么 R_5 的温度要比其他电阻要高，为什么 R_5 不采用与其他电阻一样的 0805 贴片封装，而选择一个同阻值的 1/4W 的直插式电阻 R_{10} 与之并联。（F2：5 分）

2）根据表 9-15 的波形，试解释吹控电路的工作原理（过程）。（F2：5 分）

3）根据表 9-14 的数据，简要说明如何合理选择电压比较器的参考电压（提示：如何选择 R_8、R_9 的阻值。（F1：10 分）

4）查找 LM393 的数据手册，试解释图 9-30 所示的电路原理图中是否可以去掉上拉电阻 R_7。（F1：10 分）

5）实践证明，本实验中红外感应电路在户外（特别是太阳光较强时）极有可能失效（不能正常工作），通过互联网查阅资料，试解释原因，并提出解决办法。（F3：20 分）

9.7 LED 数码管显示电路设计

本实验将设计一个用数字显示 LED 亮度档位的电路，该电路可以把十进制计数器 CD4017 输出的四个独立信号转换为 LED 数码管编码信号，从而驱动数码管以数字形式显示四档亮度（0 ～ 3）。实施方案首先利用二极管设计一个将 CD4017 输出的四个分立信号转换为二进制的 BCD 码的译码电路，再利用 CD4511 译码器驱动器将 BCD 码进一步转换为适合数码管显示的 7 段 LED 编码。通过本实验，达成以下目标。

9.7.1 实验目的

1）了解 LED 数码管的内部结构。（F1）

2）能根据实际需要对数码管的极性（共阳 / 共阴）、电压（光色）、电流（亮度）进行选择。（F1）

3）了解七段 LED 显示的编码方式。（F1）

4）学会选择 LED 数码管的驱动芯片及其使用方法。（F1）

5）通过利用二极管实现简单逻辑电路设计的实例学会运用已学知识，根据实际需要对所需达成目标进行思考、设计，从而解决实际问题的创造性思维方法。（F1）

6）能画出数码管显示电路原理图，理解编码器和译码器的作用和工作原理，理解电路中元器件参数的选择依据；能正确焊接电路，完成对电路功能的测试。（F2）

7）了解数码管显示的亮度、稳定性对环境的影响。（F3）

9.7.2　实验材料、仪器用具

PCB、元器件、焊锡丝、电烙铁、镊子、稳压限流直流电源、VC890C+ 数字万用表、CD4017 分段调光控制模块、TL494 模拟调光控制模块、PT4115 恒流驱动模块、LED 灯板。实验电路和电路板布局如图 9-35 所示。

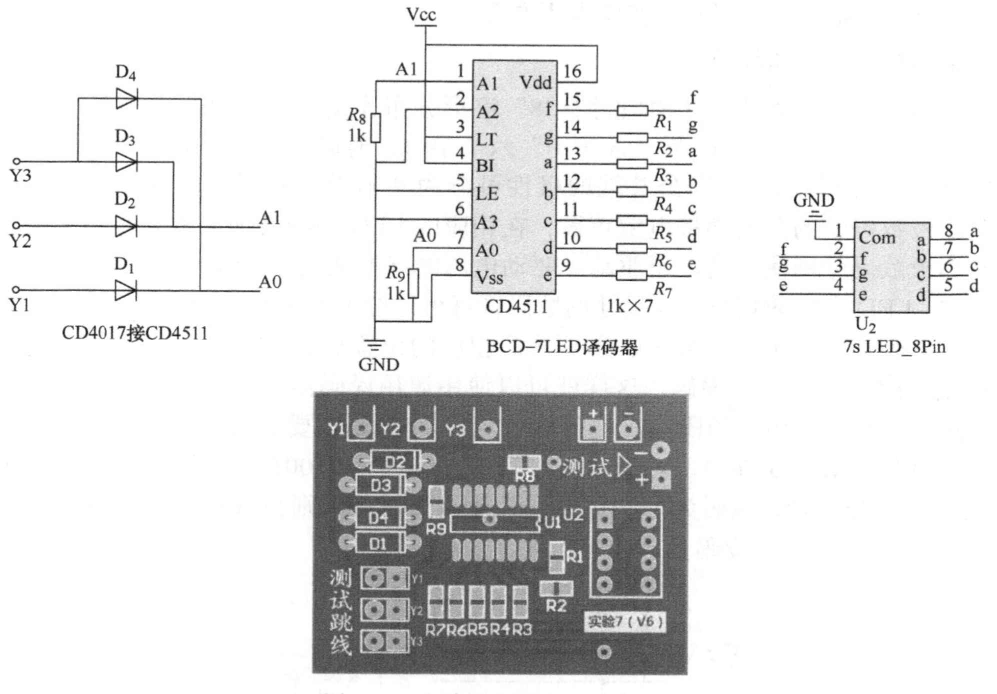

图 9-35　电路原理图及 PCB 布局

实验中使用的材料清单见表 9-16。

表 9-16　物料清单

标号	规格	用途
$R_1 \sim R_7$	1kΩ，0805 帖片电阻	数码管限流
R_8，R_9	1kΩ，0805 帖片电阻	CD4511 的 A1、A0 下拉电阻
U_1	CD4511，SOP16	BCD-7 段 LED 数码管译码器
U_2	七段 LED 数码管	显示 LED 亮度档位
$D_1 \sim D_4$	1N4148	CD4017 输出信号转 BCD 码（0 ~ 3）

9.7.3 实验原理

要想把调光档位用数字 0 ～ 3 显示出来，首先考虑使用一位 LED 数码管来实现，然后想办法把 CD4017 的四个独立输出信号转换为适合数码管显示的编码。数码管的译码方式一般有两种，一是采用专用的译码器，二是采用单片机。由于本实验面向没有单片机基础的学生，因此首选方案一，通过资料查阅选择了一款 BCD 到七段 LED 码的译码驱动器 CD4511。该芯片解决了 LED 数码管驱动部分的问题，但其输入信号为 BCD 码，因此还必须先把 CD4017 的四个独立信号转换为 BCD 码才能为 CD4511 所用。这也有两种方案，方案一是使用一个 BCD 计数器（如 CD4518），其输入信号为计数脉冲，输出为 BCD 码，这样就可以利用按键对 CD4017 和 CD4518 输入同步的计数信号，从而使 CD4518 输出与亮度档位一致的 BCD 码；方案二则是根据数字电路的知识，可考虑使用分立元器件（二极管）设计一个从 CD4017 输出端（Y0 ～ Y3）转换为 BCD 码的逻辑电路。相比而言，方案二直接对 CD4017 输出信号进行处理，更符合信号处理的流程，电路更简单可靠，成本更低，因此本实验采用方案二。

1. 数码管的结构和编码

LED 数码管内部由七个 LED 按照“8”字形分布连接而成，如图 9-36 所示，可用于显示“0 ～ 9”十个数字，以及“A ～ F”六个字母，有时右下角还有一个小数点位。这些 LED 有一个公共端，根据公共端的极性可分为共阳极和共阴极两种连接方式，使用时，共阳极数码管的公共端接电源正极，在相应的 LED 的阴极加低电平驱动其发光，反之，共阴极数码管则使用高电平驱动。驱动电压的高低取决于 LED 的光色以及每一个笔画（段位）LED 串联的颗数（大尺寸的数码管每个段位由多个 LED 串联构成）。

要使数码管显示出相应数字，必须按照相应的位置点亮 LED。为了方便使用，通常事先对显示内容进行统一编码，这样就可以使用通用译码器来控制显示内容。如图 9-36 所示，用 a ～ h 标记相应的段位，若要显示“3”字，则需要点亮 abcdg 段的 LED，编码按高位到低位从 h ～ a 排列，对于共阴数码管，编码为 01001111，用十六进制表示则为 4F；对于共阳数码管，编码为 10110000，用十六进制表示则为 B0，这种编码方式称为七段 LED 显示码（简称七段码）。

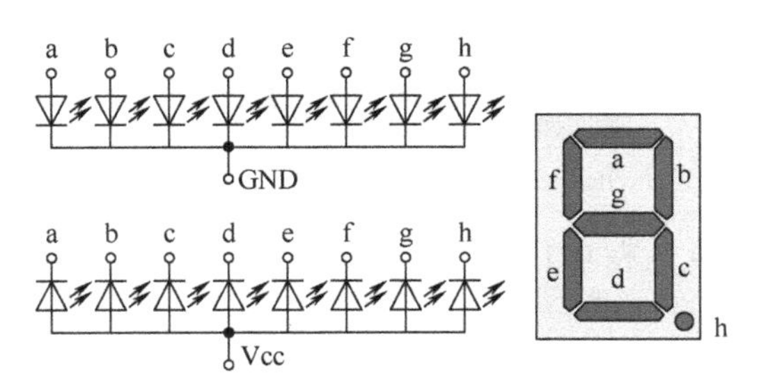

图 9-36 数码管内部结构

由于共阴和共阳数码管的编码是不一样的，因此，在使用时要选择与之匹配的译码器，CD4511 是一款 BCD 码转七段共阴 LED 码的译码器（不含小数点），输入信号为四位 BCD 码（即用二进制数表示十进制数 0 ～ 9 的编码）。本实验中，只需要对 0 ～ 3 共四个档位进行显示，各级亮度信号及显示数字的关系见表 9-17 所示。

表 9-17　各级亮度信号编码及显示数字的关系

档位	CD4017 输出	BCD（A3A2A1A0）	七段 LED 码（共阴）	显示数字
0	Y0=1	0000	0011 1111	"0"
1	Y1=1	0001	0000 0110	"1"
2	Y2=1	0010	0101 1011	"2"
3	Y3=1	0011	0100 1111	"3"

2. CD4017 输出到 BCD 码的转换电路

由于只显示 0 ～ 3，即二进制的 0000 ～ 0011，因此，CD4511 的 A3A2 直接接地（置为 00），而 A1A0 在没有信号输入时通过电阻下拉接地（即默认为 00），图 9-37 所示为 CD4017 输出 Y1 ～ Y3 转换为 A1A0 信号的电路。由表 9-17 可知，当 Y0=1 时，A1A0=00，Y0 的状态并没有改变 A1A0 的默认值（00），因此 Y0 信号无须转换；当 Y1=1 时，A0=1，A1=0（默认），因此 Y1 直通 A0；当 Y2=1 时，A1=1，A0=0（默认），因此 Y2 直通 A1；当 Y3=1 时，A1=1 且 A0=1，即 Y3 同时接 A1 和 A0。为了避免 Y1、Y2、Y3 高低电平冲突，使用二极管实施隔离即可。这样，通过这个简单的电路就可以把 CD4017 输出的信号转换为 CD4511 输入所需的 BCD 码。译码电路如图 9-37 所示，图 9-38 所示为 PCB 裸板和焊接实物效果。

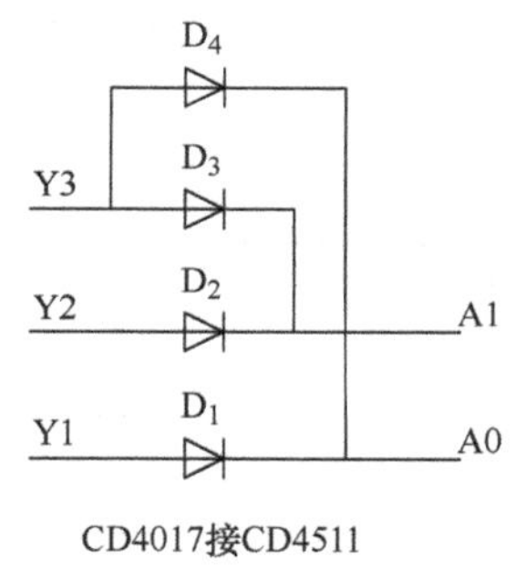

图 9-37　CD4017 输出转 BCD 码

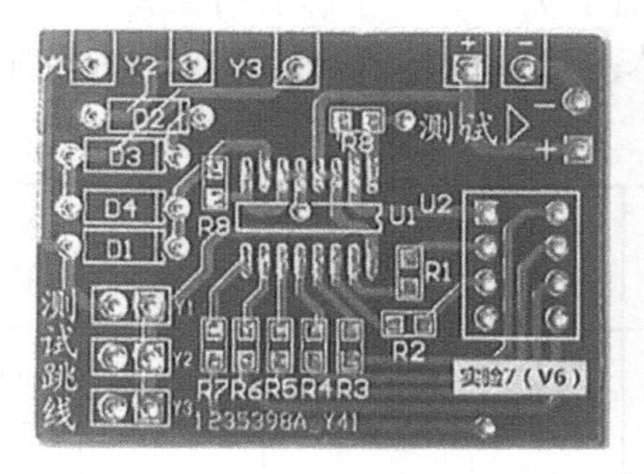

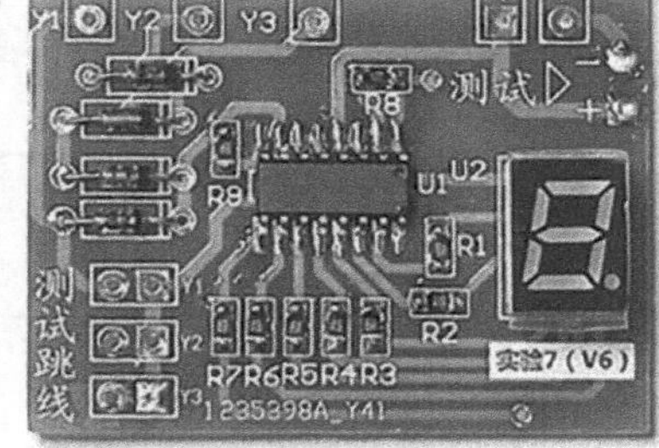

图 9-38　PCB 与焊接效果

9.7.4　实验内容

扫一扫看视频

1. 电路安装焊接

1）按照物料清单清点元器件，用万用表检测 LED 数码管，并识别引脚的位置，检测结果记录到表 9-18 中。

表 9-18　数码管测试数据记录表

引脚	1	2	3	4	5	6	7	8	共阴 / 共阳	发光颜色
段号										
VF/V										

2）焊接次序：CD4511、电阻、1N4148 二极管、数码管，注意各元器件的极性。

3）元器件焊好后，再次认真检查各元器件的位置和极性是否正确，有无虚焊漏焊。

4）用 U 形针把 Y1、Y2、Y3 与 CD4017 段调光模块连接。

2. 电路测试

1）在没有连接其他模块之前可以单独测试一下本模块的有效性。接上 12V 直流电源，用导线从 12V 电源输入端引出作为高电平分别输入到 Y1，Y2，Y3，观察数字显示是否正确。

2）连接测试电路。测试电路连接如图 9-39 所示。

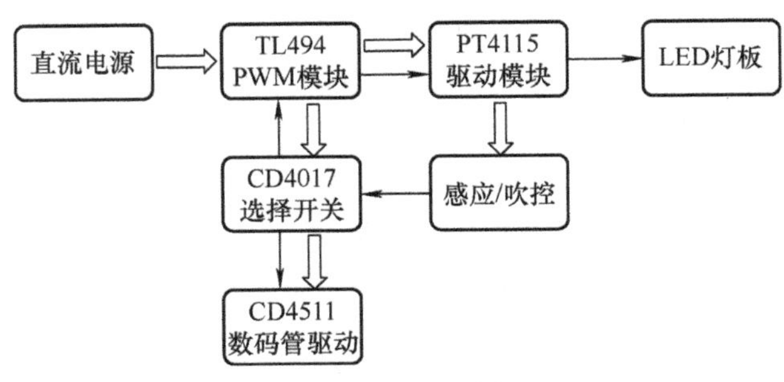

图 9-39 测试电路框图

3）测试各个功能模块是否能正常工作，正确的请在表 9-19 相应位置打钩，不能正常工作的打叉，并记录电源的输入参数。测试电路连接如图 9-39 所示。

表 9-19 电路测试结果记录

亮度可调	连续调光	按键调光	感应调光	吹灭功能	数码管显示	输入电压 /V	调光档位	输入电流 /A	输入功率 /W
						12	0 档		
							3 档		

9.7.5 学习评价

1. 预习（35 分）

阅读实验原理，回答以下问题。

1）从公共端极性来分，LED 数码管可分为哪两种类型？（F1：5 分）

2）LED 数码管显示不同数字时，功耗一样吗？为什么？（F1：5 分）

3）有一只共阴数码管，测得每段 LED 的 VF 值为 1.8V，若使用 5V 电压驱动该数码管，需要采取限流措施吗？如果需要则应如何限流（F1：5 分）

4）用数码管显示“4”字，需要点亮哪些段位？（用字母 a ～ h 表示）（F1：5 分）

5）请写出共阴数码管显示“4”字的七段显示码。（用 8 位二进制数表示）（F1：5 分）

6）画出实验中的电路原理图，注意元器件符号、电气节点、极性、标注的规范性。（F2：10 分）

2. 实验过程（15 分）

1）焊点光滑，焊接正确可靠，能否正确稳定地显示出相应的档位对应的数字。（F2：5 分）

2）数据合理，单位正确。（F2：5 分）

3）表格规范，书写工整。（F2：5 分）

3. 实验报告（50 分）

参照以下问题提示，按照实验报告的格式规范和要求，撰写实验报告。

1）查阅 CD4518 数据手册，试使用该芯片实现 0 ～ 3 的 BCD 计数输出，画出电路原理图，并标明电路中各电阻阻值。（F2：20 分）

2）假设有一未知共阴还是共阳的 LED 数码管，如何用万用表找到共公共端，并判断其共阴还是共阳。（F1：10 分）

3）查找资料，画出两位一体的共阴数码管的内部电路图，并陈述多位一体的 LED 数码管如何驱动（显示）。（F1：10 分）

4）数码管在使用时，如何控制其亮度，如何避免出现频闪现象。（F3：10 分）

9.8　电源变换器设计

本实验将练习设计一个 5V 升 12V 的 BOOST 升压式开关电源变换器。根据系统的供电需求，设计一个可用 USB 充电器供电的升压变换器。学会根据实际情况分析并明确电源变换器的指标要求，选择合适的电路结构，查找阅读芯片的数据手册，画出电路原理图，计算和选择元器件的参数。理解电源变换器的测试目标和测试方法，并能根据测试结果分析电源的性能。通过本实验训练，达成以下目标。

9.8.1　实验目的

1）理解系统对供电电压和电流的需求，能够选择合适的变换器电路方案。（F1）

2）能根据 MC34063 的数据手册画出基于 MC34063 的升压变换器电路原理图。（F2）

3）理解电路的工作原理，理解电路中元器件参数的计算和选择依据，并能根据实际需要修改参数。（F2）

4）能正确焊接和调试电路，验证电源的稳压功能。（F2）

5）能设计合适的方案，对电源变换电路的输入、输出电压、电流进行测量，计算电源效率。（F2）

6）能理解电压调整率和负载调整率的概念，并进行测量。（F2）

7）了解国家对电源能效方面的政策，能根据测量数据说明电源变换器在节能性指标。（F3）

9.8.2　实验材料、仪器用具

PCB 板、元器件、焊锡丝、导线、电烙铁、镊子、稳压限流直流电源、VC890C+ 数字万用表、数码管显示模块、非接触式调光控制模块、CD4017 分段调光模块、PT4115 恒流驱动模块、LED 灯板。实验电路和电路板布局如图 9-40 所示。

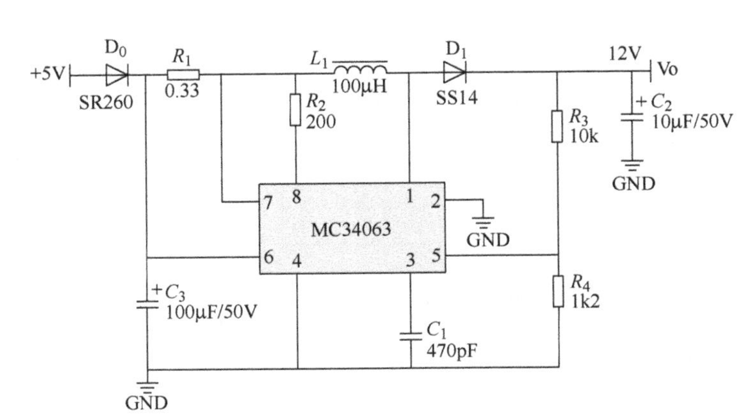

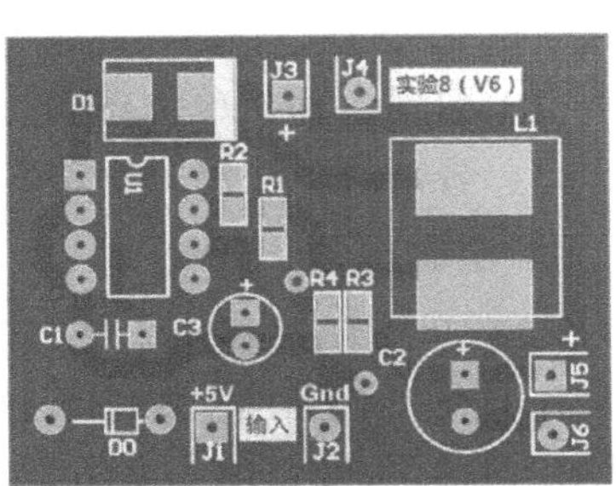

图 9-40　电路原理及 PCB 布局

实验中使用的材料清单见表 9-20。

表 9-20　物料清单

标号	规格	用途描述
R_1	0.33，0805 帖片电阻	输入限流（保护）
R_2	200，0805 帖片电阻	驱动管集电极上拉电阻
R_3	10kΩ，0805 帖片电阻	输出电压比例采样（上分压）
R_4	1k2，0805 帖片电阻	输出电压比例采样（下分压）
C_1	470pF 瓷片 / 独石电容	定时电容
C_2	10μF/50V 电解电容	输出滤波
C_3	100μF/50V 电解电容	退耦（滤掉电路产生的高频干扰）
D_0	SR260 肖特基二极管	输入端电源极性防接反
D_1	SS14 肖特基二极管	续流二极管（BOOST）
L_1	100μH10 × 10 贴片功率电感	储能电感（BOOST）
U_1	MC34063，DIP8	控制器

9.8.3　实验原理

1. BOOST 升压式 DC-DC 变换器

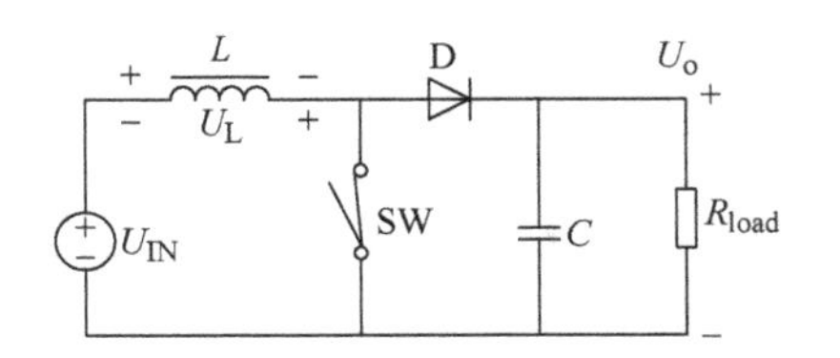

图 9-41　BOOST 升压 DC-DC 变换器原理

BOOST DC-DC 变换器是开关型 DC-DC 变换器的一种，它可以把低电压的直流电升至比它更高的直流电压，通过改变开关导通时间的占空比即可改变升压的比例，但一般升压幅度不宜超过输入电压的 2 倍（倍数过高对元器件的参数要求较高），若需要大比例升压，则宜采用变压器的变比实现（例如推挽、半桥、全桥等变换器）。

扫一扫看视频

图 9-41 所示为 BOOST 升压 DC-DC 变换器的工作原理图。

如图 9-41 所示，当开关闭合时，电感电流上升，产生的磁通量增加，电感储能，同时产生感应电动势，其极性为左正右负（该电动势阻碍电流和磁通量的增加)，大小与输入电压相等。而在下一时刻，当开关断开时，电感电流下降，磁通量减小，电感产生的感应电动势极性反转（阻碍电流和磁通量的减小），电感与电源一起向负载释放能量。由此可见，输出电压等于输入电压与电感产生的感应电动势叠加，这两个电压极性相同，因此输出电压高于输入电压，从而实现了DC–DC升压变换。输出电压的表达式为

$$U_O = \frac{U_{IN}}{1-D} \tag{9-11}$$

式中，D为开关导通时间占空比，即开关导通的时间占开关周期的比值。由式（9-11）可见，分母总是一个小于1的数，故输出电压始终高于输入电压。

2. MC34063

该器件是一款包含了DC–DC变换器所需要主要功能的单片电源控制芯片，价格便宜，适用于简单小功率的各种DC–DC变换器。它由具有温度自动补偿功能的基准电压源、比较器、占空比可控的振荡器、RS触发器和大电流输出开关电路等组成。该器件可用于升压变换器、降压变换器、反向器的控制核心，由它构成的DC–DC变换器仅需使用少量的外部元器件。MC34063的基本结构及引脚如图9-42所示。

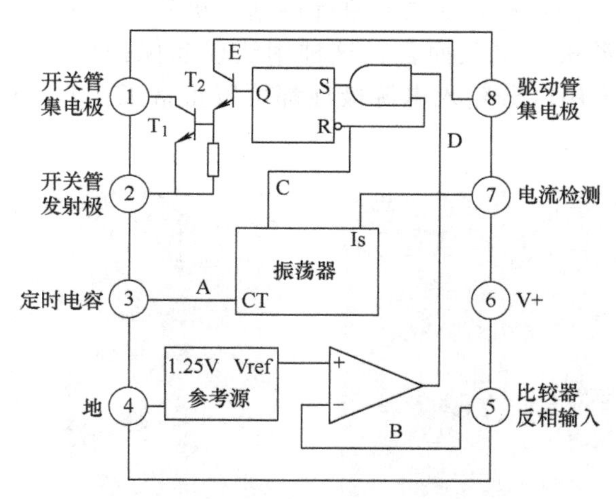

图9-42 MC34063基本结构及引脚图

MC34063构成的升压电路原理如图9-40所示，当芯片内开关管T_1导通时，电源经输入电流采样电阻R_1、储能电感L_1、MC34063的内部开关管（1脚、2脚）到地构成主回路（通常称功率级)，此时电感L_1开始存储能量（不向负载供电)，而由C_2对负载提供能量。当T_1断开时，电源和电感同时给负载和电容C_2提供能量。电感在释放能量期间，由于其两端的电动势极性与电源极性相同，相当于两个电源串联，所以负载上得到的电压高于电源电压。开关管导通与关断的频率称为芯片的工作频率，只要此频率相对负载的时间常数的倒数（$1/R_LC_2$）足够高，负载上便可获得平滑的连续直流电压。

输出电压值的设置：采样电压经R_3、R_4分压，由5脚输入，与内部参考电压1.25V进行误差计算，自动调节开关导通时间占空比，使5脚电压被稳定在1.25V附近，因此输出电压被稳定在

$$U_O = \frac{R_3 + R_4}{R_4} \times 1.25 = \frac{10 + 1.2}{1.2} \times 1.25 \approx 11.7\text{V} \tag{9-12}$$

MC34063 可以通过设置输入电流限值来限制电源的功率，实现过电流保护功能。电流限制检测端 I_s 通过检测连接在 V+ 和 7 脚之间电阻 R_1 上的电压降来实现，当检测到 R_1 电阻上的电压降达到 300mV 时，电流限制电路开始工作，通过 CT 引脚（3 脚）对定时电容 C_1 进行快速充电，以减少充电时间和输出开关管的导通时间，从而降低输出电压，限制输出功率。

本实验输入电流限值的计算如下：

$$I_{in(max)} = \frac{0.3\text{V}}{R_1} = \frac{0.3}{0.33} \approx 0.9\text{A} \tag{9-13}$$

故此电源的输入功率最大为

$$P_{in(max)} = 5\text{V} \times 0.9\text{A} = 4.5\text{W} \tag{9-14}$$

能够满足本实验的要求，若要提高输出功率和带负载的能力，则需要适当减小输入电流采样电阻 R_1。图 9-40 所示电路原理图中在 D_0 用于防止输入电源极性接反，起保护作用，这里使用一个额定电流为 2A 的肖特基二极管，主要为了降低其自身电压降，减小损耗（对输入电源极性接反而言，这种用法仅起保护作用，请读者自行设计一个解决方案，实现电路不用区分输入电源极性都可以正常工作）。PCB 及焊接实物效果如图 9-43 所示。

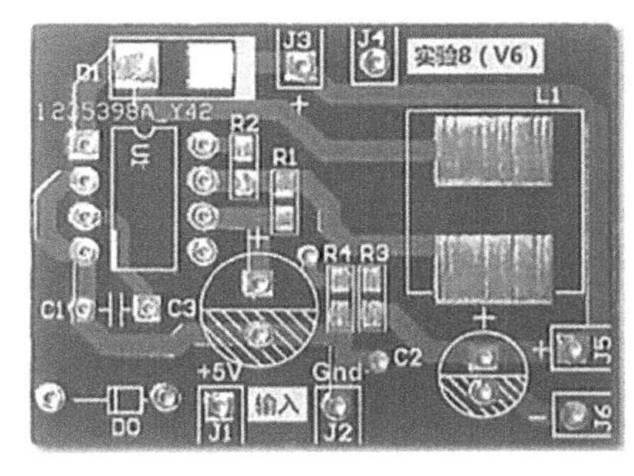

图 9-43　PCB 及焊接实物效果

9.8.4　实验内容

扫一扫看视频

1. 电路安装焊接

1）按照物料清单清点元器件，用万用表检测元器件。主要是电阻的阻值，用二极管档测试二极管 SS14 和 SR260 的极性和工作电压。

2）焊接次序。贴片电阻、贴片二极管、定时电容 C1、MC34063（要注意引脚的位置）、电感、SR260 二极管、电解电容。

3）元器件焊好后，再次认真检查各元器件的位置和极性是否正确，然后焊上电源线。

2. 电路测试

1）电压调整率测量。首先对模块进行单独测试，输入电压调至 5V，用万用表测试输出电压（理论计算值 11.7V），初步确定模块正常工作。改变输入电压，测试空载输出电压，数据填在表 9-21 中。

表 9-21 空载输入输出电压测量

输入电压 /V	3	4.5	5	5.5	10	15	20	25	30
输出电压 /V									

通常情况下，允许输入电压在标称的额定电压（5V）附近 ±10% 范围内波动，此时测量输出电压波动的大小作为衡量电源的稳压性能指标之一，即所谓的电压调整率（又称输入调整率），它是评价电源针对输入电压变化时的稳压性能。计算公式为

$$S_{\mathrm{V}}=\frac{\Delta U_{\mathrm{O}}}{U_{\mathrm{O(标)}}}\times 100\% \tag{9-15}$$

式中，ΔU_{O} 为输入电压为 $5\pm0.5\mathrm{V}$ 时对应的输出电压测量值；$U_{\mathrm{O(标)}}$ 为标称的输出电压值（或输入电压为 5V 时测得的输出电压值）。表 9-21 在输入电压 3 ～ 30V 范围内进行测试，可帮助读者了解 BOOST 变换器在输入电压高于设定的输出电压值（12V）时的表现，加深对电路拓扑的理解。

2）负载调整率测量。由电路参数可知，输入功率被限制为 4.5W，输出电压约为 12V（理论计算为 11.7V），假设电源效率为 0.9，则输出电流最大为 $4.5\mathrm{W}\times0.9/11.7\mathrm{V}\approx0.346\mathrm{A}$，则满负载（输出电流达最大值）时，负载电阻为 $11.7\mathrm{V}/0.346\mathrm{A}\approx34\Omega$，采用标称 $100\Omega/1\mathrm{A}$ 的滑动变阻器作为可调负载（也可采用电子负载），采用数字万用表电流档与负载串联，测试输出电压随输出电流（负载）大小变化，并记录在表 9-22 中。

表 9-22 输出电压随负载变化测试

输出电流 /mA	0	120	150	200	300	330	350	400	500	600
输出电压 /V										

负载调整率是用来评价输出电压随负载变化的稳定性指标，即空载时输出电压与满载（约 350mA）时输出电压的差与标称电压之比，计算公式为

$$S_{\mathrm{I}}\doteq\frac{U_{\mathrm{O(空)}}-U_{\mathrm{O(标)}}}{U_{\mathrm{O(标)}}}\times 100\% \tag{9-16}$$

3）整体测试。把 MC34063 升压变换器模块的输出端与相邻模块的电源输入端连接，测试各个功能模块是否能正常工作，正确的请在表 9-23 相应位置打钩，不能正常工作的打叉，并记录电源的输入参数。测试电路连接如图 9-44 所示。要注意整个电路的电源（含地线）不能形成环路（闭合的回路），因为在这种模拟和数字电路结合的电路中，有可能因为参考地电位的不确定性造成电路无法正常工作，还可能产生不必要的干扰。

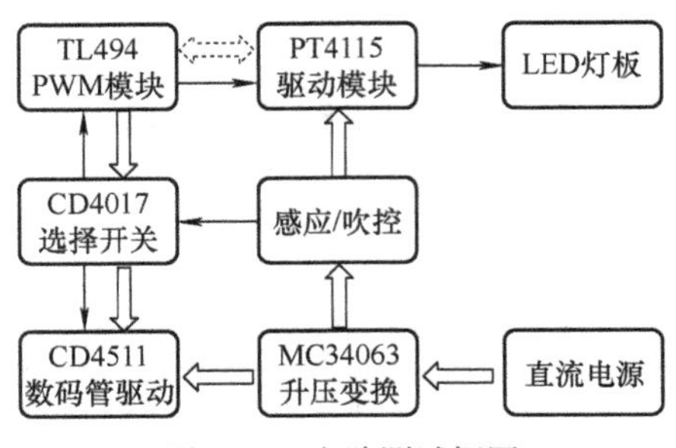

图 9-44 电路测试框图

表 9-23 各模块功能测试及输入参数测量

亮度可调	连续调光	按键调光	感应调光	吹灭功能	数码管显示	输入电压 /V	调光档位	输入电流 /A	输入功率 /W
						5	0 档		
							3 档		

9.8.5 学习评价

1. 预习（35 分）

阅读实验原理，回答以下问题。

1）根据上一个实验记录的数据，计算当输入电压为 5V 时，输入电流应为多大？（F1：3 分）

2）PT4115 是一款 BUCK DC-DC 变换结构的恒流驱动 IC，实验中它可以把 12V 的直流电压降至 LED 灯板所需要的工作电压，并实现恒流控制，以及 PWM 调光控制的功能。请问是否可以使用 PT4115 实现从 5V 升至 12V 的功能？（F1：3 分）

3）若使用 5V 的 USB 电源供电，需要把电压升至 12V，有哪些可选的方法？（F1：3 分）

4）画出 BOOST 升压 DC-DC 变换器的结构原理图，简述其工作原理？（F1：6 分）

5）MC34063 芯片主要用途是什么？其工作电压范围是多少？最大输出电流是多少？（F1：6 分）

6）基于 MC34063 的 BOOST 变换器输出电压如何设置？请写出计算公式。（F1：4 分）

7）画出实验中的基于 MC34063 的升压变换器电路原理图，注意元器件符号、电气节点、极性、标注的规范性。（F2：10 分）

2. 实验过程（15 分）

1）焊点光滑，焊接正确可靠，变换器工作正常，各模块能正常工作。（F2：5 分）

2）数据合理，单位正确。（F2：5 分）

3）表格规范，书写工整。（F2：5 分）

3. 实验报告（50 分）

参照以下问题提示，按照实验报告的格式规范和要求，撰写实验报告。

1）根据表 9-23 的数据，计算该电源变换器的电压调整率，说明输出电压随输入电压

变化的稳定性能。并根据测试数据说明其他输出电压不是正常的约 12V 的原因。（F2：5 分）

2）根据表 9-22 的数据，计算该电源变换器的电流调整率，说明输出电压随负载电流变化的稳定性能。并根据测试结果解释当负载电流大于设定的满载电流值时，输出电压下降的原因。（F2：5 分）

3）若要使输出电压改为 15V，如何修改 R_3 和 R_4 的阻值？（F1：10 分）

4）若要使输出电流达到 0.5A 时，输出电压仍能保持 12V 不明显下降，如何修改 R_1 的阻值？（假设电源变换效率为 90%）（F1：10 分）

5）通过互联网查阅资料，了解我国对电器产品的能效指标有哪些政策，并说明如何提高电源变换器的效率。（F3：20 分）

9.9　方案总结

组装好的电路板可以制作成一个小台灯，采用 USB 充电器供电即可使用，效果如图 9-45 所示。系统原理框图如图 9-46 所示。

扫一扫看视频

a)

b)

图 9-45　组装的小台灯效果图

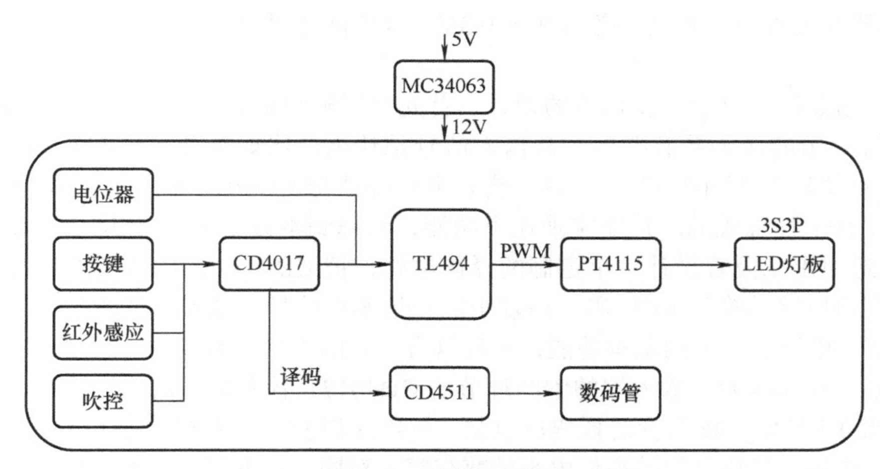

图 9-46　系统原理框图

LED 调光控制的基本原理是 PWM 调光，即通过调节 PWM 的占空比改变 LED 的平均电流实现亮度的调节。因此本方案的关键是找到一种占空比可控的 PWM 信号发生器，本方案中采用的核心器件 TL494 就是一款经典的 PWM 控制器，该芯片一般用于开关变换器（开关电源）的设计，本方案利用该芯片的死区时间控制电压 U_{DT} 与输出 PWM 信号占空比 D 的线性关系，实现对输出 PWM 信号占空比可调，从而获得合适的 LED 调光信号。TL494 的这种用法是一种非常见的用法，但对初学者而言是有一定难度的（需要有一定经验积累）。几种控制方式都是围绕如何改变 U_{DT} 而设计的，其中连续调光是利用电位器与固定电阻串联，从 TL494 内部 5V 基准电压源获得连续可调电压，是最容易实现的一种。而通过按键分段调光则需要把数字信号（按键产生的脉冲）转换为不同的电压，因此想到了用 CD4017 十进制计数器来实现（一对多的电子选择开关）。在此基础上，可进一步用红外感应方式代替按键获取计数脉冲信号实现非接触的分段调光控制，而利用 MIC 产生的脉冲作为 CD4017 的复位信号就能轻易实现灭灯功能，能想到用 CD4017 这个中间环节也很关键，首先要求读者对 CD4017 有一定的了解，要能想到可以通过按键产生脉冲作为输入信号，而输出端有十个不同的选择，从不同输出端可以配置不同的电阻分压电路获得不同的电压。

由于 TL494 主要设计用于开关变换器，其工作电压范围较宽，从数据手册可知一般为 7 ～ 42V，为了适合常用的 5V 电源使用，就不得不进行升压变换，出于效率和体积等方面的考虑，想到了 BOOST 开关变换器，虽然这涉及电力电子和开关电源的相关技术，但在不太深究原理和细节的情况下，通过查阅资料还是比较容易找到简单方案的（小功率直流变换器的选择较多），电源变换器输出电压的大小要统筹各个电路模块的需求，本方案设置为 12V，主要解决 TL494 的供电问题，而其他数字芯片如 CD4017 和 CD4511 都可以兼容 5V 供电的 TTL 电平和 3 ～ 18V 的 CMOS 电平（要考虑数字信号高低电平的电压范围），后面的 LED 恒流驱动 IC 的选择则可根据 12V 输入电压和灯板的电压需求来选择，本方案选择的 PT4115 是一款带 PWM 调光控制的降压式开关恒流 LED 驱动器，输入电压范围为 6 ～ 30V，适用于 12V 输入，而 LED 灯板的工作点电压则必须低于 12V。此外，虽然这里 TL494 输出的 PWM 信号可作为 PT4115 的调光信号使用，但还要考虑两者的高低电平的兼容，比如通过实测可知 TL494 输出 PWM 信号的低电平约 0.7V，而 PT4115 内部开关管的关断电压必须低于 0.3V，这些问题可能需要在实验中去发现、思考和解决。

最后是用数码管显示亮度档位的设计，首先要了解数码管的结构、字形的编码方式，了解数码管专用的译码器有哪些，其输入信号是什么，比如本方案中的 CD4511 是一个 BCD 码转七段 LED 显示码的译码器，然后再想办法把 CD4017 输出的信号转换为 BCD 码，由于没有一种现成的芯片能实现这个功能，考虑到本方案 LED 亮度档位比较少（四档），因此想到用二极管设计一个定制的译码电路，把 CD4017 的四种状态通过四个二极管构成的逻辑电路转换为 BCD 码，用较小的代价实现信号的变换，能想到这一点也要求同学们对数字电路有一定的基本功能，并且具有一定的工程实践经验。总之，在这个方案中，从核心芯片 TL494，输入端的中间环节的 CD4017，控制信号的产生方式，输出端的 LED 驱动器 PT4115，数码管的译码驱动器 CD4511 以及输入信号变换电路的选择设计，供电电压的协调，模块之间的高低电平的兼容等，对同学们的模电、数电的知识基础和综合运用能力，实践能力都有较高的要求。通过上述几个模块的实验和总结，给读者展示了在电路设计中的具体思路和方法。

思 考 题

1. 本章所介绍的方案中，如果去掉 TL494，是否仍可实现所有功能？画出系统框图和电路原理图，并对方案的可行性进行分析。（提示：PT4115 调光信号的实质是模拟还是数字的？）

2. 通过本章的实验训练，你有哪些心得体会？

第 10 章

基于单片机的方案优化与设计

第 9 章针对多种控制方式调光 LED 灯采用全硬件实现的方案，适合没有单片机基础的读者进行学习，由于所有模块都是基于模电和数电的，因此电路较为复杂，元器件数量多，欠缺灵活性，不仅成本较高，生成工序多，而且也会给产品的可靠性和维护带来较大的困难。事实上，若配合单片机及其软件程序来实现同样的功能，则可以大大简化硬件电路，还可以通过修改程序对产品的功能进行升级改进。图 10-1 所示为基于单片机的实施方案的系统原理框图。

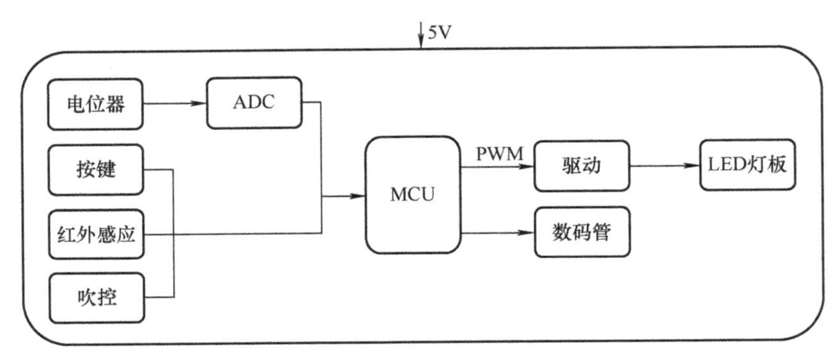

图 10-1　系统原理框图

方案中单片机是核心，单片机既可以通过程序轻松实现占空比可调的 PWM 信号输出，也可以输出数码管所需的编码信号，输入端则可以直接接收和处理按键等产生的脉冲信号（数字信号），对于电位器产生的模拟电压信号，则需要进行模数转换（ADC）变为数字信号后再作处理。此外，若选择 5V 以下供电的 LED 驱动器，则整个电路直接使用 5V 供电即可。总体而言，采用单片机后，硬件电路得到了简化，同时由于单片机对信号的处理可以通过修改程序实现，这就给方案的调试和优化带来更多的灵活性。相比而言，方案中唯一增加的硬件是 ADC 模数转换部分，这部分可以通过单片机内部集成而使外围电路进一步简化，也可以使用功能更强、操作更方便的旋转编码器代替电位器，从而省去 ADC 环节，实现输入信号完全数字化。

10.1　设计方案及电路选型

10.1.1　LED 灯板的设计

在第 9 章的方案（下文称方案一）中，由于输入电压通过 BOOST 升压变换为 12V，因此 LED 灯板设计为 3 串 3 并（3S3P），这样可以提高工作电压，减小工作电流。PT4115 输出电流越小，其内部开关管的导通损耗越小（电流流过开关管的导通电阻产生功耗），发热越少，这对于体积较小的 PT4115 的散热管理来说很重要。本章的方案中输入电压为 5V，在不额外升压的前提下，所有 LED 应并联在一起（灯板的工作电压 VF 值必须低于 5V），若按单颗 LED 的工作电流为 50mA 计算，则 9 颗并联总电流为 450mA，电流较大，因此在后续设计驱动器时需要考虑发热情况和散热管理。

拓展思考题

（1）对于 9 颗 LED 并联的方案，在使用恒流驱动方式条件下，若其中有一颗 LED 短路或开路，会对其他 LED 有什么影响？（提示：其他 LED 是否还能点亮，亮度是否有变化？）

（2）若使用 5V 稳压电源直接给 9 颗 LED 并联的灯板供电，需要串联电阻降压限流吗？请计算并选择该电阻的参数。（提示：阻值及功耗）

（3）采用第（2）题的方案时，若灯板中有一颗 LED 短路或开路，对灯板有什么影响？

10.1.2　LED 驱动方案

方案一中采用的 PT4115 为降压式开关变换器结构，但由于其工作电压为 6 ～ 30V，显然不再适用于本方案，目前用于低压直流供电的 LED 驱动芯片有很多，可选开关恒流和线性恒流两种类型，前者优点是输入电压范围宽、效率高（如 PT4115 可高达 95% 以上），适用于输入输出电压差较大的场合；缺点是电路稍为复杂，需要使用储能电感和续流二极管，内部开关管容易产生高频电磁干扰（如方案一中 PT4115 产生的干扰可使 TL494 的 PWM 波形失真等）。后者的优点是调整管电流连续（MOS 管或晶体管工作在线性放大区），不会产生电磁干扰，无需储能电感和续波二极管，电路相对简单；缺点是输入、输出电压差加在调整管之间将产生损耗，因此输入、输出电压差不能过大，这就限制了输入电压的范围，效率也相对低一些。

本例中，输入电压为 5V，而 LED 的工作电压约为 3.2V，若采用线性恒流方案，则驱动器（主要是调整管）上的电压降为 1.8V，由于 LED 电流与驱动器输出电流（主要是调整管的电流）一致，故驱动器的效率仅为 $3.2/5 \times 100\%=64\%$，远比方案一中采用 PT4115 开关恒流芯片要低。但是除非有特别的低功耗要求（长续航），对于一般性的小功率应用（如手电筒等）或对电磁干扰方面要求较高时，效率往往并不是唯一重点考虑的因素，采用线性恒流方案也是不错的选择。本例中采用单片机作为控制器，容易受高频电磁干扰，因此可以考虑选择线性恒流驱动方案，若采用开关恒流方案，则必须着重解决可能出现的干扰问题，简单的方法就是在单片机的电源输入端（Vcc）加电容滤波。

本例中的线性恒流驱动芯片不仅要具有恒流驱动功能，同时还要有 PWM 调光信号的接口，可以通过互联网查找这一类芯片。下面以 OC7140 为例简单介绍这一类芯片的主要特性和用法。

通过网络资料可知，OC7140 是一种带 PWM 调光功能的线性降压 LED 恒流驱动器，仅需外接一个电阻就可以构成一个完整的 LED 恒流驱动电路，调节该外接电阻可调节输出电流，输出电流范围为 10 ～ 2000mA。OC7140 内置额定电压 30V，导通电阻 50mΩ

的功率开关管。OC7140内置过热保护功能，可有效保护芯片，避免因过热而造成损坏。OC7140具有很低的静态电流，典型值为60μA。OC7140带PWM调光功能，可通过在DIM脚加PWM信号调节LED电流，调光信号频率最高10kHz。输出电流精度为±4%，工作电压为2.5～6V。适用于线性LED照明驱动、LED手电筒、LED台灯、LED矿灯、LED指示灯等。

由于功耗问题，线性恒流芯片不适宜在高压差且大电流工况下应用，但只要控制好输入、输出之间的压差，在电流不太大的情况下，该芯片也可以用于220V供电的应用，此时可通过增加LED串联的颗数来降低输入输出电压的差值，同时减小输出电流，从而减小芯片的发热和损耗。OC7140用于低压和高压供电的电路原理图如图10-2所示。

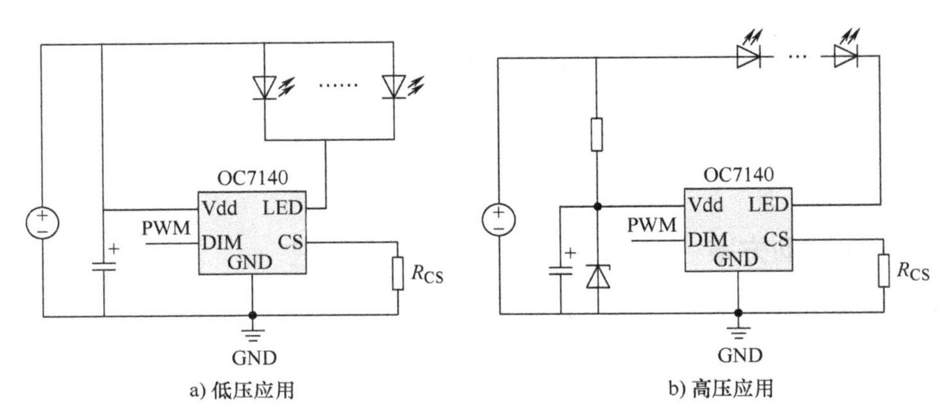

a) 低压应用　　b) 高压应用

图10-2　OC7140应用电路原理图

1. 线性恒流电路原理

线性恒流电路是建立在晶体管线性放大电路基础上，基本电路原理如图10-3所示。

晶体管VT工作在线性放大状态时，集电极电流等于基极电流乘以晶体管的直流放大倍数，假设放大倍数保持不变，若要集电极电流恒定不变，则只要基极电流保持不变即可。但是要严格控制晶体管的基极电流是比较困难的，而控制电压稳定则简单得多，只需要在基极到地加一个稳压二极管即可。众所周知，晶体管的基极与发射极之间是一个半导体PN结，其伏安特性曲线如图10-4所示，由图可知，当PN结导通时，在很宽的电流范围内其两端电压降基本保持不变，这就是所谓的电压钳位特性，例如硅晶体管的发射结电压约为0.7V。根据KVL定律，则图中发射极电阻R_{SC}的两端电压为

$$U_e = U_b - 0.7 \tag{10-1}$$

而发射极电流则为

$$I_e = \frac{U_e}{R_{SC}} \tag{10-2}$$

I_e也保持不变，因为晶体管的放大倍数足够大，故集电极电流约等于发射极电流，其值等于稳压二极管的稳压值减去0.7V，再除以发射极电阻R_{SC}，其参数不变，改变R_{SC}的值，即可改变晶体管集电极输出电流，R_{SC}称为电流采样电阻。

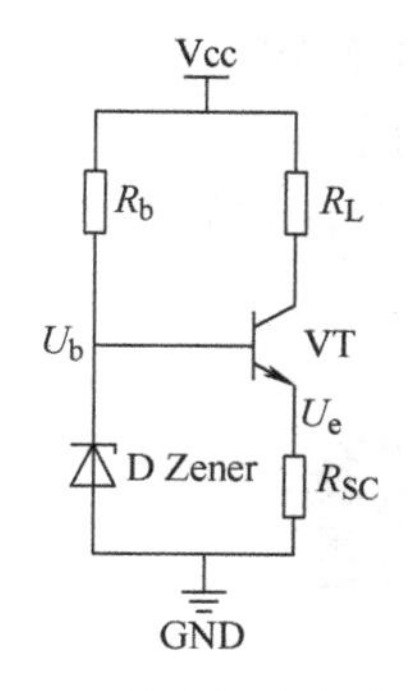

图 10-3　线性恒流电路原理

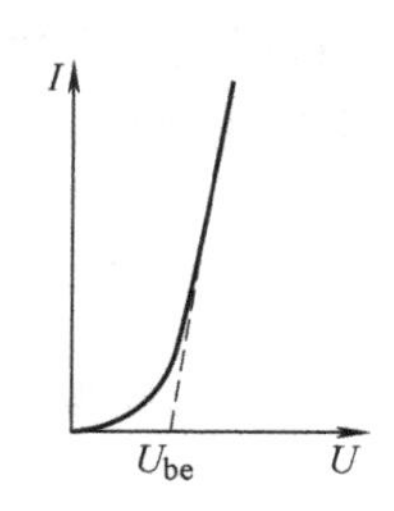

图 10-4　晶体管发射结的伏安特性

2. 分立元器件的线性恒流驱动电路设计

集成化的线性恒流芯片经过优化，具有较好的温度稳定性，同时可以简化外围电路，但由于其内部结构和参数相对固定，使用时受到一定的局限，因此在实际应用中可以根据需要使用晶体管或 MOS 管等几个分立元器件设计一个线性恒流驱动电路。

图 10-5 所示为本方案采用晶体管设计的线性恒流 LED 驱动电路，其中 VT_2 为线性恒流驱动的调整管，R_{SC} 为设置恒流值的电流采样电阻，TL431 为精密三端可控稳压器，它具有较高的温度稳定性，性能比普通稳压二极管要好得多，常用作基准电压源，图中的接法能使 VT_2 基极电压恒为 2.5V，根据上述讨论可知，VT_2 工作在线性放大区时发射结（基极 - 发射极之间的 PN 结），电压约为 0.7V，因此 R_{SC} 电压为 2.5V−0.7V=1.8V，并保持不变，则 R_{SC} 的电流为 1.8V/R_{SC} 也保持不变，因此 LED 的恒流值约为 1.8V/R_{SC}。图中 R_2 为 VT_2 提供基极电流，而 VT_1 则用于单片机输出的 PWM 信号放大，R_1 为 VT_1 基极的限流电阻。值得一提的是，当单片机输出 PWM 信号为高电平时，VT_1 导通，将 VT_2 基极电压拉低，VT_2 截止，LED 不亮，反之当 PWM 信号为低电平时 LED 亮，因此 PWM 的占空比与 LED 亮度调节的占空比是相反的，即当 PWM 占空比为 0 时，LED 最亮；而 PWM 占空比为 100% 时，LED 熄灭。

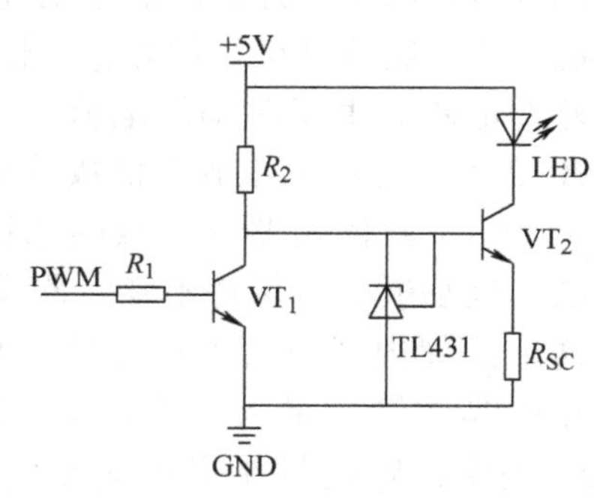

图 10-5　分立元器件构成的 PWM 调光线性恒流驱动电路

下面对电路中元器件的计算和选择进行简要说明。

（1）调整管 VT_2 的选择　晶体管的选择主要包括三个极限参数，即额定电压、电流和功耗，以及合适的放大倍数。根据上文讨论，LED 灯板由 9 颗 LED 并联构成，总电流为 450mA，考虑到后续可能需要增加 LED 的数量提高亮度，可以选择额定电流更大的中功率晶体管，例如，可选择 D882 型号，其额定电压为 40V，额定电流为 3A，这些参数看起来似乎远远超过实际所需，但实际应用中为了尽量减小发热和应付突发的情况，在条件允许（成本、空间等）时可以尽量留出足够大的裕量。

D882 为低频中功率 NPN 管，PWM 调光控制信号频率不高，一般可设置为略大于音频（即大于 20kHz），这样一方面不会因为频率过低产生闪烁感，另一方面也会避开人耳能听到的音频范围，以免产生不必要的噪声干扰。

晶体管的耗散功率跟封装形式有关，例如贴片式的 SOP−89−3L 封装仅为 0.5W，

TO−92 封装为 0.75W，TO−126 封装为 1W，TO−251 封装为 1.25W，为了较好的散热效果，这里选择 TO−126 封装。图 10-6 所示为晶体管几种常见的封装。

D882 晶体管的直流放大倍数最大为 60。常用于输出级的音频放大、电压调整（稳压器）、DC−DC 变换器和继电器驱动等。

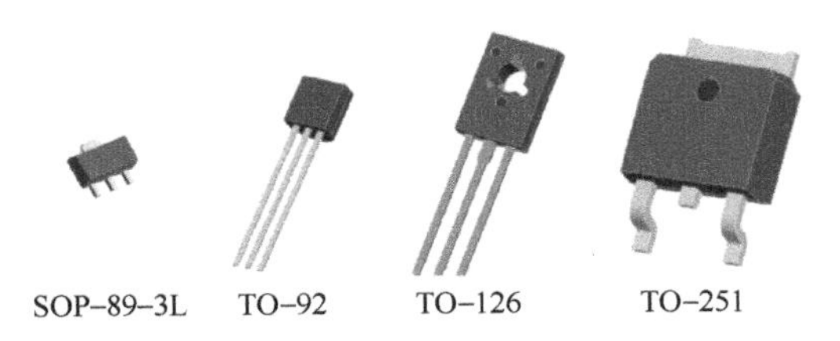

图 10-6　几种不同封装的规格示意图

（2）驱动管 VT_1 的选择　由于调整管 VT_2 的放大倍数较小，故要求基极电流较大，而单片机输出电流较小，不能直接驱动调整管 VT_2。实际应用中，虽然单片机在推挽方式下单个 I/O 口最高能提供高达 50mA 的拉出电流，但一般也不会直接用来驱动大电流的外部设备，因为单片机的额定功耗有限，每个端口不能占用太多，拉出电流过大会造成单片机发热，影响其可靠性和稳定性，因此通常加一级晶体管扩流，以驱动有较大电流需求的外部电路。由于驱动级电流不大，因此可选择小功率的晶体管，例如常用的有 2N3904、9012 等，也可以用放大倍数较小的 8050。

（3）其他元器件参数的选择　晶体管线性恒流的关键是确保调整管工作在线性放大区，且基极电压保持不变。假设要求驱动电路输出电流 1A 范围内均保持恒流，要保证在这个区间内调整管 VT_2 始终工作在线性放大区，则基极电流不能大于集电极电流（1A）除以晶体管的最大放大倍数，即 1/60=0.0166A，即约 17mA。这个电流由 5V 电源通过 R_2 提供，R_2 提供是电流大小为（5−2.5）V/R_2。由图可知，R_2 提供的电流流出有三个支路，其中当 VT_1 导通时流向地，而当 VT_1 截止时则流向 TL431 和 VT_2 的基极。VT_2 基极电流由 LED 工作电流和 VT_2 的实际放大倍数决定，TL431 的电流则为 R_2 提供的总电流减去 VT_2 基极电流。TL431 要工作在稳压区需要一定的电流，根据手册可知其最小稳压电流约 1mA，但为了保证 TL431 有足够宽的工作区，一般可把 TL431 工作点电流设置 10mA 左右，这样当 TL431 的电流在 10mA 附近变化时就能保证输出的电压稳定在 2.5V 不变，综合 VT_2 基极电流（17mA）和 TL431 的工作点电流（10mA），R_2 总电流最大不超过 27mA，则 R_2 取值约为

$$R_2 = \frac{2.5\text{V}}{0.027\text{A}} = 926\Omega \qquad (10\text{-}3)$$

可取标称值 1kΩ。实际上此阻值仅为参考，由于元器件参数具有分散性，且 VT_2 的放大倍数在不同电流条件下有所不同，电路工作时工作点会受这些参数和电路结构的约束自动调整，因此在实际应用中可根据测量结果进行调整。

R_{SC} 的阻值由式（10-4）算得，即

$$R_{SC} = \frac{1.8\text{V}}{0.45\text{A}} = 4\Omega \qquad (10\text{-}4)$$

因为流过 R_{SC} 的电流较大，容易引起发热，温度升高使阻值漂移，严重时会烧毁电

阻，因此需要考虑其额定功率

$$P=(0.45\mathrm{A})^2\times 4\Omega=0.81\mathrm{W} \tag{10-5}$$

可选择两个标称 8.2Ω 1/2W 的 1% 精度的金属膜电阻（或 2010 贴片电阻）并联。

TL431 可选择 TO-92 直插封装的规格。

拓展思考题

（1）如果 LED 灯板还是用原来的 3 串 3 并（3S3P）连接方式，请问 5V 电压输入的条件下，可以使用线性恒流电路和线性恒流芯片来驱动吗？

（2）图 10-5 中，若电源电压 Vcc 升高，试分析恒流电路的调整过程。（提示：Vcc 升高，将引起 TL431 和基极电流瞬间升高，造成集电极电流相应的瞬间变化，这个电流如何经过电路的调整最终回落到设定的恒流值？注意：假设 Vcc 始终未回到原来的大小）

（3）查找资料，设计一个带 DIM 调光输入端的 BOOST 升压式恒流驱动器，实现 5V 输入驱动 3S3P 灯板的方案。

10.1.3 数码管驱动

第 9.7 节使用了 CD4511 驱动一个共阴 LED 数码管，CD4511 完成 BCD 码转七段 LED 数码管显示码，同时具有一定的驱动能力为数码管提供足够的工作电流，在输入端则采用四个二极管构成的分立元器件，将 CD4017 输出信号转换为 BCD 码为 CD4511 所用。本方案采用 MCU 作为控制核心，可以在输出不同亮度档位 PWM 信号的同时，通过程序直接输出相应的七段 LED 数码管的编码，从而直接显示相应的亮度档位，可见本方案在显示输出方面具有很大的优势。

LED 数码管有七段 LED，因此需要 MCU 提供 7 位高低电平的编码，这将占用 MCU 的七个 I/O 端口，如图 10-7 所示。

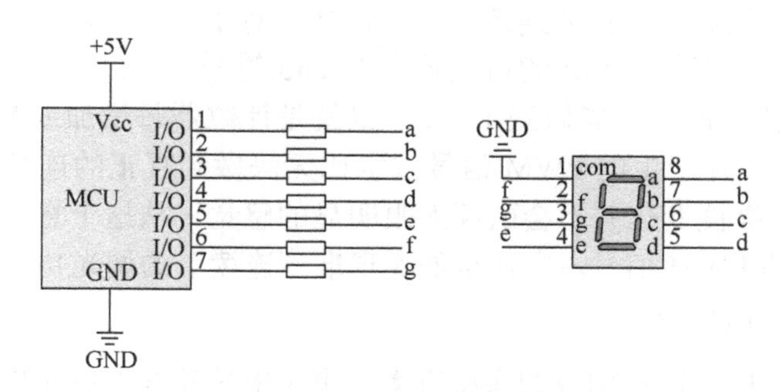

图 10-7 单片机直接驱动数码管

数码管显示不同的数字时，点亮的 LED 颗数不等，单片机的输出总功率有一定限制，这就有可能在显示不同数字时产生亮度不均匀的情况，通过在单片机与数码管之间增加驱动电路可以很好地解决这个问题，同时降低单片机的功耗，减小对单片机 I/O 端口的占用，如图 10-8 所示电路仍采用 CD4511 作为数码管的译码驱动器，单片机向 CD4511 输出 4 位的 BCD 码，再由 CD4511 译码并驱动数码管。

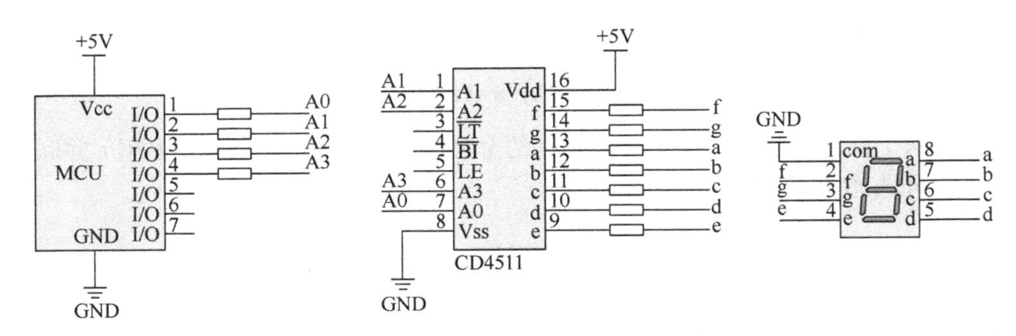

图 10-8 单片机经 CD4511 驱动数码管

拓展思考题

（1）如果把数码管换成共阳的，单片机直接驱动数码管时低电平有效，是否可以降低单片机的功耗？（提示：需了解单片机的 I/O 口结构，I/O 口输出高电平时电流从单片机向外拉出，I/O 口输出为低电平时电流从外部向单片机灌入，结合单片机端口对这两种电流的限值考虑）

（2）是否可以用晶体管扩流的方法提高单片机 I/O 口输出高电平时的带载能力来驱动高亮度的 LED 数码管？画出电路原理图，并举例说明若要显示数字“2”单片机输出的字节编码是什么？（提示：参考第 10.2 节图 10-5 所示的 VT_1 级电路，注意反相）

10.1.4 连续调光

第 9.3 节中，使用电位器从 TL494 的 14 脚 5V 基准电压源中分出不同的电压值，输入 4 脚改变死区时间，从而改变输出 PWM 信号的占空比，实现连续调光。由于通过电位器调节的死区时间控制电压 UDT 是连续变化的（模拟信号），因此 LED 的亮度是真正连续可调的。然而单片机产生 PWM 信号时，是通过一个位数有限的计数器产生不同占空比的，因此占空比并不能做到真正的连续可调。例如，对于一个 8 位二进制的 PWM 计数器产生的 PWM 信号，只能把 PWM 的占空比分为 255 等分（2 的 8 次方减 1），因此 PWM 信号占空比的调节精度最高只能做到 1/255，也就是计数器每增加或减小 1，占空比减小或增加 1/255。虽然单片产生的 PWM 信号占空比无法做到真正的连续变化，但对于实际应用，间隔 1/255 的亮度变化并不会引起人眼明显的感觉，从这个意义上讲，可以认为通过改变单片机输出的 PWM 信号占空比也能实现准“连续”的调光功能。

1. 方案一：采用电位器

首先讨论仍然使用电位器调节的实施方案。由于电位器改变的是电压值，对单片机而言，只能区分电平的高低（数字信号 1/0），并不能区分电压的大小，因此必须把电压值转换为数字信号才能被单片机识别和处理。这就需要进行模数转换（ADC）。ADC 的原理类似于 PWM 计数器，例如，假设用一个 8 位二进制数 255 表示固定电压值 5V（这个电压又称为 ADC 的参考电压），而数字 0 表示 0V，那么就可以把 0 ～ 5V 电压划分为 0 ～ 255 等分，每一等分对应 5/255V。但由于数字的个数是有限的（256 个），而模拟电压的值有无限多个，因此 ADC 转换后，某一数字实际上对应的是一个小范围的模拟电压，而不是一个唯一的电压值，这就必然存在不可避免的误差。图 10-9 表示参考电压为 1V 时 ADC 转换的数字与对应的电压范围。

减小 ADC 转换误差有两种方法：①减小最大数字时所对应的电压值（即参考电压），例如用 255 表示 1V 时误差则减小到用 255 表示 5V 的 1/5；②增加计数器的位数，例如，用 10 位二进制计数器代替 8 位二进制计数器，则可把参考电压划分为 1024 分，转换精度可提高 4 倍。

数字	模拟电压范围
0	0≤U<1/255
1	1/255≤U<2/255
2	2/255≤U<3/255
3	3/255≤U<4/255
…	… … … …
…	… … … …
255	254/255≤U<255/255

图 10-9　ADC 转换的数字与对应的电压范围

在本例中使用电位器仅仅为了产生不同占空比的 PWM 信号，从而调节 LED 的亮度，正如前文所述，PWM 占空比以 1/255 分辨率改变并不会引起人眼明显的感觉，即这种连续变化人眼看起来是平滑过渡的，因此采用 8 位的 ADC 转换器实现 255 级 PWM 占空比调节已足够。

ADC0809 和 ADC0832 是两款常用的 8 位 ADC 转换芯片。ADC0809 为八通道并行输出的 ADC 转换器，转换结果通过八根数据线并行输出，该芯片包含 28 个引脚，体积较大，传输速度快，控制程序简单；ADC032 是两通道串行输出 ADC 转换器，仅需三根数据线即可把转换结果传输到单片机，该芯片仅需八个引脚，Vcc 与参考电压复用，体积小，相对而言传输速度慢，控制程序稍微复杂一点。下面以 ADC0809 为例简单说明该芯片的使用方法。

图 10-10 所示为电位器、ADC0809 以及 51 单片机的连接电路图。电位器从 5V 电源分压输入 ADC0809 的模拟信号输入通道 0（In0），地址码为 000（ADDA、ADDB、ADDC 接地），其他通道不使用（引脚悬空）。参考电压正极接 +5V 电源，负极接地，转换范围为 0 ～ 5V，转换后的数据通过 51 单片机的 P1 口读取。其他控制线包括：START 启动转换控制信号、ALE 地址锁存控制信号、CLK 时钟信号、EOC 转换结束标志、OE 读取结果控制信号。其中只有 EOC 是 ADC0809 产生的信号，其他信号均由单片机程序发出。

ADC0809 的工作过程是：首先输入 3 位地址，并使 ALE=1，将地址存入地址锁存器中。此地址经译码后选通 8 路模拟输入端连接到比较器。单片机向 START 发送上升沿（由 0 变 1）将逐次逼近寄存器复位，再发送下降沿（1 变 0）启动 A–D 转换，此时 EOC 输出低电平，表示转换正在进行中。A–D 转换完成后，EOC 变为高电平，表示转换结束，结果数据已存入锁存器，该信号可作为外部中断请求信号通知单片机，单片机向 OE 发送高电平，即打开 ADC0809 的输出三态门，从数据线上读取转换结果。

通过电位器改变输入的模拟电压及 ADC 转换，单片机获得 0 ～ 255 范围内的数字信号，再根据数字的大小改变输出 PWM 信号的占空比，即可实现用电位器控制 LED 亮度连续可调。

实际应用中，图 10-10 的方案中使用的 89C51 单片机和 ADC0809 芯片的引脚太多，体积太大，实际上很多资源没有使用，造成很大的浪费，为了适应小型化和减小成本，人们根据不同的需求对单片机的内部资源进行优化，减去不必要的功能，降低端口数量，同时把需要用到的一些常用功能（如 ADC、PWM 等）集成到单片机内部，为以单片机为控制核心的产品的开发带来了很多的便利。

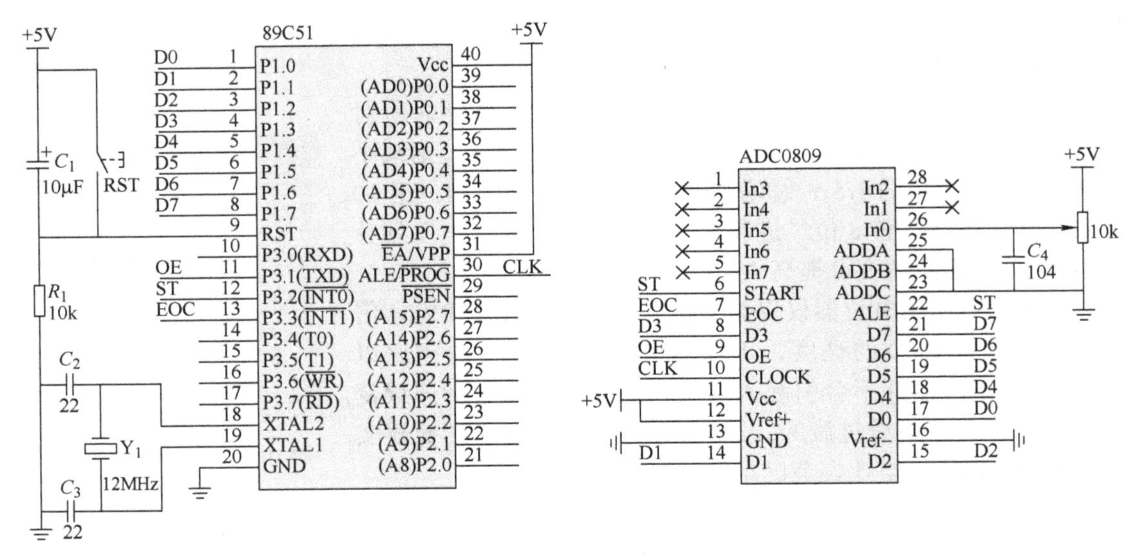

图 10-10　使用电位器连续调光控制电路

2. 方案二：采用旋转编码器

使用电位器与单片机连接改变 PWM 占空比的方法需要经过 ADC 转换，这使得硬件电路变得异常复杂，即使利用集成了 ADC 功能的单片机来处理也会使程序变得复杂化，为了实现用旋钮产生单片机能直接识别和处理的数字信号，人们发明了旋转编码器。这种旋钮常见于鼠标滚轮、汽车音响的音量调节，还有示波器的旋钮等。

（1）旋转编码器　旋转编码器转动时会有一格一格跳动的感觉，每转动一格即输出一个或半个脉冲。与电位器不同，旋转编码器输出的是数字量，可以通过单片机识别转动时的方向和计算脉冲的个数，还可以根据转动速度的快慢不同进行不同的处理。此外，旋转编码器正反两个方向无限转动，没有固定的起点，也没有固定的终点。旋转编码器的出现使旋钮式的数字化输入和处理变得简单易行，使用旋转编码器成为一种时尚设计。

常见的旋转编码器的外形如图 10-11 所示，型号有 EC11、EC16 等。

如图 10-11 所示，旋转编码器通常有五只引脚，前面三只引脚从左到右标记为 A、C、B，其中 C 脚接地，A、B 脚用于正反转产生时序脉冲。后面两只引脚从左到右标记为 D 和 E，是一个独立的按键。旋转编码器使用时可按图 10-12 电路连接。

（2）两种类型的旋转编码器　旋转编码器按步进式转动操作，每转过一定的角度完成一次定位（即一格一格地转），从 A、B 输出脉冲与随转动格数的关系可以把旋转编码器分为两种类型。一种是每转过两格，A、B 对 C 端输出一个完整脉冲（每转一格由低电平变高电平或由高电平变低电平）；另一种是每转过一格，A、B 对 C 端输出一个完整脉冲。有四种方法可以帮助我们了解手头上的旋转编码器是哪一种类型：①通过编码器的产品描述来了解，以 EC11 为例，若标明 30 定位 15 脉冲即为前者，若标明 20 定位 20 脉冲即为后者；②通过实际操作加以判断，转动旋转编码器的手柄，计算旋转一周的格数，如果是 30 格，则为两定位一脉冲类型，如果是 20 格，则为一定位一脉冲类型；③有的旋转编码器旋转时是均匀的阻尼感而不会有一格一格明显的步进手感，这时候需要使用万用表的蜂鸣档，如果是一定位一脉冲的类型，不转动时 A、B、C 端都不导通，如果是两定位一脉冲的类型，会有 A、B、C 端导通和 A、B、C 端不导通两种情况，稍微转一下转轴然后测量，若 A、B、C 端都导通，那么就是两定位一脉冲类型；④按图 10-12 连接电路，通过示波器观察 A、B 输出信号波形。

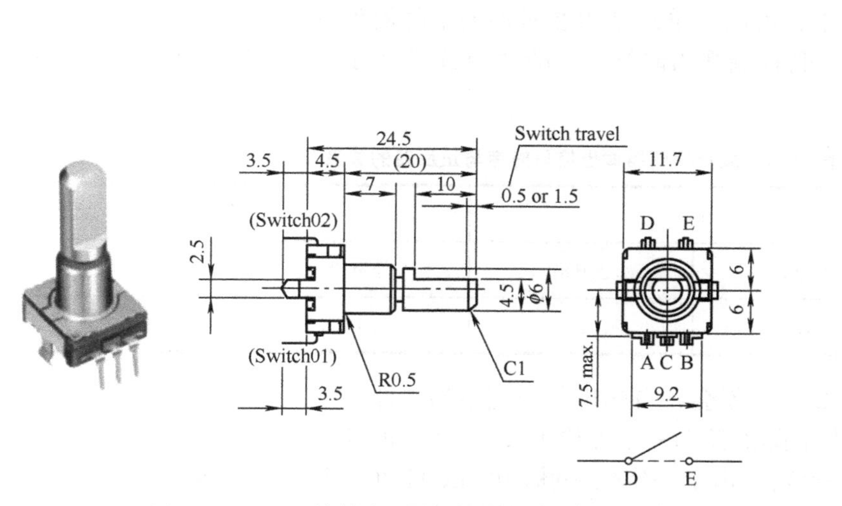

图 10-11 EC11 旋转编码器的外形及尺寸参数

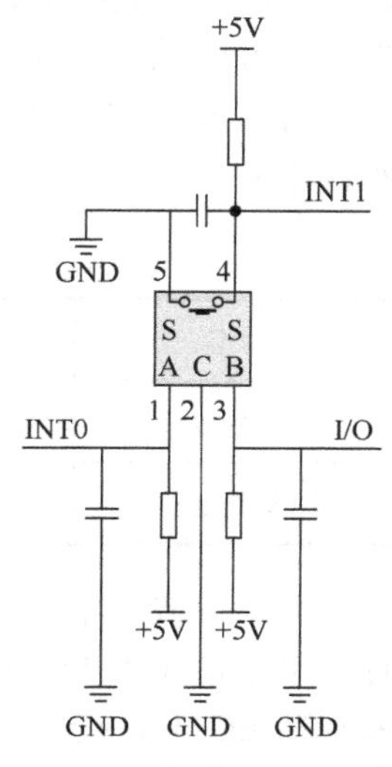

图 10-12 旋转编码器电路

按图 10-12 电路图的接法，A、B 通过上拉电阻接 5V 电源正极，C 接地，A、B 分别接单片机的 I/O 端口，因为 A、B 之间的信号是同时产生的，并且有一定相位关系，因此可以选择其中之一作为中断请求信号（下文解释）。对一定位一脉冲的 EC11 而言，在静止时 A、B 两线输出的都是高电平。转动一格，A、B 两线各自输出一个低电平脉冲，然后又回到高电平状态。对应于 EC11 内部 A、B 两个触点开关的动作为“断开→闭合→断开”的过程。A、B 两线输出的脉冲相位关系与转动方向有关，如图 10-13a 所示，假设正转时，A 的低电平先于 B 的低电平到来；反转则如图 10-13b 所示，B 的低电平先于 A 的低电平到来，这就可以为单片机程序识别正反转提供依据。

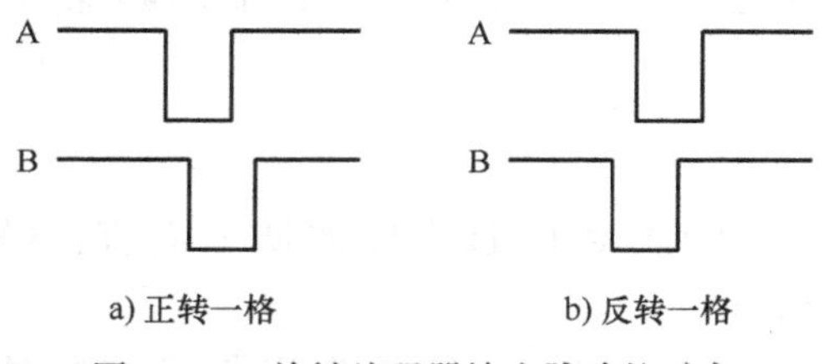

a) 正转一格　b) 反转一格

图 10-13 旋转编码器输出脉冲的时序

两定位一脉冲的 EC11 稍微复杂一些，因为转动一格只输出半个脉冲。静止时，A、B 触点开关可以是断开的也可以是闭合的。参考图 10-13，正转一格，A、B 变为低电平，再转一格，才回到高电平，反转亦然。也就是说，转一格，A、B 的触点与 C 接通并保持不变，这样的话，上拉电阻就会有电流，产生功耗，可见这种编码器不适合低功耗产品应用，同时，由于两定位一脉冲旋转编码器存在两种初始状态（高电平或低电平），在编程处理方面也较为复杂，因此一般仅用于硬件实现的方案中。无特殊要求时建议采用一定位一脉冲类型的旋转编码器为宜。

（3）正反转识别的编程思路　以 EC11 为例，针对一定位一脉冲类型的旋转编码器的正转和反转的识别进行说明，为后面的编程设计提供思路。

若将 EC11 的 A 端视为时钟，B 端视为数据，则整个 EC11 就可以视为根据时钟脉冲输出信号的同步元器件。可以看作数据在时钟的边沿处输出，即对时钟线检测边沿，对数据线检测电平，这个思路编程最简单。对照图 10-13，正转时，在时钟线的下降沿处，数据线为高电平；或在时钟线的上升沿处，数据线为低电平。反转时，在时钟线的下降沿处，数据线为低电平；或在时钟线的上升沿处，数据线为高电平。输出信号时序与正反转的关系可归纳在表 10-1 中，可以简单总结为在时钟的下降沿处 A、B 反相为正转，同相为反转。值得注意的是，把 B 端视为时钟，A 端视为数据也可以，这时正反转方向反过来看即可。

表 10-1　旋转编码器输出信号时序与正反转的关系

动作	正转		反转	
A（时钟边沿）	下降沿	上升沿	下降沿	上升沿
B（数据电平）	H	L	L	H

由于每转一格，A、B 两线就会各自输出一个完整的脉冲，因此可以仅检测时钟线的时钟单边沿（上升沿或者下降沿任选一个做检测），根据时钟线的边沿处，信号线的电平来判断 EC11 是正转还是反转。由于一定位一脉冲的 EC11 在正常情况下 A、B 线初始状态都是高电平，所以直接检测时钟线的下降沿更方便。在单片机编程时，可以把视作时钟的信号作为外部中断请求信号（连接单片机的 INT0/INT1），在中断服务程序中通过数据电平即可判断正反转，同时可以对脉冲进行计数。

另一种方法是直接检测 A、B 两线低电平到来的相位先后：正转时，A 线相位超前于 B 线相位；反转时，B 线相位超前于 A 线相位。这种方法适合硬件实现，使用简单的数字逻辑电路（异或门与 D 触发器）就可以识别到 A、B 的相位关系与转动次数。

拓展思考题

（1）对 LED 亮度的调节而言，模拟信号控制的调光与数字信号控制的调光有何区别?

（2）如何才能使数字信号控制的亮度调节更接近真实的连续调光（亮度变化更平滑）?

（3）有哪些方法可以把单片机输出的 PWM 信号转换为模拟电压信号?

10.1.5　红外传感器设计

第 9.6 节方案中的红外感应传感器由红外发光二极管和光电二极管和电压比较器等电路构成。由于红外发光二极管的正向电压降仅为 1.1 ～ 1.4V，电源电压为 12V，因此串联电阻上的电压降很大，加上红外发光二极管工作在连续电流状态下，因此损耗很大。此外，接收管对低频信号的接收效果不好，从实验结果可以看出，有效感应距离只有 1cm 左右，且抗干扰能力差，在窗台上受户外红外线干扰时就会失效。

如何提高传感器的灵敏度，增加感应距离，提高抗干扰能力，是本方案重点解决的问题。下面提供两个解决方案。

1. 方案一：采用成品

通过资料查阅，了解目前市场上有一种用于感应水龙头的反射式红外传感器，常见外观如图 10-14 所示。其感应距离可达数 cm 至数十 cm，虽然从功能上可以符合要求，但这种传感器体积偏大、功耗大、价格高，用于 LED 灯的控制上不具备经济效益。

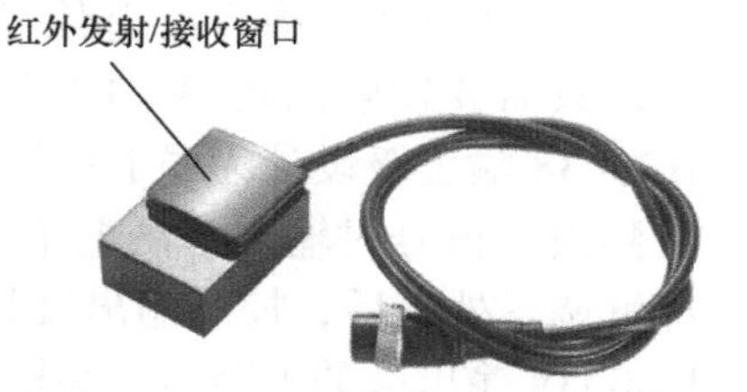

图 10-14　常见的自动水龙头感应器

2. 方案二：采用 HS0038 接收头

电器设备常用的遥控器通常采用红外发射和接收原理设计，这种遥控器采用直射方式，信号传输距离均可达 10m 以上，电器设备不会受空间中其他红外线的干扰而产生误动作，那么是否可以借鉴遥控器的方案，把它移植到该方案里呢？答案是可行的。遥控器的传输距离远和抗干扰能力强的原因在于发射的红外信号是带有编码信息的脉冲串，它用不同时长的脉冲分别代表高低电平（1 和 0），从而可以对不同的按键进行编码，然后以 38kHz 频率载波发射。采用这种方式的好处有两点：①由于接收器对这一载波频率的信号的增益（放大倍数）最大，信号传输的距离也最远；②由于脉冲串经过编码，携带了信息，在接收端需要解码才能识别按下的按键，而空间中的其他红外干扰信号不具有这种信息，因此不会形成有效的干扰。

（1）HS0038 简介　在遥控器系统中，为了简化电路，通常采用红外一体化接收头 HS0038，发射信号一般采用波长匹配的普通直插封装红外发射二极管即可，常见外观图如图 10-15 所示。HS0038 为黑色环氧树脂封装，不受日光、荧光灯等光源干扰，红外接收头内部电路包括红外接收二极管、放大器、限副器、带通滤波器、积分电路、比较器等。红外检测二极管接收到红外信号后，经限幅器把信号幅度限制在一定水平（忽略距离的远近），信号进入带通滤波器（通频带常为 30 ～ 60kHz），再经解调电路和积分电路进入比较器，得到高低电平，还原出发射端的信号波形。

HS0038 内设有电磁场屏蔽进一步提高抗干扰能力，功耗低、灵敏度高，在用小功率发射管发射信号情况下，其接收距离可达 15m 以上。它能与 TTL、COMS 电路兼容。HS0038 为直立侧面收光型。三个引脚分别是地、+5V 电源、解调信号输出端。

（2）HS0038 器件的测试电路　红外一体化接收头的好坏可以利用图 10-16 所示的电路进行测试，在 HS0038 的电源端与信号输出端之间串联一只二极管（可用 1N4148）及一只发光二极管（可用直径 3mm 的直插式 LED），接入 5V 电压，取一个电视遥控器或空调遥控器对着接收头按任意键时，发光二极管会闪烁，说明红外接收头和遥控器工作都正常。如果发光二极管不闪烁发光，则说明红外接收头和遥控器至少有一个损坏。接收头没有接收信号时输出高电平，LED 不亮。

图 10-15　常见的红外发光管和 HS0038 一体化接收头

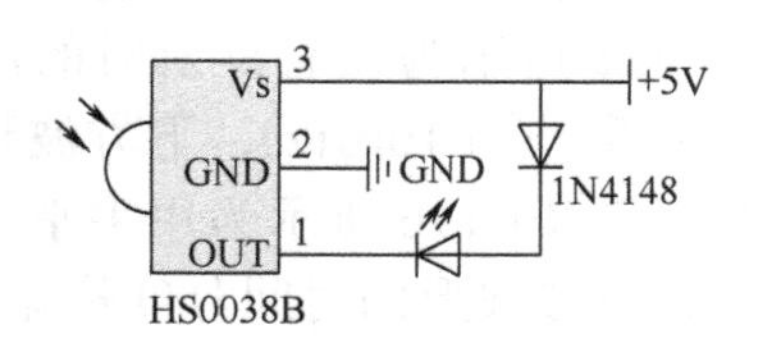

图 10-16　HS0038 接收头的好坏测试

（3）HS0038 接收反射信号　本应用中并不需要遥控功能，因此发射信号不需要调制，只需要发射固定频率的载波即可，当接收头接收到载波信号时，即输出信号。由于 HS0038 输出级设计为弱上拉结构（即内部输出级晶体管集电极有上拉电阻），所以在没有收到载波信号时输出为高电平（内部输出级晶体管截止状态），而收到载波信号时，经内部解调等处理后，控制输出级晶体管导通，从而输出为低电平。因此在程序中只需要检测 HS0038 输出端的下降沿（高电平变低电平）即可。

为了验证上述设想，有必要做一个简单的实验。实验方法如下：按图 10-17 所示用万能板焊接电路，发射管与接收头的位置和方向大致如图 10-18 所示。发射管输入端接信号发生器，信号发生器输出波形为周期性方波（PWM），幅度 5V（设置 VPP=5V，向上偏移 2.5V 即可），频率 38kHz。接收头接 5V 直流电源，输出端接示波器。

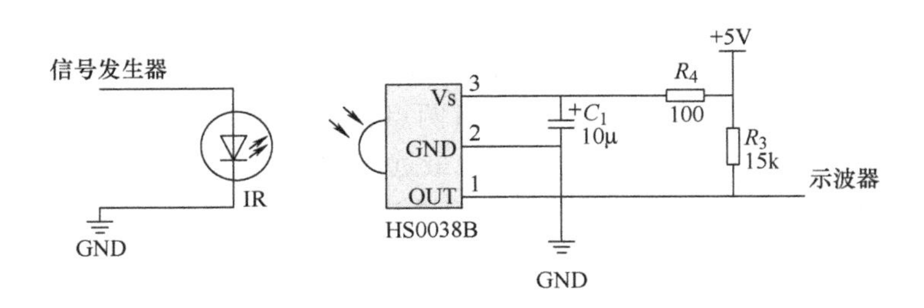

图 10-17　信号发射和接收实验电路

测试过程和结果如下，供读者参考：

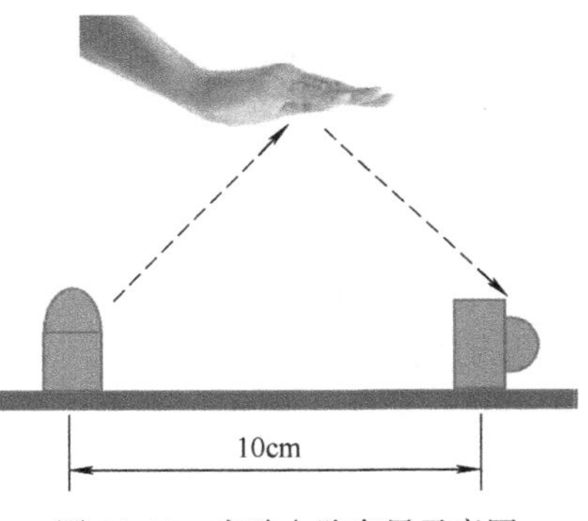

图 10-18　实验电路布局示意图

接通电路后，观测到示波器由高电平跳到低电平并一直保持不变，用手掌在上方遮挡时没有反应。分析原因是发射信号直射到接收头，因此始终保持输出低电平。解决办法：①减小发射信号的占空比，降低信号强度，但由于信号发生器最小输出占空比为 20%，此方法未能成功；②在发射与接收之间用挡板进行阻隔，效果达到，但此方法较为繁琐，实际应用中增加了加工工序，故也不是个好办法；③降低发射信号的频率，利用接收头的频率响应特性产生相应的衰减，当占空比固定为 20%，频率降低至 30kHz 时，没有手掌反射时，示波器输出高电平，说明接收头没有接收到发射信号，此时再把手掌移入则示波器产生一个低电平脉冲，实验初步取得效果。为了测试手掌有效的反射高度，进一步减小发射信号频率，测试结果表明随着频率的减小，感应距离相应减小，大约在 10kHz 左右，感应距离缩小至约 10cm，这是我们想要的效果。当频率降至约 4kHz 时，接收头没有输出。图 10-19 所示为发射频率 10kHz 左右的输入和输出信号波形。

图 10-19a 所示为没有反射时的波形，上方波形为发射信号（反相观察，占空比约为 20%，频率约为 10kHz），下方波形为示波器输出信号，始终为高电平，说明没有接收到信号。图 10-19b 所示为用手掌对信号进行反射时的波形，为了观察到一个完整的响应信号，下方波形的时间分度拉宽至 80ms/ 格（上方波形为 40μs/ 格），可以观测到接收头输出一个 330ms 宽度的低电平脉冲。根据 HS0038 的解调特性，当接收到载波信号

时，应始终保持低电平输出，而实测结果发现低电平只维持了一段时间（330ms），过了这个时间后即使手掌没有离开也会恢复高电平，这是为什么呢？估计原因是人体对红外线具有吸收作用造成的。但这个结果对应用没有影响，这里只需要检测接收信号的下降沿即可。

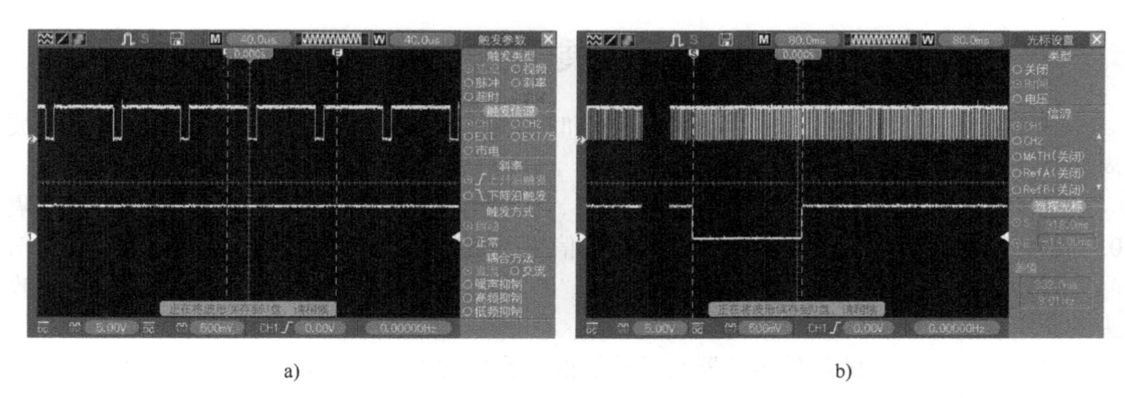

a)　　　　b)

图 10-19　实验电路测试波形

通过这个实验，可以确定传感器的电路和工作点，总结如下：发射信号是频率为 10kHz，幅度为 5V，占空比为 20% 的 PWM 信号，接收头仅需要检测下降沿即可（在测试过程中，当 PWM 占空比较大，发射信号较强时，会出现接收信号类似机械按键抖动产生多个密集的脉冲的情况，此时通过软件延时消抖即可）。

（4）单片机实现　根据实验结果，用单片机代替信号发生器产生红外发射管所需的 PWM 信号，并把接收信号输入单片机进行识别处理即可，电路原理如图 10-20 所示。

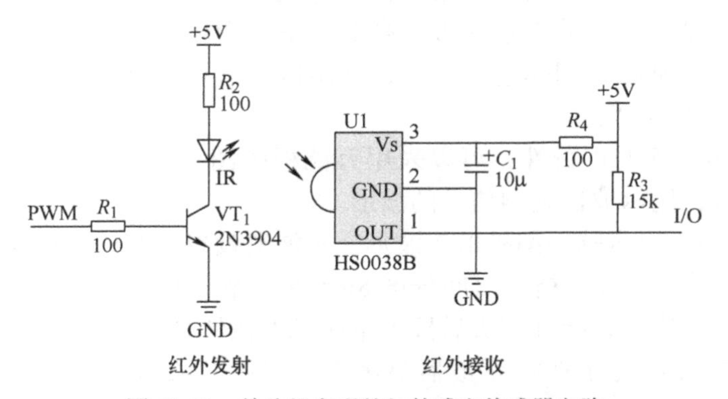

图 10-20　单片机实现的红外感应传感器电路

单片机输出 PWM 信号，经晶体管 VT_1 扩流驱动红外发光二极管 IR，红外接收头 HS0038 接收到手掌反射的信号，通过单片机任意一个 I/O 端口输入单片机，即可进行识别处理。元器件参数的选择：由于距离较短，红外发光二极管可选取小功率型号，一般与接收头波长匹配（如 940nm）、工作电流 50mA、直径 5mm 的直插式封装即可。晶体管采用放大倍数较大的小功率 TO–92 封装的 2N3904，这样可以在单片机输出电流很小时，红外发射管也能输出较大电流，R_1 的作用是用来调节单片机输出电流的，单片机 I/O 置为弱上拉方式时输出高电平驱动能力较弱，这个电阻值不宜过大，必要时可根据实验效果进行调整。R_2 用于调节红外发射管的信号强度，阻值取为 100Ω 时，LED 的电流约为（5–1.4–

0.2）V/100Ω=0.034A，该电流设置在 50mA 的额定值以内即可。接收端 C_1 的作用是消除电源杂波干扰，R_4 为限流电阻，R_3 为输出端的外部上拉电阻，它与内部上拉电阻并联可减小总阻值，可用于调节输出电平，以适应 TTL 和 CMOS 两种不同标准的要求，其阻值可根据实验结果进行选取。

拓展思考题

（1）若载波频率为 38kHz，试计算一个时长为 0.56ms 的高电平大约包含多少个载波周期？

（2）在红外遥控器的按键编码方案中，二进制数“0”表示为脉宽 0.56ms，间隔 0.56ms，周期为 1.12ms（频率约 893Hz）的信号，试问为什么不直接按照这个频率发送信号？（提示：二进制数“1”是如何表示的？“0”与“1”组成的编码频率是否一致？接收头的频率响应？）

（3）本方案设计的红外传感器与遥控器的工作原理有哪些不同？你认为在设计过程中有必要进行 5.2.3 节的实验吗？

10.1.6 吹控电路的简化

单片机 I/O 端口具有很高的输入阻抗，对吹控电路的驱动能力要求不高，因此可以进一步简化，电路原理如图 10-21 所示。

驻极体电容咪受到吹气作用时，内部 MOS 管 GS 间电压产生变化，从而导致 DS 间电流发生变化，漏极 D 输出电压相应变化，即产生音频杂波信号，经电容耦合到晶体管 VT_2 基极，放大后在集电极输出反相的杂波，杂波中包含很多高低电平的变化，对单片机而言，高低电平都可以用作控制信号，利用这个信号即可控制 LED 灯的亮度复位（灭灯）。

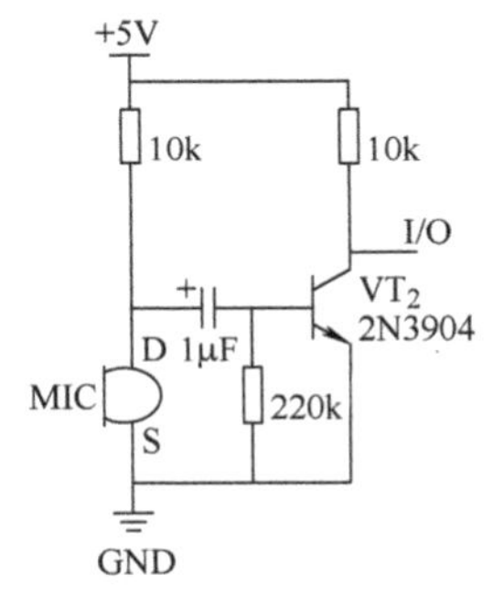

图 10-21 简化的吹控电路

为了验证上述原理的可行性，可以采用万能板按图 10-21 电路焊接一个测试板，用示波器观测信号的波形。

1）首先观测一下电容咪的漏极电压波形。示波器设置为交流耦合方式、电压分度 500mV/ 格、时间分度 8ms/ 格、触发电路设置为边沿触发、自动模式，接好探头后按下单次触发按钮，对着电容咪吹一口气（注意集中一点力度，不要太长太分散），示波器显示波形如图 10-22a 所示。从波形上可以看出，电容咪产生一串音频杂波信号，幅度峰峰值大约为 3Vpp，注意这是一个交流信号，由此可见，该信号的幅度应能满足晶体管导通所需。

2）测试晶体管集电极输出电压波形，示波器的耦合方式改为直流方式，电压分度改为 2V/ 格（因为静态时输出为 5V 高电平），时间分度改为 2ms/ 格（只看前面几个波形），按下单次触发按钮，对着电容咪吹气，示波器捕捉到的输出电压波形如图 10-22b 所示。从图可知，输出端产生若干时间长度不同的低电平脉冲（电静态时的高电平变为低电平），由于晶体管的放大倍数足够高（2N3904 的放大倍数可高达 300），晶体管很容易进入饱和状态，即集电极电压被拉到 0，这种结果正是我们所希望看到的。

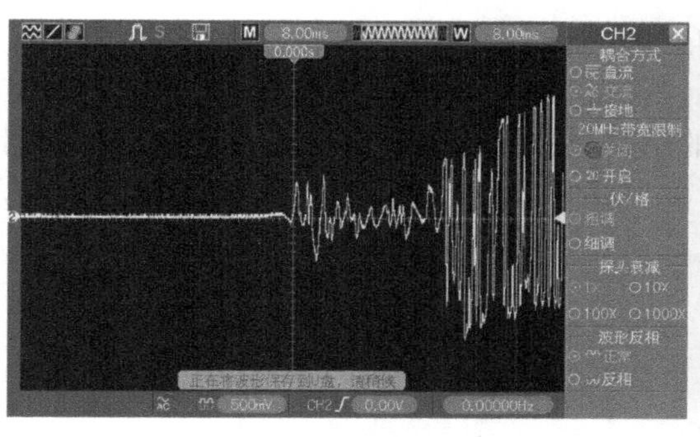

a) 电容咪漏极电压波形

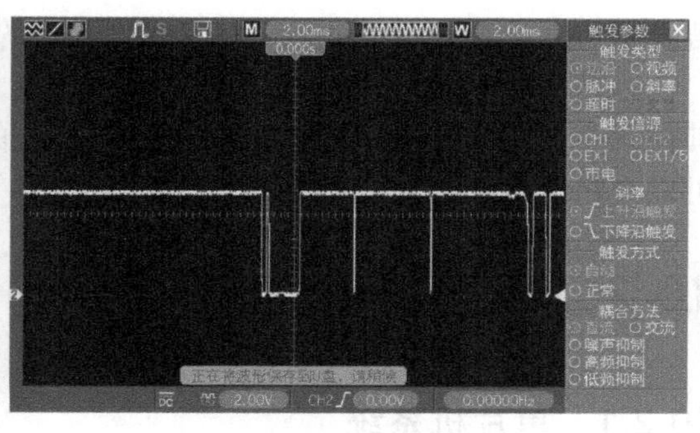

b) 晶体管集电极输出电压波形

图 10-22　吹控电路测试

上述测试结果表明，只要晶体管的放大倍数足够大，就可以把输入的音频杂波信号（模拟信号）转换为一连串的脉冲信号（数字信号），这个电路实际上就相当于一个电压比较器的作用，它完成了对信号的检测和整形作用，输出的脉冲信号通过 I/O 端口就可以被单片机识别和处理。

拓展思考题

（1）静态时，电路中晶体管集电极输出是高电平还是低电平？

（2）220kΩ 的电阻有何作用？

（3）如何提高接收吹控信号的灵敏度？

10.1.7　单片机选择

单片机的型号很多，需要根据实际应用的需求进行选择。根据上述讨论，图 10-1 所示的系统原理框图可细化为图 10-23。

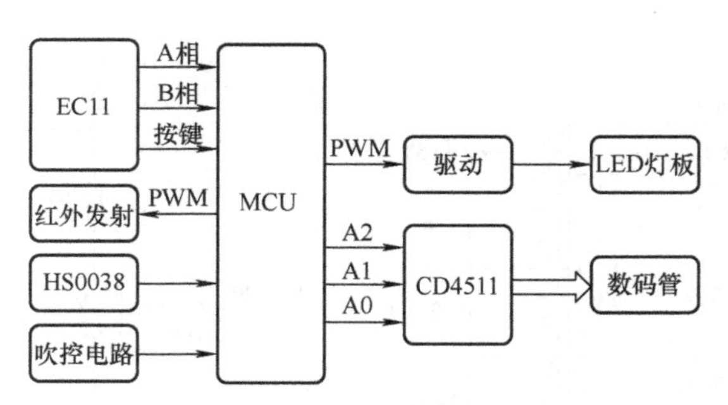

图 10-23　简化的系统原理框图

输入信号包括：①旋转编码器 EC11 的 3 路输入信号（A、B 相其中一路作为时钟，接单片机的外部中断输入端；另一路作为数据，占用一个 I/O 端口；还有一路为按键信号，占用一个 I/O 端口，也可采用外部中断方式检测按键信号）；②一体化红外接收头 HS0038 的接收信号，占用一个 I/O 端口；③吹控电路产生的吹灭信号，占用一个 I/O 端口。

输出信号包括：红外发射管的 PWM 载波信号、LED 线性恒流驱动电路所需的 PWM 调光信号，以及数码管译码驱动器 CD4511 的 BCD 码。由于亮度档位没有必要设置太多，若设置为 0 ～ 7 档，则可以省去最高位 A3 的连接。

总结一下，需要单片机提供十个 I/O 线，其中包括两个外部中断、两个 PWM 输出，其他六个采用通用 I/O 即可。通过查找相关的单片机数据手册（或厂商提供的选型手册）可以查找符合上述要求的型号。

10.2 硬件设计

10.2.1 单片机系统

根据 STC12C2052AD 系列单片机手册，选用含 ADC 和不含 ADC 的型号均可，除 P1 口用兼作 ADC 输入之外，两者的其他功能引脚的位置完全一致。由于对系统时钟的精度要求不高，故无需要外加晶振，根据手册的建议，在频率低于 12MHz 时，复位引脚加一个 1kΩ 的下拉电阻，除此之外无须加任何外围元器件即可构成最小系统工作。电路原理图如图 10-24 所示。

10.2.2 LED 恒流驱动电路

采用晶体管构成的线性恒流驱动电路如图 10-25 所示。PWM 调光控制信号接单片机的 PWM 0 模块输出端。由于单片机上电复位时所有 I/O 端口（包括 PWM 模块输出端口）默认被设置为准双向（弱上拉）方式，也就是说输出一个高电平，虽然弱上拉输出的驱动能力有限，但仍可使晶体管 VT_3 导通，从而使 VT_4 截止，LED 灯板熄灭。复位完成后，在启动 PWM 0 模块之前，最好给该端口写一个高电平，以维持 LED 灯处于熄灭状态。在某些应用场景中并不希望上电复位时端口输出的高电平对外围电路产生影响，为了解决这个问题，可以增大 R_{21} 的阻值（STC12C2052AD 数据手册推荐的阻值取 15kΩ)，这样就会把端口弱上拉产生的微小电流进一步限制，从而使 VT_3 处于截止状态。

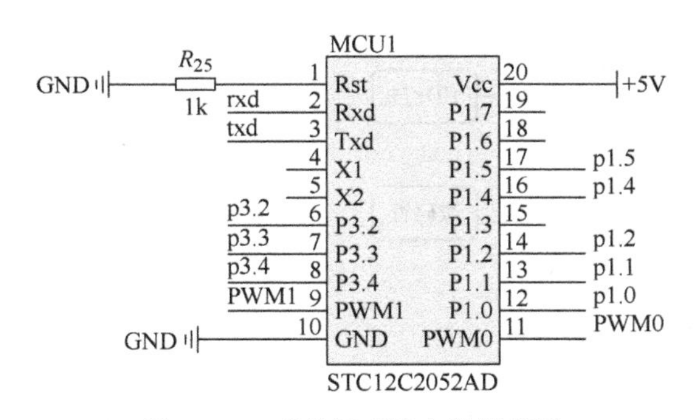

图 10-24 单片机系统电路原理图

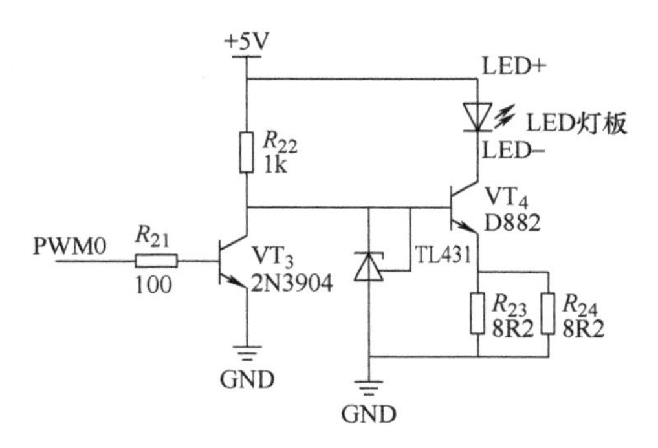

图 10-25 线性恒流驱动电路

10.2.3 数码管驱动电路

数码管驱动电路如图 10-26 所示。CD4511 的 BCD 码输入端 A0 ～ A2 与单片机的 p1.0 ～ p1.2 相连，A3 不使用，为确保该位为 0 必须接地（如果悬空则有可能受外部干扰产生不确定的高低电平）。P1 口输出为弱上拉，为确保信号足够强可预留外加上拉电

阻 R_8、R_9、R_{10}，阻值取 10kΩ 或以上即可。CD4511 的 3、4、5 脚为测试用，正常工作时 3、4 脚接高电平，5 脚接低电平禁止该功能。译码输出接一个限流电阻用于调节数码管显示亮度，使用 CD4511 可以确保数码管显示不同数字时各段 LED 亮度一致。程序中根据当前输出的 PWM 调光信号的占空比，通过 P1 端口低三位向 CD4511 写入 0 ～ 7 的 BCD 码，即可显示相应的亮度档位。

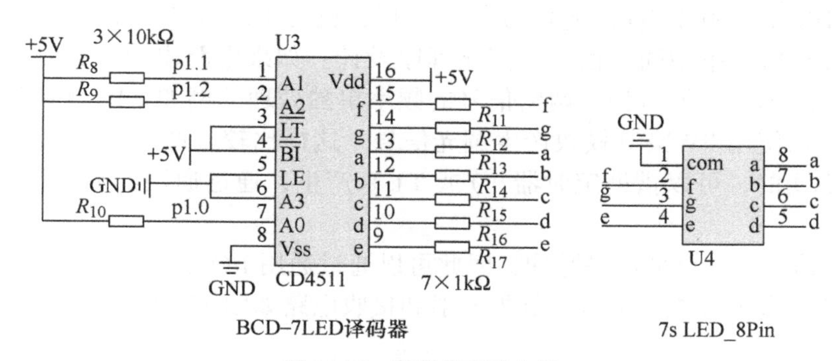

图 10-26　数码管驱动电路

10.2.4　旋转编码器电路

旋转编码器电路如图 10-27 所示。出于电路板连接的便利，这里选 B 相作为时钟线，连接到单片机的 p3.3（外部中断 INT1），A 相作为数据线连接到 p3.4（通用 I/O）。这样在没有转动旋转编码器时，A、B 相输出高电平，R_5、R_6 没有电流消耗，程序中不用处理任何信号。一旦转动旋转编码器，则 B 相产生的下降沿触发外部中断源 INT1，产生中断请求，再通过中断服务子程序根据 B 相数据线的电平判断正转还是反转，然后修改 PWM 0 输出信号的占空比，实现对 LED 的连续调光。

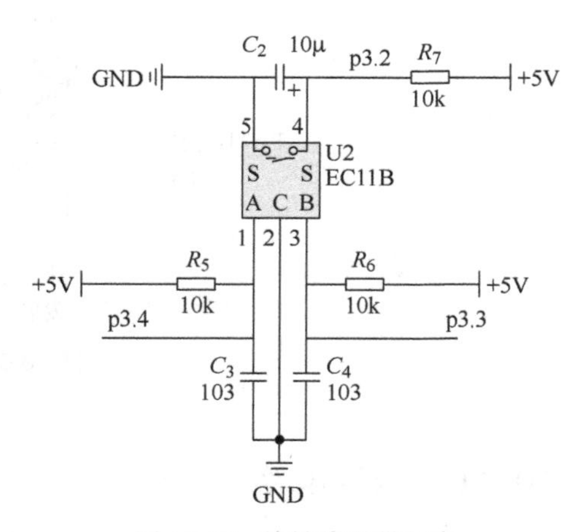

图 10-27　旋转编码器电路

按键的高端接 P3.2（外部中断 INT0），通过上拉电阻 R_7 接电源正极，没有按下时输出高电平，按下后产生下降沿，进而产生中断请求。在第 9 章的实验中，使用按键来切换 LED 的亮度档位，跟红外感应模块的功能重复，那是因为硬件电路不能提供更多的灵活性所致。这里可以利用程序设计灵活地修改按键的中断服务程序，让其执行不同的功能，例如：①按一下按键熄灯，再按一下开灯，并恢复熄灯前的亮度；②单击（或短按）以某种步长增加亮度；③双击（或长按）开关机；④按下同时转动旋钮实现快速加减亮度。总之，使用旋转编码器的按键和旋钮可以设计出很多不同创意功能，这就是单片机的灵活性体现。

10.2.5　红外感应传感器电路

红外发射电路由单片机的 PWM 1 模块产生 PWM 信号驱动，调节 R_2 的阻值改变发射信号的振幅（脉冲的峰值），通过程序修改 PWM 占空比可以改变发射信号强度（电流平均值）。由于单片机的 PWM 1 模块与 PWM 0 模块共用一个基准计时器，一般情况下两个模块输出的 PWM 信号频率是一样的，但占空比可以各自单独控制。一般情况下，LED 调光信号的频率不能低于 200Hz，否则会引起闪烁感，条件允许的情况下最好超出音频范围，即大于 20kHz，这样可以避免电路产生音频噪声。实际应用中，如果电路的 PCB 设计得当，即使没有产生音频振荡噪声，也可以降低频率，比如本方案设计红外发射的频率约 10kHz，则 LED 调光信号与之同频，也为 10kHz 左右，这样就可以使用两个 PWM 模块输出频率相同的信号，简化程序设计。如果电路出现音频噪声，则需要测试分析，明确原因，必要时将这两路信号的频率单独处理。例如，LED 调光需要改变占空比，因此可仍使用 PWM 0 模块产生调光信号（这样比较方便），而红外发射信号的占空比是固定不变的，可以借助定时器 T0 或 T1 来产生，通过通用的 I/O 口模拟 PWM 输出功能。

红外接收信号为一个低电平脉冲，因此可以通过通用 I/O 端口输入，考虑电路板的布局方便，这里可选 p1.4 端口输入。红外发射和接收电路如图 10-28 所示。

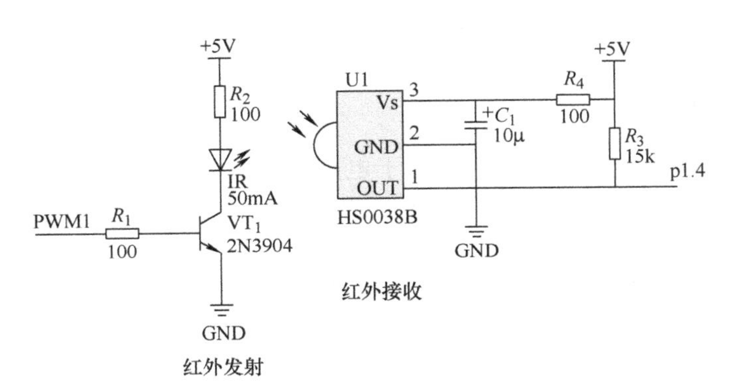

图 10-28 红外感应传感器电路

10.2.6 吹控电路

吹控信号由驻极体电容咪 MIC 产生的音频杂波经 C_5 耦合到晶体管基极，驱动晶体管导通，在集电极输出。同理，考虑电路板的布局方便，这里可选 p1.5 端口作为吹控信号的输入端。吹控电路如图 10-29 所示。

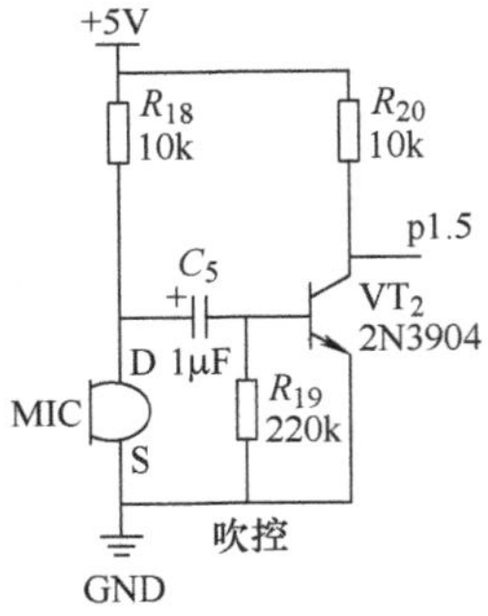

图 10-29 吹控电路

10.2.7 程序下载接口和电源输入端电路

为了方便调试电路，以及后续的维护和功能升级，有必要为单片机留一个程序下载接口，电路如图 10-30 所示。此外，虽然输入电源是直流 5V，一般情况下电压比较稳定，但为了滤除电路有可能产生的干扰，通常并联一个 10μF 的铝电解电容和一个 0.1μF 的无极性的瓷片电容，分别用于滤除低频和高频的干扰，如图 10-31 所示。这两个电容应尽量靠近单片机的 Vcc，以确保单片机的工作电压稳定。

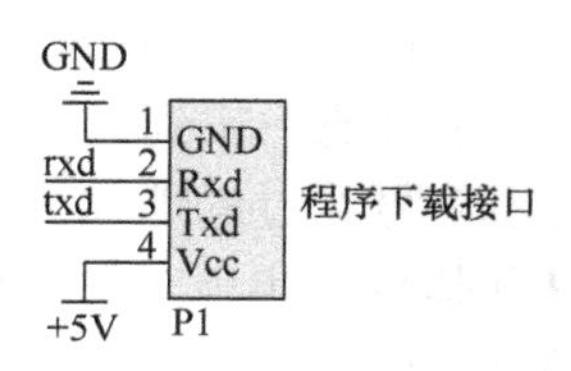

图 10-30　程序下载接口

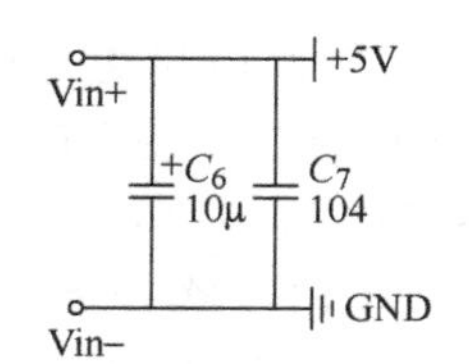

图 10-31　电源输入端滤波电路

10.2.8 PCB 设计

根据上述每个模块的电路原理图，以及元器件的参数型号确定元器件的封装，就可以设计实验样机 PCB。关于 PCB 设计的过程和实例请参考附录，在这里给出设计样例和注意事项供同学们参考。

PCB 设计布局参考样例如图 10-32 所示，PCB 设计时应注意以下几点：

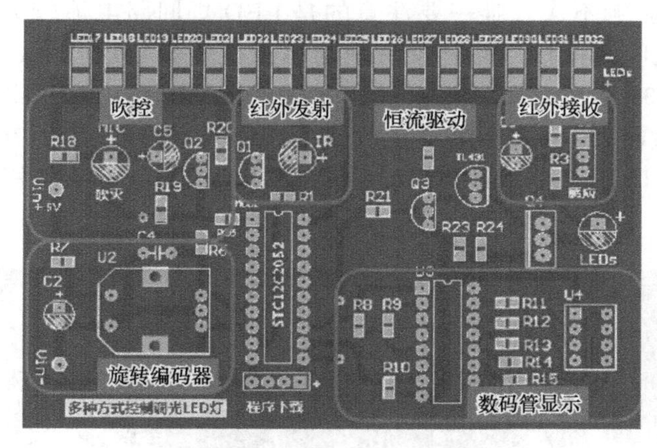

图 10-32　PCB 布局设计样例

1）布局合理。各模块分区明确，方便操作、测试和维护。

2）大小合适，节约材料。根据元器件和电路的复杂度，规划测试电路板的尺寸规格，作为测试打样用途的电路板设计可以充分利用 PCB 打样工厂提供的打样优惠，比如，有许多厂家规定 10cm × 10cm 以内打样享有优惠价。在实际产品开发时，通常需要根据产品的结构来规划电路板的外形和尺寸。

3）元器件排列整齐、紧凑、美观。好的 PCB 布局使人有美的感受，因此有必要花时间在元器件的布局设计上面。在实际产品开发时，有时留给电路板的空间可能很有限，这就要求元器件的布置必须更加整齐紧凑，必要时还有可能需要更改元器件的封装。

4）布线合理。由于导线有一定的阻值，电流流过导线会产生电压降和功耗，从而造成信号的衰减以及发热影响电路的可靠和安全，为了避免这些情况的出现，走线应尽量短，线径尽量宽。此外，由于导线还存在一定的分布电感，线与线之间存在一定的分布电容，这些参数虽然很小，但对高频信号而言会产生一定的影响，例如产生高频振荡等，因此高频电路中要注意线径和线间距离的影响。

5）注意地线。因为所有的模块共用一根地线，所以地线是电路中最长的走线，如果地线的线电阻较大，则地线上不同位置就有明显的电位差（特别是大电流流过地线产生的电压降会很大），因此应尽量把地线画得粗一点（减小电阻），同时对于每个模块应尽量采用单点接地（即先把需要接地的各个接地端就近连接在一起再统一接到地线，这样才能使接地端的参考电压一致）。尽量把大电流流过的地线与小信号经过的地线分开，因为大电流流过地线产生电压降较大，有可能把小信号的电压变化掩没，也就是无法检测到小信号。还有一点，对模块电路而言，地线不能设计成封闭的环形，而应该设计成树形分支，以免产生不必要的干扰。

以上是 PCB 设计过程中要注意的基本事项，PCB 设计是否合理，对实验的成败来说十分关键，在高频电路设计中成尤为突出，需要理论结合实践，不断总结积累经验。

由于本例没有受限于特定的尺寸和外形要求，因此根据元器件的体积设计板子的规格为 10cm × 65cm 左右。其次，由于单片机采用内部 RC 振荡源，频率不高于 6.8MHz，且局限在单片机内部，外部两路 PWM 信号工作频率仅为 10kHz，整体工作频率不高，LED 驱动电路采用线性恒流，不会像开关变换器那样产生高频干扰，因此电路中的寄生电感和寄生电容影响不大。唯一要注意的是 LED 灯回路电流较大（取决于电流采样电阻的阻值），因此应该把该回路的参考地与单片机的参考地分开，以免单片机的工作电压被拉低（低于 3.7V 或 3.5V 即关机）。另外，根据电路中贴片电阻较多的特点，本电路采用双面板布线，线路大多集中在顶层（红色）。此外，为了方便测试，在顶层和底层均分别设计了 16 个并联结构的 2835 规格的贴片 LED 焊盘备用，参考设计样例如图 10-33 所示。

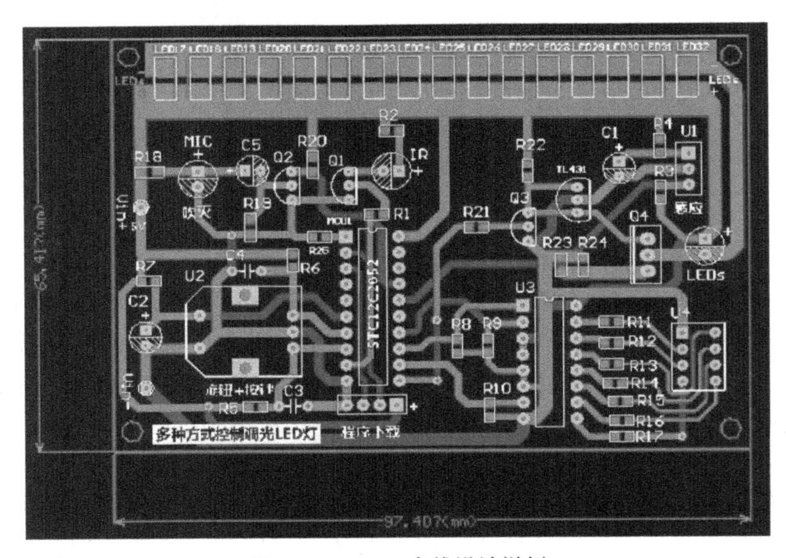

图 10-33　PCB 布线设计样例

10.3　编程与测试

PCB 设计打样后，就可以焊接实物样机进行测试，实物效果如图 10-34 所示。

然而，通常情况下，新产品开发时，不推荐一次性焊接完所有元器件再进行测试，因为我们并不能确定样机焊好后上电就能一次性正常工作，如果上电后电路未能正常工作，那么我们可能无法快速判断是哪个模块出了问题，这会给查找失败原因带来不必要的困难（特别是系统比较复杂时更是如此）。对欠缺经验的新手而言，更应该采取分步测试的策略，对每个模块分别进行测试，一步一步验证各个部分的功能，最后再进行全面测试。

图 10-34　实验样机效果图

10.3.1　硬件测试

硬件测试是为了后面编程调试做准备，因为需要硬件电路来检验编程结果，首先要规划测试的步骤，这样才能提高工作效率，使测试过程顺利进行，举例如下：

1）焊接电路中所有的贴片电阻和贴片 LED，因为这些元器件体积小，若先焊接直插元器件再来焊接会比较困难。

2）焊接和测试 LED 恒流驱动电路，可以在调光信号输入端直接接 5V 电源，相当于 PWM 调光信号占空比为 100%，检查 LED 是否正常发光，这样就可以粗略确定恒流驱动模块能正常工作。有条件的话可以进一步细化，例如，用信号发生器接入调光信号输入端，调节占空比，观察 LED 亮度是否有变化。在 VT_4 集电极观测电压波形，改变电源电压（例如在 4.5 ～ 5.5V 范围内变化），测量 LED 电流是否有变化（实际上测量基极电压或图 10-35 中 $R_{23}//R_{24}$ 电压是否恒定也可间接了解电流是否恒定）。

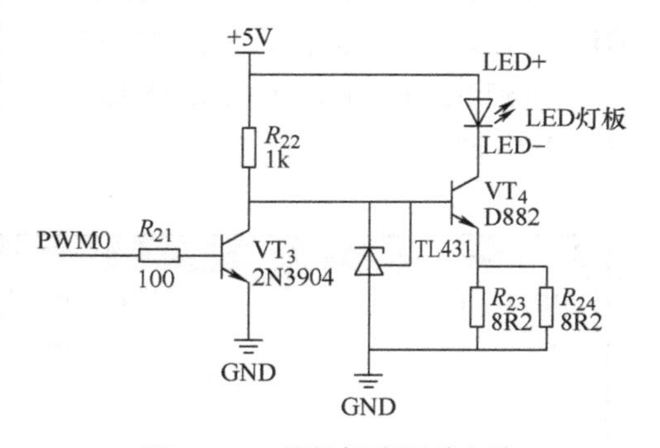

图 10-35　线性恒流驱动电路

3）焊接和测试数码管显示模块。接通 5V 电源，正常情况下，由于 CD4511 的 A0、A1、A2 有上拉电阻，因此数码管应该显示为 7，然后可用导线依次把 A0、A1、A2 对地短路，观察是否依次正确显示：1、2、4，这样就可以粗略判断显示模块是否正常。数码管驱动电路如图 10-36 所示。

4）对红外发射和接收电路、吹控电路而言，因为前面做方案设计时已经验证过，把握性较大，所以这里可以跳过，留待单片机编程时一并测试。旋转编码器部分电路比较简单，也可结合编程一起测试。

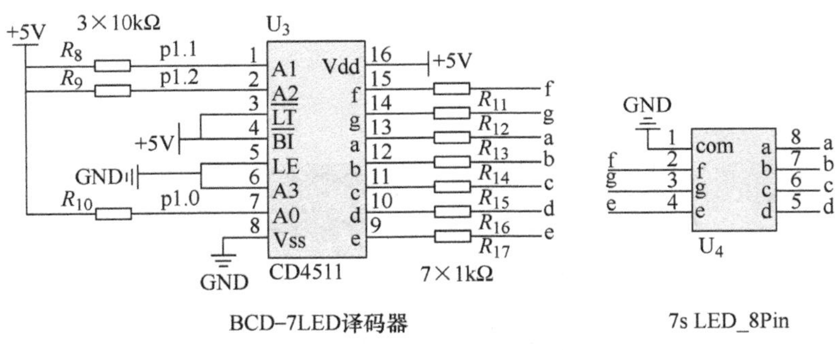

图 10-36 数码管驱动电路

10.3.2 编程测试

对于较为复杂的系统编程，全面的规划和流程图是必不可少的工具，但对于比较简单的系统可以暂且省去这个步骤。比如本系统主要用到单片机的功能并不复杂，包括两路PWM信号（LED调光驱动和红外发射驱动）、两个外部中断（旋转编码器），以及六个通用I/O端口数据的输入和输出。可以采用按模块逐个进行编程的方法来实现，有时采取这种积木方式效率更高。

当然，在编程之前，要掌握程序的基于结构、语法，编程和下载的工具和方法（请参考附录），然后浏览单片机数据手册，了解单片机的功能，参考手册中的例程是一个好的学习方法。

1. LED调光PWM信号程序

（1）建立工程文件 打开keill软件（以Uv2版本为例），在Project菜单单击New project，打开Create New Project窗口，选择适当的保存位置（文件夹），输入文件名DIM_LED，单击保存，如图10-37所示。

在弹出的Select a CPU Data Base File窗口选择STC MCU Database，单击OK，如图10-38所示。

图 10-37 新建工程

图 10-38 选择数据库

在弹出的Select Device for Target‘Target 1’窗口中选择单片机的型号，这里选择STC12C2052AD，单击确定，如图10-39所示。

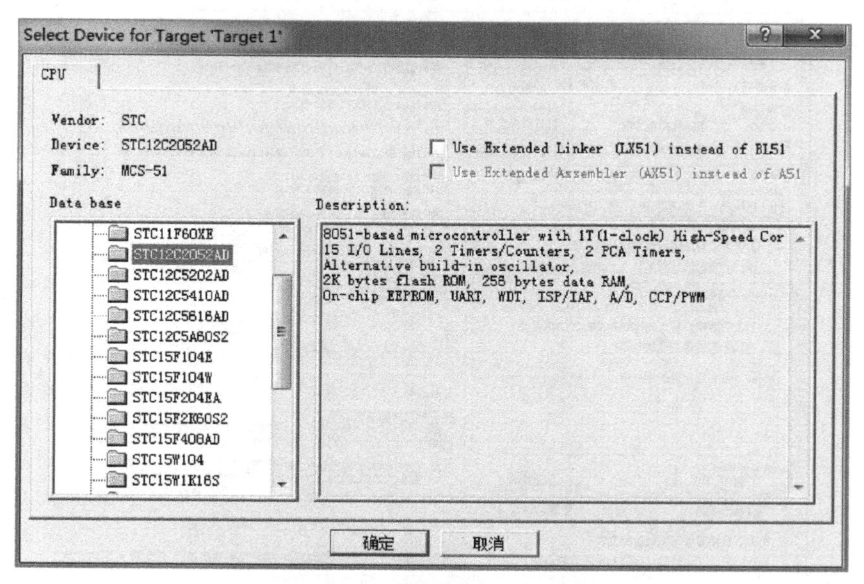

图 10-39　选择单片机系列

在弹出的窗口中选择是否把 8051 标准启动代码加入工程文件中，这里不使用汇编语言编程，选择“否”即可，如图 10-40 所示。

弹出 File 菜单并单击 New 新建一个 Text 文本文件，在 File 菜单单击 Save As...，在弹出窗口中输入文件名 DIM_LED.c，保存为 C 语言程序源文件（该文件名可以与工程名相同或不同），然后就可以编写程序了，如图 10-41 所示。

图 10-40　选择是否加入 8051 标准启动代码

图 10-41　新建 C 后缀文件用于编写程序

（2）获取头文件　由于程序中要使用一些寄存器，为了方便调用，通常使用头文件对这些寄存器进行定义，这样就可以省去在程序中一个一个进行定义的麻烦，头文件可以通过 STC 官网提供的下载工具软件获取，如图 10-42 所示，以 STC-ISP（V6.85I）版本为例。

在窗口中选择正确的单片机型号，右侧打开头文件窗口，单击保存文件，将文件保存为 .h 后缀的头文件即可。

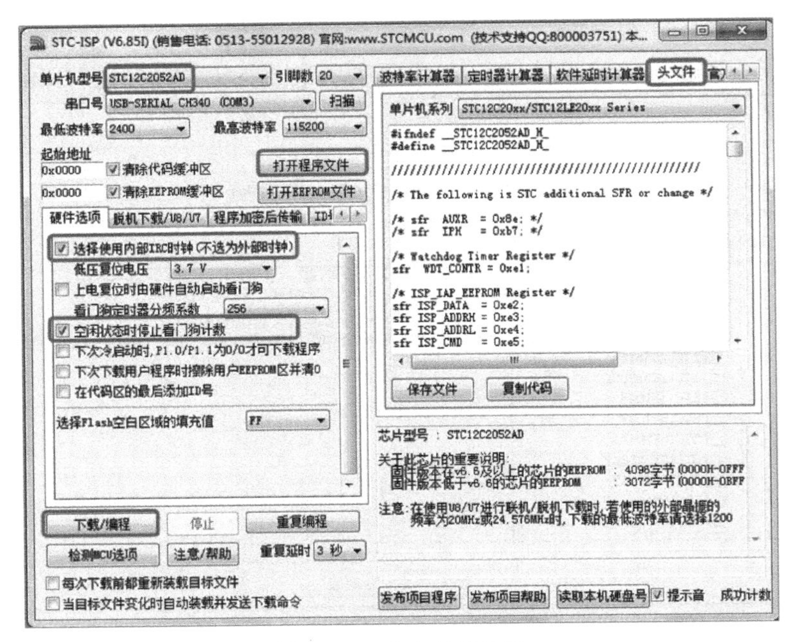

图 10-42　头文件的获取

（3）编写程序　首先编写 LED 调光 PWM 信号的程序，参考单片机手册的说明和例程，在 DIM_LED.c 文件中编写程序代码如下：

```
#include "stc12c2052ad.h"          // 头文件
typedef unsigned char BYTE;        // 定义字节类型数据:8 位
typedef unsigned int WORD;         // 定义双字节类型数据:16 位
BYTE duty_cnt=0;                   //PWM 占空比计数 (0 ~ 255)
/****************************************/
/* PWM0 模块初始化 --------------------*/
/****************************************/
void PWM_INI()
{
    CCON=0;                        // 初始化 PCA 控制器
                                   //PCA 定时器停止运行
                                   // 清除 CF 标志
                                   // 清除所有模块的中断标志
    CL=0;                          // 复位 PCA 基础定时器
    CH=0;
    CMOD=0x02;                     // 设置 PCA 定时器时钟源为 1/2 晶振频率
                                   // 禁止 PCA 定时器溢出产生中断 (不使用)
    CCAP0H=CCAP0L=duty_cnt;        //PWM0 端口输出占空比计数 0 ~ 255
                                   //0-> 占空比 100%(VT3 导通 VT4 截止,LED 灭)
                                   //255-> 占空比 0%(VT3 截止 VT4 导通,LED 亮)
    CCAPM0=0X42;                   //PCA 模块 0 工作在 8 位 PWM 模式,无 PCA 中断
    CR=1;                          // 启动 PCA 定时器,输出 PWM 波形
}
/****************************************/
```

```
/* 主程序 -------------------------------*/
/****************************************/
void main()
{
    PWM_INI();                          // 启动 PWM0 模块，后面的控制程序主要是修改占空比
    while(1);                           // 主循环
}
```

PWM 模块按照基准定时器设置的定时时间进行计数，计满 255 即为一个 PWM 波形的周期，在整个周期中，通过寄存器 CCAP0H 和 CCAP0L 的值决定高低电平的比例，即从 0 开始到该值为止输出低电平，从该值到 255 这段时间输出高电平，因此当该值设置为 0 时，输出始终为高电平（占空比 100%），而该值设置为 255 时，输出始终为低电平（占空比 0%），设置为 128 时，则占空比为 50%。由于 LED 驱动电路是反相的，因此当输出 PWM 信号占空比增加时，LED 变暗，反之变亮。

（4）编译、下载　编译前用右键单击左侧导航栏的 Target1，在弹出菜单中点击 Options for Target‘Target 1’，如图 10-43 所示。

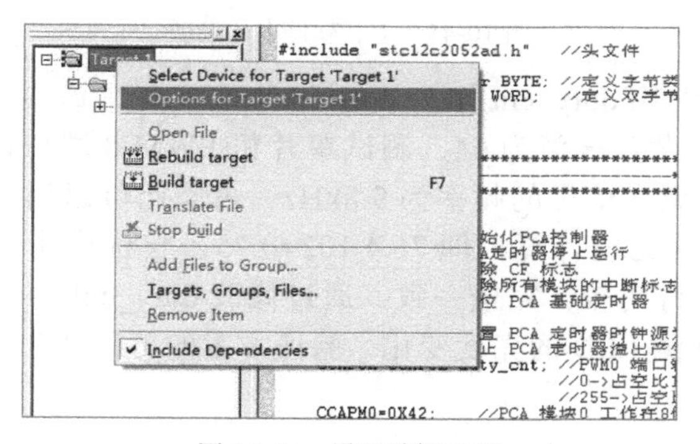

图 10-43　设置编译选项

在弹出窗口的 Output 选项卡中，勾选 Create HEX File，这样在编译时才能生成用于下载的 .hex 后缀文件，如图 10-44 所示。

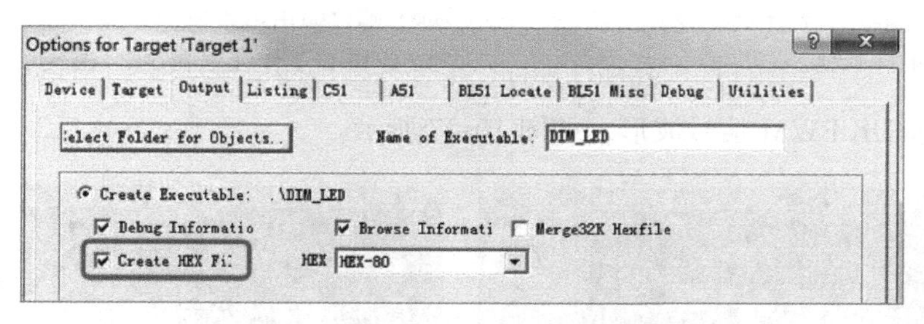

图 10-44　勾选生成 HEX 下载文件的选项

然后使用 USB 转 TTL 下载器连接电路板的下载端口，打开 STC-ISP 下载软件，加载上述编译好的 HEX 文件，完成下载，下载界面如图 10-45 所示。要注意选择正确的单片机型号，选择内部 RC 时钟，如果程序中没有使用看门狗（喂狗）的语句，则勾选“空闲状态时停止看门狗计数”，否则程序会不停复位。

图 10-45　下载软件中的选项

（5）测试　程序中用 duty_cnt 作为占空比计数变量，改变该变量的值即可改变 PWM 的占空比，例如设置该值为 64，测试单片机 PWM 0 端口输出波形如图 10-46 所示。由图可知，PWM 调光信号的频率为 9.8kHz，占空比可以用正频宽（一个周期内高电平的时长）与周期的比值计算，即 76.4/102=0.75，与程序中 PWM 计数器计算的理论值 1−64/255=0.75 进行比较，完全一致。通过修改 duty_cnt 的值，测试不同数值时输出 PWM 的占空比，观测 LED 的亮度变化，验证方案的可行性和电路的稳定性，加深对 PWM 编程的理解。

2. 显示不同档位

在 PWM 初始化程序中，在“CR=1；”语句前增加以下两句，即可同时启动 PWM1 模块，输出红外发射信号。

```
CCAP1H=CCAP1L=0XEE;          //PWM1 端口输出占空比为：1-238/255=0.07
CCAPM1=0X42;                 //PCA 模块 0 工作在 8 位 PWM 模式，无 PCA 中断
```

测试两路输出 PWM 信号波形，如图 10-47 所示。

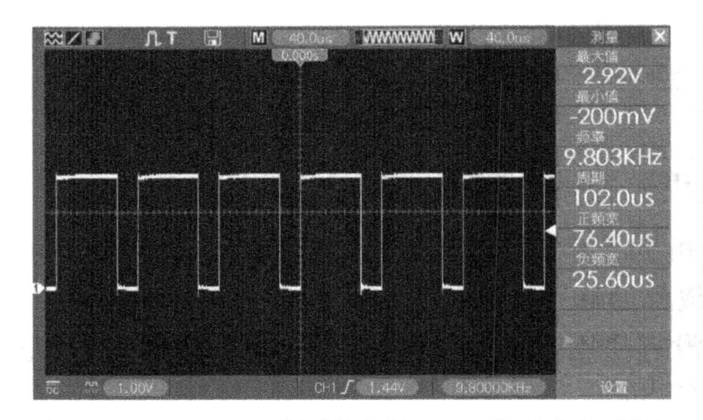

图 10-46　PWM 0 模拟输出的 PWM 调光信号波形

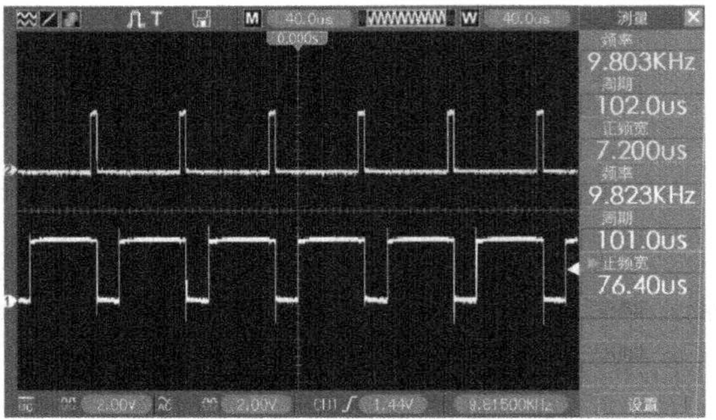

图 10-47　两路输出 PWM 信号波形比较

由图可知，两路 PWM 信号的频率均为 9.8kHz，而占空比可以不一样，PWM1 占空比可用正频宽与周期的比值计算，即 7.2/102=0.07，与理论值一致。

用手机拍照，可以看到红外发光管处于发光状态，如图 10-48 所示。可以修改占空比观察红外发光管的发光强度变化，由于 PWM 1 的占空比调试好之后就不用修改，因此程序中赋定值即可。

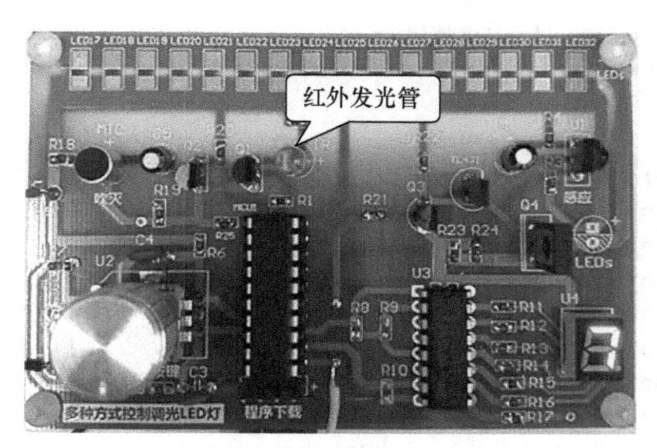

图 10-48　红外发光管工作情况

3. 数码管显示程序

（1）修改程序　接下来解决亮度分档和显示，在上述程序的基础上，修改程序如下，其中阴影部分为新增语句。

```
#include "stc12c2052ad.h"          //头文件
typedef unsigned char BYTE;        //定义字节类型数据：8 位
typedef unsigned int WORD;         //定义双字节类型数据：16 位
BYTE duty_cnt=64;                  //占空比计数（0 ～ 255）
BYTE Brightness=0;                 //定义亮度档位（0 ～ 7）
BYTE duty_tab[8]={0,32,64,96,128,160,192,224};  //亮度分段对应的占空比
/****************************************/
/* PWM0 模块初始化--------------------*/
/****************************************/
void PWM_INI()
{
   CCON=0;                         //初始化 PCA 控制器
                                   //PCA 定时器停止运行
                                   //清除 CF 标志
                                   //清除所有模块的中断标志
   CL=0;                           //复位 PCA 基础定时器
   CH=0;
   CMOD=0x02;                      //设置 PCA 定时器时钟源为 1/2 晶振频率
                                   //禁止 PCA 定时器溢出产生中断（不使用）
   CCAP0H=CCAP0L=duty_cnt;         //PWM 0 端口输出占空比计数 0 ～ 255
                                   //0-> 占空比 100%(VT3 导通 VT4 截止，LED 灭)
```

```
                                        //255-> 占空比 0%(VT3 截止 VT4 导通,LED 亮)
    CCAPM0=0X42;                        //PCA 模块 0 工作在 8 位 PWM 模式,无 PCA 中断
    CCAP1H=CCAP1L=0XEE;                 //PWM1 端口输出占空比为:1-238/255=0.07
    CCAPM1=0X42;                        //PCA 模块 0 工作在 8 位 PWM 模式,无 PCA 中断
    CR=1;                               //启动 PCA 定时器,输出 PWM 波形
}
/****************************************/
/*根据当前占空比修改、显示亮度档位-*/
/****************************************/
void Disp()
{
    BYTE temp;
    Brightness=0;                       //档位初始化
    if(duty_cnt>duty_tab[1]-1)Brightness=1;     //1 档
    if(duty_cnt>duty_tab[2]-1)Brightness=2;     //2 档
    if(duty_cnt>duty_tab[3]-1)Brightness=3;     //3 档
    if(duty_cnt>duty_tab[4]-1)Brightness=4;     //4 档
    if(duty_cnt>duty_tab[5]-1)Brightness=5;     //5 档
    if(duty_cnt>duty_tab[6]-1)Brightness=6;     //6 档
    if(duty_cnt>duty_tab[7]-1)Brightness=7;     //7 档

    temp=P1&0xf8;                       //保存 P1 口高 5 位(其中 P1.4 为红外感应接收信
                                        //号,P1.5 为吹灭信号)
    P1=Brightness|temp;                 //在 P1 口加入低 3 位数据(即亮度档位)
}
/****************************************/
/*主程序-------------------------------*/
/****************************************/
void main()
{
    PWM_INI();                          //启动 PWM0 模块,后面的控制程序主要是修改占空比
    while(1)                            //主循环
    {
        CCAP0H=CCAP0L=duty_cnt;         //更新当前亮度
        Disp();                         //显示亮度档位
    }
}
```

首先，设置一个用于保存当前亮度档位的字节变量Brightness，定义档位对应的PWM调光信号占空比数组duty_tab[8]，一共八档。Disp()函数要根据当前的duty_cnt值划分档位，并给Brightness赋值。最后把Brightness写到P1口的低位，发送给CD4511的A2、A1、A0进行编码显示。为了P1口的高位状态不受影响，需要进行以下处理：

```
temp=P1 & 0xf8;                         //P1 口数据和 11111000 进行“与”运算,结果高
                                        //5 位保持不变,低 3 位为 0
```

```
P1=Brightness | temp;             //上述结果和亮度档位进行“或”运算
```

由于 Brightness 高 5 位为 0，因此结果是 P1 口原来的高 5 位保持不变，低 3 位加入了亮度档位。

（2）测试　上述程序运行结果是数码管显示“2”，因此 duty_cnt 的初始值设置为 64，Disp() 函数根据比较结果返回 Brightness 值为 2。可以手动修改 duty_cnt 的值，测试显示结果是否正确，另外，也可以根据个人的喜好修改 duty_tab［8］的数据，重新定义各档位的亮度。

4. 吹控程序

有了各档亮度的区分显示功能，接下来先测试最简单的吹灭功能。吹灭的原理是收到吹控信号（下降沿）时令 duty_cnt = 0 即可。因此对上述程序作如下修改：

首先定义吹控信号的 IO 端口，根据硬件设计可知吹控信号输入端为 P1.5，即

```
sbit Blow=P1^5;             //吹灭信号（低电平有效）
```

然后在主程序的主循环里加下以下判断语句：

```
if(!Blow)                   //吹灭
{
    duty_cnt=0;
    Blow=1;
}
```

运行程序后，对着电容吹一下，正确的结果是 LED 熄灭，亮度档位显示 0。手动修改 duty_cnt 的值，测试在各种档位下是否能正常吹灭。

5. 红外接收程序

红外接收原理是收到感应信号（下降沿）时亮度档位 +1，因此对上述程序作如下修改：

首先定义接收端口，根据硬件设计可知红外接收端口为 P1.4，即

```
sbit IR_receive=P1^4;              //红外接收（低电平有效）
```

在主循环里加下以下判断语句：

```
if(!IR_receive)                    //收到红外感应信号
{
    i=Brightness+1;                //亮度档位加 1
    if(i>7)i=0;                    //如果档位超过 7 则回 0
    duty_cnt=duty_tab[i];          //根据档位读取相应的占空比
    CCAP0H=CCAP0L=duty_cnt;        //更新当前亮度
    Disp();                        //重新显示亮度档位
}
```

运行上述程序，用手掌在传感器上方扫一下，发现档位变化出现不确定的现象，通过示波器捕捉 HS0038B 输出信号波形，如图 10-49 所示。

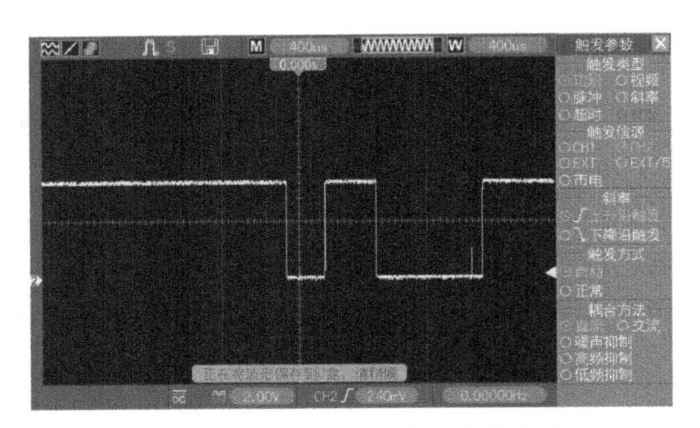

图 10-49　HS0038B 输出信号波形

由此可见，当手掌扫过时，HS0038B 产生了超过一个脉冲，因此档位变化不确定，这种情况可以采用软件延时的方法来解决（类似于机械按键的消抖）。修改后的综合以上所有已测试的完整程序如下，其中阴影部分为与红外接收有关的代码。

```
#include "stc12c2052ad.h"                    //头文件
typedef unsigned char BYTE;                  //定义字节类型数据:8位
typedef unsigned int WORD;                   //定义双字节类型数据:16位
BYTE duty_cnt=64;                            //占空比计数(0～255)
BYTE Brightness=0;                           //定义亮度档位(0～7)
BYTE duty_tab[8]={0,32,64,96,128,160,192,224};  //亮度分段对应的占空比
sbit Blow=P1^5;                                 //吹灭信号(低电平有效)
sbit IR_receive=P1^4;                        //红外接收(低电平有效)
BYTE i;                                      //用于指示亮度档位对应的duty_tab[i]
WORD j;                                      //用于延时计数
/***************************************/
/*延时函数-----------------------------*/
/***************************************/
void delay()
{
   BYTE d1,d2;                               //延时计数,不用很精确
   for(d1=0;d1<10;d1++)
   for(d2=0;d2<10;d2++);
}
/***************************************/
/* PWM0模块初始化--------------------*/
/***************************************/
void PWM_INI()
{
   CCON=0;                         //初始化PCA控制器
                                   //PCA定时器停止运行
                                   //清除CF标志
                                   //清除所有模块的中断标志
   CL=0;                           //复位PCA基础定时器
   CH=0;
   CMOD=0x02;                      //设置PCA定时器时钟源为1/2晶振频率
                                   //禁止PCA定时器溢出产生中断(不使用)
```

```
    CCAP0H=CCAP0L=duty_cnt;         //PWM0 端口输出占空比计数 0 ~ 255
                                    //0-> 占空比 100%(VT3 导通 VT4 截止,LED 灭)
                                    //255-> 占空比 0%(VT3 截止 VT4 导通,LED 亮)
    CCAPM0=0X42;                    //PCA 模块 0 工作在 8 位 PWM 模式,无 PCA 中断
    CCAP1H=CCAP1L=0XEE;             //PWM1 端口输出占空比为:1-238/255=0.07
    CCAPM1=0X42;                    //PCA 模块 0 工作在 8 位 PWM 模式,无 PCA 中断
    CR=1;                           //启动 PCA 定时器,输出 PWM 波形
}
/****************************************/
/*根据当前占空比修改、显示亮度档位 -*/
/****************************************/
void Disp()
{
    BYTE temp;
    Brightness=0;                   //档位初始化
    if(duty_cnt>duty_tab[1]-1)Brightness=1;    //1 档
    if(duty_cnt>duty_tab[2]-1)Brightness=2;    //2 档
    if(duty_cnt>duty_tab[3]-1)Brightness=3;    //3 档
    if(duty_cnt>duty_tab[4]-1)Brightness=4;    //4 档
    if(duty_cnt>duty_tab[5]-1)Brightness=5;    //5 档
    if(duty_cnt>duty_tab[6]-1)Brightness=6;    //6 档
    if(duty_cnt>duty_tab[7]-1)Brightness=7;    //7 档

    temp=P1&0xf8;                   //保存 P1 口高 5 位(其中 P1.4 为红外感应接收信
                                    //号,P1.5 为吹灭信号)
    P1=Brightness|temp;             //在 P1 口加入低 3 位数据(即亮度档位)
}
/****************************************/
/*主程序 -----------------------------*/
/****************************************/
void main()
{
    PWM_INI();                      //启动 PWM0 模块,后面的控制程序主要是修改占空比
    while(1)                        //主循环
    {
        CCAP0H=CCAP0L=duty_cnt;     //更新当前亮度
        Disp();                     //显示亮度档位
        if(!Blow)                   //吹灭
        {
            duty_cnt=0;
            Blow=1;
        }
        IR_receive=1;               //重置信号线
        delay();                    //延时等待各输入信号稳定
        if(!IR_receive)             //收到红外感应信号
        {
```

```
            i=Brightness+1;                    // 档位 +1
            if(i>7)i=0;                        // 档位超过 7 时重置
            duty_cnt=duty_tab[i];              // 读取档位对应的亮底
            CCAP0H=CCAP0L=duty_cnt;            // 更新当前亮度
            Disp();                            // 重新显示档位

        for(j=0;j<2000;j++)delay();            // 延时消除抖动
        }
    }
}
```

6. **旋转编码程序**

通过旋转编码器正反转改变 duty_cnt 的值，从而改变 LED 的亮度，硬件设计时 B 相接外部中断 INT1，A 相接 P3.4，因此定义

```
sbit EC11_A=P3^4;                              // 旋转编码器 A 端（B 端接外部中断 1）
```

旋转编码器是通过外部中断方式检测信号的，中断服务程序中判断正反转的方向，进而修改全局变量 duty_cnt 的值，中断服务子程序如下：

```
/****************************************/
/* 旋钮处理（使用外部中断 1）-----------*/
/****************************************/
void knob() interrupt 2
{
    if(EC11_A==1)                              // 顺时针转，亮度增加

        duty_cnt++;
    else
        duty_cnt--;                            // 逆时针转，亮度减小

}
```

在主程序增加以下语句，启动外部中断即可：

```
IT1=1;
EX1=1;
EA=1;
```

运行程序测试旋钮操作是否能正确改变亮度，同时，数码管显示档位应能根据当前亮度自动更新。如果希望步进的速度加快，则可以在中断服务子程序中进行调整。如果转向反了则只需要在程序中调换一下 duty_cn 的加减操作即可，因此选 A 相或 B 相作为时钟都没有太大关系，一切可以在程序里修改，这就是使用单片机的灵活性的体现。

7. **按键程序**

最后的操作是旋转编码器集成的按钮操作，这里只设计一种动作功能，就是在任何状态下按下按钮熄灯，再次按下则恢复熄灯前的状态，按钮动作是通过外部中断 INT0 检测的。

首先定义一个变量用于记忆按下前的状态

```
BYTE button_tmp;                    //按钮状态记忆
```

编写按钮的中断处理子程序

```
/****************************************/
/*按键处理（使用外部中断 0)-----------*/
/****************************************/
void button() interrupt 0
{
    if(duty_cnt>0)                  //当前处于开灯状态
    {
        button_tmp=duty_cnt;        //保存当前状态
        duty_cnt=0;                 //熄灯
    }
    Else                            //当前处于关灯状态
    duty_cnt=button_tmp;            //开灯，并恢复原来亮度
    while(!INT0);                   //按钮动作结束
}
```

最后在主程序中启动外部中断 0。

```
    IT0=1;EX0=1;                    //开启外部中断 0
```

运行程序，测试按钮是否符合设计要求，如果有抖动则需要进一步处理（软件延时）。

8. 完整程序

```
/*---------------------------------------------------------------*/
/*  多种方式控制调光 LED 灯 ----------------------------------------------*/
/*  MCU: STC12C2052AD ---------------------------------------------*/
/*  控制方式 (1) 旋转编码器 连续调亮调暗 -----------------------------------*/
/*  控制方式 (2) 按键短按 开灯 / 关灯（亮度记忆）---------------------------*/
/*  控制方式 (3) 红外感应 HS0038B 分段调光 (+1 档，最高可设置 7 档）------------*/
/*  控制方式 (4) 吹灭功能 ----------------------------------------------*/
/*  其他功能：(1) 分段档位显示；(2) 按键功能可扩展（长按、双击等）-------------*/
/*---------------------------------------------------------------*/

#include "stc12c2052ad.h"           //头文件
typedef unsigned char BYTE;         //定义字节类型数据：8 位
typedef unsigned int WORD;          //定义双字节类型数据：16 位
BYTE duty_cnt=64;                   //占空比计数 (0 ~ 255)
BYTE Brightness=0;                  //定义亮度档位 (0 ~ 7)
BYTE duty_tab[8]={0,32,64,96,128,160,192,224};        //亮度分段对应的占
                                                      //空比
sbit Blow=P1^5;                     //吹灭信号（低电平有效）
sbit IR_receive=P1^4;               //红外接收（低电平有效）
sbit EC11_A=P3^4;                   //旋转编码器 A 端 (B 端接外部中断 1)
BYTE i;                             //duty_tab[i] 下标
```

```
WORD j;                            // 延时次数
BYTE button_tmp;                   // 按钮状态记忆

/****************************************/
/* 延时函数 ----------------------------*/
/****************************************/
void delay()
{
   BYTE d1,d2;
   for(d1=0;d1<10;d1++)
   for(d2=0;d2<10;d2++);
}
/****************************************/
/*  PWM0 模块初始化 --------------------*/
/****************************************/
void PWM_INI()
{
   CCON=0;                          // 初始化 PCA 控制器
                                    //PCA 定时器停止运行
                                    // 清除 CF 标志
                                    // 清除所有模块的中断标志
   CL=0;                            // 复位 PCA 基础定时器
   CH=0;
   CMOD=0x02;                       // 设置 PCA 定时器时钟源为 1/2 晶振频率
                                    // 禁止 PCA 定时器溢出产生中断（不使用）
   CCAP0H=CCAP0L=duty_cnt;          //PWM0 端口输出占空比计数 0 ～ 255
                                    //0-> 占空比 100%(VT3 导通 VT4 截止，LED 灭）
                                    //255-> 占空比 0%(VT3 截止 VT4 导通，LED 亮）
   CCAPM0=0X42;                     //PCA 模块 0 工作在 8 位 PWM 模式，无 PCA 中断
   CCAP1H=CCAP1L=0XEE;              //PWM1 端口输出占空比为 :1-238/255=0.07
   CCAPM1=0X42;                     //PCA 模块 0 工作在 8 位 PWM 模式，无 PCA 中断
   CR=1;                            // 启动 PCA 定时器，输出 PWM 波形
}
/****************************************/
/* 根据当前占空比修改、显示亮度档位 -*/
/****************************************/
void Disp()
{
   BYTE temp;
   Brightness=0;                    // 档位初始化
   if(duty_cnt>duty_tab[1]-1)Brightness=1;    //1 档
   if(duty_cnt>duty_tab[2]-1)Brightness=2;    //2 档
   if(duty_cnt>duty_tab[3]-1)Brightness=3;    //3 档
   if(duty_cnt>duty_tab[4]-1)Brightness=4;    //4 档
   if(duty_cnt>duty_tab[5]-1)Brightness=5;    //5 档
   if(duty_cnt>duty_tab[6]-1)Brightness=6;    //6 档
   if(duty_cnt>duty_tab[7]-1)Brightness=7;    //7 档
```

```
    temp=P1&0xf8;                  //保存 P1 口高 5 位（其中 P1.4 为红外感应接收信
                                   //号，P1.5 为吹灭信号）
    P1=Brightness|temp;            //在 P1 口加入低 3 位数据（即亮度档位）
}
/*****************************************/
/*旋钮处理（使用外部中断 1)-----------*/
/*****************************************/
void knob() interrupt 2
{
    if(EC11_A==1)                  //顺时针转，亮度增加

        duty_cnt++;
    else
        duty_cnt--;                //逆时针转，亮度减小

}
/*****************************************/
/*按键处理（使用外部中断 0)-----------*/
/*****************************************/
void button() interrupt 0
{
    if(duty_cnt>0)
    {
        button_tmp=duty_cnt;
        duty_cnt=0;
    }
    else
    duty_cnt=button_tmp;           //关灯
    while(!INT0);
}
/*****************************************/
/*主程序------------------------------*/
/*****************************************/
void main()
{
    PWM_INI();                     //启动 PWM0 模块，后面的控制程序主要是修改占空比
    IT0=1;EX0=1;                   //开启外部中断 0,1
    IT1=1;EX1=1;
    EA=1;

    while(1)                                //主循环
    {
        CCAP0H=CCAP0L=duty_cnt;             //更新当前亮度
        Disp();                             //显示亮度档位
        if(!Blow)                           //吹控
        {
```

```
                duty_cnt=0;
                Blow=1;
            }
            IR_receive=1;                       // 红外感应
            delay();
            if(!IR_receive)
            {
                i=Brightness+1;
                if(i>7)i=0;
                duty_cnt=duty_tab[i];
                CCAP0H=CCAP0L=duty_cnt;         // 更新当前亮度
                Disp();                         // 显示亮度档位

            for(j=0;j<2000;j++)delay();

            }
        }
    }
```

10.4 总结

经测试，上述方案各项功能工作正常，与第3章的方案相比，采用单片机软硬件结合的方案具有电路简洁、元器件数量少、成本低、可升级、操作方便等优点。

1）工作电压降低至5V，省去了电源变换器模块；

2）使用旋转编码器，操作更方便、自由、时尚，正反转均无限制，集成独立按键节省电路空间；

3）简化了吹控电路，节省了元器件和空间；

4）采用脉冲代替连续电流驱动红外发射，大幅度减小功耗；

5）采用一体化红外接收头代替红外接收管和电压比较器电路，节省了元器件和空间，同时大幅提高了感应距离，而且留有很大的调节空间，当前发射管的PWM信号仅为7%，通过提高占空比可以很方便地增加接收距离；

6）具有亮度记忆功能；

7）当前设计亮度档位分为8级，通过增加一个I/O口（本方案留有冗余）容易增加到16级数码管显示，且亮度的分档可通过程序进行修改；

8）简洁的晶体管线性恒流驱动，省去开关恒流驱动电路的电感和电容元件，同时减小电磁干扰；

9）电路功耗更低，效率更高。

设计和测试过程思路：先输出后输入，先硬件后软件。

第 11 章

项目设计任务与要求

本章针对 LED 应用的三个不同层次给出一些设计题目，供读者选择训练。首先介绍题目的设计任务和要求，请同学们根据要求进行查阅相关资料，拟定设计方案（画原理框图），制定技术路线（步骤），选择合适的电路结构，对模块电路进行实验（实物或仿真均可），画出电路原理图，计算和选择合适的元器件参数和规格型号，设计实验样机 PCB，并进行测试验证，获得相关实验结果（含必要的数据），并对实验结果进行总结分析，理解方案的局限性，提出方案优化的方向。最后根据上述工作过程撰写一份符合格式规范的设计报告，录制答辩讲解和实物演示视频。

11.1 题目、设计任务书

11.1.1 双通道触摸调光调色 LED 灯（照明）

触摸式的操作与传统的按键和旋钮相比，具有动作轻盈、优雅和谐的感觉，是现代电子电器中颇为时尚的一种操控方式。本题要求对触摸式控制的方式、原理进行了解，选择一种适合 LED 台灯使用的触摸控制方案。

根据不同的应用场合，对白光 LED 照明的色温有不同的要求，通常冷色温显得亮度高但色调偏蓝，而暖色温使人有温暖的感觉但亮度偏低，本题要求对白光 LED 照明的色温范围有一定的了解，了解行业标准对照明产品在色温方面是否有不同的要求，选择合适的 LED 灯珠，设计一个色温和亮度可调的电路方案。

基本要求：LED 灯板最大输出光通量不低于 300lm，亮度和色温可同时或分开调节，触摸式控制。

高级要求：①保持亮度基本不变，色温可调；②保持色温基本不变，亮度可调；③分别设置若干亮度档位（比如分为 0 ～ 7 档），短按触摸健切换档位（分段调光），长按触摸键则连续调节亮度（连续调光）；④连续调亮过程中当达到最大亮度时则切换为连续调暗模式，同理当连续调暗达到最暗时自动切换为连续调亮模式。

以上高级要求可选做一项，也可以在此基础上自行创新设计新的功能。

11.1.2 基于 ADC 的数字电压表（ADC、数码管应用）

本题主要训练 ADC 编程，以及数码管的动态显示。ADC 是模数转换的重要环节，与电压比较器不同，它可以把一定范围以内的模拟电压信号转换为用字节表示的若干数字，例如 8 位的 ADC 转换器可以把上述规定范围的模拟电压转换为 0 ～ 255 这 256 个数字，从而确定每个数字代表多大的模拟电压。实际上由于两种信号的特性不同，模拟信号是连续的，数字信号是离散的，因此在转换过程中会丢失部分信息（细节），也就是存在不可避免的误差，设计过程中要理解并且不能忽略这种局限性的存在，必要时要对转换的精度进行充分的考虑。

多位一体的 LED 数码管内部集成了多个数码管，为了节省引脚，简化电路设计，将所有数码管相同的段位并联在一起，组成共用的数据线（总线），使用位选信号分时使用这些数据线的数据，即在不同时间不同位置的数码管上显示不同的内容，循环重复位选信号的切换，只要切换的速度满足一定的要求，利用人眼的视觉暂留效应，这些数字看起来就像静止的一样，这就所谓的动态扫描的原理。

基本要求：采用八位的 ADC 芯片（或集成 ADC 的单片机），对 0 ～ 5V 范围以内的输入电压进行测量通过四位一体的 LED 数码管显示出来，保留两位小数。

高级要求：①采用 ADC0832 实现上述功能；②使用十位 ADC 实现上述功能（可选用集成 10 位 ADC 的单片机）；③利用 ADC 功能实现 LED 的连续调光（提示：增加电位器、LED 恒流驱动和灯板）

以上高级要求可选做一项，也可在此基础上自行创新设计新的功能。

11.1.3 **LED 日历时钟**（时钟芯片、数码管应用）

数字时钟是单片机应用的一项常见的功能，利用单片机内部的时钟源和延时程序可以实现计时功能。然而单片机的强项是运算和逻辑管理功能，它可以精确地管理各种时序（数字脉冲的先后关系），但允许每个脉冲的时长有一定的误差，因此仅凭单片机的硬件资源用软件实现的时钟不够准确。利用外部专用的时钟芯片可以实现精确计时，这种芯片不用在单片机支配下就能进行精确的独立计时，单片机可以在任何需要的时候读取实时的时间数据，其他时间则可以解放出来干别的活。本题要求对这类专用的时钟芯片进行学习研究，了解其工作原理，输出信号的形式，单片机如何读取其数据，并利用计时功能实现一些定时、闹钟等功能。

基本要求：选择一款时钟芯片设计一个日历时钟，用 LED 数码管显示当前的日历、时间，要设置校准用的按键。

高级要求：①用触摸键代替按键进行日期和时间的校准操作；②增加闹钟功能，用蜂鸣器提示；③增加定时开、关灯功能（增加 LED 恒流驱动电路和灯板）。

以上高级要求可选做一项，也可在此基础上自行创新设计新的功能。

11.1.4 **LED 温湿度计**（温湿度传感器、数码管应用）

温度和湿度的测量和显示也是日常生活和生产中必不可少的一项内容，利用温度和湿度传感器对环境的温湿度进行采集，通过单片机的处理，然后通过 LED 数码管显示是常见的数显式温湿度计的方案。本题主要训练温湿度传感器与单片机接口和编程的应用，通过资料学习理解温湿度传感器的原理、工作电压、输出信号的形式，以及单片机如何读取、识别和处理这些信号，最后把结果通过数码管显示出来。

测量类仪器的设计需要注意测量结果的准确性，因此需要对仪器进行定标、校准。应采用经过权威机构（认证机构）校准合格的高精度的同类仪器作为比较对象，对设计制作的测量仪器进行校准，并做出校准曲线，计算准确度等级，说明用该仪器测量时最大允许误差有多大。在这里作为训练，可以选取一个精度较高的成品温湿度计作为校准工具。

基本要求：选择一款温湿度传感器设计一个数显式的温湿度计，要有校准数据的测量。

高级要求：①温度、湿度报警功能，可设置高于或低于某值时报警，可以用蜂鸣器或指示灯提示；②用 MP3 芯片语音提示报警；③用 RGB 彩色 LED 提示温度的高低（例如，把温度 20 ～ 35℃分为七段，用七种颜色表示，可用于提示室温的人体舒适度等，也可以用于提示水龙头的水温高低，以免烫伤等高级应用中）。

以上高级要求可选做一项，也可在此基础上自行创新设计新的功能。

11.1.5 64 × 16 汉字点阵显示屏（点阵应用）

LED 点阵显示屏是常见的广告宣传载体，可用于各种情景下显示文字和图形图画，根据应用场合不同，屏幕的点数和色彩也有所不同，但工作原理基本一致。本题目的是了解 LED 点阵显示电路的结构和显示驱动的方法，汉字字形的编码方式，字库数据的结构，实现简单内容的滚动显示功能。

基本要求：设计一个 64 × 16（长 64 点宽 16 点）的 LED 点阵显示屏，用于滚动显示四个汉字，显示内容在程序中预置。

高级要求：①使用字库芯片，程序中通过区位码从字库中调用相应的汉字编码数据进行显示，通过修改、增加相应的区位码可以修改显示内容，区位码可以通过手机 APP 人工查找；②设计一个手机 APP，能通过蓝牙或 WiFi 向单片机发送要显示的内容（提示：硬件方面在接收端增加一个蓝牙或 WiFi 模块，软件方面则需要编写一个手机 APP，能够把人工查找好的区位码发送到单片机进行处理和显示）；③增加一种上下滚动功能。

以上高级要求可选做一项，也可在此基础上自行创新设计新的功能。

11.1.6 LED 频谱灯（ADC、FFT 算法、点阵应用）

LED 频谱灯是一种可以根据音乐频谱进行动态变化的 LED 情境灯，可用于表现音乐中不同频率成分的强弱，烘托气氛。首先要对模拟的音乐信号进行采集放大，然后进行 ADC 变换，再利用单片机进行 FFT 变换，提取不同频率的分量，根据分量幅度的大小驱动 LED 灯柱点亮不同颗数的 LED。由于 FFT 变换需要运算量较大，而 51 单片机性能有限，支持 FFT 变换获得的频谱数据量较少，可能对音乐频谱的表达精度不高，但编程相对简单，也不失作为对算法编程和理解的训练手段。本题主要难点包括对 FFT 算法原理的理解，以及对音频放大电路、ADC 转换、单片机和 LED 驱动的综合设计运用。

基本要求：利用单片机内部 ADC 设计，用一块 8 × 8 点阵实现八个频率，每个频率最大幅度点亮八个 LED 的频谱灯。

高级要求：采用性能较好的单片机实现 16 × 16 点阵的音乐频谱灯。

11.1.7 点光源控制

LED 点阵显示屏是在屏幕规定的点阵范围内对每个点进行控制，主要用于显示文字和图形图画信息。实际应用中，由于 LED 的色彩非常丰富，因此常用于灯饰和市政工程中衬托和美化环境，这时就会对 LED 进行逐点的调光控制，从而产生多种多样的效果，比如建筑外墙的彩虹管、节日彩灯、流星灯、光立方、彩灯带，以及各种先造型的情境灯等。LED 点光源的控制通常有专用的芯片，比如流星灯，彩灯带等，这些 LED 点光源通过芯片进行级联（并非简单串联），然后通过控制器（单片机）编程，把要实现的动态调光调色的效果通过数据线传输到每个点，从而实现各种情境的变化。本题要求同学们采用点光源控制的方法，设计一个情景灯，或一段彩灯带，实现一定的情境变化。

11.1.8 数控恒流电源（DC-DC 变换器、单片机、ADC、液晶屏应用）

LED 对电压敏感，在工作区内微小的电压变化会引起较大的电流变化，导致亮度不稳定，如果不加限制还有可能过电流加速光衰，甚至失效烧坏，因此 LED 使用时需要限流，恒流电源几乎成为 LED 驱动的标配。本题旨在设计一个可调的恒流电源，即可以根据灯板的需要，在一定范围内调节输出恒定电流的值，作品可以用于测试不同 LED 灯板。

基本要求：输入电压 12V(允许上下波动 10%)；输出电压范围 <12V；输出电流 0 ～ 1A 连续可调（使用电位器或旋转编码器）；液晶显示屏显示输入电压、输出电压、输出电流，以及设置电流（提示：BUCK 变换器结构，51 单片机含 ADC，PWM 占空比控制）。

高级要求：①使用同步整流提高电源效率；②使用 STM32 单片机提高恒流精度；③使用 PID 算法；④输出电流平均值误差不大于 5%（用数字万用表对比）；⑤输入电压改为 5V（允许上下波动 10%），输出 6 ～ 12V，0 ～ 1A 可调（提示：BOOST 升压结构）；⑥输入电压改为 5V（允许上下波动 10%），输出 2 ～ 12V，0 ～ 1A 可调（提示：可用 SEPIC 升降压结构）。

以上高级要求可选做一项，也可在此基础上自行创新设计新的功能或提高性能指标。

11.1.9 选题说明

上述题目仅供参考，同学们可以根据自己的兴趣和基础选择其中一个题目进行设计。首先要明确题目的任务要求，针对题目查阅相关主题的资料，了解该主题目前的研究和发展现状，例如有哪些相关的产品，有何功能，如何实现（大致原理和方法），还有哪些需要提升改进的地方等，列出作品的具体设计指标，包括例如输入电压、功能、性能等，拟定设计方案（画出系统原理框图），然后针对每个功能模块展开研究（包括选择合适的电路，计算参数，进行实验验证等），最后对各个模块进行整合，组成一个完整的电路，再进行测试。

11.2 设计报告要求

一个合格的产品开发过程往往并不是一帆风顺的，特别是对于新手而言，必然遇到很多问题，可能经历很多次的失败，但也会收获很多的经验，这些知识和经验无论对于个人和企业都是一笔宝贵的财富。本课程旨在引领同学们在产品开发过程中经历和克服种种困难，探索一条可行的道路。撰写设计报告的目的是帮助我们记录设计过程中的细节，检验设计成果，总结经验教训。

一份有意义的设计报告是有感情的，研究过程的记录，精心绘制的框图，具体细致的参数计算，美观整洁的电路布局，巧妙高明的编程，全面细致的测量，合理翔实的数据，无不体现作者的点滴心血。这样的作品会令人爱不释手，而完成这件作品的过程所包含的故事也必然精彩动人，这其中无不包含对问题一知半解的迷茫，有过熬夜的辛酸，有过百思不得其解的痛苦，有过突破问题关键的兴奋，有过取得成功的快乐，有过对作品的完美感到的骄傲。

一份有说服力能打动人的设计报告不仅要内容丰富有血有肉，还要结构合理、逻辑清晰、语言通顺、格式规范。下面给出设计报告撰写的基本结构思路和格式要求。

11.2.1　封面要求

封面最重要的是题目，好的题目会让人对研究内容和成果充满想象和期待，从而引起阅读兴趣。

其次就是个人信息、背景（所在学校、专业方向、导师、时间等）。

封面要简洁整齐，主次分明。建议可以参考本校的毕业设计封面。

11.2.2　摘要

摘要是用最简洁的语句概括设计的内容、采用的方法、取得的成果，让读者对学生的工作和成绩有一个初步的判断，从而引起进一步阅读的兴趣。因此要尽量做到语言简洁，通俗易懂，专业准确，对采用的方法高度概括，但又留有悬念，让人产生遐想，对结果的描述既要真实又要具有一定的价值，有一定的吸引力。

11.2.3　正文

正文的组织要做到结构合理、逻辑清晰，让人感觉读起来很顺理成章，尽量不要过分地跳跃，不要产生引起思维混乱的感觉。可以参考以下的结构：

第 1 章　绪论。主要介绍课题研究的背景、现状、意义，提出研究的具体内容。

第 2 章　方案设计。给出课题的实施方案，画出原理框图，然后针对每个模块进行论述（包括实现这个功能模块有哪些可选的方案，各自的优缺点，最后选择其中一个作为本课题的方案，给出理由）。

第 3 章　硬件设计。针对第 2 章选择的各个电路模块展开具体的设计（包括画出具体的电路原理图，计算和选择元器件的参数、型号，最后画出整体的电路原理图，给出 PCB 设计的布局，实物样机图等）。

第 4 章　软件设计。对需要编程的功能一一描述，结合硬件设计陈述编程要点。

第 5 章　实验结果与分析。列出测试项目，拟定测试方案，记录测试结果，对照目标结果和指标参数进行评价，对未达到的指标要进行原因分析，提出改进思路。

第 6 章　结论。对设计结果进行总体描述，对方案进行总结分析，对设计过程中遇到的问题进行总结，针对不足之处提出改进方向。

11.2.4　感言

感言实际上就是心得体会，用简短的话总结在整个设计过程中的感受，对帮助自己的老师、同学等表示感谢。感言要真诚深刻，实事求是。

11.2.5　参考文献

要完成一个作品的设计需要阅读参考大量的资料，其中包括正式出版的工具书（专著）、期刊、论文，也有大量的网络资料，这些都是前人的劳动成果，其知识产权必须受到应有的尊重，设计报告正文中若引用了这些资料，必须在相应的位置标注，并在设计报告的末尾列出所有参考文献及其出处，参考文献的列写可参考相关的格式规范。

11.2.6 其他注意事项

一个优秀的产品，不仅要通过创新性的设计在功能上满足人们对美好生活的追求，还要兼顾整个生命周期（从开发到报废）对社会、健康、安全、法律、文化及环境等方面的影响，作为一个设计者应该不断学习，了解所研究领域的行业规范、国家政策、产品标准等相关内容，逐渐成长为一个有责任有担当的专业技术人员。

11.3 作品演示和答辩

实物演示是作品成果展示的重要环节，一个好的作品通过实物展示能以最短的时间，以最直接的方式打动观众。所谓眼见为实，成功的现场演示无疑是最具有说服力的，但是限于时间和空间的种种条件，采用录制视频的方法在现代生活中显得更为实际、高效。录制视频要讲究技巧，首先要做好录制计划，列出要录什么（想让观众看到什么），如何录（怎样让观众看得清楚明白），录制时要同时伴有介绍讲解，必要时可以采用特写、加字幕、配乐等强化效果。视频画面要清晰、稳定，展示的要点突出，条理清楚，录完后要反复观看，进行必要的加工修改。最好不要太长，简单的作品 1 ～ 2 分钟即可，复杂一点的作品也不要超过 5 分钟，因为人的专注度是有限的。

答辩环节是对作品进行较为全面深入的陈述，并回答现场提问。通过答辩可以检验学生各方面的真正实力，包括专业知识、实践能力、口头表达能力、PPT 的制作水平等。通过回答问题能反映学生对专业知识和研究领域的熟悉程度，以及思维反应能力等素质。答辩 PPT 一般可按设计报告的结构顺序来组织，重点突出学生在整个设计过程中自己所做的工作和成果。

答辩环节最好实时现场进行，这样效果最好。但是有时因为学生人数过多无法一一现场答辩，也可以采用录制视频的方式，即由学生自行录制视频陈述要点，并以作业方式提交，老师观看答辩视频后，提出问题并要求学生以作业方式回答。这种方式学生无法经历在众多同学面前上台讲解和接受现场提问的过程，效果不如现场答辩，因此仅供参考。

附录 A

PCB 设计速成（实例）

使用工具软件进行电路原理图的绘制和印制电路板（PCB）的设计是电子电路设计、制作和测试的基本功，目前比较常用的 PCB 设计软件有 AltiumDesigner（简称 AD）、PADS、Cadence allegro，以及国产的立创 EDA 等。本附录以较为容易使用的 AltiumDesigner 为例，帮助同学们以较快的速度学会软件的使用，以完成教程所需要的设计和实验任务。

PCB 的设计主要包括两个文件，即原理图文件和 PCB 文件。设计过程大致包括：查找和放置元器件符号（必要时要自己绘制和建立元器件符号库）、连线、指定元器件的封装（必要时要自己绘制和建立元器件封装库），建立 PCB 工程和 PCB 文件、导入元器件信息、布局和布线。下面以 LED 灯板为例详细说明 PCB 设计全过程，供大家参考。

A.1 绘制原理图

1. 建立原理图文件

打开 AD 软件，在 File 菜单中单击 New – Schematic ①，新建一个原理图文件，如图 A-1 所示。

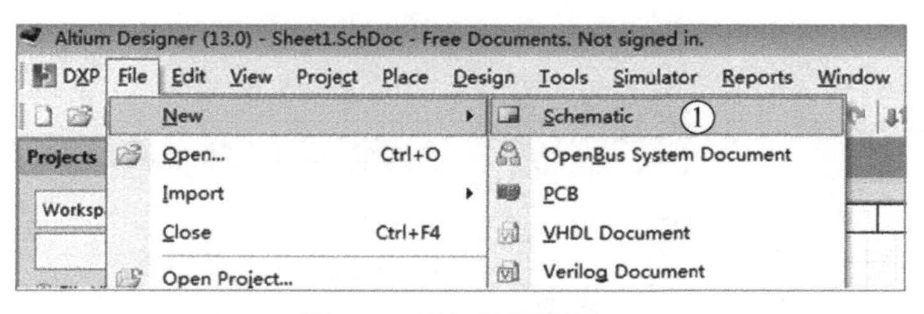

图 A-1　建立原理图文件

2. 查找元器件符号

在窗口右侧用鼠标指向标签 Libraries ①，弹出活动的元器件库窗口②，在下拉菜单③选择 Miscellaneous Devices.IntLib（AD 自带的杂项元器件库），在过滤栏④中输入元器件名称的首字母 L，即弹出所有 LED 及 L 字头的元器件列表，从中选择任意选择一个 LED 元器件，如图 A-2 所示。

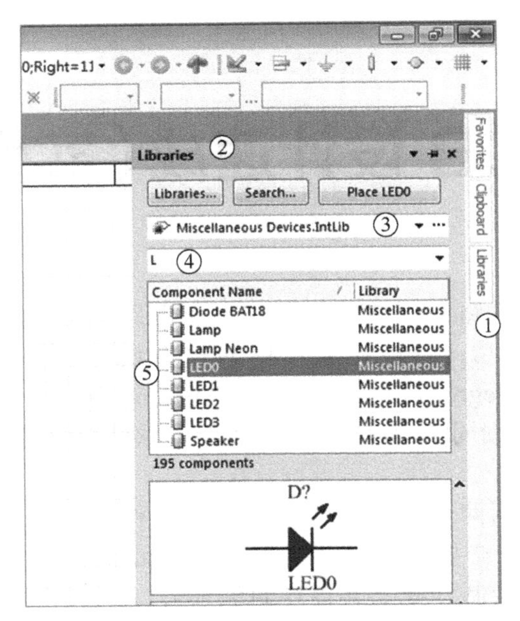

图 A-2　查找元器件符号

3. 放置元器件

单击右上方的 Place LED0 ①，将鼠标移到原理图绘图区②，则会出现带有十字定位的 LED 符号，此时若按一下鼠标左键即在完成元器件符号的放置，如图 A-3 所示。但是，由于这里要放置 9 个 LED，希望这些 LED 能自动按 D1 ～ D12 顺序编好号码，因此暂时不要按下鼠标左键。

在键盘左侧按一下 Tab（制表键），弹出如图 A-4 所示的对话框，在 Designator 后面的编辑框③填写 D1，单击下方的 OK 确认并退出到原理图窗口等待放置元器件的状态。

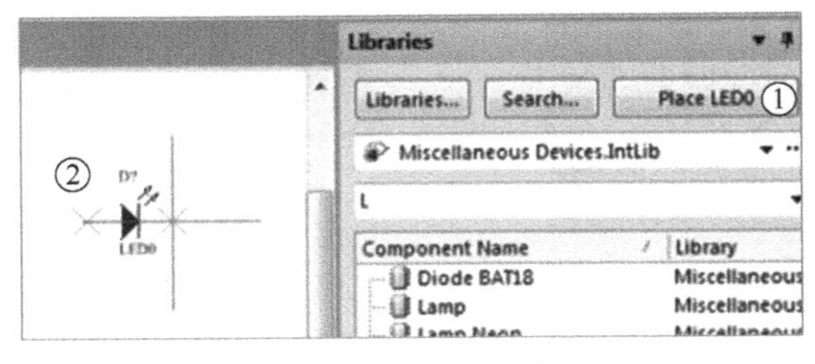

图 A-3　放置元器件

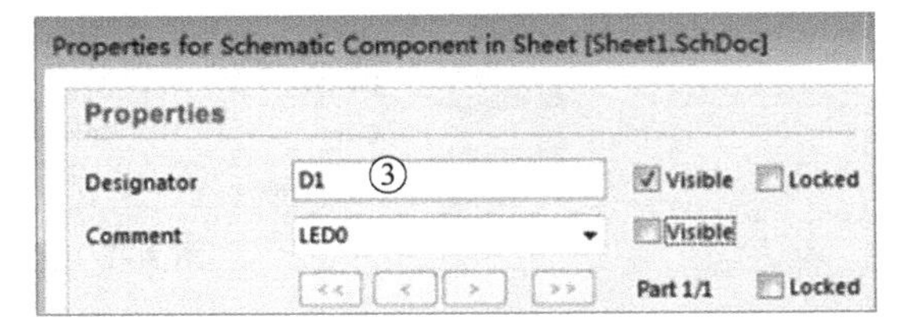

图 A-4　修改元器件的编号和标注等信息

按下鼠标左键不要松开，按空格键可以旋转元器件方向。把 LED 器件符号移到合适的位置，松开鼠标左键即完成一个 LED 的放置。鼠标移到下一位置按一下鼠标左键放置第二个 LED，如此类推，每放置一个 LED，元器件编号会自动加 1，如图 A-5 所示④自动编号到 D1 ～ D4。按此方法放置完所有 LED，按右键结束 LED 的放置。

放在图纸中的元器件符号可以用鼠标拖动重新调整位置，本例中 9 个 LED 按 3 串 3 并方式排列，因此可调整为图 A-6 所示的位置顺序。

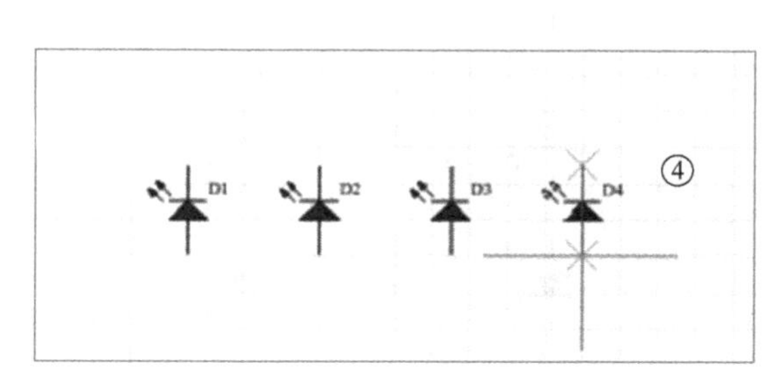

图 A-5　同类元器件符号自动编号

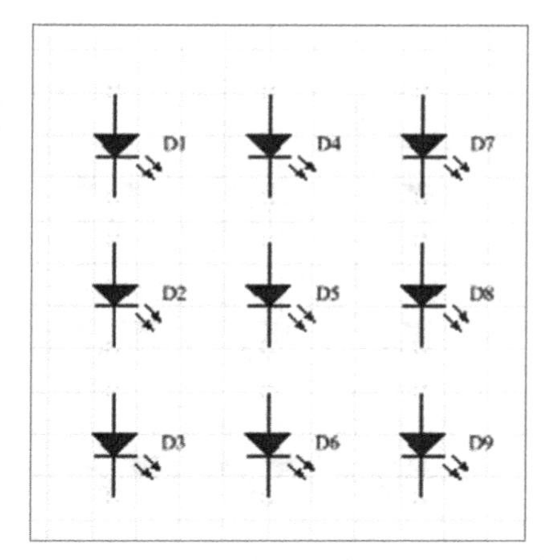

图 A-6　9 个 LED 的排列顺序

4. 连接导线

在 Place 菜单单击 Wire ①，或在工具栏点一下导线工具②，如图 A-7 所示。

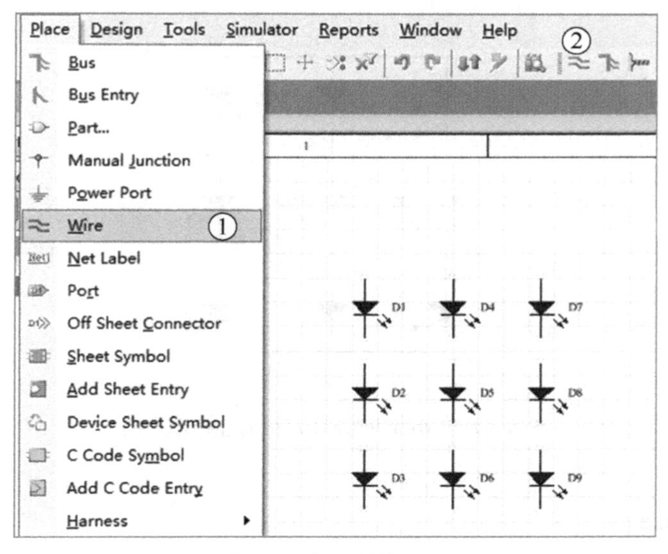

图 A-7　打开导线工具

此时鼠标变为十字，把鼠标移向任意一个元器件的其中一只引脚的末端，出现一个红色的交叉③，表示这是个电气连接，导线可从这里开始连起，如图 A-8 所示。

单击鼠标左键，移动鼠标即拖出一条导线，把鼠标移向要连接的下一个元器件的引脚末端（会有红色交叉提示）④，再单击鼠标左键即确认连接。若有多个元器件连接在一个节点上，则软件会自动把节点画出来⑤，如图 A-9 所示。9 个 LED 连接后的电路如图 A-10 所示。

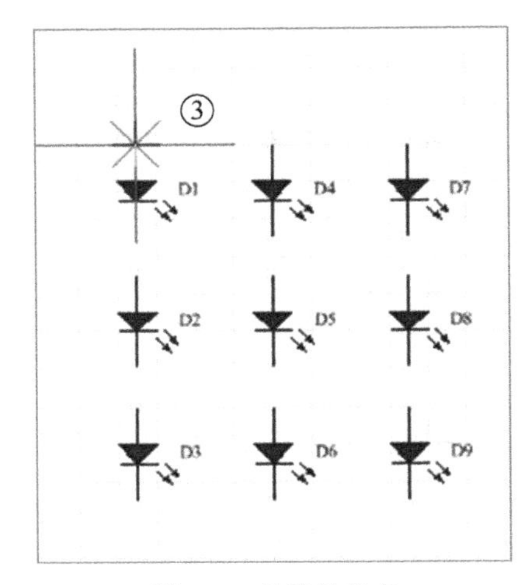

图 A-8　导线的起点

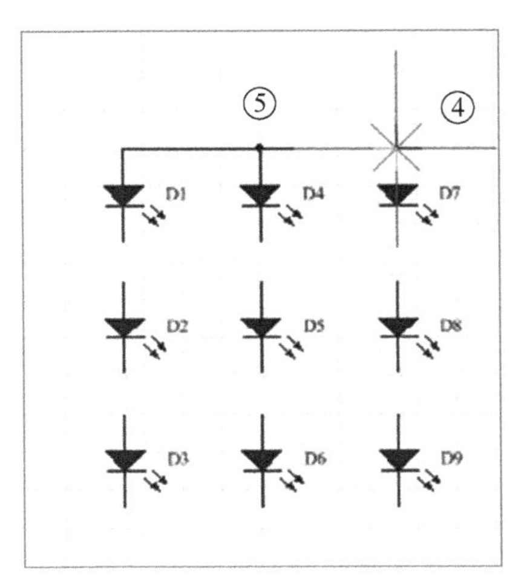

图 A-9　导线的终点和中间的节点

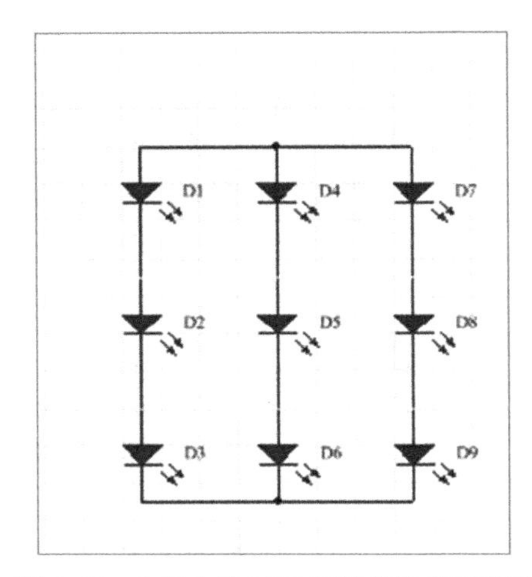

图 A-10　3 串 3 并 LED 灯板的连接原理图

5. 添加接线端子

设计 PCB 时，需要给连接好的 LED 串引出接线端子。用鼠标指向窗口右边缘的 Libraries 标签弹出元器件列表窗口，通过下拉菜单选择 AD 自带的杂项连接器元器件库 Miscellaneous Connectors.IntLib ①，在过滤器输入栏②内键入字母“h”，选择一个 2 位（2P）的接线端子 Header 2 ③，在下方的窗口中将显示该元器件的符号④，以及封装外形⑤，如图 A-11 所示。

单击 Place Header 2（或直接用鼠标拖放）把接线端子放到合适的位置，连上导线，原理图的就画好了，如图 A-12 所示。

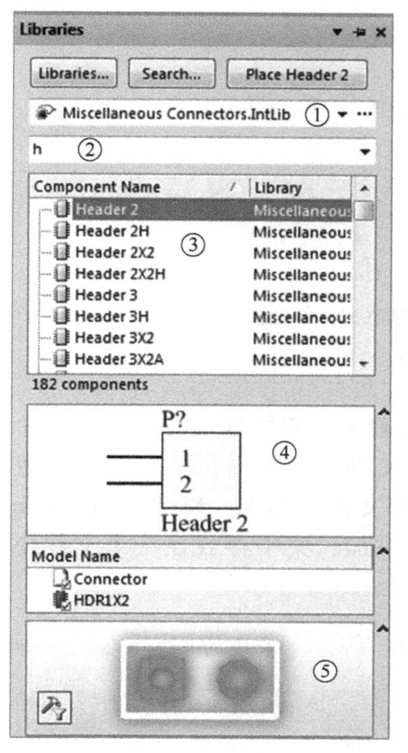

图 A-11　选择接线端子

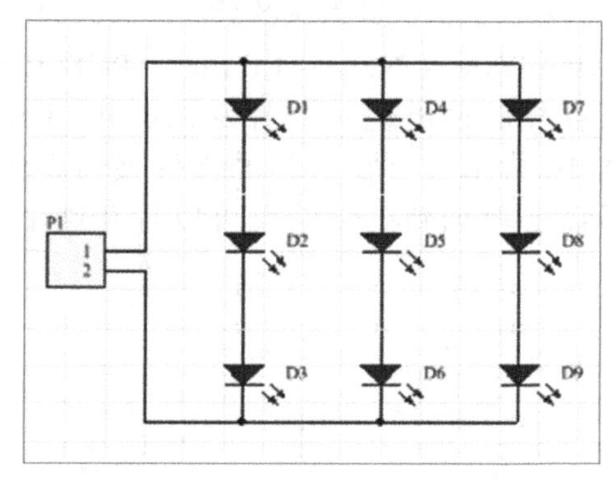

图 A-12　灯板的原理图

A.2　设计 PCB

1. 检查元器件的封装

双击其中一个 LED，打开它的属性编辑对话框，在右下方的区域显示图 A-13 所示的信息。其中包括元器件的封装（Footprint）信息①，单击下方的编辑按钮（Edit）②将显示当前选择的封装图示③，并在下方提示该封装所在的库④（注：同一个元器件符号可以选择使用不同的封装），如图 A-14 所示。这里看出默认所选的是一种直插式的封装（有过孔），不符合要求，而 AD 软件并没有自带所需要的 2835 贴片封装，因此需要自己建立封装库，按实际的外形尺寸绘制所需的封装。

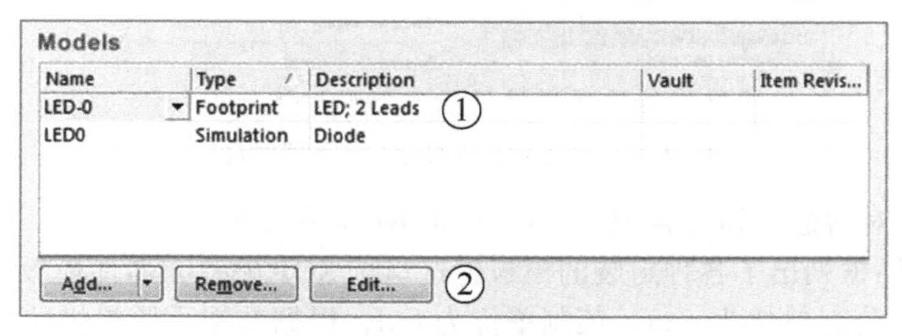

图 A-13　LED 的封装参数

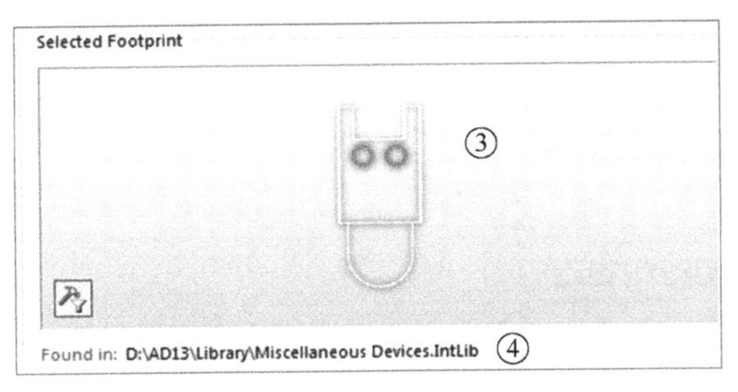

图 A-14 所选封装的示意图和所在库文件位置

2. 建立 PCB 封装库文件

单击 File – New – Library –PCB Library ①新建一个封装库文件，如图 A-15 所示。此时在导航栏出现一个名为 PcbLib1.PcbLib 的库文件②，编辑窗口变为灰黑色③，如图 A-16 所示。可在适当的文件夹另存为自己的库文件，例如：MyPCB.PcbLib，这样以后需要增加新的封装就可以打开这个文件进行添加，集中存放在一个文件中，方便使用。

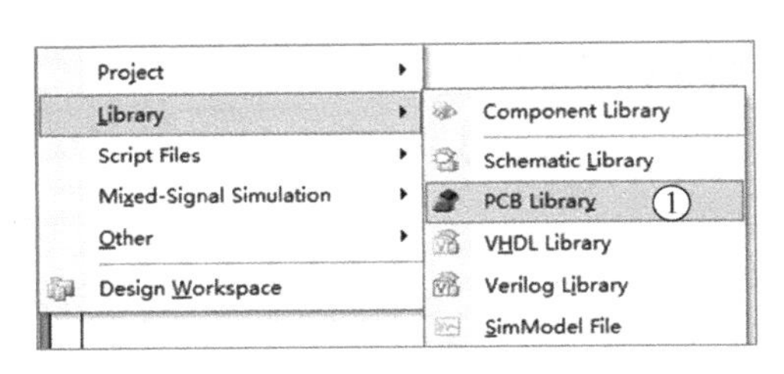

图 A-15 新建一个封装库文件

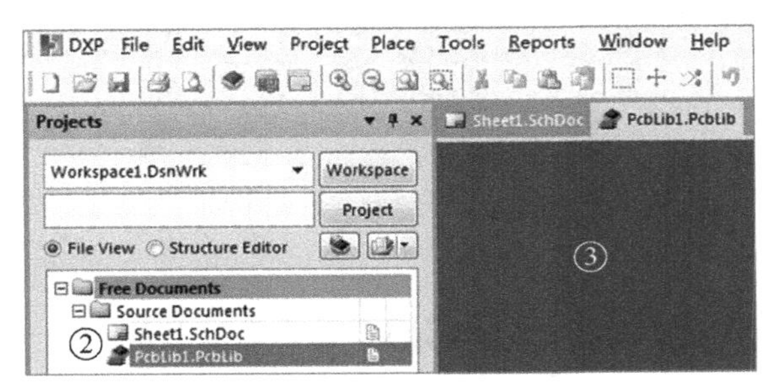

图 A-16 库文件以 .PcbLib 为后缀

3. 用向导建立一个新元器件封装模型

单击 Tools – Component Wizard ... ①，打开元器件向导，如图 A-17 所示。

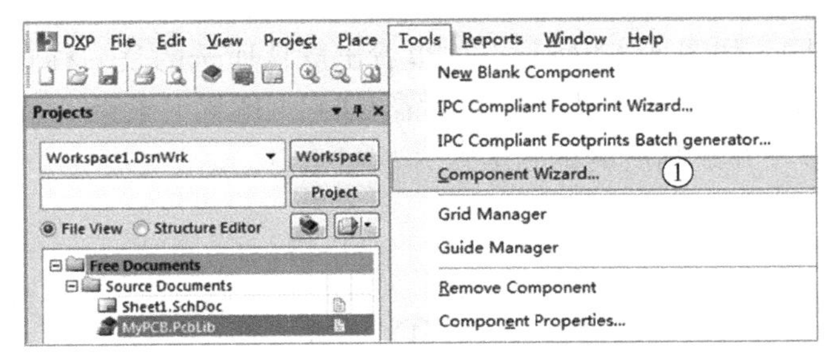

图 A-17 用元器件向导建立新元器件封装

元器件向导对话框②如图 A-18 所示，单击 Next 进入下一步。

图 A-19 对话框列出了各种封装的模板，这里选 SOP 贴片元器件模板③，单击下拉菜单④选择单位，公制单位为 mm，英制单位为 mil，根据数据手册提供的封装尺寸，这里选用公制。

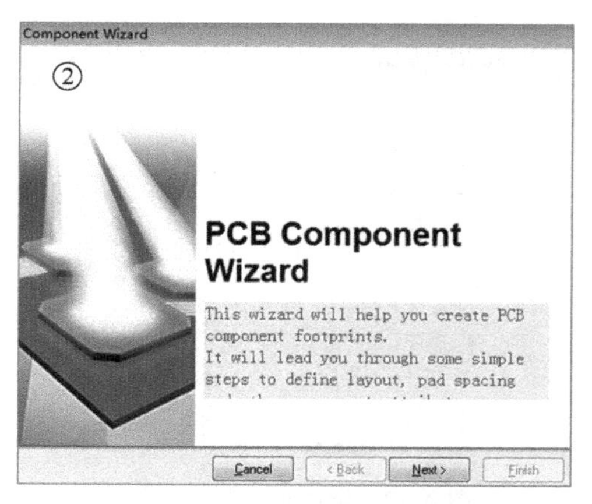

图 A-18　进入元器件向导对话框

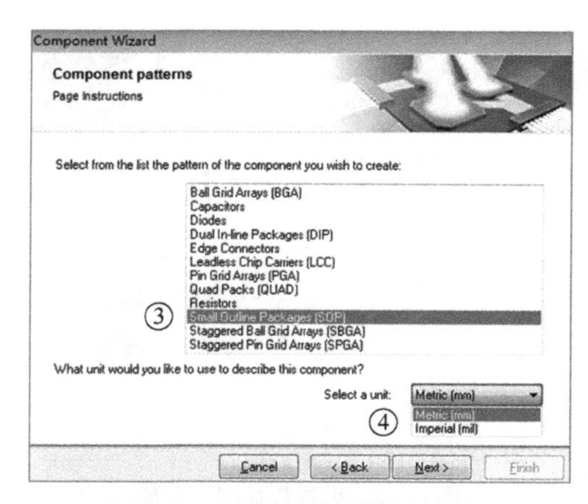

图 A-19　选择元器件模型和单位

2835 贴片 LED 的电极如图 A-20 所示，可根据手册推荐的焊盘尺寸进行设计，首选定义焊盘的大小，向导会自动生成大小相同的焊盘，这里两个焊盘大小不一样，可以先按其中一个来设置⑤，后面再修改，如图 A-21 所示。

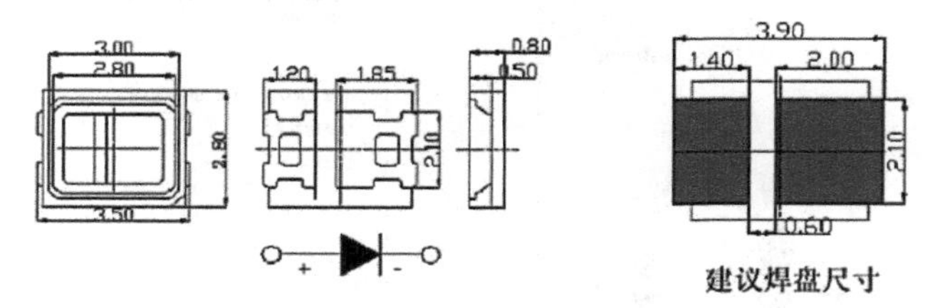

图 A-20　2835 贴片 LED 数据手册提供的参数

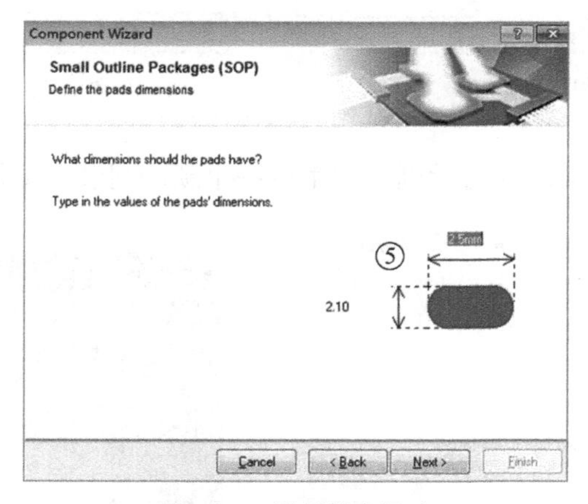

图 A-21　设置焊盘尺寸

接下来设置焊盘之间的距离，这里可按两焊盘的外边界距离 3.9mm 除以 2 来设置横向距离⑥（实际上可大致设置一下，或采用默认值，后面还要修改），纵向距离默认即可，如图 A-22 所示。

设置外形轮廓的线宽⑦，默认即可。如图 A-23 所示。

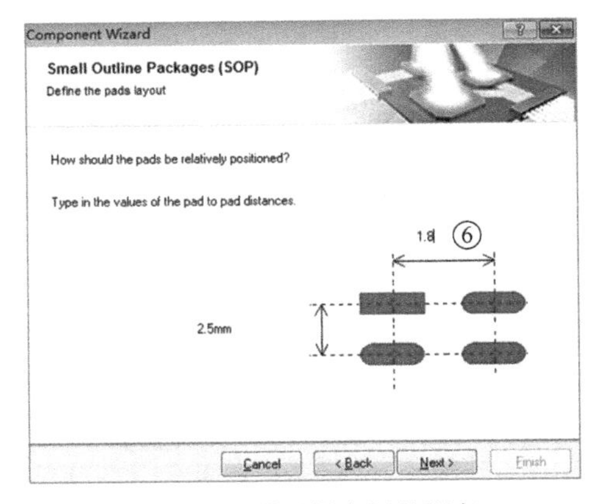

图 A-22　设置焊盘间的距离

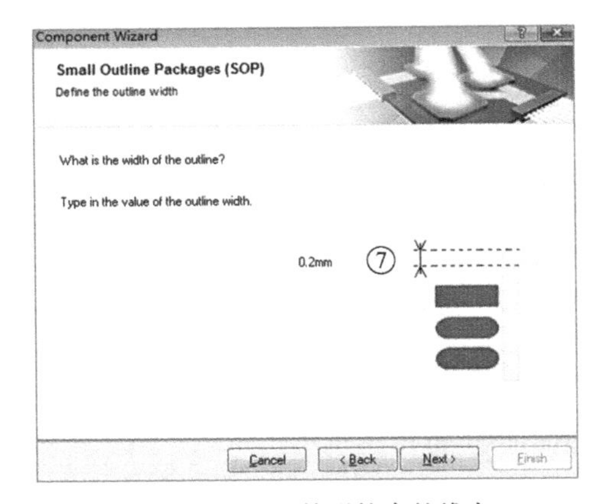

图 A-23　设置外形轮廓的线宽

设置焊盘的数量⑧，如图 A-24 所示。

输入新建封装的名称⑨，这里命名为 LED 2835，如图 A-25 所示。

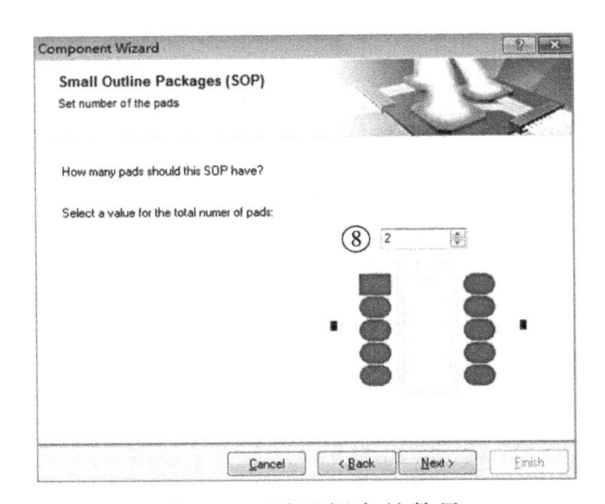

图 A-24　设置焊盘的数量

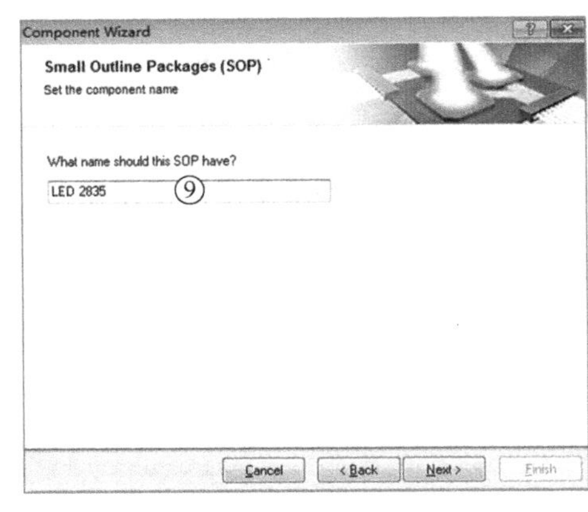

图 A-25　输入封装名称

最后单击 Finish，结束向导对话框，即生成一个新的封装，如图 A-26 和图 A-27 所示。

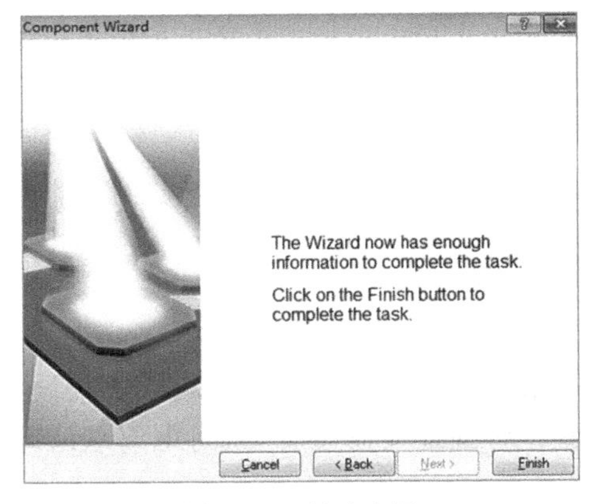

图 A-26　结束向导

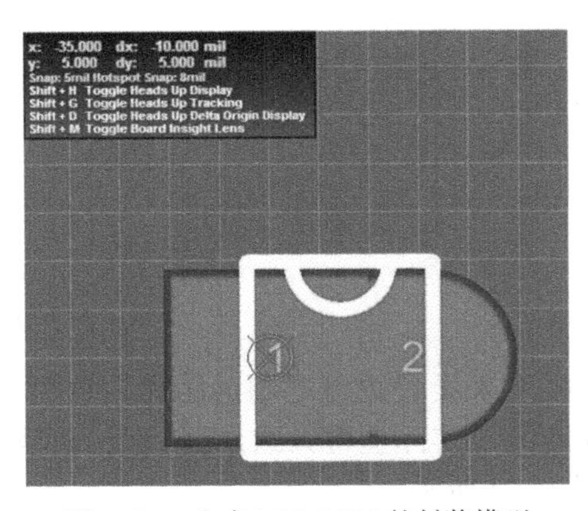

图 A-27　生成 LED 2835 的封装模型

4. 细化封装参数

图 A-27 生成的封装中两个焊盘的尺寸大小、位置，以及外形轮廓线均不正确，需要进一步修正。为了便于编辑，当鼠标在窗口中移动时，在窗口左上角会显示出鼠标的当前位置，图 A-27 中显示的位置单位为英制（mil），为了方便与数据手册的尺寸进行对照，按一下快捷键 Q，把单位切换为公制（mm），如图 A-28 所示。

首先修改焊盘的大小和形状，双击左边的焊盘 1，打开属性对话框，修改 X 轴（水平方向）的大小为 2mm ①，其他保持不变，如图 A-29 所示。

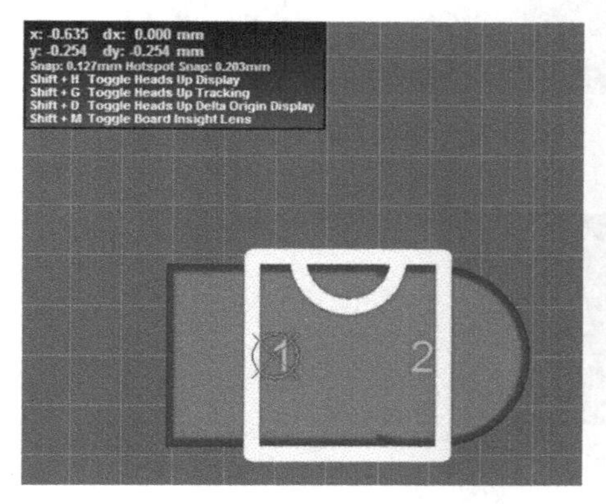

图 A-28　切换单位

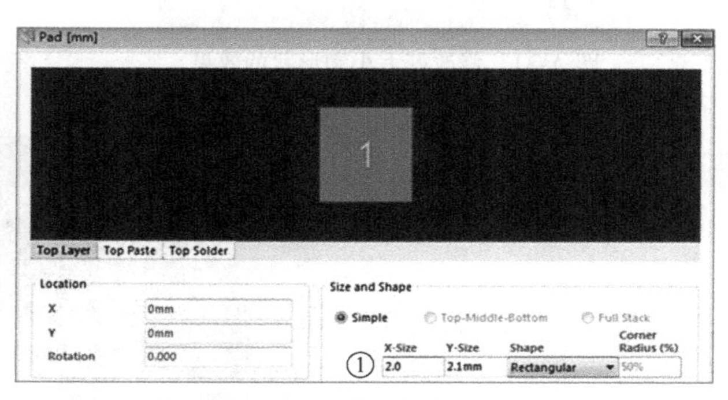

图 A-29　修改焊盘 1

同理，双击右边的焊盘 2，修改 X 轴的尺寸②为 1.4mm，点开 Shape（形状）的下拉菜单③，把圆形（Round）的焊盘修改为方形（Rectangular），如图 A-30 所示。

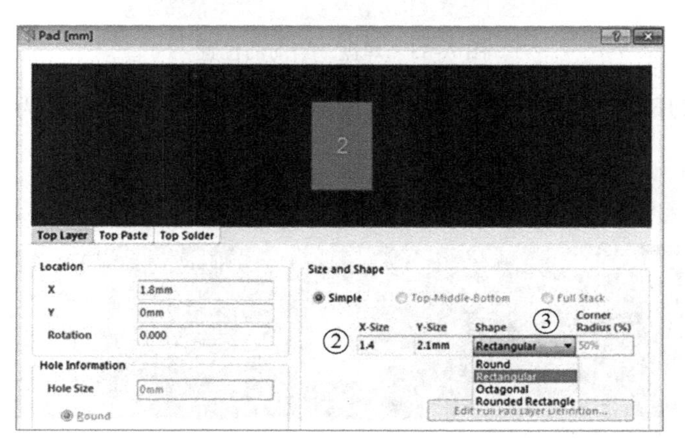

图 A-30　修改焊盘 2

修改好的焊盘如图 A-31 所示，接下来把两焊盘的位置拉开。

单击焊盘 1，窗口左上角即显示出其中心位置正好位于（0mm，0mm）处④，如图 A-32 所示。

同理，单击焊盘 2 显示其中心位置⑤为（0.149mm，0mm），如图 A-33 所示。按照手册的建议，两焊盘中间间隔为 0.6mm，因此焊盘 2 的中心位置应在 1+0.6+0.7=2.3mm 处（注：1/2 焊盘 1 的宽度 + 间隔 +1/2 焊盘 2 的宽度）。

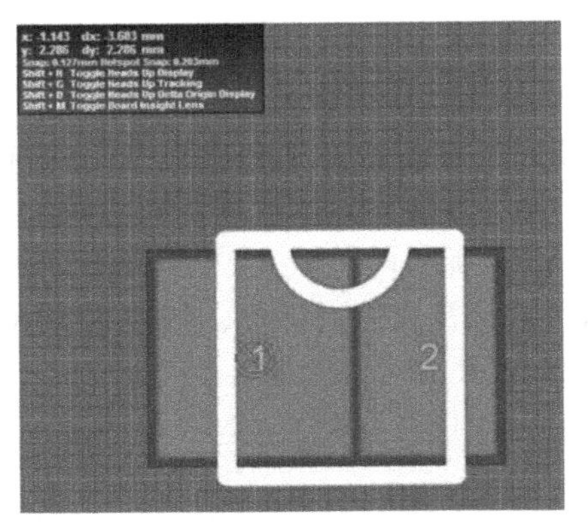

图 A-31　修改好大小和形状的效果

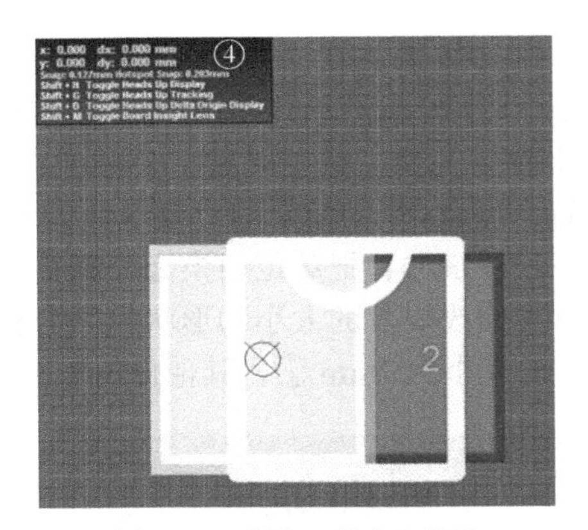

图 A-32　焊盘 1 的中心位置

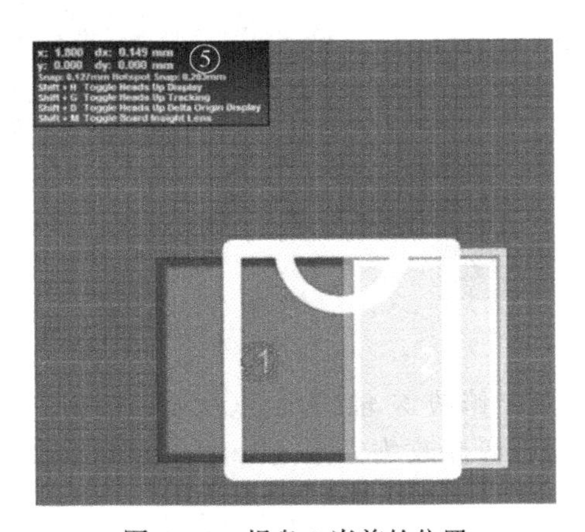

图 A-33　焊盘 2 当前的位置

双击焊盘 2 打开属性编辑窗口，修改 X 轴（水平方向）的位置⑥为 2.3mm，如图 A-34 所示。

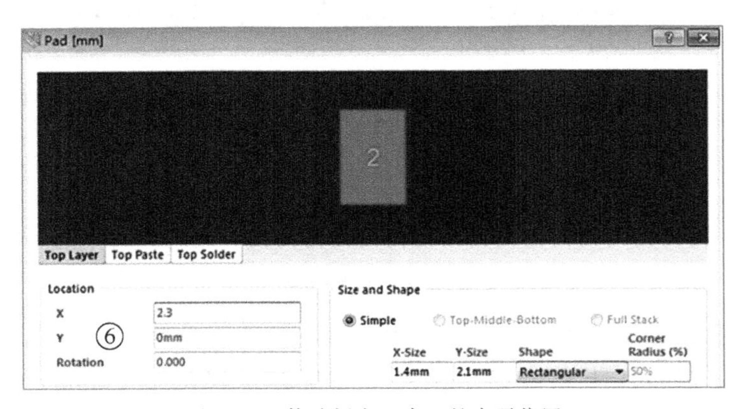

图 A-34　修改焊盘 2 中心的水平位置

修改结果如图 A-35 所示。可见两焊盘已经分开，下一步修改外形轮廓线。

轮廓线是印刷在丝印层的图形，用来提示该元器件的占位空间，用鼠标直接单击要修改的线条拖曳、删除等操作即可，修改好的结果如图 A-36 所示。

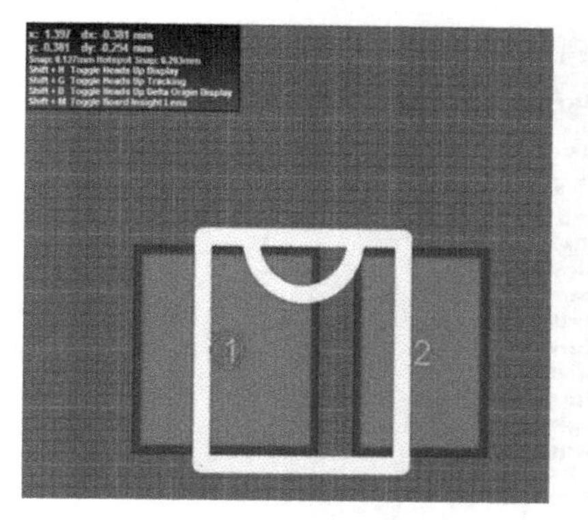

图 A-35　焊盘修改完成

图 A-36　修改结果

值得注意的是，LED 是有极性的，原理图中元器件符号的引脚编号要与封装的焊盘极性保持一致，根据手册的说明，较大的那个焊盘为负极，对应原理图中 LED 符号的电气引脚 2（在原理图文件中当鼠标移到 LED 符号的引脚上会显示其引脚号），那么图 A-36 中两个焊盘的编号需要反过来，双击焊盘，打开属性编辑框，在 Properties 属性窗口下修改 Designator 的数字（引脚号）即可，如图 A-37 所示。修改结果如图 A-38 所示。

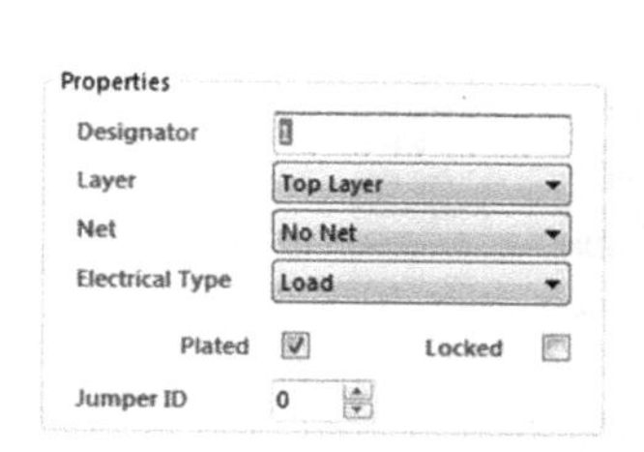

图 A-37　修改焊盘（引脚）编号

图 A-38　修改结果

修改完成后单击保存，LED 的封装建立完成。以后需要建立新的封装时可打开这个库文件，按照上述方法一步步建立即可。

5. 导入封装库

新建的元器件库（包括符号库和封装库）需要导入才能使用，通过导航栏回到原理图文件，如图 A-39 所示。

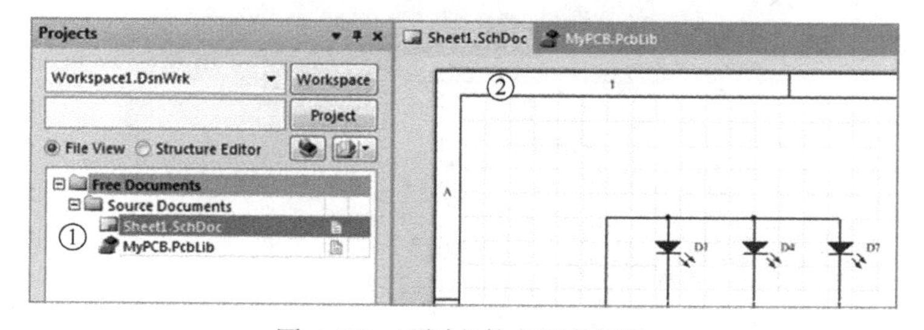

图 A-39　不同文件之间的切换

鼠标指向窗口右侧 Libraries 标签弹出活动窗口如图 A-40 所示，单击 Libraries 按钮③，打开元器件库安装对话框如图 A-41 所示。

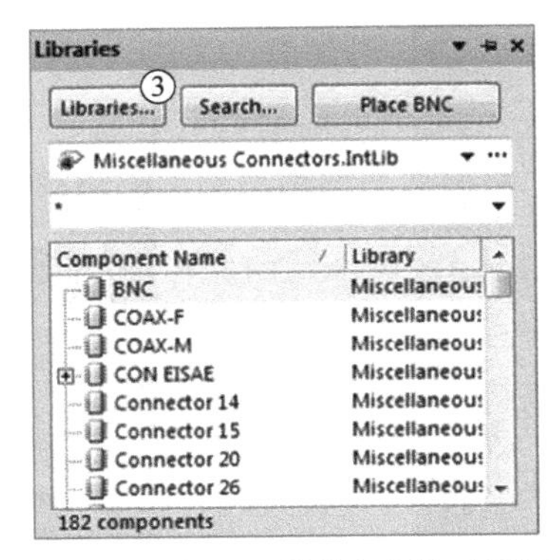

图 A-40　打开元器件库安装对话框

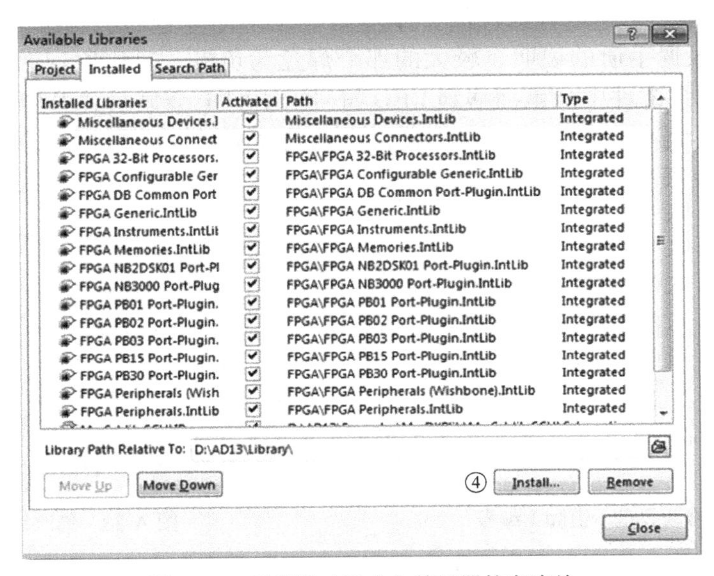

图 A-41　已安装（引入）的元器件库清单

该窗口中列出已经安装的库文件清单，包括先前使用过的两个元器件符号库（Miscellaneous Devices.IntLib 和 Miscellaneous Connectors.IntLib，这两个库都包含了元器件符号和封装在内），单击 Install 按钮④，如图 A-42 所示。

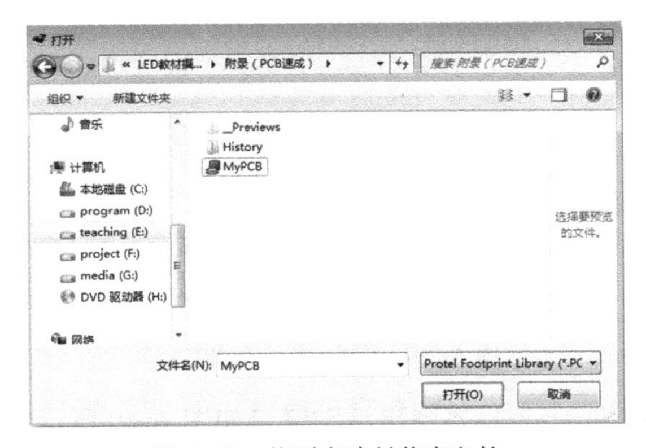

图 A-42　找到自建封装库文件

找到存放自己建立的封装库文件 MyPCB.PcbLib 的文件夹，单击打开，就会在已安装的库文件清单里看到我们自己制作的库文件，单击 Close 关闭对话框，如图 A-43 所示。

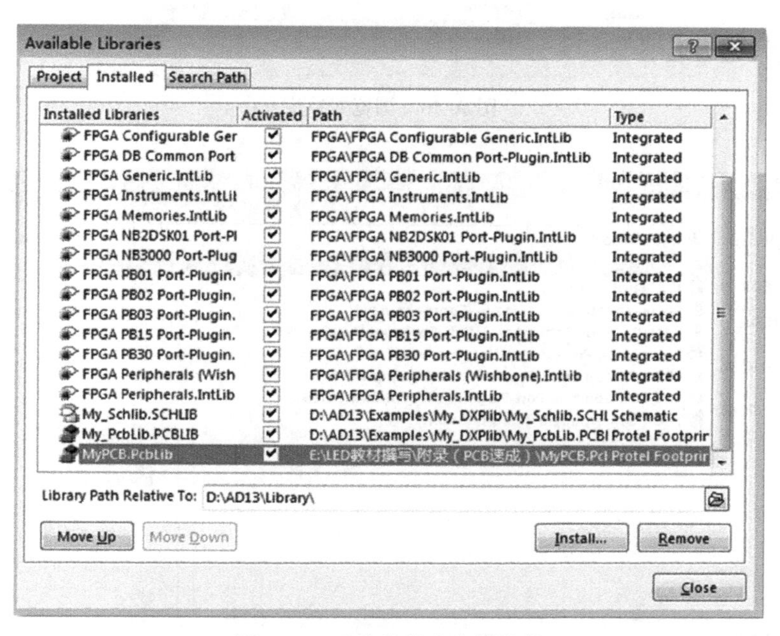

图 A-43 已安装的库文件清单

6. 修改原理图中的 LED 的封装

在原理图中双击任意一个 LED，打开属性编辑窗口，如图 A-44 所示。在 Models 窗口下面单击 Add... 按钮，在打开的窗口下单击 OK，如图 A-45 所示。

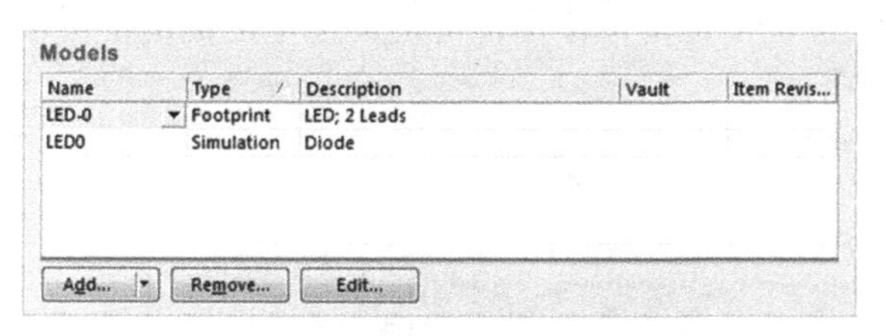

图 A-44 打开元器件的属性编辑窗口

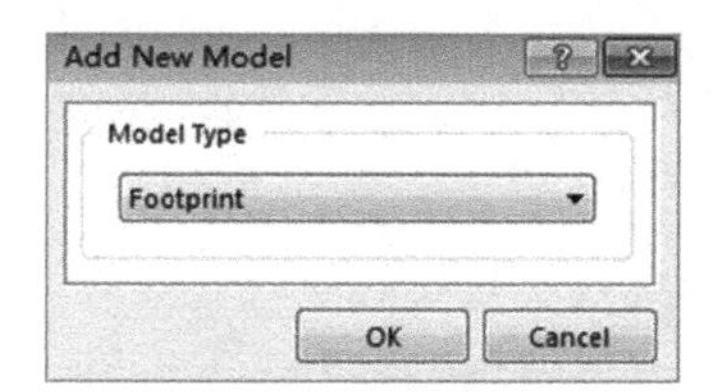

图 A-45 添加新的封装

在打开的对话框（见图 A-46）中单击 Browse...，弹出对话框（见图 A-47），在 Libraries 右边下拉菜单中选择 MyPCB.PcbLib（注：只有已导入的库文件才会在这个清单中出现）。

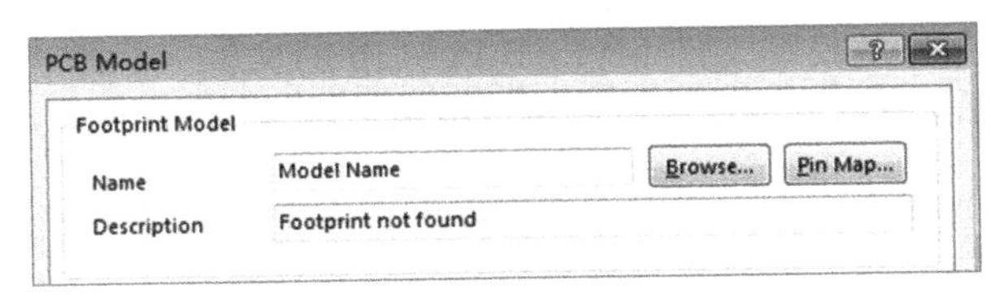

图 A-46　浏览封装库

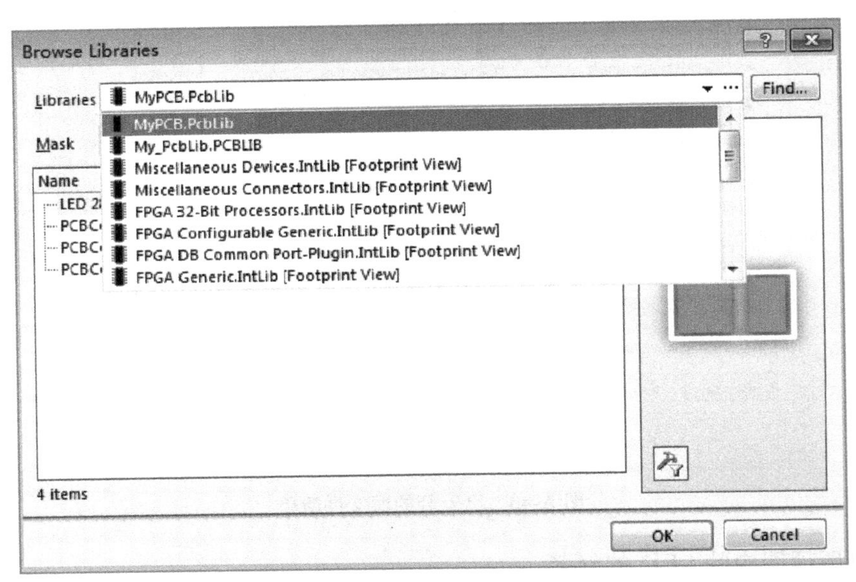

图 A-47　打开封装库

在打开的封装库（见图 A-48）中选择 LED 2835，单击 OK 即可。

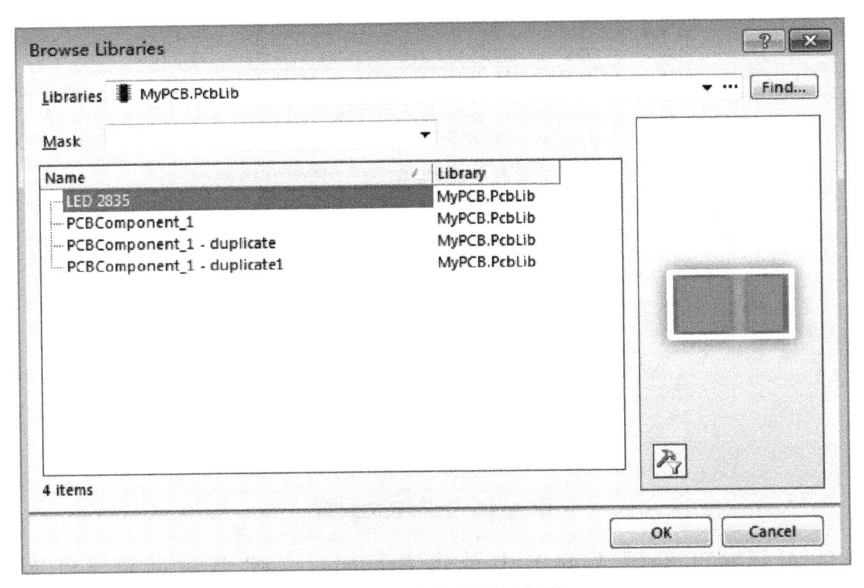

图 A-48　选中所需的封装

如此类推，把原理图中所有的 LED 的封装都修改过来。实际上，这样一个一个的修改是比较麻烦的，为了快速完成修改封装的工作，可以先把原来的 LED 全部删除（因为原来默认的封装不正确），然后重新放置 LED 元器件符号，在放置之前修改 LED 的起始编号，同时改好封装，这样在后续放置的每个 LED 的封装就保持与第一个相一致。

7. 建立 PCB 文件

在导航栏下方切换到 Files 标签页，在 New from template 下面单击 PCB Board Wizard，打开 PCB 设计模板，如图 A-49 和图 A-50 所示。

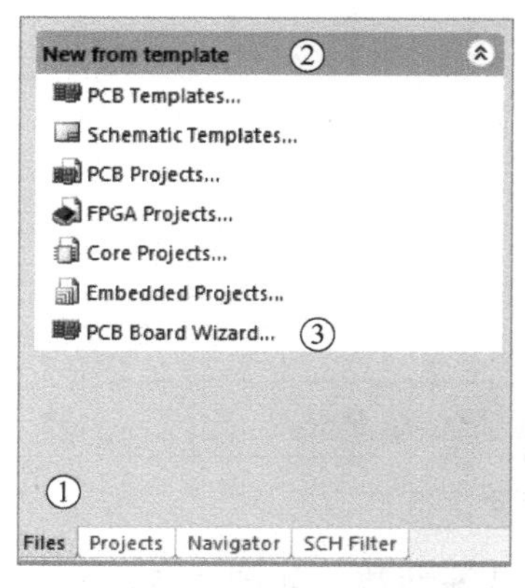

图 A-49　利用模板建立 PCB 文件

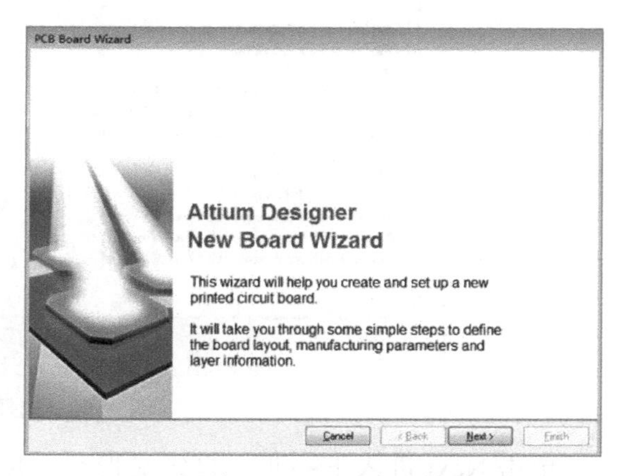

图 A-50　建立 PCB 新文件的向导界面

单击 Next 进入下一步，选择 PCB 板的计量单位，如图 A-51，这里选择公制（单位为 mm）。

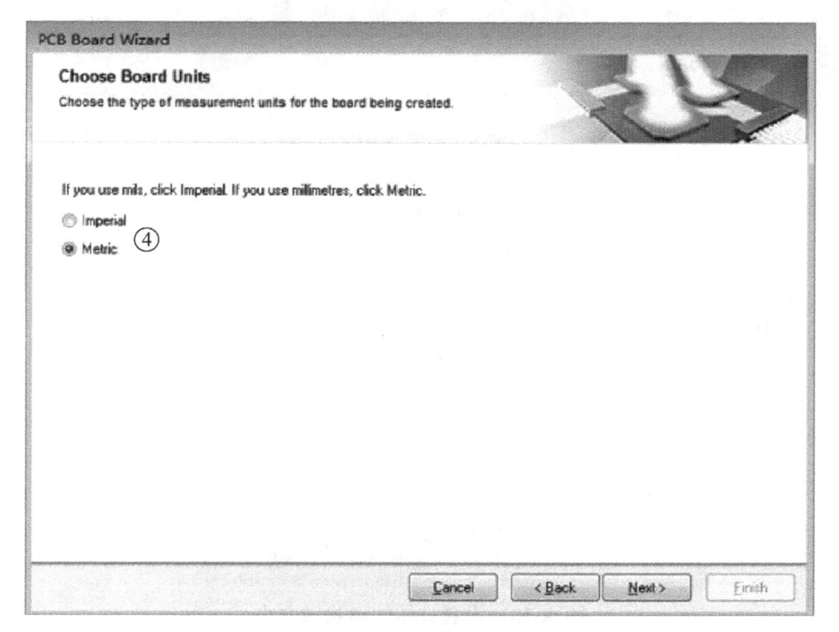

图 A-51　选择计量单位

单击 Next 进入下一步。选择 PCB 板的尺寸，如图 A-52 所示。这里列出了许多定制的常规尺寸，通常选择 Custom 自定义（第一项）。

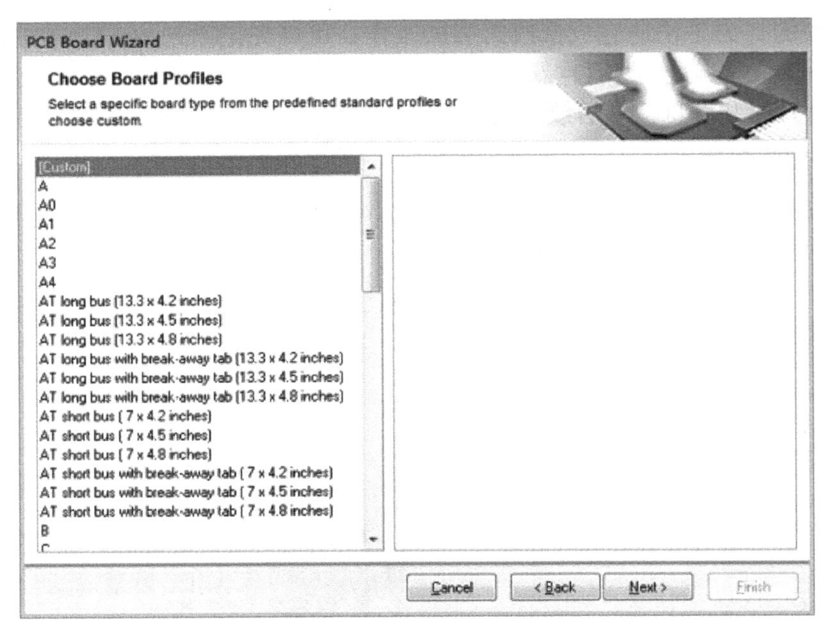

图 A-52　选择预置的尺寸

单击 Next 进入下一步。自定义形状、尺寸、边界等参数，如图 A-53 所示。这里选择 Rectangular（长方形），Width（宽）为 40mm，Height（高）为 30mm，这是板子的大小，右边为设置留出不布线的边界参数，可以保留默认值。

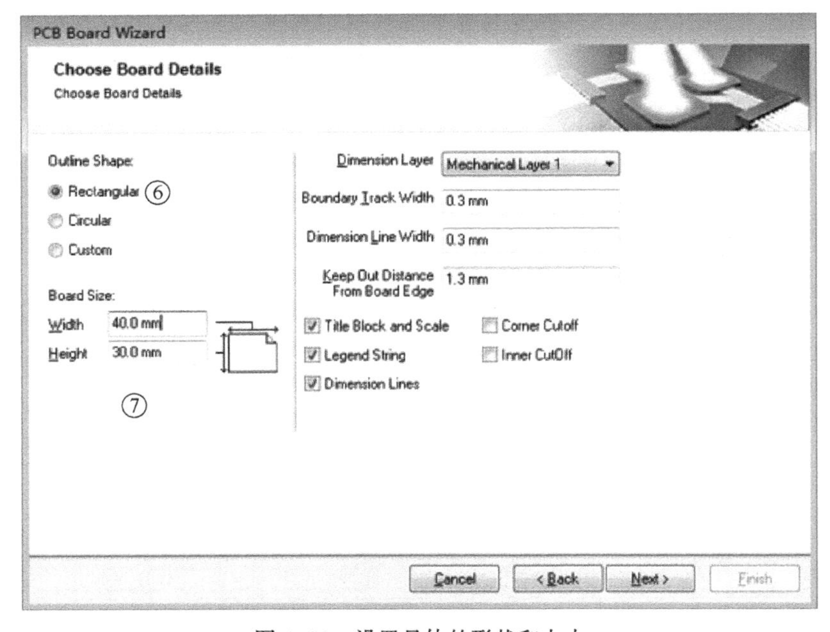

图 A-53　设置具体的形状和大小

单击 Next 进入下一步。设置 PCB 板的层数，如图 A-54 所示。不太复杂的电路通常采用双面板即可，因此 Signal Layers（信号层）设置为 2，Power Planes（电源层）设置为 0 即可。

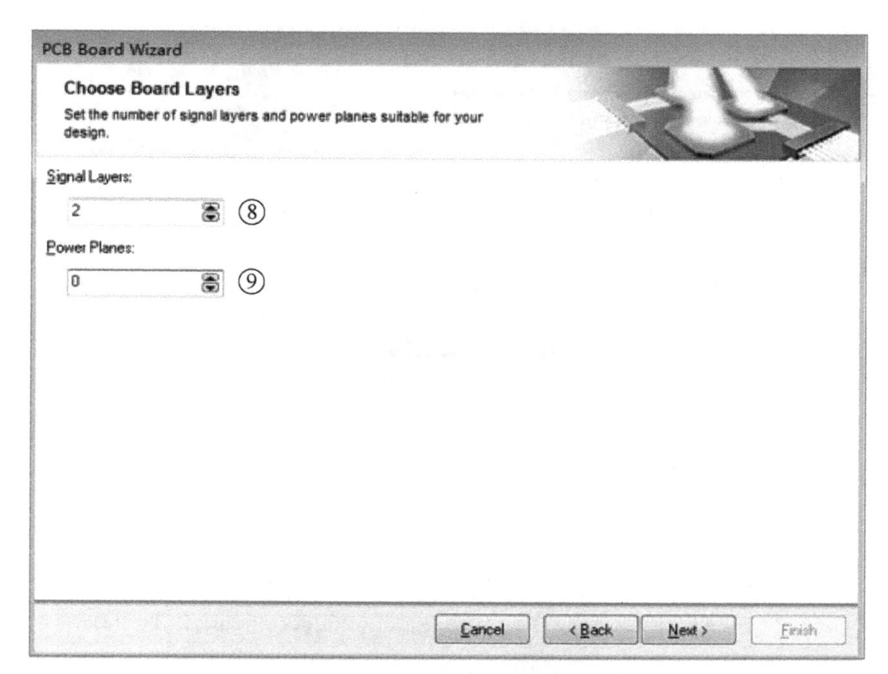

图 A-54　定义 PCB 板的层数

单击 Next 进入下一步。选择过孔形式，如图 A-55 所示。如果过孔是用来插入元器件引脚的，则必须选择第一种，这样过孔才能从顶层直通底层。

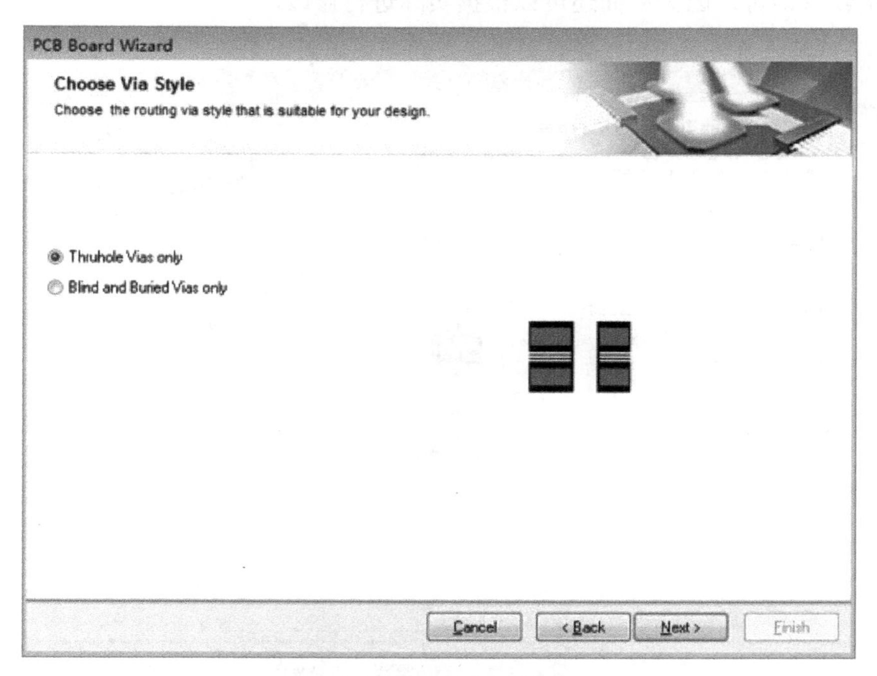

图 A-55　定义过孔的类型

单击 Next 进入下一步。选择电路中多数元器件属于哪种类型，以及是否在顶层和底层都焊接元器件，如图 A-56 所示，这里默认即可。

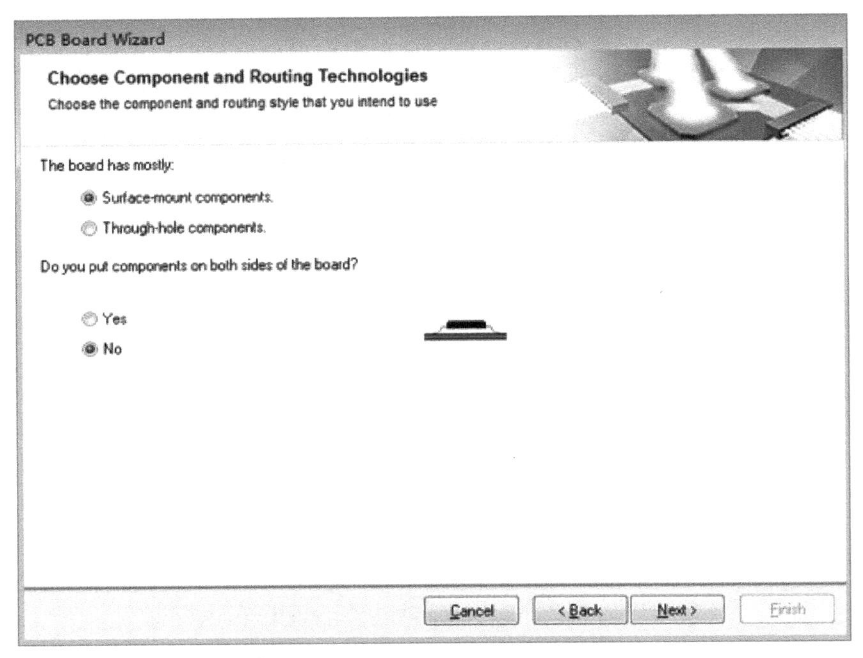

图 A-56　定义主要元器件类型

单击 Next 进入下一步。设置一般线宽、焊盘和过孔的大小，以及线间距，如图 A-57 所示，这里默认即可，因为后面还可以根据实际进行修改。

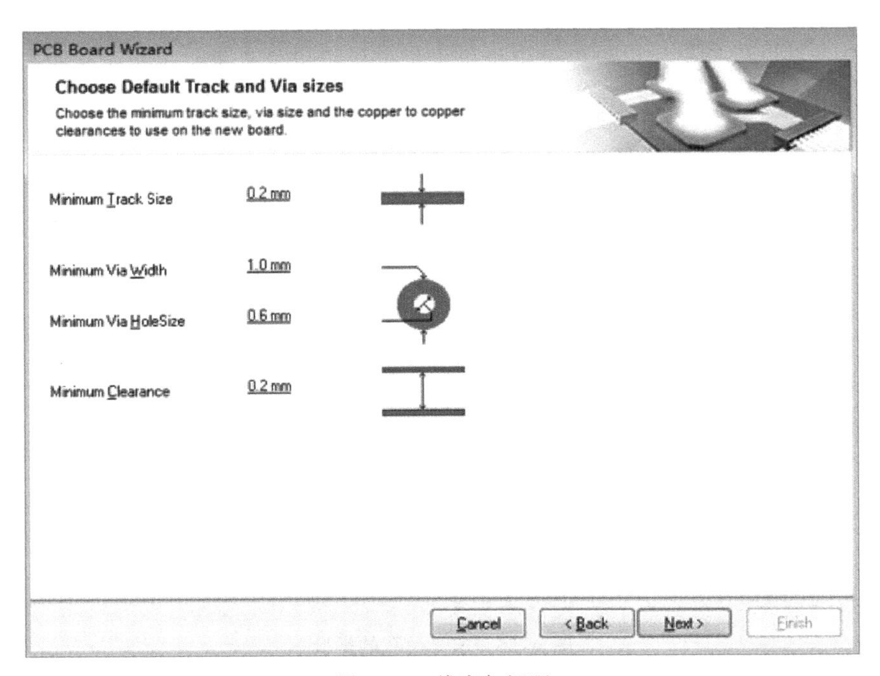

图 A-57　线宽与间距

单击 Next 进入下一步。完成设置，如图 A-58 所示。

图 A-58　完成设置

单击 Finish，退出向导，并根据设置的参数生成 PCB 文件，如图 A-59 所示。此时在导航栏增加了一个名为 PCB1.PcbDoc* 的文件名，并打开它的编辑窗口。在编辑区上黑色区域为所设置的 PCB 板的形状（长方形）和尺寸（40mm × 30mm），粉红色框以内用来布置元器件和导线，外面为预留的边界，不能放置任何元器件，也不能布线。

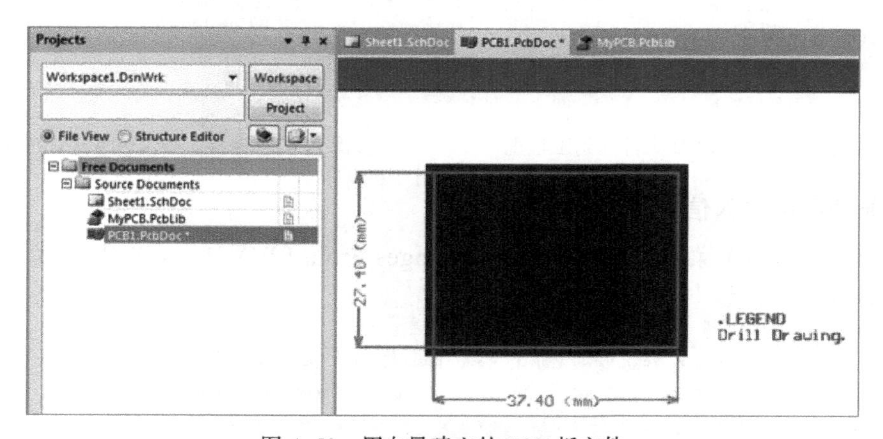

图 A-59　用向导建立的 PCB 板文件

8. 建立工程文件

为了把原理图文件中设置好的元器件和连线等信息导入到 PCB 文件，首先要将这两个文件放在同一个工程（Project）中，在 File 菜单中单击 New – Project –PCB Project，如图 A-60 所示，新建一个工程。

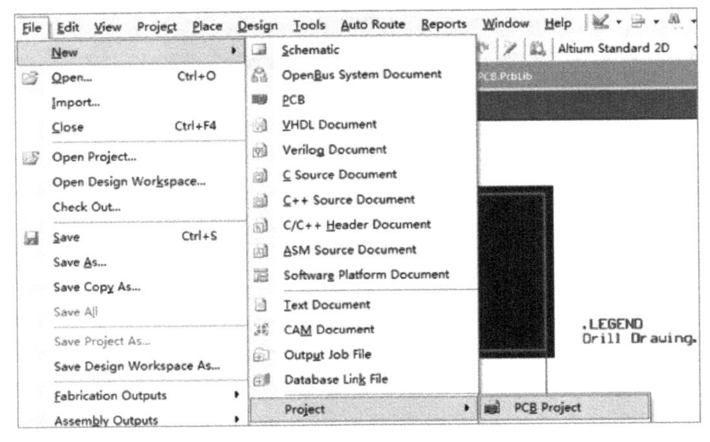

图 A-60　新建工程的菜单操作

新建的工程名称默认为 PCB_Project1.PrjPCB*（未保存），显示在导航栏最上方，此时鼠标把原来归在 Free Documents（自由文档）中的原理图文件（Sheet1.SchDoc）和 PCB 文件（PCB1.PcbDoc）拖放到工程①里即可，如图 A-61 所示。在 PCB_Project1.PrjPCB* 上按鼠标右键（或在 File 菜单下）把工程另存为 LED_Board.PrjPcb ②，存放在 Free Documents 下的封装库文件（MyPCB.PcbLib）因为已经导入，暂时不需要再编辑，所以可以关闭，这样导航栏的文件结构就会显得更清晰，如图 A-62 所示。

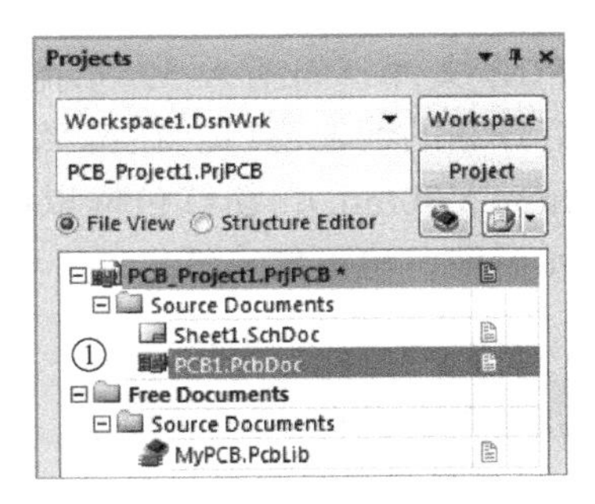

图 A-61　把原理图和 PCB 文件拖到工程里

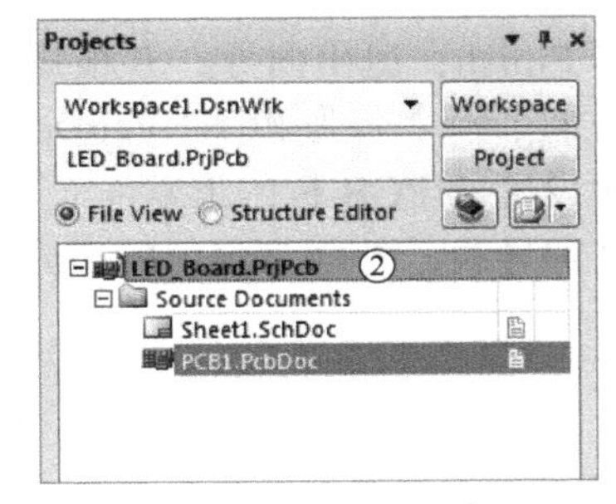

图 A-62　保存工程文件并关闭库文件

9. 从原理图中导入信息

在 Design（设计）菜单下单击 Import Changes From LED_Board.PrjPcb ③，更新 PCB 文件，如图 A-63 所示。

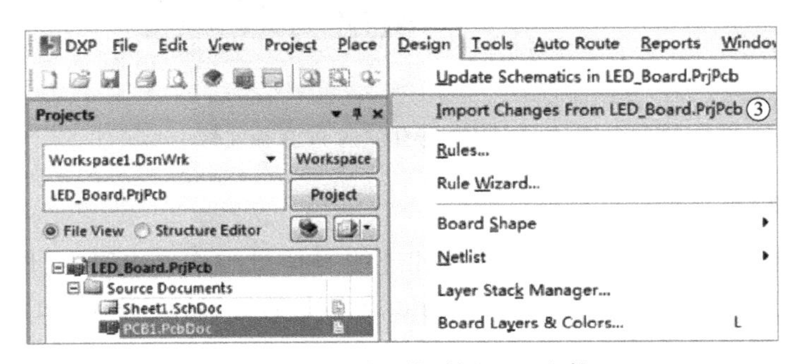

图 A-63　通过工程更新 PCB 文件

执行这一步时，软件首先列出工程中包含的原理图文件与 PCB 文件有哪些信息不一致，提供几种不同的操作选项，包括添加（ADD）、删除（REMOVE）、修改（MODIFY）等，由于新建的 PCB 文件没有元器件，因此全部显示为 ADD，如图 A-64 所示。图中列出了要添加的每个元器件和网络（节点），为了检查这些元器件和网络的设置是否符合要求（例如是否指定有效的封装等），单击左下角的 Validate Changes ④进行校验，通过校验的项目在后面打钩⑤，不通过则打叉，并给出理由。

Engineering Change Order

Action	Affected Ob...		Affected Do...
Add Compon			
Add	D1	To	PCB1.PcbDc
Add	D2	To	PCB1.PcbDc
Add	D3	To	PCB1.PcbDc
Add	D4	To	PCB1.PcbDc
Add	D5	To	PCB1.PcbDc
Add	D6	To	PCB1.PcbDc
Add	D7	To	PCB1.PcbDc
Add	D8	To	PCB1.PcbDc
Add	D9	To	PCB1.PcbDc
Add	P1	To	PCB1.PcbDc
Add Nets(8)			
Add	NetD1_1	To	PCB1.PcbDc
Add	NetD1_2	To	PCB1.PcbDc
Add	NetD2_2	To	PCB1.PcbDc
Add	NetD3_2	To	PCB1.PcbDc
Add	NetD4_2	To	PCB1.PcbDc
Add	NetD5_2	To	PCB1.PcbDc
Add	NetD7_2	To	PCB1.PcbDc
Add	NetD8_2	To	PCB1.PcbDc
Add Compon			
Add	Sheet1	To	PCB1.PcbDc
Add Rooms(1			
Add	Room Shee	To	PCB1.PcbDc

⑤ ④

Validate Changes　Execute Changes　Report Changes...　Only Show Er

图 A-64　导入到 PCB 的元器件和网络列表

确定所有项目都通过校验后，单击 Execute Changes 完成更新（导入），单击 Close 关闭图 A-64 的对话框。至此，原理图中的 LED、接线端子，以及它们之间的连线关系就导入到 PCB 文件中，如图 A-65 所示。在 PCB 文件中，LED 和接线端子是以封装的形式显示，可以看出，LED 的封装就是之前在库文件中设计的 2835 封装。此时，所有导入的元器件均放在 PCB 板的外面⑥，等待下一步进行布局，即把元器件拖到 PCB 板布线区⑦里面。

用鼠标把元器件拖到 PCB 布线区内适当的位置，按住左键不放，按空格键可旋转元器件的方向。按照 3 串 3 并的要求，将 LED 按图 A-66 进行布局，要注意 LED 的极性一致，间隔合理，同时尽量方便连线。图中白色的细线是电气连接线（导线）⑧，是通过原理图导入的，它是下一步进行布线的依据。

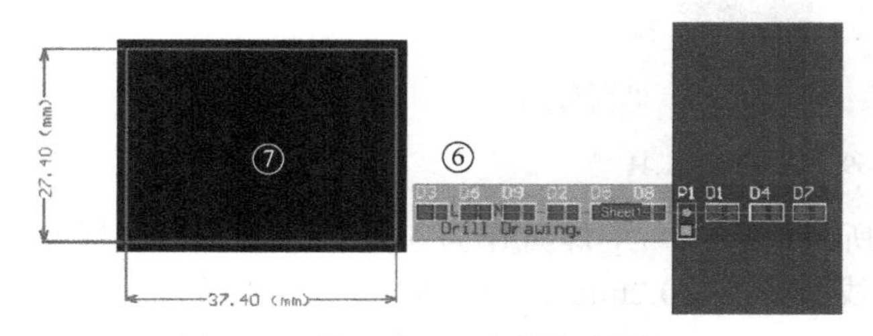

图 A-65　导入到 PCB 文件的元器件

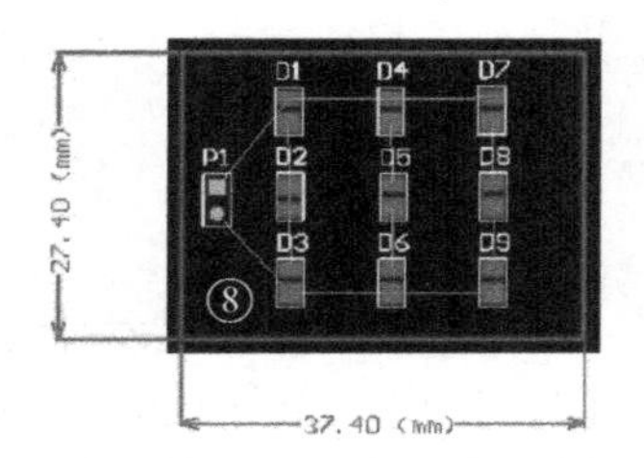

图 A-66　手动布局

10. PCB 布线

首先要设置一些布线规则，如图 A-67 所示，在 Design（设计）菜单下单击 Rules... ①打开规则编辑器。

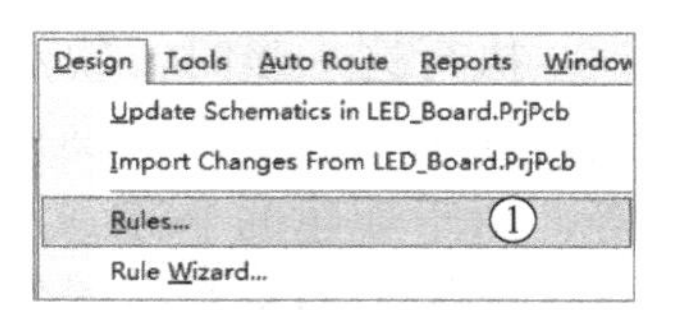

图 A-67　打开规则编辑器

这里有很多项目，我们只修改其中一项，其他暂时保持默认值。单击 Routing – Width –Width*（如果没有这一项，则可以在 Width 这一级用右键新建一条规则，用来设置线宽），这里只修改 Max Width 这一项②，它的默认值为 0.2mm，即允许导线的最大宽度为 0.2mm，如果不改则在布线时画出一条大于此值的导线就会报错，因此在这里把它改为 2mm，其他参数不变，如图 A-68 所示。

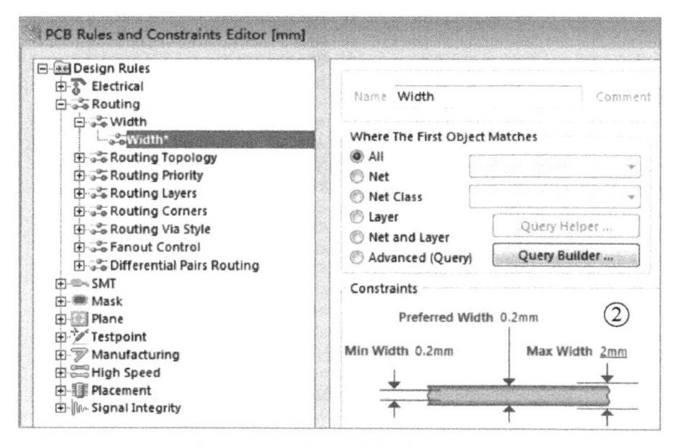

图 A-68　修改最大线宽限制

由于元器件是放在顶层（TopLayer）的贴片式的元器件，因此布线在顶层进行，在窗口的下方可以单击切换到顶层，不同的层使用的颜色是不同的（通常顶层是红色，底层是蓝色）。在 Place 菜单下单击 Interactive Routing ③即可开始布线，也可以在工具栏④来选取布线工具，如图 A-69 所示。

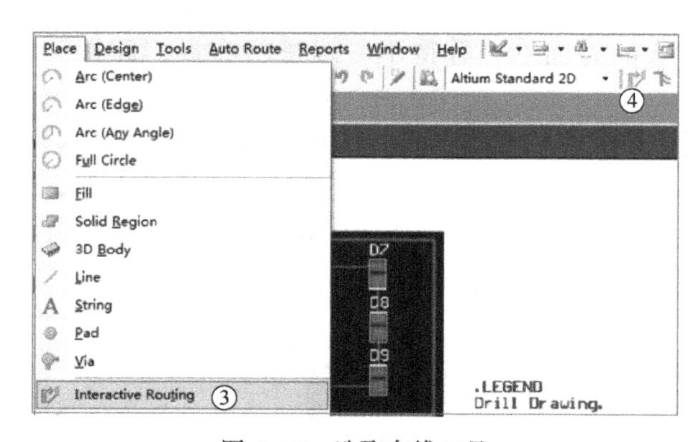

图 A-69　选取布线工具

布线时鼠标显示十字，如图 A-70 所示。选择一个焊盘作为起点，单击一下鼠标左键，拉出一条导线⑤，由于默认导线的线宽很细（0.2mm），而这里 LED 的电流较大，所以需要把导线改宽一点。

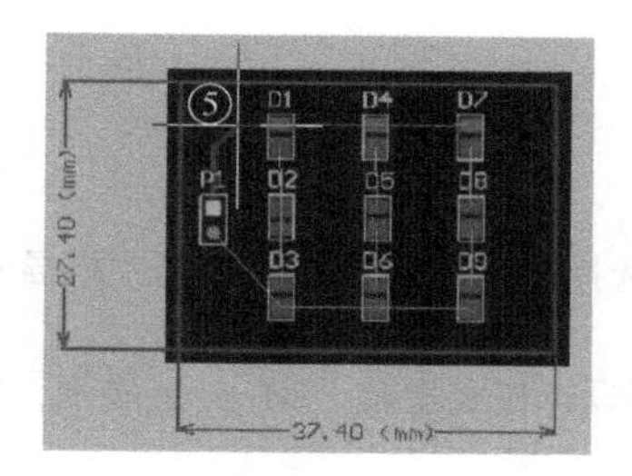

图 A-70　开始布线

按一下键盘左侧的 Tab（制表）键，弹出导线属性对话框，如图 A-71 所示。在当前线宽⑥的位置把参数修改为 1.5mm（不能超过前面在规则里设置的最大值 2mm），单击 OK 退出。

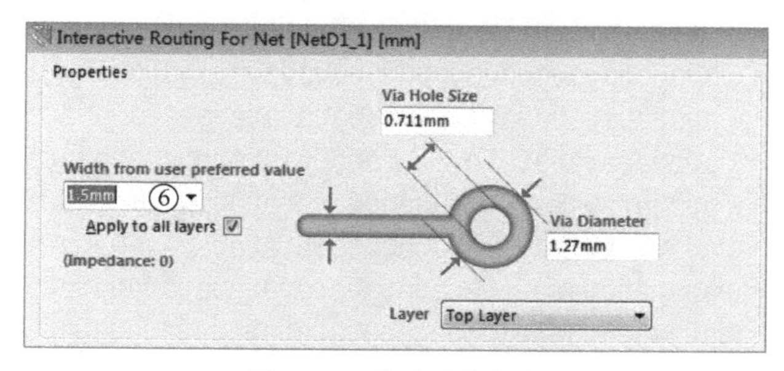

图 A-71　修改导线宽度

此时导线的宽度已修改⑦，如图 A-72 所示。继续移动鼠标到下 D7 正极的焊盘位置，中间途经 D1、D4 的正极（这些焊盘要连在一起，因此让导线都经过它们），当鼠标定位在焊盘的正确位置时，会出现一个白色的圆圈。

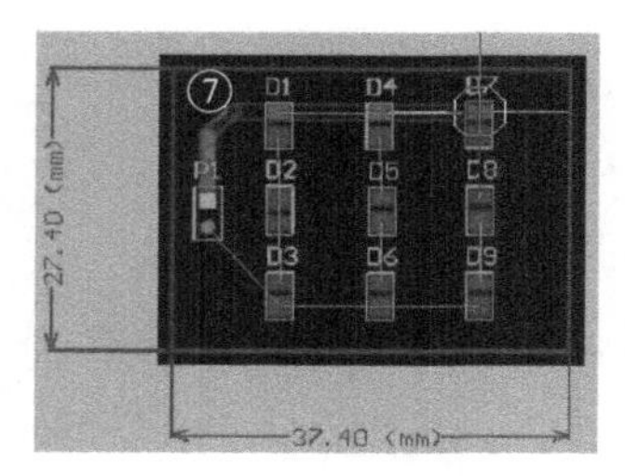

图 A-72　移动鼠标到最后该节点（网络）要连接的焊盘上

单击鼠标左键即可确定这条导线生效⑧，如图 A-73 所示。如此类推，把所有电气节点（网络）上的导线都连好（图上没有剩下余的白色细线），如图 A-74 所示。要注意，导线不能出现短路的情况，因此布线过程中可能有些路径需要绕行，如果确实无法避免出现交叉的情况，则可以利用过孔通过底层进行布线。

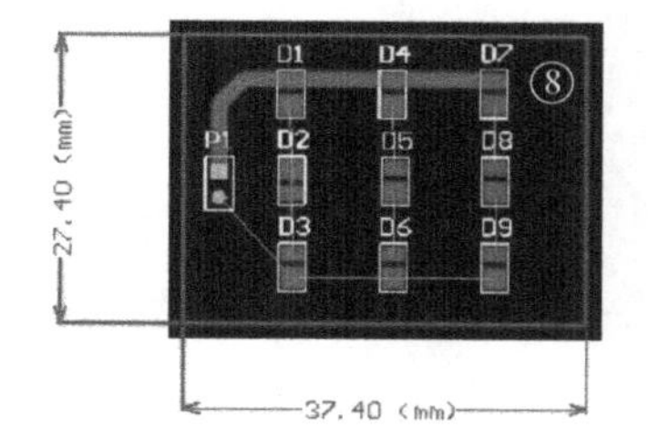

图 A-73　完成一条导线（一个节点或网络）的连接

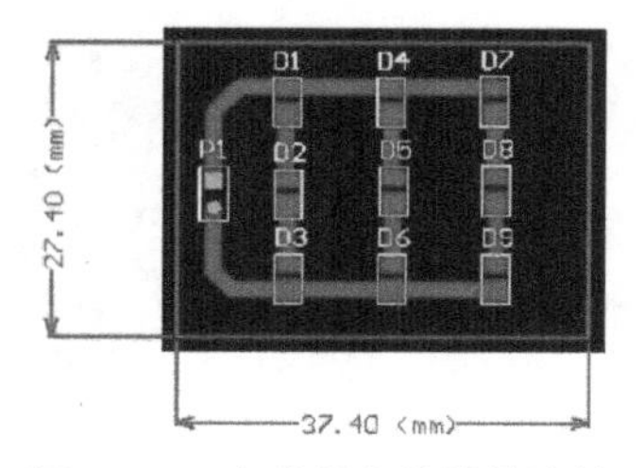

图 A-74　完成所有导线的连接

上述步骤仅为帮助同学们完成本教程的设计和实验任务提供的入门参考，关于 PCB 的设计更多细节请参考专门的教程深入学习。

参考文献

[1] 沙占友，马洪涛 . 基于 AP 法选择高频变压器磁心的公式推导及验证［J］. 电源技术应用，2011，14（11）：9-13.

[2] LENK R，LENK C. LED 电源设计权威指南［M］. 王晓刚，刘华，王佳庆，等译 . 北京：人民邮电出版社，2012.

[3] 刘祖明 . 图解 LED 应用从入门到精通［M］. 北京：机械工业出版社，2013.

[4] 孟治国，王巍 . LED 驱动与智能控制［M］. 北京：化学工业出版社，2015.

[5] WINDER S. LED 驱动电路设计［M］. 谢运祥，王晓刚，译 . 北京：人民邮电出版社，2009.